Wissenschaft und Öffentlichkeit am Beispiel der Kinderuni

Susanne Kretschmer

Wissenschaft und Öffentlichkeit am Beispiel der Kinderuni

Theoretische Voraussetzungen und empirische Studien

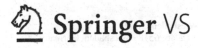
Springer VS

Susanne Kretschmer
Bonn, Deutschland

ISBN 978-3-658-15365-6   ISBN 978-3-658-15366-3   (eBook)
DOI 10.1007/978-3-658-15366-3

Die Deutsche Nationalbibliothek verzeichnet diese Publikation in der Deutschen Nationalbibliografie; detaillierte bibliografische Daten sind im Internet über http://dnb.d-nb.de abrufbar.

Springer VS

Gedruckt auf säurefreiem und chlorfrei gebleichtem Papier

Springer VS ist Teil von Springer Nature
Die eingetragene Gesellschaft ist Springer Fachmedien Wiesbaden GmbH
Die Anschrift der Gesellschaft ist: Abraham-Lincoln-Strasse 46, 65189 Wiesbaden, Germany

Vorwort und Dank

Die Kinderuni steht sinnbildlich für einen Paradigmenwechsel im Verhältnis zwischen Wissenschaft und Öffentlichkeit. Seit der politischen Kampagne „Public Understanding of Science and the Humanities" (PUSH) im Jahr 1999 und der PISA-Studie im Jahr 2000 geraten Bildung und Wissenschaft in Deutschland immer mehr in den gesellschaftlichen Fokus. Von Politik und Ökonomie werden sie als Motoren des Fortschritts bezeichnet und für gegenwärtige gesellschaftliche Problemlösungen in den Dienst genommen: Die Wissenschaft soll innovative Technologien entwickeln und gesellschaftliche Veränderungen diskursiv begleiten; durch Bildung soll die aktive gesellschaftliche Teilhabe und die ökonomische Wettbewerbsfähigkeit aller Bürger gesichert werden. Die Kinderuni, so scheint es, entstand nicht zufällig wenige Jahre nach dem PISA-Befund, dass soziale Benachteiligung im Hinblick auf erreichte Bildungsabschlüsse schon von vor und während der Grundschulzeit beginnt und eine frühe Förderung von Kindern in wissenschaftlichen Kompetenzen erforderlich macht.

Ist also die Kinderuni als politische Kommunikationsmaßnahme zu deuten? Die Wirklichkeit sieht komplexer aus: Nicht nur steht die öffentliche Vorlesung in einer deutlich älteren Tradition der Popularisierung von Wissenschaft, sondern auch die Vielfalt der Kinderuni in ihrer Gestaltung weist auf verschiedenartige Schwerpunktsetzungen und Ziele jedes Standortes hin. Diese Arbeit soll einen Beitrag dazu leisten, durch die historisch-systematische Darstellung die Grundlagen der Popularisierung von Wissenschaft aufzuarbeiten und in einer empirisch fundierten Momentaufnahme die Gestaltung der Kommunikation von Wissenschaft mit der Öffentlichkeit am Beispiel der Bonner Kinderuni offen zu legen. So können zahlreiche Bezüge zwischen dem pädagogisch-aufklärerischen Ethos von Wissenschaft und Bildung, politischen Kampagnen und strategischer Öffentlichkeitsarbeit hergestellt und bewertet werden.

An dieser umfassenden Zusammenschau unterschiedlicher Perspektiven auf die Kinderuni waren viele Personen beteiligt, ohne deren Mithilfe mein Projekt nicht möglich gewesen wäre:

Zuallererst gilt mein Dank Prof. Dr. Volker Ladenthin, meinem akademischen Lehrer, für viele produktive Erkenntnisse in der Erforschung pädagogischer Zusammenhänge, für die Bereitschaft, sich auf ein eher ungewöhnliches Thema einzulassen, für seine Unterstützung und das Gewähren großer Freiheit in der Bearbeitung meines Projektes. Prof. Dr. Jörn Schützenmeister danke ich für sein Interesse an meiner Arbeit.

Ganz herzlich möchte ich den Kindern der Bonner Fokusgruppe und ihren Eltern danken für ihre Neugier und ihr Vertrauen, die mir neue Sichtweisen über den Sinn der Kinderuni aus Kindersicht erschlossen haben, und ganz besonders meinem Sohn Richard. Auch die Kinderuni-Dozenten haben mir durch ihre Offenheit und Bereitschaft zur Reflexion Erkenntnisse geliefert, die diese Arbeit sehr bereichert haben.

Viele anregende Gespräche sowie manchen Literaturhinweis verdanke ich PD Dr. Hildegard Krämer und ihrem Engagement in der Durchführung des Doktoranden-Kolloquiums. Meine Mit-Doktorandin Charlotte Echterhoff hat mich moralisch unterstützt und zu einer produktiven Methodendiskussion in empirischer Sozialforschung beigetragen. Katharina Stenzel und Johanna Dierker waren eine wertvolle Hilfe im gewissenhaften Abtippen der Interviews, Michael Seifert von der Universität Tübingen stellte mir Materialien zur Verfügung, beantwortete viele Fragen und gab mir die Gelegenheit, meine Forschung in Fachkreisen publik zu machen.

Anna Riegel-Schmidt, Dr. Dirk Haid, Christine Lesmeister und Kristina Lützeler-Gerhards haben trotz vieler Verpflichtungen in Familie und Beruf die Arbeit ganz oder in Teilen gelesen, mit mir diskutiert und sie mit kritischen Anmerkungen versehen.

Ich danke meinen Eltern für ihre Begleitung und Unterstützung meines Werdeganges, und meiner Tochter Johanna für ihren fröhlichen Optimismus, den sie sich auch gegenüber einer manchmal entnervten Mutter bewahrte. Der innigste Dank gebührt meinem Mann Ulrich, der mir die notwendige Zeit und Ressourcen für die vielen Stunden am Schreibtisch ermöglichte und immer an die Fertigstellung glaubte.

Susanne Kretschmer

Inhalt

Abbildungsverzeichnis.. 11

Tabellenverzeichnis 11

Abkürzungsverzeichnis.. 13

1   Einleitung 15

1.1   Die Kinderuni... 15

1.2   Wissenschaftskommunikation... 18

1.2.1   Definitionen 18
1.2.2   Kommunikationsformen 21

1.3   Ziel und Aufbau der Arbeit 22

TEIL I: Theoretische Studien 25

2   Lernen, Bildung, Literacy und Scientific Literacy 27

2.1   Lernen 27

2.1.1   Behaviorismus 27
2.1.2   Konstruktivismus... 28
2.1.3   Neurobiologischer Ansatz.. 29
2.1.4   Pädagogische Ansätze.. 30

2.2   Bildung... 32

2.2.1   Entstehung und Tradition des Bildungsbegriffs.................... 33
2.2.2   Kritik des Bildungsbegriffs.. 35

2.3   Literacy als der neue Bildungsbegriff 40

2.3.1   Definition Literacy... 40
2.3.2   Verbreitung des Literacy-Begriffs 41
2.3.3   Literacy in der PISA-Studie und Forschungsstand 43

2.4   Scientific Literacy 45

2.4.1   Scientific Literacy als Faktensammlung 46
2.4.2   Scientific Literacy als Verständnis von Methoden in den
Naturwissenschaften 47
2.4.3   Scientific Literacy als Sprachkompetenz 49
2.4.4   Ist Scientific Literacy in der Praxis umsetzbar? 51

2.5   Fazit 58

3   Kommunikation 63

3.1   Einleitung 63

3.2   Öffentlichkeit 64

3.3   Kommunikation in den Kommunikationswissenschaften 68

3.3.1   Was ist Kommunikation? 68
3.3.2   Öffentliche Kommunikation 70
3.3.3   Kriterien einer Ethik für öffentliche Kommunikation 79
3.3.4   Kinderuni als Beispiel öffentlicher Kommunikation 82

3.4   Das Verhältnis von Staat und Erziehung 84

3.4.1   Pädagogische Freiheit und politische Erziehung:
systematische Unterscheidungen 84
3.4.2   Legislative Ebene: Verfassung 86
3.4.3   Exekutive Ebene: Politische Kampagnen 87

3.5   Kommunikation in der Pädagogik 93

3.5.1   Probleme aus pädagogischer Sicht 93
3.5.2   Der Kommunikationsbegriff von Watzlawick,
Beavin und Jackson 94
3.5.3   Schaller: Pädagogik der Kommunikation 95
3.5.4   Kritik an Schallers Theorie 99

3.6   Fazit 106

4   Wissenschaft 109

4.1   Was ist Wissenschaft? 110

4.2   Kommunikation von Wissenschaft 114

4.3   Universalität und Öffentlichkeit von Wissenschaft:
Ziele der Popularisierung 116

4.4   Das Konzept der Autonomie 119

4.4.1   Derrida: Die Unbedingte Universität 123
4.4.2   Diskussion 128
4.4.3   Schlussfolgerungen 131

4.5   Das Konzept der Kontextualisierung 132

4.5.1   Nowotny, Scott und Gibbons: Wissenschaft neu denken 132
4.5.2   Kritik 137

4.6   Universitäre Lehre 141

4.6.1   Wissenschaft zwischen Forschung und Lehre 141
4.6.2   Was ist eine Vorlesung? 142
4.6.3   Die Rolle von Inszenierung und Narration 147
4.6.4   Zwischenfazit 151

4.7   Exkurs: Sachbücher für Kinder 152

4.8   Fazit 156

TEIL II: Empirische Studien 159

5   Analyse bisheriger empirischer Studien 161

5.1   Wissenschaftler und ihr Verhältnis zur Öffentlichkeit 161

5.1.1   Medienkontakte von Wissenschaftlern 161
5.1.2   Humangenomforscher in der Öffentlichkeit 163
5.1.3   Deutsche Wissenschaftler und ihr Kontakt zur Öffentlichkeit 168

5.2   Studien zu kognitiven Fähigkeiten von Kindern 170

5.2.1   Jean Piagets Entwicklungsmodell und seine Kritik 171
5.2.2   Philosophieren mit Kindern 176
5.2.3   Forschung zum epistemologischen Verständnis von Kindern 177
5.2.4   Fazit 179

5.3   Ergebnisse und Diskussion empirischer Studien zur Kinderuni 181

5.3.1   Die Pilot-Studie: Kinderuni Basel (2004) 181
5.3.2   Lernen oder Spaß? Kinderuni Münster (2006) 183
5.3.3   Kinderuni als PR-Instrument: Kinderuni
          Braunschweig-Wolfsburg (2008) 190

5.4   Fazit 195

6   Empirische Studie Kinderuni Bonn **197**

6.1   Forschungsdesign 197

6.1.1   Kinder 198
6.1.2   Vorlesungen 200
6.1.3   Dozenten 201

6.2   Methoden 202

6.2.1   Qualitative Inhaltsanalyse und Grounded Theory 203
6.2.2   Relevanz der empirischen Stichproben 205
6.2.3   Leitfadengestütztes Interview 208
6.2.4   Teilnehmende Beobachtung: Vorlesungen 212

6.3   Analyse Kinderinterviews 214

6.3.1   Aufmerksamkeit 214
6.3.2   Identifikation/Abgrenzung 225
6.3.3   Bewertungen oder: Was macht die Kinderuni aus? 228
6.3.4   Verständnis von Wissenschaft und Wissenschaftlern 233
6.3.5   Fazit 241

6.4   Analyse Vorlesungen 244

6.4.1   Aufmerksamkeits- und Wahrheitsorientierung 244
6.4.2   Typen von Vorlesungen 246
6.4.3   Merkmale der Wissenschaftskommunikation in den
         Vorlesungen 248

6.5   Analyse Dozenteninterviews 258

6.5.1   Kurzcharakterisierungen der Dozenten und ihrer
         Kinderuni-Vorlesungen 258
6.5.2   Gemeinsamkeiten der Kinderuni-Dozenten 260
6.5.3   Einzelfalldarstellungen 266
6.5.4   Fazit 281

7   Schlusswort **283**

8   Literatur **293**

9   Anhang **315**

Abbildungsverzeichnis

Abbildung 1: Dreidimensionales Modell Scientific Literacy 57

Abbildung 2: Analyseschema für die Vorlesungen 246

Tabellenverzeichnis

Tabelle 1: Besuchte Vorlesungen Kinderuni Bonn,
SS 2011- SS 2013 249

Abbildungsverzeichnis

Tabellenverzeichnis

Abkürzungsverzeichnis

ARD	Arbeitsgemeinschaft der öffentlich-rechtlichen Rundfunkanstalten der Bundesrepublik Deutschland
BMBF	Bundesministerium für Bildung und Forschung
DAAD	Deutscher Akademischer Austauschdienst
DGfE	Deutsche Gesellschaft für Erziehungswissenschaft
GG	Grundgesetz
GEW	Gewerkschaft Erziehung und Wissenschaft
KBBB	Kommission Bildungsorganisation, Bildungsplanung und Bildungsrecht
MINT	Zusammenfassung naturwissenschaftlicher Schulfächer (Mathematik, Informatik, Naturwissenschaft und Technik)
NGO	Non Governmental Organisation
OECD	Organisation for Economic Co-operation and Development
PdK	Pädagogik der Kommunikation
PISA	Programme for International Student Assessment
PR	Public Relations
PUS	Public Understanding of Science
PUSH	Public Understanding of Science and the Humanities
SL	Scientific Literacy
TIMSS	Trends in International Mathematics and Science Study
UNESCO	United Nations Educational, Scientific and Cultural Organisation

1 Einleitung

1.1 Die Kinderuni

Die Kinderuni ist eine Erfolgsgeschichte. Seit über zehn Jahren kommen Kinder freiwillig und regelmäßig in die Hörsäle deutscher Universitäten, lauschen begeistert den extra für sie konzipierten Vorträgen, und auch das Engagement der Dozenten für dieses eher ungewöhnliche Publikum lässt nicht nach. Das Veranstaltungsformat hat international viele Nachahmer gefunden, und wurde mehrfach ausgezeichnet (Pro Wissenschaft e.V. 2003, Science Communication Prize der EU 2005, vgl. Richardt 2008, 11).

Auch wenn es schon vorher Versuche mit Vorlesungen für Kinder an einzelnen Hochschulen, z.B. in Innsbruck oder Münster, gegeben hat (Richardt 2008, 11; Seifert 2008a, 46; Bergs-Winkels/Giesecke/Ludwig 2006, 5), gaben die beiden Journalisten des Schwäbischen Tagblattes, Ulrich Janßen und Ulla Steuernagel, zusammen mit dem Pressereferenten der Tübinger Universität, Michael Seifert, den Anstoß für die erste Veranstaltungsreihe mit begleitender Berichterstattung und prägten so das „Tübinger Modell" als stilbildend für viele weitere Kinderunis (Janßen/Steuernagel 2003, 8). Zwar liegt die Federführung bei der Kinderuni in den Händen der einzelnen Universitäten und ihrer Pressestellen; jedoch erfolgte der entscheidende Impuls aus der Sphäre der Öffentlichkeit.[1] Die enorme Breitenwirkung dieser Veranstaltung ist vor allem durch die große Medienresonanz zu erklären, die zudem mit einem relativ kleinen finanziellen Aufwand zu erreichen ist (Goddar 2009, 25). Sie wird auch nach mehreren Jahren von Veranstaltern immer noch als „sehr gut" bis „gut" bewertet (Richardt 2008, 53), was die Motivation und das Fortbestehen für die Kinderuni begünstigt. Durch die mediale Begleitung der Veranstaltungen, sowohl lokal als auch, wie im Fall der Tübinger Kinderuni, durch überregionale Zeitungen wie Die ZEIT, wurde sehr schnell eine hohe Bekanntheit von Konzept und Inhalt hergestellt. Da es inzwischen deutschlandweit über 50 und europaweit mindestens 200 Kinderuni-Standorte gibt (Seifert 2012, 177) und die Vernetzung der einzelnen

---

[1] An einzelnen Standorten, wie z.B. an der Istanbul Kemerburgaz Üniversitesi, geht die Initiative zur Gründung der Kinderuni auf das dortige Institut für Psychologie zurück.

Kinderunis inzwischen auch durch EU-Mittel gefördert wird (EUCU-Net, vgl. Richardt 2008, 11 f.), gibt es für sie zweifellos ein breites öffentliches Forum.

Trotz aller Differenzierungen und Weiterentwicklungen der Kinderuni besteht seine Grundform in einer von Professoren oder anderen wissenschaftlich qualifizierten Personen[2] gestalteten Vorlesung von 45-60 Minuten, in der ausgehend vom Erfahrungshorizont acht- bis zwölfjähriger Kinder Fragen wissenschaftlich aufbereitet und beantwortet werden. Zu Beginn wurden die Themen der Vorlesungen als „Warum"-Fragen formuliert (z.B. „Warum sind die Dinosaurier ausgestorben?"; „Warum müssen Menschen sterben?"; „Warum gibt es Arme und Reiche?"; vgl. Janßen/Steuernagel 2003); später löste man sich von dieser Vorgabe wieder und versuchte, Themen zu finden, die Überschneidungen von wissenschaftlichen Problemen und kindgerechten Fragestellungen aufweisen („Leben im Rheinland vor 14.000 Jahren – was wir von den ältesten Bonnern wissen"; „Chemie im Labor und in Zellen ist wie mit Lego bauen"; „Pflanzen ernähren die Welt": Themen der Bonner Kinderuni im Sommersemester 2014).

Darüber hinaus gibt es Kinderunis auch in Form von Workshops, in denen Kinder in kleinen Gruppen selbst aktiv an altersgemäßen „Forschungsfragen" unter Anleitung von Wissenschaftlern arbeiten („Meinungsforschung: Interessiert dich die Fußballweltmeisterschaft?": Einblick in die Methoden der empirischen Sozialforschung; „Forschen auf dem Bootshaus": Entdecken der Wasserfauna auf der ökologischen Rheinstation, Workshops der Kölner Kinderuni); viele Universitäten bieten beide Veranstaltungsformen an oder kombinieren diese miteinander (vgl. Seifert 2012, 179). An manchen Standorten findet die Kinderuni als ein- oder mehrwöchiges Ferienprogramm statt (z.B. in Innsbruck und Wien in Österreich, Porto und Aveiro in Portugal, ebd.). Schreiber berichtet von der Gestaltung einer Kinderuni in Kolumbien mit einem mehrjährigen Programm, das der gezielten Vorbereitung auf ein Studium dient (Schreiber 2012, 113 f.).

Und dennoch wird der Erfolg der Kinderuni immer wieder in Frage gestellt. Ist sie mehr als nur ein kreativer PR-Gag? Der Erziehungswissenschaftler Peter Tremp übte 2004 scharfe Kritik an dem Format, das der Universität zwar „wichtige Bonuspunkte in der gesellschaftlichen Auseinandersetzung" sichere, dafür aber „Kinder als Werbeträger" (Tremp 2004, 62) für die mediale Weiterverwertung missbrauche und die „Symbolik des Ortes zur Hauptsache" und den „Event zum Ziel" mache (ebd., 63). Darüber hinaus zweifelte er an, dass die Form der Vorlesung didaktisch geeignet sei, Kinder in wissenschaftliche Themen einzu-

---

[2] Die formale Qualifikation der Vortragenden setzt oft mindestens einen Doktorgrad voraus; gelegentlich werden auch Museumspädagogen mit Abschluss eines wissenschaftlichen Studiums, aber ohne Forschungsqualifikation eingesetzt. Ist die Kinderuni als Workshop organisiert, werden unter Leitung von Professoren auch Studierende oder Graduierte des Fachbereichs herangezogen (Beispiel Universität zu Köln, Stand: 2014).

führen (ebd., 62 f.). Ebenso sah es 2009 Matthias Mayer, Referent der Körber Stiftung, die die Kinderuni Hamburg zehn Jahre lang finanziell förderte: „Wenn wir uns vormachen, Wissenschaftskommunikation sei mit Pädagogik gleichzusetzen, lügen wir uns in die Tasche" (Goddar 2009, 27). Es gehe bei der Kinderuni als einem Format der Wissenschaftskommunikation um „Klicks, Zuschauerzahlen, Leser" (ebd.), also schlicht um Werbung für die Wissenschaft.

Selbst die Macher der Kinderuni schienen sich nicht sicher zu sein, ob der große Erfolg der Veranstaltung überhaupt wünschenswert ist: So bezeichnete der Mitgründer der Tübinger Kinderuni diese als „Epidemie" (Seifert 2008a, 50). Im gleichen Jahr stellte er aber angesichts einer gerade durchgeführten Studie zur Wirkung der Kinderuni fest, „dass Bildung und Wissen, bisher als eher marginale Effekte von Kinderuni angesehen, offenbar eine weit größere Rolle spielen als angenommen" (Seifert 2008b, 5). Von PR-Fachleuten, Journalisten und Erziehungswissenschaftlern wurde und wird immer wieder die Nachhaltigkeit einer Wirkung der Kinderuni angezweifelt (Kutzbach 2009, Schreiber 2012, Seifert 2012), wobei diese vor allem in Bezug auf Wissenserwerb bzw. Lernen und auf die Effektivität der Kinderuni als Motivator für die spätere Aufnahme eines Studiums zu sehen sei. Trotz einiger inzwischen erschienenen Studien zur Wirkung der Kinderuni kommt Seifert zu dem Schluss: „Es bleibt ein Forschungsdesiderat, Lerneffekte und langfristige Auswirkungen im Hinblick auf Studienentscheidungen wirklich nachzuweisen" (Seifert 2012, 180). Auch weil die Kinderuni keine Kernaufgabe von Universitäten darstellt, wird angesichts knapper finanzieller Mittel die Sinnfrage immer wieder nachdrücklich gestellt: „Wissenschaftler entwickeln normalerweise zunächst eine Theorie und überprüfen diese dann. Da erstaunt es, wenn nach sechs Jahren so wenig über die Wirkung auf Kinder bekannt ist", mahnt Cajo Kutzbach vom Deutschlandfunk (Kutzbach 2009).

Warum aber ist diese Frage offenbar so schwer zu beantworten? Bei näherem Hinsehen erweist sich, dass die Bezugsgrößen von „Lernen", „Bildung" oder „Werbung" bisher ungeklärt sind. Während Schreiber in ihrer Betrachtung der Kinderuni einen Bezug zu schulischem Lernen und bildungspolitischen Programmen herstellt (Vermeidung eines weiteren PISA-Schocks bzw. Rekrutierung von (natur-)wissenschaftlichem Nachwuchs, vgl. Schreiber 2012, 107 f.), hält Seifert dies für ein „Missverständnis": Kinderuni solle keineswegs Schule ersetzen oder ergänzen, sondern ein „Appetithäppchen" sein, um Interesse an der Wissenschaft zu wecken (Seifert 2012, 180). Während er einen Bildungswert im Sinne einer Persönlichkeitsentwicklung oder Heranführung an selbstständiges Denken nicht für möglich hält, zeigen Umfragen, dass für die Eltern der teilnehmenden Kinder dieser Faktor wesentlich ist (ebd.). Auch wird das Motiv der Werbung für Wissenschaft nicht nur als Nachwuchswerbung verstanden, sondern auch im Sinne einer „Bringschuld" der Universitäten, „ihre Arbeit öffentlich zu präsentieren" (ebd., 177).

Schließlich wird die Kinderuni seit ihrer Förderung durch EU-Programme und –initiativen wie EUCU-Net und SiS Catalyst für bestimmte politische Programme in den Dienst genommen. Dies führt derzeit zu einer Konzentration der Diskussion in Fachkreisen auf Fragen wie zum Beispiel die Möglichkeiten der Erreichbarkeit und Einbindung von Kindern, deren sozialer Hintergrund die spätere Aufnahme eines wissenschaftlichen Studiums unwahrscheinlich macht.[3] In Kiel wurde die Kinderuni 2008 an das Exzellenzcluster „Future Ocean" angeschlossen und konzentriert sich seither thematisch auf die Meereswissenschaften.[4]

Insofern erscheint es angemessen, den Bezugsrahmen für eine „Wirkung" der Kinderuni größer zu spannen und die Kinderuni in einem gesellschaftlichen Zusammenhang zu betrachten. Die hier dargestellten Konflikte zwischen politischen, ökonomischen und pädagogischen Zielen der Veranstaltung sind typisch für ein Phänomen, dass sich in seinen vielfältigen Formen erst in neuerer Zeit entwickelte, aber historische Wurzeln hat: die sogenannte „Wissenschaftskommunikation".

1.2 Wissenschaftskommunikation

1.2.1 Definitionen

Wissenschaftskommunikation ist ein Sammelbegriff für unterschiedliche Arten der Vermittlung zwischen Wissenschaft und Öffentlichkeit. Er tauchte im deutschen Sprachraum erstmals im Jahr 2004 in der gleichnamigen Publikation von Indre Zetzsche auf (Zetzsche 2004). Im Jahr 2007 erschien der Begriff als offizieller Titel einer Tagung, die von Wissenschaft im Dialog, dem Helmholtz-Zentrum für Kulturtechnik und dem Stifterverband für die deutsche Wissenschaft veranstaltet wurde. Er wurde dort als „Dachbegriff" verstanden, „unter dem pädagogische Vermittlungsarbeit, Werbemaßnahmen, Legitimationsbedürfnisse, Nachwuchsförderung und demokratische Partizipationsabsichten subsumiert werden" und der, ausgehend von den publizierten Beiträgen, folgende praktische Betätigungsfelder umfasste:

- die Arbeit der Hochschulpressestellen,
- die Kinderuni,
- Wissenschaftliche Sammlungen und Ausstellungen an Forschungseinrichtungen,

---

[3] http://www.siscatalyst.eu/about/about-project, Stand: Mai 2016.
[4] http://www.futureocean.org/de/schulprogramme/kinder-_und-schueleruni.php, Stand: Mai 2016.

- Wissenschaftsmuseen und Science Center,
- Schülerlabore,
- Wissenschaftsjournalismus in den Massenmedien (TV, Tageszeitung, Internet),
- Wissenschaftsmarketing als Instrument zur Positionierung und Profilierung einzelner Universitäten oder Forschungseinrichtungen im Markt,
- Weiterbildungslehrgänge zum Wissenschaftsmanagement bzw. Wissenschaftskommunikation, nicht zuletzt auch
- einen Teilbereich der Wissenschaftsforschung (Hermannstädter/ Sonnabend/ Weber 2008, 9).

Bis heute hat sich, trotz der Herausgabe eines „Handbuchs Wissenschaftskommunikation" (Dernbach/Kleinert/Münder 2012) an der inhaltlichen und konzeptionellen Unbestimmtheit des Begriffs im deutschsprachigen Raum nichts geändert; eher wird sein Verwendungskontext noch erweitert (z.B. schließt er die PR der Forschungsabteilungen von Großunternehmen wie Siemens ein, vgl. ebd.).

Systematisch lassen sich zwei Zielbestimmungen grundsätzlich unterscheiden: Wissenschaftskommunikation ist zum einen historisch verknüpft mit dem Begriff der Popularisierung und schließt an die Semantik der Aufklärung und Bildung an. Hierzu gehören als Unterziele Wissensvermittlung aus verschiedenen wissenschaftlichen Disziplinen, Kenntnisse über den Zusammenhang zwischen Wissenschaft und Gesellschaft sowie Wissenschaft als eine kulturelle Aktivität (Weingart/ Pansegrau/ Rödder/ Voß 2007, 1). Verbunden damit sind auch politische Zielsetzungen: Wissenschaftskommunikation ist ein „demokratisches Anliegen", das die Partizipation der Bürger an der Gesellschaft fördern soll (ebd.). Diese Mischung zwischen Wissensvermittlung und Partizipation hat ihren Ursprung im 19. Jahrhundert als Merkmal einer Popularisierungs-Bewegung, die breite Bevölkerungsschichten zu einer Beschäftigung mit aktuellen wissenschaftlichen Erkenntnissen anregen wollte. Andreas Daum zufolge stellt sie eine „Ausweitung der öffentlichen Sphäre in der bürgerlichen Gesellschaft dar" (Daum 1998, 5), die zum Beispiel für die Einrichtung von Naturkundemuseen, Zoologischen und Botanischen Gärten, Sternwarten und Aquarien verantwortlich sei. Sie sei, so Daum, eine „kulturelle Praxis eigener Art in der deutschen Bildungsgeschichte und (...) essentielle[r] Bestandteil der bürgerlichen Kultur" (ebd.) gewesen.

Die zweite Zielbestimmung beschreiben Beatrice Dernbach, Christian Kleinert und Herbert Münder als die Steigerung der Akzeptanz von Wissenschaft in der Gesellschaft sowie die Legitimation und Beschaffung von Finanzmitteln und anderen Ressourcen zur Förderung der Wissenschaften (Dernbach/Kleinert/Münder 2012, 2). Sie stellen einen direkten Zusammenhang zwischen Wissenschaftskommunikation und der Umsetzung des politischen Memorandums von Public Understanding of Science and Humanities (PUSH) Ende der 1990er Jahre her. Aus dieser Zielbestimmung folgt, dass die Frage nach der „Effizienz und Effektivität" von Wissenschaftskommunikation im Vordergrund steht (ebd.). So weist der Begriff eine Nähe zur Verwendung des Kommunikationsbegriffs in der Ökonomie auf und charakterisiert wissenschaftliche Einrichtungen als gesellschaftliche Akteure, die im „Wettbewerb mit allen anderen, um Ressourcen kämpfenden Akteuren" den gesellschaftlichen Fortschritt vorantreiben (ebd.).[5] Eine rein ökonomische Betrachtung wird jedoch dadurch eingeschränkt, dass wissenschaftliche Einrichtungen verfassungsrechtlich geschützt (Freiheit von Forschung und Lehre gemäß Art. 5 Abs. 3 GG) und nicht dem Prinzip der Gewinnmaximierung untergeordnet seien (ebd.). Unterziel dieser Perspektive auf Wissenschaftskommunikation ist neben der Generierung von finanziellen Ressourcen auch die Nachwuchsförderung (personelle Ressourcen).

Die Zusammenschau der beiden Zielsetzungen bedingt eine schon im Ansatz angelegte Widersprüchlichkeit von Wissenschaftskommunikation. Im Bildungs- und Aufklärungsmotiv, das verfassungsrechtlich geschützt ist, ist das Anliegen enthalten, Wissenschaftskommunikation könne als gesellschaftliches Instrument der kritischen Reflexion genutzt werden. So beschreibt Manfred Erhardt, Generalsekretär des Stifterverbandes im Gründungs-Memorandum der PUSH-Initiative, die Zielsetzung des Programms mit folgenden Worten:

> Es geht nicht um bloße Akzeptanzbeschaffung oder um die schlichte Politur des eigenen Ansehens, wie dies zuweilen angenommen wird. Es geht vielmehr um den kritischen Dialog zwischen Wissenschaft und Gesellschaft. Denn Kritik ist das Lebenselexier der Wissenschaft. Mit einer unreflektierten und unkritischen PR-Aktion wäre weder der Gesellschaft noch der Wissenschaft gedient (Erhardt 1999, 5).

Zehn Jahre später betont das Bundesministerium für Wissenschaft und Forschung (BMBF) eher die Funktion von Wissenschaftskommunikation als einem Instrument zur Herstellung von Konsens:

> Ziel des Prozesses ist, dass Gesellschaft und Wissenschaft ein gemeinsames Verständnis für ihre Belange und Interessen entwickeln. Dazu gehört auch, kontrovers diskutierte Themen aufzugreifen, um dem Einzelnen eine Meinungsbildung in komplexen gesellschaftsrelevanten Fragen zu ermöglichen (BMBF 2009).

---

[5] Im ökonomischen Kontext besteht eine Nähe zu ähnlichen Komposita wie „Unternehmenskommunikation" oder „Markenkommunikation", wie sie in der Marketinglehre verwendet werden. Innerhalb dieser gehört der Teilbereich der „Öffentlichkeitsarbeit" gemeinsam mit der Werbung zu den Mitteln der Verkaufsförderung (vgl. Kotler/ Armstrong/ Saunders/ Wong 2010, 839). So verbindet sich Wissenschaftskommunikation mit einer Sichtweise, in der gesellschaftliche Prozesse als Marktbeziehungen gedeutet werden und somit der Wissenschaftskommunikation eine Stellung als Mittel zur Steuerung eines „Wissenschaftsmarktes" zukommt.

Hier fällt auf, dass die Funktion von Wissenschaftskommunikation wesentlich durch die Perspektive der Akteure beeinflusst wird. Wissenschaftliche Einrichtungen betonen in der gesellschaftlichen Debatte ihre Eigenständigkeit; politische Akteure sehen die Wissenschaft als Partner in der Erlangung gesellschaftlichen Fortschritts. Die Aufgabe der Wissenschaft ist es dabei, die komplexe Gegenwart zu erklären und nicht, zur kritischen Reflexion anzuleiten. Wissenschaftskommunikation als Ressourcenbeschaffung impliziert die Anpassung und Anlehnung der Wissenschaft an gesellschaftliche und politische Themen und Akteure.

Für die wissenschaftliche Betrachtung wurde der Begriff der Wissenschaftskommunikation in der deutschen Wissenschaftsforschung zunächst verworfen, weil er nicht nur uneinheitlich verwendet werde, sondern auch in Bezug auf seinen Sinn unklar sei (Rödder 2009, 54, Fußnote 73). In dieser Arbeit wird er dennoch beibehalten, da die Erforschung der widersprüchlichen Zielsetzungen des Begriffs und dessen Implikationen in der Praxis am Beispiel der Kinderuni zum Thema gemacht werden. Wissenschaftskommunikation zeichnet sich demnach gerade dadurch aus, dass sie mehreren Zielen zugleich dient oder dienen soll.

1.2.2 Kommunikationsformen

Zwei Kommunikationsmodelle beherrschen die Diskussion über die praktische Gestaltung von Wissenschaftskommunikation. Aus dem historischen Erbe des Popularisierungsbegriffs entwickelte sich das „Defizit-Modell", das im Programm des Public Understanding of Science (PUS in den USA und Großbritannien seit den 1970er Jahren) bzw. PUSH (Public Understanding of the Sciences and the Humanities in Deutschland seit Ende der 1990er Jahre) fortlebt. Ausgehend von einer Unterscheidung zwischen Experten und Laien bzw. Wissenden und Unwissenden stellt das Defizitmodell eine Hierarchie der Kommunikation mit dem Ziel einer einseitig von „oben" nach „unten" verlaufenden Wissensvermittlung dar. Zugrunde liegt die Annahme, dass trotz der zunehmenden Relevanz von Wissenschaft für gesellschaftliche Entscheidungsprozesse die Grundlage für eine kompetente Auseinandersetzung der Bevölkerung mit den Auswirkungen von Wissenschaft auf die Gesellschaft nicht gegeben sei (Kohring 2005, 158 f.). Weitere Grundlage des Defizit-Modells ist die Überzeugung, dass die Verbreitung wissenschaftlichen Wissens mit einer höheren Wertschätzung von Wissenschaft um ihrer selbst willen und zugleich mit der Akzeptanz politischer Entscheidungen über die gesellschaftliche Nutzung wissenschaftlicher Erkenntnisse verbunden sei (ebd., 160).

Aus der Kritik dieses Modells entstand in neuerer Zeit das Modell eines Dialogs zwischen Wissenschaft und Öffentlichkeit, der den Vorgang der Vermittlung nicht mehr als bloße Abbildung der Interessen der Wissenschaft, sondern als eigenständige Form des Aushandelns von Bedeutungen für die beiden Akteure versteht (ebd., 199). In dieser „interaktionistischen Vorstellung" wird die „Polarität von Wissensproduktion und -rezeption (...) aufgegeben" (Daum 1998, 26).

So liegt der Fokus des vor allem in Großbritannien entwickelten Dialogmodells nicht auf der Vermittlung, sondern auf der Rezeption und Integration des wissenschaftlichen Wissens in die Lebenszusammenhänge der Laien (Kohring 2005, 204).[6] Ebenso verweist das Modell auf eine „soziale Bedingtheit und Interessengebundenheit auch wissenschaftlichen Wissens" (ebd., 205), die als „Kontextualisierung" von Wissenschaft bezeichnet wird (Nowotny/ Scott/ Gibbons 2005). Es stellt damit eine „zentrale Annahme des traditionellen Popularisierungsmodells in Frage", nämlich, „dass Wissenschaft eine wertfreie und neutrale Tätigkeit darstellt" und einen einheitlichen, klar abgrenzbaren Kanon von Wissen und Methoden umfasse (Kohring 2005, 205). Innerhalb des Dialogmodells wird Wissenschaftskommunikation definiert als „prinzipiell gleichwertige Beziehung zwischen Wissenschaft, Technologie und Gesellschaft" (ebd., 209). Gleichwohl enthalten auch neuere Definitionen von Wissenschaftskommunikation, die den Fokus auf die Rezeptionsseite wissenschaftlichen Wissens legen, eine normative Komponente im Interesse der Wissenschaft. So beschreiben Terry Burns, John O'Connor und Sue Stocklmayer den Begriff wie folgt:

> Science communication (SciCom) is defined as the use of appropriate skills, media, activities, and dialogue to produce one or more of the following personal responses to science (...): Awareness, Enjoyment, Interest, Opinion-Forming, and Understanding (Burns/ O'Connor/ Stocklmayer 2003, 183).

1.3 Ziel und Aufbau der Arbeit

Ziel der vorliegenden Untersuchung ist es, anders als vorherige Studien den Blick auf die Kinderuni zu weiten im Hinblick auf ihren Sinn. Nicht ein unmittelbares Ziel wie das Lernen von bestimmten Inhalten oder die Effektivität der Vorlesungen als Nachwuchswerbung sollen im Fokus stehen (auch wenn dies mit bedacht wird), sondern die Kinderuni als Beispiel für einen gesellschaftlichen Kommunikationsprozess zwischen Wissenschaft und Öffentlichkeit. Die

---

[6] Die Dialogorientierung brachte eine Vielzahl neuer Begriffe hervor, wie „Citizen Science" (Kohring 2005, 204), „PEST – Public Engagement in Science", oder, als Förderprogramm der Europäischen Union, die Bezeichnung „Science in Society" (Rödder 2009, 55 f.)

Kinderuni wird als „Testfall" behandelt für eine Momentaufnahme dieser Beziehung, in der die Konzepte Bildung, Kommunikation und Wissenschaft eine Rolle spielen. Der Blickwinkel soll dabei ein pädagogischer sein, d.h. jedes der im Zusammenhang mit Kinderuni betrachteten Konzepte soll auf mögliche pädagogische Anknüpfungspunkte untersucht werden. Damit soll letztlich die Frage beantwortet werden, ob und wenn ja inwiefern die Kinderuni bildend sein kann.

Im ersten, theoretischen Teil werden die drei Themenbereiche in Bezug auf ihre Relevanz für die Kinderuni beleuchtet: Für „Bildung" sind dies der Lernbegriff, die aktuelle Kontroverse um Bildung und Literacy vor dem Hintergrund der PISA-Studie und Scientific Literacy. Im Kapitel „Kommunikation" wird es um die Rolle der Kinderuni als Maßnahme der Öffentlichkeitsarbeit gehen und um die Frage, ob sie aus demokratietheoretischer Sicht Teil eines legitimen gesellschaftlichen Kommunikationsprozesses sein kann. Ebenso geht es darum, ob politische und pädagogische Ziele im Zusammenhang mit informellen Bildungsangeboten für Kinder grundsätzlich unterscheidbar und vereinbar sind und ob gesellschaftliche Kommunikationsprozesse pädagogisch bedeutsam oder sogar bildungsrelevant sein können. Das Kapitel „Wissenschaft" untersucht die schon in der Definition von Wissenschaftskommunikation angedeuteten Beziehungsmodelle zwischen Wissenschaft und Gesellschaft (Autonomie versus Kontextualisierung) und verknüpft die Kinderuni mit dem Diskurs um die Popularisierung von Wissenschaft. Besonderes Augenmerk wird auf die öffentliche Vorlesung und die Rolle des Wissenschaftlers gelegt.

Im zweiten Teil wird die Relevanz der theoretischen Analysen anhand von empirischen Studien zum Kommunikationsverhalten von Wissenschaftlern in der Öffentlichkeit überprüft. Neuere Erkenntnisse der entwicklungspsychologischen Forschung sollen klären, ob Kinder ein geeignetes Publikum für die Vermittlung komplexer wissenschaftlicher Fragestellungen sind. Ebenso werden die Ergebnisse bisheriger empirischer Studien zur Wirkung der Kinderuni vorgestellt und diskutiert, warum sie bisher die Frage nach der Nachhaltigkeit nicht beantworten konnten. Sie dienen außerdem der Vorbereitung auf eine im Rahmen dieser Arbeit durchgeführte qualitative Studie über die Bonner Kinderuni im Zeitraum von 2011 bis 2013. Sie beinhaltet die Auswertung von Interviews mit neun Kindern einer Fokusgruppe, die regelmäßig die Bonner Kinderuni besuchte, die Analyse von insgesamt 18 Vorlesungen und Interviews mit drei Dozenten der Bonner Kinderuni. Die Kindersicht auf die Veranstaltung beabsichtigt, neue Perspektiven auf den Lernbegriff zu ermöglichen und dient als Prüfung, ob es Ansätze eines Verständnisses von „Wissenschaft" bei Kindern gibt. Die Analyse der Vorlesungen soll zeigen, welche Merkmale und Strategien in der Popularisierung von Wissenschaft für Kinder vorfindbar sind und wie sie eingesetzt werden. Die Interviews schließlich sollen verdeutlichen, mit welcher Haltung und mit welchem Ziel Dozenten ihre Vorlesungen gestalten und wie sie ihr Engagement im Rahmen der Kinderuni mit allgemeinen Vorstellungen einer Beziehung zwischen Wissenschaft und Öffentlichkeit verbinden.

Im Ergebnis sollen die vielen Perspektiven zu einer abschließenden Bewertung über die pädagogische Relevanz der Kinderuni geführt werden.

TEIL I: Theoretische Studien

2 Lernen, Bildung, Literacy und Scientific Literacy

Wir sind im hohen Grade durch Kunst und Wissenschaft *kultiviert*. Wir sind *zivilisiert* bis zum Überlästigen, zu allerlei gesellschaftlicher Artigkeit und Anständigkeit. Aber, uns für schon *moralisiert* zu halten, daran fehlt noch sehr viel. Denn die Idee der Moralität gehört noch zur Kultur; der Gebrauch dieser Idee aber, welcher nur auf das Sittenähnliche in der Ehrliebe und der äußeren Anständigkeit hinausläuft, macht bloß die Zivilisierung aus. So lange aber Staaten alle ihre Kräfte auf ihre eitlen und gewaltsamen Erweiterungsabsichten verwenden, und so die langsame Bemühung der inneren Bildung der Denkungsart ihrer Bürger unaufhörlich hemmen, ihnen selbst auch alle Unterstützung in dieser Absicht entziehen, ist nichts von dieser Art zu erwarten; weil dazu eine lange innere Bearbeitung jedes gemeinen Wesens zur Bildung seiner Bürger erfordert wird. Alles Gute aber, das nicht auf moralisch-gute Gesinnung gepfropft ist, ist nichts als lauter Schein und schimmerndes Elend.

Immanuel Kant 1977 [1775], 44 f., A 402, 403

2.1 Lernen

Lernen ist bisher der zentrale Begriff für eine Bewertung der Kinderuni: In allen Kommentaren und Studien wird darauf Bezug genommen (vgl. Kap. 1.1 und Kap. 5.3). Daher wird hier vorab der Lernbegriff näher bestimmt und im Hinblick auf die Brauchbarkeit für die Fragestellung der Arbeit nach dem Sinn der Kinderuni bewertet.

2.1.1 Behaviorismus

Die klassischen Lerntheorien der Psychologie fassen Lernen als Prozess der Anpassung an die Umwelt. Pavlov beschrieb in seinen Experimenten mit Hunden Lernen als die Kopplung eines Reizes (Glocke) mit Nahrungsaufnahme und beobachtete den Speichelfluss der Hunde als „gelernte" Reaktion schon auf den Glockenton auch ohne die gleichzeitige Präsenz von Futter, was sich auch auf viele andere Zusammenhänge verallgemeinern lässt und „klassisches Konditionieren" genannt wird (Pavlov 1927; Baumgart 2001, 110). Auf der gleichen Vorstellung von Lernen beruht das „operante Konditionieren", bei dem erwünschte Handlungen durch Lob bzw. positive Konsequenzen verstärkt und nicht erwünschte Handlungen durch Kritik bzw. negative Konsequenzen sanktioniert werden (Skinner, Thorndike, vgl. ebd., 112 ff.). Für diese Vorstellung vom Lernen, die sich sowohl auf Tiere als auch auf Menschen bezieht, prägte Watson den Begriff des Behaviorismus: Lernen lässt sich hier als Verhalten beschreiben und ist äußerlich beobachtbar. Der Behaviorismus dominierte nicht nur den amerikanischen, sondern auch den deutschen Diskurs über das Lernen bis in die 1980er Jahre (Göhlich/Zirfas 2007, 19) und spielt immer noch im Zusammenhang mit schulischem Lernen eine Rolle: So wird Konditionierung als ein wirksames Führungsinstrument für die Steuerung des Schülerverhaltens in aktuellen Ratgebern für den Lehrberuf vorgestellt und empfohlen (ebd., 23; vgl. Bovet/Huwendiek 2014, 194 ff.).

2.1.2 Konstruktivismus

Eine weitere, ebenfalls empirisch fundierte Lerntheorie stellt der Konstruktivismus dar. Lernen wird hier als mentaler Prozess beschrieben, bei dem durch aktive Informationsverarbeitung jeder Lerner seine eigene Wirklichkeit konstruiert (Göhlich/Zirfas 2007, 25 f.). Der Fokus dieser Lerntheorie liegt auf einer Aneignung, Speicherung und Nutzung von Wissen, Lernen ist daher „das Konstruieren, Rekonstruieren und Modifizieren von Wissensstrukturen" (Krapp 2007, 457). Konstruktivistische Lerntheorien beschäftigen sich mit dem bewussten und zielgerichteten Wissenserwerb mittels bestimmter Lernstrategien und Motivation als den wichtigsten Faktoren für eine möglichst effektive und langfristige Verankerung von Informationen im Gedächtnis (ebd., 455 f.); sie beschreiben Lernen als Erkennen. Vorläufer dieser Auffassung vom Lernen sind Jean Piaget (Prinzip der Assimilation und Akkommodation) und Jerome Bruner (entdeckendes Lernen) (Göhlich/Zirfas 2007, 24 f.). Ziel dieser Lernforschung ist es, eine möglichst effektive Informationsaufnahme und -verarbeitung zu erreichen und Lernstörungen auszuschalten (Krapp 2007, 456). Da dieser Ansatz die Eigenständigkeit des Lernenden betont, erhält Lernen als ein von ihm selbst gesteuerter Prozess eine besondere Wichtigkeit (selbst reguliertes Lernen); auch rückt Lernen als „Kommunikation mit der Welt, mit den Dingen, den Lebewesen, den Menschen, den Anderen" in den Vordergrund und ist ein sozialer Vorgang, weshalb Konstruktivisten auch den Begriff der „Ko-Konstruktion" verwenden: „Die gemeinsame Welt wird kooperativ, d.h. durch Operationen beider bzw. aller Beteiligten sowie durch eine Verständigung über die und einen Abgleich sowie ein Ineinandergreifen der individuellen Operationen, konstruiert" (Göhlich/Zirfas 2007, 27). Die konstruktivistische Perspektive auf das Lernen hat sich in der pädagogischen Psychologie inzwischen weitgehend durchgesetzt und findet mit der Konstruktivistischen Didaktik von Reich (2002) und der Subjektiven Didaktik von Kösel (1995) auch Unterstützer in der Pädagogik (ebd.).

2.1.3 Neurobiologischer Ansatz

Neurowissenschaftler wie Wolf Singer (2003) und Manfred Spitzer (2007) verbinden neurowissenschaftliche und kognitionspsychologische Forschungen und untersuchen Lernen als streng biologischen Vorgang. Spitzer definiert „Lernen" als „Modifikation synaptischer Übertragungsstärke" (Spitzer 2007, 146) im Gehirn. Je höher also die Übertragungsstärke der Synapsen ausfällt, desto besser und effektiver werde gelernt. Er unterscheidet dabei „Wissen" als explizit gelernte, sprachlich verfügbare Informationen und „Können" als prozedurale Informationen, die implizit als Regeln durch Beispiele (Spracherwerb) oder durch Üben (Beherrschen eines Musikinstrumentes) gelernt werden (ebd., 59 ff.). Er identifiziert als günstige Faktoren für das Lernen die Auswirkungen positiver Emotionen auf die Aufmerksamkeit, die wiederum zu einer Erhöhung der Übertragungsstärke der Synapsen führe (ebd., 157 ff.). Nicht nur die Fähigkeit, sondern auch die Motivation zum Lernen sei darüber hinaus den Menschen angeboren (ebd., 192 f.); Lernen sei also zum einen ein lebenslanger Vorgang und zum anderen nicht an intentionales, institutionalisiertes Lehren gebunden (ebd., 10 f.).

Michael Göhlich und Jörg Zirfas kritisieren neurobiologische Lernansätze wie den Spitzers aus pädagogischer Sicht als „reduktionistisch" (die Funktionsweise von Neuronen und Synapsen sei nur ein vereinfachtes Modell der tatsächlich im Gehirn ablaufenden, sehr komplexen Prozesse) und „mechanistisch" als simpler Input-Output-Prozess (Göhlich/Zirfas 2007, 34), der die Bedeutung des Lernens für den Lernenden oder für die Gesellschaft nicht erfassen könne (ebd., 31). Unklar bleibe auch, ob die neuronale Aktivität an sich schon Lernen beinhalte oder erst die Voraussetzung für Lernen sei (ebd., 32). Sie räumen jedoch ein, dass der biowissenschaftliche Blick auf das Lernen „die Pädagogik auf mehrere Sachverhalte aufmerksam" mache:

> [A]uf die Notwendigkeit einer reich ausdifferenzierten Lernumwelt; auf die interindividuell unterschiedlichen Lerngeschwindigkeiten und Lernpräferenzen; auf eine mögliche frühe, differenzierte Lernförderung (…); auf eine hohe Lernmotivation und auf die Bedeutung praktischen, aktiven Lernens sowie auf die Vermeidung von Deprivationen bzw. auf die neurologische Basis von Lernschwächen (ebd., 33).

2.1.4 Pädagogische Ansätze

Der Lernbegriff hat eine lange Tradition innerhalb der Psychologie, gilt jedoch in der Erziehungswissenschaft als eher randständiges Thema: So sei es „nicht selbstverständlich, Lernen als einen pädagogischen Grundbegriff zu behandeln" (Meyer-Drawe 2011, 307). Was Lernen ist oder sein soll, wurde hauptsächlich innerhalb des Bildungsbegriffs verhandelt und betonte gegenüber der Psychologie philosophische Hintergründe des Lernens (Künkler 2011, 14). Alfred Petzelt lehnte „die bloße Anhäufung von Wissensbeständen" als „schwere Unbildung" ab (Petzelt 1961, 81) und setzte die Reflexion und Bewertung des Gelernten an die oberste Stelle. „Lernen", so Petzelt, „erschöpft sich niemals im Merken – wohl aber gehört zu ihm stetiges Aufmerken auf Probleme" (ebd., 82). Zu einem pädagogischen Verständnis des Lernens gehöre die Rückbindung von Wissen an die Person des Lernenden, an die subjektive Bewertung und Verarbeitung des Gelernten im Sinne eines „Arbeiten[s] an der eigenen Persönlichkeit" (ebd., 81). Wissenserwerb sei daher nur dann sinnvoll, wenn es gleichzeitig dem Ich ermögliche „recht zu leben" bzw. der Ausgestaltung des „Menschentums" diene (ebd., 83). Ähnlich sieht dies auch Lutz Koch, der Lernen als Erkennen von Regeln und Zusammenhängen auffasst, die über den konkreten Wissensbestand hinaus weisen: Lernen sei ein „Vertrautwerden mit einem Weltausschnitt" (Koch 2011b, 372) und umfasse ein „*Verständnis* des *Allgemeinen*, die *Einsicht* in *Gründe und Ursachen* sowie die Eingliederung des so Gelernten in einen umfassenderen *systematischen* Erkenntniszusammenhang, den man metaphorisch als *Übersicht* bezeichnen kann" (ebd. 2011a, 367; Hervorhebung im Original). Auch hier wird der enge Zusammenhang von Lernen und Bildung deutlich. Käte Meyer-Drawe definiert Lernen als Erfahrung, bezieht also nicht nur die Kognition, sondern auch die „Leiblichkeit der menschlichen Existenz" mit ein (Meyer-Drawe 2011, 406). Lernen sei daher grundgelegt in Sinnlichkeit und Anschauung, es beziehe Vorwissen mit ein, indem „das Bekannte auf das zu Erkennende vorausweise (…)" oder sich „als Gewohnheit mit der Neigung zur Dogmatik herausstell[t] und so im Wege steh[t]" (ebd.). Sie macht darüber hinaus deutlich, dass Lernen nicht ohne einen Gegenstand existiert: Lernen heißt immer ein „lernen von etwas" (ebd., 407). Sowohl Koch als auch Meyer-Drawe verweisen auf die Einbettung jeglichen Wissens in die Gesamtheit der Lebenserfahrungen des einzelnen, demzufolge das Lernen eines bestimmten Gegenstandes immer auch vom – meist impliziten, ungeplanten oder nicht-intentionalen – Zusammenhangswissen begleitet wird (Koch 2011b, 372 f.; Meyer-Drawe 2011, 406 f).

Göhlich und Zirfas versuchen eine Synthese zu schaffen zwischen der psychologischen und der erziehungswissenschaftlichen Sicht auf das Lernen. Sie legen vier Dimensionen des Lernens zugrunde, welches folgende Bereiche umfasst: das Wissen-Lernen (sachliche Ebene, Wissen im Sinne eines Curriculums),

Können-Lernen (Handlungsfähigkeit, emotionales und soziales Lernen, soweit dies nicht durch Reflexion, sondern durch Üben geschieht), Leben-Lernen (im Sinne einer Sicherung des Überlebens und des menschwürdigen Lebens), sowie das Lernen-Lernen als genereller Fähigkeit zur Reflexion, Selbststeuerung und Selbstorganisation des Lernens über die gesamte Lebensspanne (Göhlich/Zirfas 2007, 181 ff.). Tobias Künkler nimmt Bezug auf die erweiterte Definition des Lernens, die sowohl explizite Unterweisung wie auch implizites Wissen einschließt: So sei „explizierbares Wissen-Was und Wissen-Wie nur die ‚Spitze des Eisbergs' eines impliziten Wissens, das ein implizites Wissen-Was sowie ein implizites Wissen-Wie umfasst" und zugleich ein sinnhafter Prozess, der nicht als bloßer „Erwerb" gleichförmigen Wissens bezeichnet werden könne, sondern ein „Prozess, der zwischen Eigensinn und Partizipation an überindividuellen Sinn- und Bedeutungshorizonten changiert (…)" (Künkler 2011, 563). Er lenkt damit den Blick auf das soziale und kulturelle Eingebunden Sein des Lernens, auf Lernen als Beziehungsgeschehen:

> Der Vorgang des Lernens findet somit in einem Raum des Zwischen statt, der nicht nur von einem Ich, sondern auch von anderen und anderem bevölkert ist, der dem Ich jedoch weder innerlich noch äußerlich ist, sondern der sich durch das *Ineinander* von Selbst-, Welt- und Anderenrelationen *ereignet*.(…) Lernen im Zwischen spielt sich im Modus der Verwobenheit wie Bezogenheit ab und ist durch diese (…) wesentlich bestimmt (ebd., 568).

Seine Perspektive eröffnet die Möglichkeit, Lernen nicht nur als einen individuellen, sondern auch als einen kollektiven gesellschaftlichen Prozess zu betrachten.

Im Hinblick auf eine pädagogische Perspektive auf die Kinderuni wird deutlich, dass eine enge, psychologische Definition des Lernens als theoretische Grundlage nicht ausreichend sein kann. Hier müssten die erweiterten Möglichkeiten des Lernens als Erwerb und Verarbeitung von Zusammenhängen, Regeln und Verallgemeinerungen sowie die Bewertung des Gelernten für den Einzelnen mit berücksichtigt werden. Den Sinn der Kinderuni in einer effizienten Vermittlung von reproduzierbarem Wissen zu sehen, entspricht zwar einem gängigen Verständnis von Lernen, lässt aber eine genuin pädagogische Betrachtung außer Acht. Wenn es stimmt, dass Lernen von etwas immer nur die Spitze eines Eisberges darstellt, also auch informelles, prozedurales oder nicht-intentionales Wissen einschließt, könnte es sich lohnen, die verschiedenen Bedeutungsebenen des Lernens am Beispiel der Kinderuni zu untersuchen und ein Stück weit offen zu legen. Die Erziehungswissenschaft steht noch am Anfang einer eigenen Betrachtung auf den Lernbegriff (vgl. Künkler 2011, 14 ff., Becker 2009, 589); daher erfolgt die Analyse eines pädagogischen Sinns der Kinderuni unter der systematisch ausdifferenzierteren Perspektive von „Bildung". Der Bildungsbegriff schließt übergreifende Phänomene wie Lernen als Persönlichkeitsbildung mit ein; ebenso erlaubt er durch das Einbeziehen von informellem Lernen, Kinderuni als pädagogische Veranstaltung überhaupt sinnvoll in den Blick zu nehmen. Dabei wird zu untersuchen sein, ob es, wie Künkler es darstellt, auch einen sozialen, überindividuellen Sinn des Lernens im Sinne von Bildung geben kann. Darüber hinaus schafft der Bildungsbegriff, anders als der Lernbegriff, den Anschluss an ein wichtiges Konzept im Hinblick auf wissenschaftliches Wissen, nämlich Scientific Literacy.

2.2 Bildung

Dennoch ist die Verknüpfung von Bildung und Kinderuni nicht ohne weiteres möglich. Dass die Bildungsrelevanz trotz der großen Verbreitung von informellen Bildungsangeboten für Kinder eine pädagogische Perspektive vermissen lässt (vgl. Pansegrau/ Taubert/ Weingart 2011, 3), liegt darin begründet, dass eine systematische Differenzierung zwischen vollständig intentionalen, teilweise intentionalen und zufälligen bzw. nicht intentionalen Veranstaltungsformen für Kinder und Jugendliche bisher fehlt.

Entweder ist nur das „bildend", was in der eigens dafür geschaffenen Institution stattfindet, in der alles auf Lernen abgestimmt ist und systematisch Bildungsprozesse anstößt (Schule), dann scheiden alle nicht institutionalisierten, informellen Angebote als Quellen von Bildung aus.

Oder es ist alles bildend, was auf das Subjekt einwirkt, also die gesamte Lebenswelt: Dann gibt es grundsätzlich keinen qualitativen Unterschied mehr zwischen eigens eingerichteten Lernsettings und der Umwelt, ein Umstand, der mit der Formel „Entgrenzung des Pädagogischen" beschrieben worden ist (vgl. Lüders/ Kade/ Hornstein 2006) und sich daraus ableitet, dass moderne Gesellschaften auf „lebenslange[s] (...), selbstgesteuerte[s] und informelle[s] Lernen" ihrer Bürger angewiesen sind (Nolda 2004, 8). Somit würde die Notwendigkeit entfallen, die Kinderuni von der Lebenswelt abzugrenzen.

Jedoch bleiben bei dieser Kategorisierung bedeutsame Elemente unberücksichtigt: Die Kinderuni gehört weder dem einen noch dem anderen Extrem an. Sie findet einerseits in einer Bildungsinstitution statt und tritt in einer typischen Veranstaltungsform dieser Institution in Erscheinung, andererseits ist sie in ihrer losen Folge nicht zusammenhängender Vorlesungen auch zufällig und unverbindlich wie jegliches andere Erlebnis aus der Lebenswelt, das höchstens im Zusammenspiel mit vielen zusätzlichen Faktoren und ungeplant eine Nachhaltigkeit entwickelt.

Da sie aber zumindest einige Merkmale von pädagogisch gestalteten Situationen einschließt, muss sie auch in den Rahmen pädagogischer Reflexionen einbezogen werden. Dies gilt umso mehr vor dem Hintergrund, dass zusätzliche, nicht verpflichtende Vermittlungs- bzw. Aneignungsangebote nicht nur innerhalb der Schule (Kommunikationstrainings, Streitschlichterprogramme, Nachmittagsprogramm der Offenen Ganztags-Schule), sondern auch zunehmend in der Gestaltung der Freizeit von Kindern und Jugendlichen fest verankert sind. Es ist daher erforderlich, die Kinderuni systematisch einzuordnen im Gesamtgefüge pädagogischer Vermittlungsformen.

Nimmt man an, dass die Kinderuni einen pädagogischen Sinn enthält, kommen als Ziele entweder Bildung oder Literacy, oder genauer: Scientific Literacy, in Frage. Beide Begriffe werden im Kontext des deutschen Bildungssystems kontrovers diskutiert, seit die PISA-Studie die gesellschaftliche Verantwortung der Institution Schule in den Vordergrund gerückt hat. Für informelles Lernen existieren bislang keine spezifischen, von formellem Lernen zu unterscheidende Kriterien, obwohl ein grundlegender Unterschied darin besteht, dass Ersteres weder den Organisationsgrad noch die Verbindlichkeit von institutionellem Lernen aufweist und auf Freiwilligkeit beruht. Wenn die informellen Lernangebote jedoch in Bildungsinstitutionen stattfinden, kann angenommen werden, dass sie mit den Zielen des formellen Lernens in einem Zusammenhang stehen. Insbesondere der Begriff der Scientific Literacy wird seit seiner Entstehung in den 1970er Jahren auf beide Bereiche des Lernens angewendet.

Im Folgenden werden „Bildung" und „Literacy" in ihrer Genese und in der aktuellen Diskussion sowie ihre Beziehung zueinander vorgestellt, um daraus Erkenntnisse darüber zu gewinnen, inwiefern die Kinderuni zu einem pädagogischen Anliegen, möglicherweise mit dem Ziel einer Scientific Literacy, beitragen könnte.

2.2.1 Entstehung und Tradition des Bildungsbegriffs

„Bildung" stammt seiner Wortgeschichte nach aus einer theologisch-mystischen Betrachtung vom Werden des Menschen zur Gottesbildlichkeit und reicht bis ins 14. Jahrhundert zurück (Meister Eckhart). Als Verständigung über Ziele und Wege des Aufwachsens junger Menschen in der Gesellschaft wurzelt der Bildungsbegriff ebenso im antiken Konzept der „paideia", aus der wesentliche Elemente in der Neuzeit weiterentwickelt wurden. Im Begriff der Selbsttätigkeit (Platon) wird die nicht-mechanistische Vorstellung von Bildungsprozessen thematisiert. Aus der christlichen Tradition stammt die Idee der Bildung als Ereignis des einzelnen Individuums (Augustinus), das sich im Inneren vollzieht. Die Antike steuert den Aspekt des Prozesshaften, des organisch Wachsenden und Werdenden bei (Ladenthin 2007, 65, 82; Assmann 1993, 23).

Die Vorstellung von „Bildung" im heutigen Sinn entstand in Europa während des 18. Jahrhunderts, entfaltete aber besonders in der zweiten Hälfte des 19. Jahrhunderts eine beispiellose Dynamik und erreichte eine weite Verbreitung im allgemeinen Sprachgebrauch als ein Schlüsselbegriff der Aufklärung (Assmann 1993, 29 ff.). Vordenker für die Entwicklung des deutschen Bildungsbegriffs sind u.a. die Philosophen John Locke und der Earl of Shaftesbury in England sowie Jean-Jacques Rousseau in Frankreich: Während Locke den Gedanken der Selbstbestimmung des Menschen in den Vordergrund rückt und der Erziehung zur Erreichung dieses Ziels uneingeschränkte Möglichkeiten einräumt (und damit die Einwirkung von außen durch die Initiative und Verantwortung des Erziehers als maßgeblich ansieht) (Locke 1970 [1672], 268), hebt Shaftesbury mit seinem Konzept der „inward form" auf die Innerlichkeit der geistigen Kräfte des Menschen ab, der seine wahre Gestalt aus sich selbst heraus entwickelt (Shaftesbury, 1978 [1711], 126 ff.). Sein Begriff der „self-formation" wurde durch Johann Gottfried Herder als „Bildung" übersetzt (Rhyn 2004, 880). Rousseaus Idee der „perfectibilité" nimmt beide Elemente auf und deutet sie um: Tatsächlich könne der Mensch zu fast allem gebildet werden, da er die Fähigkeit besitze, sich zu vervollkommnen; diese Fähigkeit dürfe jedoch nicht allein durch äußere Lernanreize ausgebildet werden, noch soll der Zögling sich nur aus der Natur heraus entwickeln. Wahre Selbstbestimmung erwachse aus dem reflexiven Umgang jedes Einzelnen mit Wissen und Welt und impliziere damit die Freiheit, dass jede aufwachsende Generation tradiertes Wissen und gesellschaftliche Anforderungen für sich neu interpretieren und gestalten könne (Benner/Brüggen 2004, 189). Diese Unbestimmtheit des Bildungsvorganges befreit den Menschen sowohl von seinen naturhaft gegebenen Voraussetzungen als auch von allzu festgelegten zivilisatorischen Erwartungen.

Hieran anschließend ergibt sich die spezifische Ausformung des Bildungsbegriffs in Deutschland: Die pädagogische Aufklärung löst sich zunächst aus einer Gegenüberstellung von Individualität und Gesellschaft. So fordert Immanuel Kant eine Institutionalisierung der Bildung als moralische Erziehung im Hinblick auf eine Vervollkommnung des einzelnen Menschen als Individuum und zugleich als Bürger. Das Ziel institutionalisierter Bildung sei die Entwicklung von Urteilskraft als einem regulativen Prinzip für eine Gesellschaft, die in fortdauerndem Prozess nach Fortschritt strebe (Kant 1964 [1786], 95, A 18; 1964 [1803], 701 ff.). Prägender ist jedoch die zu Beginn des 19. Jahrhunderts mit Wilhelm von Humboldt zu verzeichnende Abkehr von einer gesellschaftlich gedachten Bildung als Erziehung hin zu einem individuell sich vollziehenden Prozess, der die Welt zwar zum Anlass und Mittel brauche und auch ein staatliches Erziehungssystem nicht ausschließe, sein eigentliches Wesen aber erst in der inneren, subjektiven Auseinandersetzung mit der Welt entfalte: „Denn alle Bildung hat ihren Ursprung allein in dem Innern der Seele, und kann durch äußere Veranstaltungen nur veranlasst, nie hervorgebracht werden" (Humboldt 1960 [1789], 25). Dies geschehe nun durch eine „Wechselwirkung" von Welt und Selbst, wobei jeder Mensch sich diese Welt selbstständig aneigne und dabei sich und die Welt neu hervorbringe; diese „allgemeine Bildung" als Selbstentfaltung wird universell auf die ganze Menschheit bezogen und als zweckfreies Ideal konzipiert (vgl. Humboldt 1979 [1793]). Die spirituellen Wurzeln des Begriffs aus dem Spätmittelalter bleiben in säkularisierter Form erhalten: Nicht Frömmigkeit erlöst den Menschen, sondern Bildung: Die Beschäftigung mit der Welt des „Geistes", so Georg Wilhelm Friedrich Hegel, führe zu Freiheit und Unabhängigkeit (Hegel 1834 [1811], 170).

Kennzeichnend für den deutschen Bildungsbegriff seit dieser Zeit ist seine immense integrative und synthetisierende Kraft, die daraus resultiert, dass er weder religiös noch sozial oder politisch festgelegt ist (Koselleck 1990, 23 ff.). Universell und egalitär, auf die Entfaltung und Mündigkeit des Individuums wie auf den Fortschritt der Menschheit gerichtet, distanziert sich der deutsche Bildungsbegriff von konkreten Erscheinungsformen von Gesellschaft und thematisiert allgemein die Bestimmung des Menschen. Er erhält damit ein kritisches Potenzial gegenüber der Erziehung bzw. dem Bildungsverständnis, wie es sich in seiner konkreten Gestalt als Bildungssystem oder als Mittel zur Ermöglichung und Abgrenzung gesellschaftlicher Teilhabe manifestiert.

2.2.2 Kritik des Bildungsbegriffs

Diese Idee, obwohl noch immer wirkmächtig als politische Formel und im alltäglichen Sprachgebrauch, geriet jedoch seit dem 19. Jahrhundert zunehmend in die Kritik. Die abstrakte, aufklärerische Idee des ausgehenden 18. und frühen 19. Jahrhunderts ließ sich nicht widerspruchsfrei in die soziale Wirklichkeit übersetzen. Zunächst besteht seit dieser Zeit ein grundsätzliches Paradoxon darin, dass Bildung Gegenstand pädagogischer Bemühungen ist, aber nur vom Zögling selbst hervorgebracht werden kann (Filipović 2007, 79).

Dieses Paradoxon trat umso deutlicher hervor, je umfassender man sich darum bemühte, Bildung für Angehörige aller Schichten zu ermöglichen: Die Einführung der Schulpflicht stellte Bildungsverantwortliche wie Humboldt 1810 vor vielfältige Probleme der Schulorganisation und der Gestaltung von Curricula. Da Humboldt die ständisch gegliederte Erziehung mit Hilfe einer allgemeinen Menschenbildung zu überwinden trachtete, berücksichtigte er die Berufsausbildung in seinem Konzept für die Neuordnung des Bildungswesens nicht als Ausgangspunkt seiner Überlegungen (Benner 1990, 176). Jeglicher Berufsausbildung sollte die zweckfreie, allgemeine Menschenbildung vorangehen. Sie verfolgte das Ziel, die Heranwachsenden, ohne sie geburtsständisch oder nach den Erfordernissen des Marktes für vorgegebene Abnehmererwartungen zu qualifizieren, auf eine selbstverantwortete Mitwirkung an der menschlichen Gesamtpraxis vorzubereiten und zu Partizipienten einer neuen, in Entstehung begriffenen bürgerlichen Öffentlichkeit zu bilden (ebd., 178).

In der konkreten Ausgestaltung des Schulwesens zeigte sich aber insbesondere für das neuhumanistische Gymnasium, dass die Abstraktion der Unterrichtsgegenstände von gesellschaftlichen Verhältnissen indirekt zu einer Elitenbildung beitrug und es somit Humboldt nicht gelang, eine „Verkürzung des Schulunterrichts" auf soziale und gesellschaftliche Zwecke zu verhindern. Ganz besonders deutlich wird dieser Mechanismus in der Verankerung der alten Sprachen als zweckfreies, gesellschaftlich abstrahiertes Bildungsgut (ebd., 202 f.).

Im Laufe des 19. Jahrhunderts bildete sich damit das soziale und kulturelle Muster heraus, das mit „Bildungsbürgertum" beschrieben wird: Bildung war Eigenschaft oder Einstellung insbesondere des akademisch „Gebildeten", der weder berufliches Fachwissen noch individuelle Einsicht, sondern einen sozialen Habitus und einen bestimmten Denkhorizont umfasste und der als gemeinsamer Referenzpunkt einer neuen gesellschaftlichen Gruppe diente: den professionellen Staatsbeamten. Mit einem Bildungssystem, das diesen Denkhorizont in einen Kanon von Bildungsgütern fasste, die über zu erreichende Abschlüsse den gesellschaftlichen Zugang zu bestimmten, staatstragenden Berufsgruppen regelten, konnte sich das emanzipatorische Potenzial des Bildungsbegriffs schnell in sein Gegenteil verkehren. So stellt Assmann heraus, Bildung sei seit der Mitte des 19. Jahrhunderts als ein gemeinsamer Wertehintergrund für das „Finanz- und Wirtschaftsbürgertum, akademisches und Kleinbürgertum" umgedeutet worden, das eine „solide Barriere nach unten gegen den vierten Stand sowie gegen alle Außenseiter" darstellte (Assmann 1993, 65 f.). Dabei hielt das Bürgertum zugleich aber an der Individualität und Innerlichkeit des Bildungsprozesses gedanklich fest und abstrahierte ihn von sozialen Verhältnissen; der Zusammenhang, selbst nach der Einführung einer allgemeinen Schulpflicht, wurde geleugnet (Filipović 2007, 79). Bildung, vor allem als Sammlung von bestimmten Texten und Musikstücken, sollte Anlässe für die private Selbstvervollkommnung bieten, aber, bis auf die Funktion als Erkennungszeichen und Zugehörigkeitssymbol für eine abgeschlossene, sich selbst genügende Welt, keine soziale Wirkung in sich tragen. Zugleich wurde die berufsbezogene „Ausbildung" abgewertet (ebd.).

Die in diesem Paradoxon enthaltene Doppelmoral wurde Ende des 19. Jahrhunderts von Nietzsche als „Philistertum" attackiert (Benner/Brüggen 2004, 201). „Der moderne Mensch", so Nietzsche, zeichne sich dadurch aus, dass er „eine ungeheure Menge von unverdaulichen Wissenssteinen mit sich herum[schleppt]" (Nietzsche 1999 [1874], 97) und nicht wirklich gebildet sei, da er das angesammelte Wissen nicht verinnerliche: „(...) es bleibt in [unserer modernen Bildung] bei dem Bildungs-Gedanken, bei dem Bildungs-Gefühl, es wird kein Bildungs-Entschluß daraus (…) Daraus entsteht eine Gewöhnung, die wirklichen Dinge nicht mehr ernst zu nehmen, daraus entsteht die ‚schwache Persönlichkeit'" (ebd., 97 f.).

Anders als Humboldt, der das Schulwesen mit der Idee der Aufklärung und Emanzipation aller Bürger verband, glaubte Nietzsche, die Institutionalisierung und damit die Verbreitung von Bildungsgütern und -abschlüssen für große Bevölkerungsgruppen verringere dessen Wert: Daher sah er die Lösung einer Verwirklichung der Bildungsidee explizit darin, diese nur ausgewählten Personen zugänglich zu machen:

> Zwei scheinbar entgegengesetzte, in ihrem Wirken gleich verderbliche und in ihren Resultaten endlich zusammenfließende Strömungen beherrschen in der Gegenwart unsere ursprünglich auf ganz anderen Fundamenten gegründete Bildungsanstalten: einmal der Trieb nach möglichster *Erweiterung der Bildung*, andererseits der Trieb nach *Verminderung und Abschwächung derselben*. Dem ersten Triebe gemäß soll die Bildung in immer weitere Kreise getragen werden, im Sinne der anderen Tendenz wird der Bildung zugemuthet, ihre höchsten selbstherrlichen Ansprüche aufzugeben und sich dienend einer anderen Lebensform, nämlich der des Staates unterzuordnen. (…) Daß wir aber an die Möglichkeit eines Sieges glauben, dazu berechtigt uns die Erkenntniß, daß jene beiden Tendenzen der Erweiterung und Verminderung ebenso den ewig gleichen Absichten der Natur entgegenlaufen als eine Concentration der Bildung auf Wenige ein nothwendiges Gesetz derselben Natur, überhaupt eine Wahrheit ist, während es jenen zwei anderen Trieben nur gelingen möchte, eine erlogene Kultur zu begründen (Nietzsche 1980 [1872], 647, Hervorhebung im Original).

Abgelehnt wurde also nicht nur die Instrumentalisierung des Bildungsbegriffs für gesellschaftliche Zwecke – schon Schiller brandmarkte die nur auf den gesellschaftlichen Status erpichten „Brotgelehrten" (Schiller 2006 [1789]) –, sondern zugleich auch der Versuch ihrer Ausdehnung auf größere Bevölkerungsanteile an sich.

Fortgesetzt wurde diese Kritik im 20. Jahrhundert von Theodor Adorno, der die Abwertung des Bildungsbegriffs durch die Mechanismen des Marktes und der Massendemokratie anprangerte:

> Darum soll man aber nicht (…) sich gegen das verblenden, (…) wodurch es mit dem immanenten Anspruch der Demokratisierung von Bildung selbst in Widerspruch gerät. Denn das Verbreitete verändert durch seine Verbreitung vielfach eben jenen Sinn, den zu verbreiten man sich rühmt. Nur eine geradlinige und ungebrochene Vorstellung von geistigem Fortschritt gleitet über den qualitativen Gehalt der zur Halbbildung sozialisierten Bildung unbekümmert hinweg (Adorno 1972 [1959], 111).

Wesentlich ist dabei nicht nur, dass er das Medium der Verbreitung von Bildungsgütern als ungeeignet einstuft, sondern jegliche Abweichung vom „Original" eines klassischen Bildungsdokumentes ablehnt:

> Wie es in der Kunst keine Approximationswerte gibt; wie eine halbgute Aufführung eines musikalischen Werkes seinen Gehalt keineswegs zur Hälfte realisiert, sondern eine jegliche unsinnig ist, außer der voll adäquaten, so steht es wohl um geistige Erfahrung insgesamt. Das Halbverstandene und Halberfahrene ist nicht die Vorstufe der Bildung sondern ihr Todfeind: Bildungselemente, die ins Bewußtsein geraten, ohne in dessen Kontinuität eingeschmolzen zu sein, verwandeln sich in böse Giftstoffe (…) (ebd., 111 f.).

Zugrunde liegt Adornos Auffassung eine Idee von einer ursprünglichen Reinheit des Wissens und der Kultur, die sich unmittelbar auch auf das Problem der Popularisierung von Wissenschaft übertragen lässt: In diesem Kontext muss Wissenschaftskommunikation wie eine Karikatur der Wissenschaft erscheinen, die mehr Schaden anrichtet als Nutzen bringt.

Da Adorno qualitative Unterschiede in einer Verbreitung von Bildungsgütern nicht zulässt, sondern alle Bemühungen um Popularisierung gleichermaßen ablehnt (hierzu gehört seiner Meinung nach die Herausgabe von klassischen Werken der Literatur in für die Massen erschwinglichen Taschenbuchausgaben ebenso wie Radiosendungen mit klassischer Musik, ebd., 110 f.), wird auch ein pädagogisches Anliegen, wie es z.B. in Schulen Anwendung findet, diskreditiert. Gleiches gilt natürlich analog für das in den höheren wissenschaftlichen Anstalten erzeugte und gesammelte Wissen, die Humboldt als „Gipfel" bezeichnete, „in dem alles, was unmittelbar für die moralische Kultur der Nation geschieht" (Humboldt 1964 [1810], 255) und für die ein „Reinheitsgebot" in besonderer Weise gelten muss.

Nun attackiert Adorno nicht explizit institutionelle Bildung, sondern die massenmediale Verbreitung von Bildungsgütern, also den informellen Sektor, in dem pädagogische Bemühungen sich mit Marktmechanismen verbinden und Bildung als Ware verkauft wird. Dennoch verstellt diese radikale Absage an eine gezielte gesellschaftliche Verbreitung von Wissens- und Kulturgütern den Blick auf eine differenzierte Auseinandersetzung mit Popularisierung und damit für die Suche nach einer produktiven Lösung der Frage, wie eine qualitativ hochwertige Bildung für alle gestaltet werden könnte.

Wie wirkmächtig noch heute die Vorstellung ist, mit einer Popularisierung von Bildung sei gleichzeitig und unabdingbar ihre Verwässerung und Veränderung bis zur Unkenntlichkeit verbunden, zeigt ein Beispiel aus der aktuellen Diskussion. Für die Entwicklung des Bildungskonzeptes hin zu seiner Karikatur als sozialer Währung steht das Buch von Dietrich Schwanitz, „Bildung – Alles was man wissen muss" (1999). Schwanitz erhebt zwar den Anspruch, dass klassische Bildungsgüter auch einer Selbstvervollkommnung dienen oder kritisches Denken anregen, inszeniert diese aber vor allem als Fundus für den gesellschaftlichen Small Talk. Die Idee der allseits gebildeten Persönlichkeit und die Orientierung an einem zweckfreien, als Bildungswissen geltenden Kanon, wie sie die Aufklärung des 18. Jahrhunderts erfand, scheint hier an einen Endpunkt gekommen zu sein.

Diese Entwertung des materialen Bildungsbegriffs und ihre ironische Umdeutung sind Zeichen für einen gesellschaftlichen und ökonomischen Wandel. Klassische Bildung eröffnet nicht mehr, wie in der Vergangenheit, eine bürgerliche Karriere; daher, so Kritiker des Bildungsbegriffs, könne sie in der heutigen globalen Perspektive nicht mehr nur auf einen bestimmten kulturellen oder nationalen Raum hin konzipiert werden. Das „kulturelle Erbe der vorausgegangenen Generation [kann] kaum mehr Orientierung im Umgang mit den Anforderungen der Gegenwart (...) geben", so konstatiert es Klaus Seitz in seiner Analyse zu einer „Bildung in der Weltgesellschaft" (Seitz 2002, 293). Zu der räumlichen Entgrenzung kommt auch eine zeitliche: Es ist scheinbar heute nicht mehr zu erwarten, dass Bildungsgüter, so wie sie in schulischen Curricula einmal inhaltlich festgelegt wurden, den Ablauf einer Generation überdauern, vielleicht sogar schon vorher obsolet geworden sind. Bildung, so scheint es, ist als Wort und Idee geknüpft an ein endgültig vergangenes, ständisch organisiertes Gesellschaftsmodell. Jens Brockmeier und David Olson verbinden mit dem klassisch literarisch gebildeten Menschen die Person Samuel Johnsons, der es seiner exklusiven sozialen Stellung verdankte, sich zweckfrei und intensiv literarischen Studien hinzugeben und einen Lebensstil zu kultivieren, den man Mitte des 18. Jahrhunderts als „one of a gentleman's noblest pastimes" bezeichnete (Brockmeier/Olson 2009, 3).

Insbesondere materiale Bildung, als Konsens über einen Kanon an grundlegendem Wissen, löse sich dabei auf (Seitz 2002, 292). An ihre Stelle trete die Lernfähigkeit als formelle Kategorie, die einer inhaltlichen Ausprägung von Bildung überlegen erscheint, weil sie in einer Welt des Wandels an heute noch unbekannte Verhältnisse und Notwendigkeiten des Lebens angepasst werden könne (ebd., 293).

Diese Akzentverschiebung hat zwei wesentliche Voraussetzungen. Erstens: Nicht eine allgemeine Bestimmung des Menschen und der Anteil der Bildung daran, sondern ihre institutionalisierte und konkretisierte Form als Bildungssystem, also Schule, steht im Vordergrund. Der Stellenwert des Schulabschlusses und der in der Schule erworbenen Fähigkeiten und Kompetenzen als Zugang zur Teilhabe an der Gesellschaft ist nun der Gegenstand der Betrachtung. Niklas Luhmann und Karl Schorr ersetzen das Wort Bildung durch Erziehung, da die Individualität des „Bildungs"prozesses gesellschaftlich nicht fassbar ist: „Am Ende ist Bildung nur noch ein Ersatzausdruck für Erziehung, der anscheinend immer dann einspringt, wenn es gilt, Orientierungslosigkeit durch Berufung auf Werthaftes zu überspielen." (Luhmann/Schorr 1979, 83). Sie geben zu bedenken, dass der traditionelle Bildungsbegriff die „Inklusion der Gesamtbevölkerung in den Prozeß ausdifferenzierter, schulischer Erziehung" nicht berücksichtige (ebd., 84).

Zweitens wird darüber hinaus das emanzipatorische Potenzial des Bildungsbegriffs angezweifelt: „Aber ‚Kritik' ist, soviel Erfahrung hat man inzwischen, wiederum nicht unabhängige Kritik; sie macht sich von ideologischen Vorgaben abhängig, ohne die sie gar nicht möglich ist." (ebd., 84 f.). Hier schließt sich der Kreis wiederum: Der Bildungsbegriff sei danach ein historisch überlebtes Konzept, das sich mit der demokratischen Staatsform und dem gleichen Recht auf Teilhabe jedes Einzelnen nicht mehr vertrage. Für Luhmann und Schorr wird damit auch das Konzept eines sich zur Freiheit entfaltenden Selbst zur Illusion. Es löst sich auf, da es nicht unabhängig von Gesellschaft existieren kann.

Die Vereinbarkeit von Bildung und ihrer gesellschaftlichen Verfügbarkeit und Anwendung, wie sie noch für Kant selbstverständlich war, scheint unmöglich: Ein Festhalten am materialen Bildungsbegriff diskreditiert die Demokratisierung des Wissens als Nivellierung von Kultur, der formelle Bildungsbegriff lässt zugunsten der gesellschaftlichen Betrachtung jegliche individuelle Komponente verschwinden und löst das Selbst als Grundlage des Bildungsbegriffs auf.

2.3 Literacy als der neue Bildungsbegriff

2.3.1 Definition Literacy

In diesem fortgesetzten Streit um die Idee der Bildung erhält die Sache der Funktionalisten Unterstützung durch die Rezeption des angelsächsischen bzw. angloamerikanischen Literacy-Begriffs, der durch die erste PISA-Studie im Jahr 2000 auch in Deutschland bekannter wurde.

Literacy ist in seiner Grundbedeutung (scheinbar) genauso unübersetzbar in die deutsche Sprache wie Bildung in die englische.[7] Zunächst meint Literacy die Fähigkeit des Lesens und Schreibens, und darüber hinaus literarische Bildung und Belesenheit. Es findet Eingang in das Oxford English Dictionary im Jahr 1880 (Brockmeier/Olson 2009, 4). Ein ungefähres Äquivalent für die erste Wortbedeutung ist im Deutschen „Alphabetisierung" oder auch „Grundbildung" (Baumert/ Stanat/ Demmrich 2001, 20). Die zweite Bedeutung verweist auf den

---

[7] Dass Bildung ein unübersetzbares und ausschließlich deutsches Konzept sei, ist bei Kritikern des Begriffs ein häufig geführtes Argument gegen seine weitere Gültigkeit vor dem Hintergrund der Globalisierung (vgl. Filipović 2007, 75). Es geht zurück auf Bruford 1975.

deutschen Bildungsbegriff des 19. Jahrhunderts mit seinem Kanon literarisch-musischer Werke; es ist verwandt mit dem deutschen Wort „Literat" für Schriftsteller.

Aus beiden Wortbedeutungen haben sich aber insbesondere nach dem Ende des Zweiten Weltkriegs wesentliche Erweiterungen ergeben. Es wird heute verbunden mit den Grundzügen unserer westlichen, auf Schriftlichkeit beruhenden Gesellschaft und Kultur, die in vielen (wissenschaftlichen) Bereichen diskutiert werden kann, wie z.B. in seiner kulturellen Dimension in der Archäologie, Literaturwissenschaft, Philosophie, oder in seiner kognitiven Dimension in der Psychologie, Neurobiologie oder Medizin (Levine 1986, 22; Olson/Torrance 2009, XV). Seine Einzigartigkeit besteht darin, dass er eine ganz praktische Tätigkeit beschreibt und zugleich als Metapher der Moderne fungiert (ebd., XIII): Ohne Schriftlichkeit, seine Verarbeitung und sein Verständnis ist unsere heutige Zivilisation mit Massenmedien, Massendemokratie und wirtschaftlicher Entgrenzung nicht denkbar. Offensichtlich geht es hier also nicht einfach um das Lesen und Schreiben in seiner elementaren Form, sondern um eine Vielzahl von sozialen Verrichtungen, in denen die Schriftkultur unser Leben bestimmt, sei es, um ein Dokument für die Aushändigung einer Fahrerlaubnis zu unterschreiben, den medizinischen Beipackzettel zu lesen, sich in fremden Städten zu Recht zu finden oder einen wissenschaftlichen oder literarischen Text zu verstehen und zu interpretieren.

Dementsprechend existiert eine Vielzahl von Literacies, die sich auf ihren jeweiligen sozialen Kontext beziehen, wie Computer Literacy, Scientific Literacy, Political Literacy: Alle diese Begriffe markieren jeweils einen gesellschaftlich relevanten Anwendungsbereich von Literacy (Levine 1986, 24 f.). Literacy ist also ebenso wie Bildung ein komplexer Begriff (vgl. Cambridge Handbook of Literacy 2009). Im Folgenden wird der Fokus der Untersuchung auf den Zusammenhang zwischen Literacy und Bildung gelegt.

2.3.2 Verbreitung des Literacy-Begriffs

Für die Bedeutungsveränderung und Bedeutungserweiterung des Bildungsbegriffs in Deutschland sowie in der aktuellen Umgestaltung der Bildungssysteme weltweit kommt der UNESCO eine zentrale vorbereitende Rolle zu. Zwar waren die Zielvorstellungen ihrer transnationalen Programme durch den traditionellen Bildungsbegriff geprägt und kommen vor allem in den frühen Schriften zum Ausdruck (UNESCO 1947); jedoch richten sich ihre Maßnahmen auf die Förderung konkreter Fähigkeiten wie Denken, Sprechen, Zuhören, Rechnen sowie Lesen und Schreiben, die als Grundbildung bezeichnet werden (UNESCO 1949,11). Sie übernahm dabei den aus dem amerikanischen Bureau of Census stammenden Begriff der Literacy, der ursprünglich vor allem auf das Lesen und Schreiben sowie basales Textverständnis abzielte (Levine 1986, 26). In der Folge spaltete sich der Bildungsbegriff in den Programmen der internationalen Organisationen in zwei Abzweigungen auf (Dale 2010, 313): Die europäische Tradition lebte weiter in der Idee eines Welterziehungsprogramms (Globales Lernen bzw. Common World Education Culture), während der viel konkretere und „technische" Literacy-Begriff zur Grundlage der Bildungsauffassung der internationalen Wirtschaftsverbände wurde. Wesentlich für den Literacy-Begriff ist seine Funktionalität in Bezug auf die gesellschaftliche Teilhabe und ökonomische Existenz des Einzelnen (OECD 2000, X). Ursprünglich richteten sich die Bemühungen der UNESCO auf reine Alphabetisierungskampagnen, mit der Vorstellung, allein die Technik des Lesens und Schreibens würde sowohl den ökonomischen wie auch den gesamtgesellschaftlichen Fortschritt in Entwicklungs- und Schwellenländern befördern. Nachdem diese Programme fehl schlugen (Levine 1986, 30), wurde der Literacy-Begriff erweitert um das Verständnis und die Anwendung dieser Techniken in soziokulturellen, politischen und ökonomischen Kontexten (vgl. Street 1984).

Die umwälzende Dynamik zur Verschiebung einer Definition des Bildungsbegriffs in Richtung Literacy lösten Ende der 1990er Jahre Wirtschaftsverbände wie Weltbank, WTO und insbesondere die OECD aus. Ihre in regelmäßigen Abständen publizierten internationalen Vergleichsstudien (PISA) nahmen einen großen Einfluss auf die politische Ausrichtung der Bildungsorganisation der Nationalstaaten und auf die EU (Beschluss des Bologna-Prozesses). Zwar betrafen und betreffen diese Maßnahmen vordergründig nur die prozessuale Ebene der Bildungssysteme; sie beziehen sich jedoch auf eine Idee der Bildung als Markt und der Bildungsabschlüsse als Produkte dieses Marktes. Im Sinne einer Global Knowledge Economy[8] wird der gesellschaftliche Fortschritt durch Bildung ökonomisch umgedeutet in einen global strukturierten Auftragskatalog, der das Funktionieren des Kapitalismus und der Weltmärkte befördern und erhalten soll (Dale 2010, 313). Analog zu einer allgemeinen Definition von Globalisierung, bei der eine grenzüberschreitende Unternehmung sich im Wettbewerb unter Ausnutzung von Standortvorteilen behauptet und sich in diesem Prozess eine Konvergenz kultureller und sozialer Unterschiede einstellt (Gabler 2014, 1370), enthält eine Globalisierung der Bildung auf prozessualer Ebene folgende Elemente:

- die Erhebung der Bildung zu einem Schlüsselbegriff für den wirtschaftlichen Fortschritt,

---

[8] Der deutsche Ausdruck „Wissensgesellschaft" trifft die englische Bezeichnung nur zum Teil, da die Bedeutung einer Marktförmigkeit von Bildung fehlt.

- eine transnational ausgerichtete Wettbewerbsorientierung der Bildungssysteme,
- eine internationale Angleichung der Bildungsabschlüsse,
- eine Ausgestaltung der Lehr-/Lernprozesse auf übergreifende Kompetenzen statt auf Inhalte,
- eine Spezialisierung der Ausbildungsgänge statt einer Ausrichtung auf Allgemeinbildung,
- Flexibilisierung der Wissensbestände je nach aktueller Relevanz,
- eine Betonung von Kreativität und Innovation,
- Standardisierung, Ausrichtung auf Messbarkeit und Kontrolle (vgl. Dale 2010; Hegarty 2010, 671 f.; 674).

2.3.3 Literacy in der PISA-Studie und Forschungsstand

Zusammen mit diesen Vorgaben findet der Literacy-Begriff Eingang in die erste internationale PISA-Studie im Jahr 2000, wo er durch das deutsche PISA-Konsortium als eine Reihe von Basiskompetenzen beschrieben wird, die in der Schulbildung erworben werden können und zu einer „Lebensbewältigung" beitragen (vgl. Baumert/ Stanat/ Demmrich 2001, 15-33). Die Studie stellt weiterhin einen Bezug dieser funktionalen Kompetenzen zu dem deutschen Begriff der Allgemein- bzw. Grundbildung her, wobei die Unterschiede zwischen dem deutschen, philosophisch orientierten Bildungsbegriff und dem angelsächsischen, praktisch orientierten Begriff der Literacy genannt werden. In dem Bemühen, „eine Brücke zu schlagen" zwischen beiden Bildungsauffassungen, weisen die Autoren darauf hin, dass zum einen die funktionale Perspektive auch in neueren deutschen bildungstheoretischen Entwürfen zum Ausdruck komme („Garantie des Bildungsminimums, Kultivierung der Lernfähigkeit", vgl. Tenorth 1994, 186 ff.) und zum anderen der philosophische Gehalt der deutschen Bedeutungsdimension mit seiner normativen Ausrichtung der Allgemeinbildung als einer bestimmten Form der Weltaneignung und Rationalität nicht explizit, aber doch implizit auch in angelsächsischen Curricula vorhanden sei (Baumert/ Stanat/ Demmrich 2001, 20). Im Zusammenhang mit der enormen Bedeutung der PISA-Studie für die Umgestaltung des deutschen Bildungssystems, aber auch ihre internationale Strahlkraft, ist dies ein Zeugnis für den Versuch, eine Konvergenz unterschiedlicher nationaler und kultureller Bildungskonzeptionen herzustellen.

Der historisch relativ junge Literacy-Begriff, der in der PISA-Studie die ältere bildungstheoretische Perspektive nahezu vollständig überdeckt, ist in jüngster Zeit selbst einem dynamischen Wandel unterworfen: So listet der Global Monitoring Report der UNESCO 2005 viele unterschiedliche Definitionen von Literacy auf (als Sammlung bestimmter Fähigkeiten, als Realisation in verschiedenen Anwendungskontexten, als Lernprozess oder als Text) und stellt u.a. das Konzept der „critical literacy" des Brasilianers Paolo Freire vor. Innerhalb dieser wird die Bedeutung des Interpretierens, Reflektierens, Befragens, Erforschens und Theoretisierens von Texten, sowohl beim Lesen als auch beim Schreiben, in seinem kritischen und emanzipatorischen Potenzial herausgestellt (vgl. UNESCO 2005, 147-159). Auch hier können Bezüge zum deutschen Bildungsbegriff hergestellt werden. Das Cambridge Handbook of Literacy beschreibt den Begriff ebenso als extrem vielgestaltig und diagnostiziert für den gegenwärtigen Stand der Forschung (2010) Folgendes:

> It is overly optimistic to say that these overlapping spheres of research have begun to define a coherent field with its own expertise, its own distinctive literature, and its own research methods. (…) Although research on the various aspects of literacy now appears in the books and journals of a number of disciplines, there is still no standard text or document that helps to define literacy as a field, or to alert researchers of their potential colleagues, or, most usefully, to suggest promising areas of interdisciplinary research and theory (Olson/Torrance 2009, XX).

Diese Uneindeutigkeit taucht auch in der PISA-Studie auf: So gibt es z.B. für die mathematische Kompetenz keine international gültige Definition. Das deutsche Konsortium hat einen eigenen theoretischen Rahmen für mathematische Grundbildung erstellt, der folglich auch nur in Teilen international vergleichbar ist (Klieme/ Neubrand/ Lüdtke 2001, 140).

Olson und Torrance konstatieren darüber hinaus eine Reihe von Problemen im Zusammenhang mit dem Literacy-Begriff. Ein erstes Problem besteht in der schon in der ursprünglichen Wortbedeutung enthaltenen Zweideutigkeit: Geht es nur um das Lesen und Schreiben, also konkrete Fähigkeiten und Kompetenzen, oder um literarische Bildung, ggf. erweitert um wissenschaftliche Literatur? Die Autoren verweisen bei der zweiten Bedeutung auf das Konzept der „liberal education"[9], das dem deutschen Bildungsbegriff recht nahe kommt.[10] Sie werfen die Frage auf, ob in dieser Zweideutigkeit nicht auch eine bewusste Verschleierung der Tatsache steckt, dass nur die basalen Fähigkeiten des Lesens und Schreibens sowie die damit verbundenen Basiskompetenzen für alle vorgesehen sei, man

---

[9] Lars Løvlie und Paul Standish weisen nach, dass das Humboldt'sche Bildungsverständnis mit den Elementen der Selbstvervollkommnung und Innerlichkeit schon Mitte des 19. Jahrhunderts in England eine verbreitete Vorstellung war. Sie ziehen Parallelen zur London School und den Werken von R. S. Peters, Hirst und Dearden ab den 60er Jahren des 20. Jahrhunderts, die die Zweckfreiheit von Bildung, den Wert von Traditionen und traditioneller Bildungsgüter und die Idee der Befreiung des Selbst in den Vordergrund stellen. Auch das Gedankengut von Dewey geht nach ihnen, wenn auch verändert durch demokratietheoretische Überlegungen, auf den deutschen Bildungsbegriff zurück (vgl. Løvlie/Standish 2002).
[10] Dass der Bildungsbegriff keine rein deutsche Erfindung ist, weist auch Krassimir Stojanov nach, indem er Bezüge zu semantisch paralleler Verwendung im Russischen und zur Konzeption von „education" bei John Dewey herstellt (Stojanov 2006, 28 ff.).

aber für eine Elite die umfassendere Wortbedeutung vorhalte. Für sie ist hierin ein Spannungsverhältnis enthalten, das dem um den Begriff der Bildung ähnelt (ebd., XIV). In jedem Fall ist nicht eindeutig zu definieren, welche konkreten Fähigkeiten eine umfassende Literacy voraussetzt:

> There is growing agreement that literate competence includes not only the basic skills of writing and reading but also competence with the more specialized intellectual or academic language (…). The challenge is to identify the kinds of competence that are sufficiently general to allow access to this range of activities (ebd., XV).

Problematisch ist weiterhin, und auch dies gilt genauso für Literacy wie für Bildung, das Verhältnis zu gesellschaftlichen Zielen: Wurde Literacy zunächst mit Emanzipation verbunden, so stellte sich Ende des 20. Jahrhunderts heraus, dass diese angenommene Verbindung weniger klar und eindeutig ist als ursprünglich behauptet:

> Brian Street provides a detailed criticism of the notion that literacy is a single uniform process with uniform implications. He provides ethnographic evidence that shows how different societies exploit writing and reading in radically different ways, yet appropriate to those societies (ebd., XVII).

Daher kann man sagen, dass internationale Organisationen und nicht zuletzt auch die PISA-Studie mit einem theoretisch uneinheitlichen und nicht genau definierten Begriff arbeiten, der kaum mehr Orientierung bietet als der angeblich veraltete und selbstwidersprüchliche Bildungsbegriff. Dies bedeutet, dass nun genauer untersucht werden muss, ob im Hinblick auf den Untersuchungsgegenstand ein genaueres Bild auszumachen ist und der Literacy-Begriff nicht zumindest für diesen Teilbereich aufschlussreich sein könnte. Naheliegend für die Untersuchung ist in diesem Kontext die sogenannte Scientific Literacy.

2.4 Scientific Literacy

Scientific Literacy ist, wie aus den allgemeinen Ausführungen deutlich geworden sein dürfte, kein deskriptiver Begriff, der wertneutral spezielle Kenntnisse und Fähigkeiten in einem generellen Umfeld von Literacy beschreibt, sondern er ist in hohem Masse programmatisch: „Scientific Literacy is a good that educators, scientists, and politicians want for citizens and society" (Norris/Phillips 2009, 271). Der Begriff zeigt beispielhaft, wie versucht wird, einen abstrakten Literacy-Begriff zu konkretisieren und funktional auszurichten.

Obwohl er inhaltlich schon Ende des 19. Jahrhunderts diskutiert und erstmals systematisch in den 1930er Jahren durch John Dewey analysiert wurde

(Miller 1983, 29 ff.), gewann er Ende der 1970er und in den 1980er Jahren deutlich an Kontur und Dynamik. Seit dieser Zeit werden die Auswirkungen (natur-) wissenschaftlicher Forschung gesellschaftlich stärker thematisiert. Umweltschützer und Politiker trugen Kontroversen aus über die Chancen und Risiken von Atomkraft, chemischer Industrie und Genmanipulation. Es ging hier um die konkreten gesellschaftlichen Auswirkungen von angewandter Forschung.

2.4.1 Scientific Literacy als Faktensammlung

Um diese Diskussionen auf eine breitere politische Basis zu stellen, und günstigenfalls ein vermutetes Misstrauen gegenüber Wissenschaft und Technik in der Bevölkerung zu beseitigen oder abzumildern, beauftragten die US-amerikanische und die britische Regierung Forscher mit Studien über den Kenntnisstand der Bürger bezüglich kontroverser Forschungsgebiete, denn: Damit über die gesellschaftlichen Auswirkungen von Wissenschaftspolitik und die wirtschaftlichen Anwendungsgebiete von Forschung demokratisch entschieden werden könne, so die Argumentation, müssten die Bürger über ein bestimmtes Grundverständnis der wissenschaftlichen Grundlagen dieser Entscheidungen verfügen (ebd., 29). Später, Ende der 1980er Jahre, wurden ähnliche Studien auf Initiative der EU auch in verschiedenen europäischen Staaten durchgeführt (Eurobarometer-Studie, vgl. Dierkes/von Grote 2000).

Aufgrund dieser Entstehungsgeschichte bezieht sich Scientific Literacy fast ausschließlich auf naturwissenschaftliche Kenntnisse und Disziplinen. In allen diesen Studien ging es um das materiale Wissen in den Naturwissenschaften, um das Wissen über bestimmte grundsätzliche Fakten, über die die allgemeine Bevölkerung aufgrund ihrer Schulbildung eigentlich verfügen müsste. In den USA spezialisierte sich Jon Miller seit den 1970er Jahren auf die Konzeption und Durchführung solcher empirischer Studien, für die bestimmte naturwissenschaftliche Fakten zugrunde gelegt wurden. So sollte der Fragenkatalog, mittels derer der Kenntnisstand in der Bevölkerung abgefragt werden sollte, ermitteln, ob die Befragten wüssten, dass sich die Erde um die Sonne dreht, Antibiotika nur Bakterien, aber nicht Viren abtöten können, das Erdinnere sehr heiß ist oder Menschen und Dinosaurier nicht zur selben Zeit auf der Erde lebten (vgl. Miller 1998, Miller/Pardo 2000). In den Studien wurde festgestellt, dass der Kenntnisstand der Bevölkerung bezüglich dieser Fakten schwach ausgeprägt sei (ebd.; Ziman 1991). Daraus folgerte Miller, dass verstärkte Anstrengungen unternommen werden müssten, um die Naturwissenschaften in der Schule und in der Öffentlichkeit zu präsentieren (Miller 1983, 32). Dadurch sollte ebenso der Nachschub an wissenschaftlichem Nachwuchs für diesen so zentralen Bereich der Forschung garantiert werden.

Jedoch ist die Fokussierung auf (natur-)wissenschaftliches Wissen auch auf Kritik gestoßen (Durant et al. 2000). Die durchgeführten Studien beruhten auf der Annahme, dass in dem Verhältnis zwischen Wissenschaft und der Öffentlichkeit ausschließlich die Wissenschaft als bestimmender Faktor Gültigkeit beanspruche, was zu der sogenannten „Defizit-Hypothese" führe (vgl. Kap.1.1.2). Darin ist die Wissenschaft ein klar gegliedertes Faktensystem und die Öffentlichkeit ein mehr oder minder unwissendes Publikum, das diese Fakten über die Vermittlung durch Wissenschaftskommunikation „lernen" soll. Die Wirklichkeit sehe aber komplexer aus und müsse auch außerwissenschaftliche, aber gesellschaftlich wichtige Faktoren mit einbeziehen (ebd., 135 f.). Auch sei der Anspruch an eine Scientific Literacy, so der radikale Kritiker Morris Shamos, viel zu hoch und daher nicht realisierbar:

> Naturwissenschaft ist im letzten Jahrhundert so diffus und komplex geworden, daß es töricht wäre zu glauben, daß sie für den Verbraucher zu einem handlichen Paket verpackt werden könnte (Shamos 2002, 61).

2.4.2 Scientific Literacy als Verständnis von Methoden in den Naturwissenschaften

Daher plädiert Shamos dafür, in den Schulen nicht mehr eine Ansammlung von Fakten der Naturwissenschaften zu präsentieren, sondern vielmehr ihre Bedeutsamkeit und Wertschätzung für die Praxis hervorzuheben, und zwar im Sinne einer Vermittlung von grundlegendem Verständnis über die Prozesse der Naturwissenschaften:

> Gemeint ist das Bewußtsein, was die Naturwissenschaft ist, was sie tut und wie sie es tut; sich darüber im klaren sein, dass Naturkunde mit der ihr eigenen Anhäufung von Fakten nicht das gleiche ist wie naturwissenschaftliche Erforschung der Natur; sich der Horizonte und Grenzen der Naturwissenschaft bewusst sein; und, vielleicht am wichtigsten von allem, sich darüber im klaren sein, wie man sich zu sozialen Problemen, die mit naturwissenschaftlichen Fragestellungen in Zusammenhang stehen, Rat von Experten holt (ebd.; vgl. auch Shamos 1995).

So gehe es darum, grundlegende Konzepte wie Theorie, Beweis oder Gesetz sowie die Methoden des Messens, des Beobachtens und Schlussfolgerns zu verstehen; Inhalte müssten dann nur noch als Beispiele für die übergreifenden Konzepte herangezogen werden (ebd., 65).

Miller kritisiert diese „Lösung" des Problems von Shamos insofern, als er auf die gesellschaftlichen Implikationen hinweist: Spricht man der allgemeinen Bevölkerung ein detailliertes Verständnis wissenschaftlichen Wissens ab, entfernt man Wissenschaft und Forschung aus dem demokratischen Prozess (Miller 1998, 205). Eine Mitbestimmung ist dann allenfalls indirekt über spezialisierte Gremien möglich. Dort, wo Shamos Empirikern wie Miller ideologische und unrealistische Vorannahmen vorwirft, konstatiert Miller die Arroganz des Naturwissenschaftlers, dem es nicht gelinge, Kategorien außerhalb seiner Fachdisziplin gesellschaftlich anzuerkennen (ebd.).

Dennoch ist auch Millers empirischer Ansatz nicht unproblematisch, und zwar nicht nur, was die grundlegenden Annahmen zur Erhebung einer Scientific Literacy angeht, sondern auch auf der Ebene der Durchführung. Miller selbst berichtet von dem komplizierten Prozess, der nötig ist, um zu definieren, was eigentlich zu einem naturwissenschaftlichen Grundwissen gehört und wie dies, vor allem auch im internationalen Vergleich, valide abgefragt werden kann: Sind die abgefragten Fakten noch in zwanzig, dreißig oder fünfzig Jahren aktuell oder veralten sie? Wie verändert sich die gesellschaftliche Relevanz naturwissenschaftlicher Fakten über die Jahre? Soll die naturwissenschaftliche Kompetenz von den Befragten selbst eingeschätzt oder ausschließlich von außen analysiert werden? Auch kann er den zentralen Kritikpunkt von Shamos nicht entkräften, dass nämlich der derzeitige Kenntnisstand der Bevölkerungen aller befragten Nationen (USA, Canada, Japan, verschiedene Staaten der Europäischen Union) über Naturwissenschaften nicht als ausreichend im Hinblick auf politische Mitbestimmung in einem demokratischen System anerkannt werden könne (ebd., 219).

Beiden gemeinsam ist die Forderung, dass die Kenntnisse und das Urteilsvermögen über Naturwissenschaften in der Bevölkerung erhöht werden müssten. Jon Miller identifiziert drei wesentliche Aspekte der Scientific Literacy, in denen auch Shamos' Sicht enthalten ist:

- ein Vokabular grundlegender naturwissenschaftlicher Konstrukte, um einander widersprechende wissenschaftliche Argumente in einem Zeitungsartikel zu verstehen,
- ein Verständnis für den Prozess naturwissenschaftlicher Forschung, sowie
- ein Verständnis für die Auswirkungen naturwissenschaftlicher Forschung und Technik auf das Individuum und die Gesellschaft (ebd., 205).

Rodger W. Bybee fügt in seinem Konzept von Scientific Literacy noch eine weitere Komponente hinzu: Außer der funktionalen SL (Vokabular), der konzeptionellen/prozeduralen SL und der multidimensionalen SL berücksichtigt er auch noch eine nominale SL, in der naturwissenschaftliche Begriffe zwar als solche erkannt, jedoch nicht korrekt wiedergegeben oder erklärt werden können (Bybee 2002, 31).

Wichtig für eine demokratische Gesellschaft ist letztlich die Urteilsfähigkeit der Bürger in wissenschaftlichen Fragen. Dieses Verständnis von SL kommt dem Bildungsbegriff nahe. Jedoch konstatiert Miller 1998, dass es kaum Erkenntnisse darüber gebe, wie der Einzelne auf naturwissenschaftliche Themen oder neue Technologien aufmerksam werde, wie er sich dabei Wissen aneigne, und wie er dieses nutze, um an gesellschaftlichen Debatten teilzunehmen (ebd., 220). Von einer Einschätzung, welches die genauen Einflussfaktoren einer SL sind oder wie der geforderte Idealzustand erreicht werden könnte, ist man also noch weit entfernt. Die Definition von Scientific Literacy bleibt meistens im Ungefähren, sei sie so allgemein wie die oben genannte, oder auch recht detailliert, so wie sie Stephen Norris und Linda Phillips 2009 auflisten und dabei nicht weniger als elf unterschiedliche Elemente unterscheiden (auch diese sind eher programmatisch als konkret feststellbar: „Fähigkeit, Wissenschaft von Nicht-Wissenschaft zu unterscheiden", „wissenschaftliches Wissen zum Lösen von Problemen einsetzen" oder gar „Wertschätzung von und Vertrauen auf Wissenschaft, Staunen und Neugier eingeschlossen"; Norris/Phillips 2009, 272).

2.4.3 Scientific Literacy als Sprachkompetenz

Norris und Phillips suchen einen neuen Lösungsansatz darin, dass sie das Wort Literacy wörtlich nehmen und daher den wissenschaftlichen Umgang mit Texten bzw. die Wissenschaftssprache als wesentlichen Ausgangspunkt ihrer Überlegungen wählen. „Reading and writing", so ihre Argumentation, „are inextricably linked to the very nature and fabric of science, just as surely as observation, measurement, and experiment" (ebd., 273). Wissenschaft entstehe ganz wesentlich über das Verfassen von spezifischen Texten, über Wortwahl, Interpretation und Reflexion, und sei ein konstitutives Element ihres Berufsbildes. Dabei gehe es aber nicht um philosophische Theorien des wissenschaftlichen Denkens (wie Falsifikation, Induktion etc.), sondern um das schriftliche Argumentieren im Sinne einer bevorzugten Interpretation der vorgefundenen Ergebnisse und gegen dessen Alternativen (ebd., 274). Schon die Motivation zur Untersuchung des zu lösenden Problems, die Auswahl der Methoden und die Rechtfertigung der Vorgehensweise sei Teil einer argumentativen Struktur, in der nicht alle Elemente dem gleichen Wahrheitsanspruch unterliegen. Es existiere hier eine Meta-Sprache, die aus Schlüsselbegriffen wie Ursache, Wirkung, Beobachtung, Hypothese, Datensatz, Ergebnis, Erklärung oder Vorhersage bestehe (ebd., 275).

Auf den ersten Blick scheint dies eine Referenz auf den prozeduralen Aspekt von SL, so wie ihn Shamos versteht, zu sein. Jedoch geht es hier um mehr, nämlich um den Sinnzusammenhang aller dieser Wörter innerhalb eines wissenschaftlichen Textes. Gleichfalls ist nicht nur die Kenntnis der verschiedenen fachsprachlichen Termini gemeint, die Miller favorisiert, denn auch das beste Spezialwörterbuch könne dem Unwissenden die eigentliche Mitteilung des Autors nicht offenbaren. Daher ist für diese Lesart von SL eine hohe Sprachkompetenz bezogen auf Wissenschaftssprache ausschlaggebend, denn Wissenschaft sei das Ergebnis eines kumulativen Diskurses einer bestimmten wissenschaftlichen Disziplin, deren Grundannahmen und historische Entwicklung man verstehen müsse, um die Möglichkeiten und Grenzen der Aussage eines aktuellen Textes einschätzen zu können (ebd., 278). Das Verfassen eines wissenschaftlichen Textes sei ein kreativer Akt, den der Leser nachzuvollziehen habe; im Idealfall konstruiere der Text sich nach den Maßgaben des Autors für jeden Leser neu. Dies sei aber kein beliebiger Prozess, sondern einer, der sich nach den impliziten Regeln wissenschaftlichen Schreibens richte und nur einen ganz bestimmten Interpretationsspielraum umfasse. Dass es diesen Spielraum, der zugleich offen, aber nicht beliebig ist, gebe, ermögliche die Weiterentwicklung wissenschaftlichen Denkens (ebd., 280). Die argumentative Struktur wissenschaftlicher Texte auf der sprachlichen Ebene zu erkennen, ist daher für Norris und Phillips das entscheidende Kriterium einer SL.

Die Autoren sehen den großen Vorteil ihrer Definition darin, dass sie allgemein genug ist, um für alle Schülerinnen und Schüler interessant zu sein: sowohl für Schüler, die großes Interesse an Naturwissenschaften haben und später beruflich in diesem Feld tätig werden, als auch für nicht so Interessierte, die konkrete Inhalte vergessen, sich aber an die Strukturen wissenschaftlicher Texte als Orientierung fürs Leben erinnern werden. Dies entspricht einer Loslösung von Inhalten hin zu formellen Fähigkeiten, die generalisierbar sind. Für den Schulunterricht bedeute es, dass nicht nur narrative Texte, sondern auch wissenschaftliche Texte routinemäßig gelesen werden müssten und das „Lesen lernen" nicht auf die Grundschule beschränkt sei, sondern auf höherem Niveau auch in den weiterführenden Schulen im Fokus stehe („learning to read" vs. „reading to learn", ebd., 282). Im Idealfall könnten Schüler danach zwar nicht alle Inhalte verstehen, aber sie erlernten eine interpretative Strategie und verstünden, wo der Text absolute Wahrheiten verkünde, oder wo er nur Hypothesen aufstelle (ebd., 276). Die Fähigkeit, genau zu lesen und die Gewohnheit mit Wissenschaftssprache umzugehen, sei dem Lernen einzelner Fakten oder Vokabeln vorzuziehen.

Eine so generalisierte SL als Kompetenz ist die konsequente Fortsetzung der aktuellen bildungstheoretischen Debatte, die den entmaterialisierten Bildungsbegriff favorisiert. Für unsere Untersuchung ist sie deshalb zielführender als die anderen Definitionen, weil sie sich auf alle Wissenschaftsbereiche, nicht nur auf Naturwissenschaften, anwenden lässt. Der Anspruch an Schülerinnen und Schüler ist hier aber sicher nicht geringer oder realistischer als bei den übrigen Definitionen. Kann wirklich jeder Schüler und jede Schülerin eine solche sprachliche Sensibilität erreichen? Können auch Erwachsene nach Abschluss ihrer Schulausbildung diese Fähigkeit noch erlangen? Oder muss man nicht auch in diesem Modell letztlich den Kenntnisstand eines (Fach-) Wissenschaftlers voraussetzen?

In dieser Definition von SL konvergieren nicht nur Literacy und Bildung, sondern ebenso Bildung und Wissenschaft: Der Wissenschaftler ist das Ideal eines gebildeten Menschen. Wissenschaft wird damit zur beherrschenden Kraft menschlicher Existenz. Nicht nur Wahrheit und Erkenntnis, sondern auch und vor allem gesellschaftliche Teilhabe regeln sich über wissenschaftliches Fakten- und Methodenwissen. Dies ist nur konsequent, wenn unsere heutige Gesellschaft als „Wissensgesellschaft" bezeichnet wird. Aus dem Vorangegangenen wird aber auch deutlich, dass der gebildete Mensch als Naturwissenschaftler gedacht wird, auch wenn die Fähigkeiten, abgeleitet vom Literacy-Konzept, generalisierbar sind.[11]

2.4.4 Ist Scientific Literacy in der Praxis umsetzbar?

Ohne den Versuch einer praktischen Umsetzung ist nicht festzustellen, wie realistisch die Idee von Norris und Phillips wirklich ist. Eine empirische Überprüfung der hier vorgestellten theoretischen Konzepte ist aber schon auf der schulischen Ebene nicht einfach, auch wenn PISA hierzu Aussagen zu machen versucht. Tatsächlich reflektiert die PISA-Studie auf mehreren Ebenen, wie SL umgesetzt und gemessen werden könnte. Die Definition von Norris und Phillips legt eine Kompetenzorientierung nach PISA nahe. Da sie vor allem auf die sprachlichen Fähigkeiten abzielt, kommt für eine erste Prüfung das allgemeine Leseverstehen, die Lesekompetenz in Frage: PISA hat Leseverstehen getestet, unter anderem mit den Kategorien „Informationen ermitteln, textbezogenes Interpretieren, Reflektieren und Bewerten" (Artelt/ Stanat/ Schneider/ Schiefele 2001, 83), was auch Norris und Phillips für wichtig im Sinne einer Scientific Literacy halten. Einzelne Teile der Kompetenzstufen III, IV und V des PISA-Tests im Leseverstehen, z.B. „das Auslegen der Bedeutung von Sprachnuancen in Teilen des Textes, die unter Berücksichtigung des Textes als Ganzes interpretiert werden müssen" oder „einige Aufgaben erfordern vom Leser ein genaues Verständnis des Textes im Verhältnis zu bekanntem Alltagswissen", sowie „die kritische Bewertung oder das Bilden von Hypothesen, unter Zuhilfenahme von speziellem Wissen" (ebd., 89), entsprechen dem von Norris und Phillips vorgelegten Konzept.

---

[11] Hierzu trägt bei, dass das Wort Science im Englischen nur die Naturwissenschaften meint, während das deutsche Wort Wissenschaft umfassender ist, und die Diskussion um Scientific Literacy ihren Ursprung in den angelsächsischen Ländern hat.

Zu beachten ist hier allerdings, dass die bei PISA zugrunde gelegten Textsorten keine authentischen wissenschaftlichen Texte sind. Auch die berücksichtigten Zeitungstexte mit Bezug zu wissenschaftlichen Erkenntnissen enthalten nicht die von Miller geforderten „einander widersprechenden wissenschaftlichen Argumente in einem Zeitungsartikel", sondern nur die gesellschaftlich relevanten Auswirkungen von Technologien, die auf wissenschaftlichen Erkenntnissen beruhen (vgl. Beispieltext PISA zum Thema Lesekompetenz, Anhang B, Abb. 2.5, 530: „Leitartikel: Technologie erfordert neue Regeln"). Vielmehr orientieren sich die Tests an der „Lebensbewältigung" im Alltag, zu dem laut PISA nicht das Lesen von anspruchsvollen wissenschaftsjournalistischen Artikeln auf Wissenschaftsseiten der FAZ gehört, sondern eher Artikel auf der Meinungsseite, in der wissenschaftliche Argumente nicht zur Debatte stehen. Einig sind sich jedoch Norris und Phillips und die Autoren des PISA-Berichts darüber, dass das Lesen und sprachliche Fähigkeiten an sich innerhalb der schulischen Bildung von zentraler Bedeutung sind (Artelt/ Stanat/ Schneider/ Schiefele 2001, 133).

Als zweite Prüfung kommen die gemessenen Kompetenzen innerhalb der naturwissenschaftlichen Grundbildung in Frage: Hier wird in der theoretischen Begründung für den Test ausdrücklich auf den sehr hohen Anspruch der Ziele von Expertengruppen im Hinblick auf SL und auf die Kritik von Shamos hingewiesen. PISA legt die Kompetenzstufen von Bybee zugrunde, der das amerikanische Curriculum in den Naturwissenschaften prägte (Bybee 2002). In seiner Definition wird den drei Kategorien von Miller noch eine fehlerhafte, sogenannte „nominelle" naturwissenschaftliche Grundbildung hinzugefügt. Weiterhin gibt es die funktionale naturwissenschaftliche Grundbildung, die die korrekte Anwendung von Vokabular erfasst, eine konzeptuelle und prozedurale naturwissenschaftliche Grundbildung, und eine mehrdimensionale naturwissenschaftliche Grundbildung (Prenzel/ Rost/ Senkbeil/ Häußler/ Klopp 2001, 196). Die PISA-Autoren weisen aber darauf hin, dass der empirische Beweis der Realisierbarkeit auch dieses Konzeptes noch aussteht, und bezeichnen das Bybee-Modell als einen „Entwurf" (ebd., 197). Grundlegend für PISA ist Stufe 3 von Bybee, die

> konzeptuelle und prozedurale naturwissenschaftliche Grundbildung. Sie schließt die Fähigkeit ein, Fragestellungen zu erkennen, die naturwissenschaftlich beantwortet werden können, Informationen und Daten zu interpretieren sowie Schlussfolgerungen kritisch zu prüfen (ebd., 198).

Ausschlaggebend ist also nicht das Faktenwissen, sondern „ein konzeptuelles Verständnis (...), das mit der Anwendung von Alltagskonzepten beginnt und bis zu einem Arbeiten mit naturwissenschaftlichen Modellvorstellungen reicht" (ebd., 200). Dabei steht die Anwendung auf realistische Fragen und Probleme im Vordergrund: So geht es in einer vorgestellten Testaufgabe darum, anhand von authentischen historischen Texten die Erkenntnis über die Ursache des Kindbettfiebers herauszufinden, wobei aufgrund der vorliegenden Fakten Hypothesen aufgestellt und verworfen werden müssen, bis eine logische Erklärung gefunden werden kann (vgl. Semmelweis' Tagebuch, ebd. 206 f.). Trotz einer einge-schränkten Testung der naturwissenschaftlichen Grundbildung aufgrund knapp bemessener Testzeiten, die keine differenzierte Analyse möglich machte, fiel bei der Untersuchung bekanntermaßen eine deutlich unterdurchschnittliche Leistung der deutschen Schülerinnen und Schüler auf (ebd.).

Die PISA-Autoren erkennen einen der Hauptgründe für dieses Ergebnis in der Gestaltung und Organisation des naturwissenschaftlichen Unterrichts an Schulen, die die Schülerinnen und Schüler nicht ausreichend für gute Leistungen in diesen Fächern motiviere (ebd., 244). Beklagt wird ein zu wenig prozessorien-tierter und zu stark auf Fakten orientierter Unterricht in den Naturwissenschaf-ten, der noch dazu in mehrere Teilgebiete aufgespalten sei (ebd., 244 f.). Dies sei ein Zeichen für die generell niedrige Wertschätzung der Naturwissenschaften in der Gesellschaft, in der die praktische Relevanz naturwissenschaftlicher For-schung nicht ausreichend betont werde. Die Autoren schlagen daher vor, ein Fach „Science" als Hauptfach zu erheben, in dem die drei bisher getrennten Fächer Physik, Biologie und Chemie aufgehen, um den Wert der Naturwissen-schaften kulturell zu stärken und damit auch die Voraussetzungen für bessere Testergebnisse zu schaffen (ebd., 244). Was dies bedeutet, ist klar: PISA gibt Shamos Recht und verlässt sich auf sein Konzept der übergreifenden Kompeten-zen.[12]

Die Frage, ob denn nun Faktenwissen wirklich keine große Rolle mehr spielt, ist damit noch nicht abschließend beantwortet. Volker Ladenthin, der sich in Deutschland mit dem Zusammenhang von wissenschaftlichen Fachdisziplinen und ihrer Repräsentanz im Schulunterricht beschäftigt hat, ist (bei weitgehender Zustimmung hinsichtlich der PISA-Kritik am naturwissenschaftlichen Unter-richt) ein Verfechter der Aufrechterhaltung von einzelnen Fachdisziplinen auch an der Schule, denn „in den naturwissenschaftlichen Fächern dürfen die Inhalte nur mit den ihnen zugehörigen Methoden gelernt werden", und dabei habe die Biologie andere Methoden als die Physik (Ladenthin 2004, 108). Für ihn spielen weiterhin die Inhalte eine entscheidende Rolle; sie können nicht durch proze-

---

[12] Dabei reflektieren die Ergebnisse auch das Testdesign, das darauf angelegt ist, nicht Fakten, sondern Anwendungsbezüge und prozedurales Wissen abzufragen. Das heißt: Was unter die Defini-tion von Scientific Literacy fällt, ist bereits eine programmatische Vorentscheidung. Wenn also in der PISA-Studie 2009 erheblich verbesserte Testergebnisse an deutschen Schulen festzustellen sind, was die naturwissenschaftliche Grundbildung betrifft, so kann dies auch daran liegen, dass sich inzwi schen der Unterricht auf das neue prozedurale Verständnis umgestellt haben könnte. Jedenfalls weist Fuchs darauf hin, dass das vergleichsweise unterdurchschnittliche Abschneiden deutscher Schülerin-nen und Schüler auch mit dem deutschen Curricula zugrundeliegenden Bildungsbegriff zu tun hat, der nicht primär auf Lebenswirklichkeit ausgerichtet ist (Hans-Werner Fuchs 2003, 166).

durales Wissen oder gar nur durch Sprachkompetenz ersetzt werden. Vielmehr seien Sprache und Inhalt untrennbar miteinander verknüpft:

> Man kann nicht inhaltsfrei ‚Sprechen', ‚Lesen' oder ‚Schreiben' lernen. Spracharbeit kann deshalb immer nur inhalts- (in der Schule also: fach-) bezogen erfolgen, obwohl sie auf eine transferierbare Fähigkeit zielt. Man kann ohne Texte bekanntlich nicht lesen lernen; Texte sind aber themen- und fachgebunden. Sie müssen fachspezifisch verstanden werden. Eine Textaufgabe im Mathematikunterricht muss man anders ‚lesen' als ein Gedicht im Englischunterricht (...). Hier von einer fachübergreifenden Lesekompetenz zu sprechen ist fachdidaktisch betrachtet wenig sinnvoll (ebd., 103 f.).[13]

Wenn das richtig ist, könnte man die Diskussion um SL folgendermaßen zusammenfassen: Die drei von Miller vorgelegten Kriterien, die sowohl Faktenwissen als auch Methodenwissen und gesellschaftliche Relevanz erfassen, wären erst einmal weiterhin gültig. Insofern erscheint das Konzept der Konzentration auf Lesefähigkeit von Norris und Phillips in diesem Kontext als zu abstrakt und zu einseitig, denn ohne ein Grundgerüst an Inhalten ist prozedurales Wissen nicht anwendbar. Es wird zwar auch in Zukunft darum gestritten werden, welches Kriterium das Wichtigste ist (und es gibt immerhin Übereinstimmung, dass das prozedurale und anwendungsbezogene Wissen im Schulunterricht bisher unterrepräsentiert war), jedoch zeigt sich ein Konsens darin, dass die wesentliche Ursache für eine mangelnde SL auf gesellschaftliche Phänomene zurückzuführen ist. Denn nicht die Fakten an sich erscheinen uninteressant, sondern ihre Präsentation und Vermittlung, und dies gilt sowohl für die Schule wie auch für die zu untersuchenden informellen Angebote der Wissenschaftskommunikation.

Jedoch sind auch dies nur Abstraktionen und letztlich Vermutungen, denn, wie Jürgen Oelkers verdeutlicht, erweise sich die tatsächliche Umsetzung von SL in der konkreten Unterrichtssituation und sei nicht nur von einer kategorialen Erfassung bzw. dem auf sie ausgerichteten Material, sondern ebenso von der Lehrperson und vielen anderen Faktoren vor Ort abhängig (Oelkers 2002, 117). Diese finden oft von Theoretikern nicht genügend Berücksichtigung: Robert Evans und Thomas Koballa (2002) weisen darauf hin, dass es in Bezug auf SL erhebliche Diskrepanzen zwischen den Theoriemodellen und naturwissenschaftlichem Unterricht in der Praxis gibt, die eine Rückkopplung von Theorie und Praxis erschweren: Theoretiker und Praktiker sprächen nicht die gleiche theoretische Sprache, ein Austausch finde so gut wie nicht statt (Evans/Koballa 2002, 123).

---

[13] Daneben finden sich daneben auch Ansätze, die davon ausgehen, dass die Naturwissenschaften mit übergreifenden Konzepten und Methoden arbeiteten, die einander sehr ähnlich seien (vgl. Yang/Tsai 2010).

Wenn es also schon auf der Ebene der Schule schwierig ist, theoretische Modelle auf ihre Tauglichkeit zu überprüfen, so gilt dies in erhöhtem Maße für die informellen Angebote der Wissenschaftskommunikation, in denen die Praktiker weitgehend ohne theoretische Fundierung arbeiten. Die fehlende Verbindung zwischen Theorie und Praxis von SL im Bereich der Schule könnte aber auch darauf hinweisen, dass die momentan verfügbaren Theoriemodelle zu dogmatisch entworfen und zu wenig differenziert sind. Sie orientieren sich zu stark an politischen und anderen ideologischen Vorgaben, um für das Geschehen an den Schulen, geschweige denn für den Hörsaal der Kinderuni, wirklich relevant zu sein. Gleichzeitig sind gerade politische Ideen und Überzeugungen der Grund, warum bestimmte Bildungsangebote, insbesondere auf dem informellen Sektor, von dem diese Arbeit handelt, überhaupt angestoßen werden. Es zeigt sich, dass hier pädagogische Konzepte gefordert werden, ohne dass man wüsste, was man genau von ihnen verlangt.

Was folgt jedoch aus der immer wieder feststellbaren Diskrepanz zwischen dem sehr hohen Anspruch an Scientific Literacy und tatsächlich empirisch feststellbaren Kenntnissen und Interesse der Bevölkerung? Shamos kapituliert vor diesem Anspruch, und seine Lösung besteht darin, den naturwissenschaftlichen Unterricht an Schulen als Werbung für die Naturwissenschaften zu konzipieren:

> Naturwissenschaften sollten vor allem unterrichtet werden, um Anerkennung und Bewusstsein für das gesamte Unternehmen Naturwissenschaft zu entwickeln: d. h. als ein kultureller Imperativ und nicht vorrangig wegen des Inhalts (Shamos 2002, 63).

Darauf antwortet ihm Bybee, der sich mit der Kritik von Shamos und seinem Buch „The Myth of Scientific Literacy" (1995) detailliert auseinandersetzte, dass zwar in der Tat die Idealform der Scientific Literacy ein Mythos sei, dass man sich aber trotzdem nicht davon abwenden soll:

> Historisch betrachtet sind Mythen Geschichten, die Erklärungen oder Weltsichten vermitteln. Sie bauen Brücken zwischen Bekanntem und Unbekanntem. Kurz, sie helfen Individuen dabei, einer vielfach rätselhaften und unverständlichen Welt Sinn zu geben. Mythen unterstützen uns dabei, verborgen liegende Themen, die oft diffus und unserem unmittelbaren Verständnis nicht zugänglich sind, zu definieren und zu klären (...). Mythen haben darüber hinaus einen hohen erzieherischen Wert, da sie ein Mittel zur Entdeckung von Wahrheiten über uns selbst bieten (Bybee 2002, 22).

Dies ist etwas anderes als ein „kultureller Imperativ", den Shamos meint. Der „kulturelle Imperativ" ergibt sich aus einer gesellschaftlichen Festlegung, die einen Anspruch an die Bevölkerung aus Sicht einer Interessengruppe oder der Regierung festschreibt und für alle verbindlich macht. Aus dieser Sicht ist SL ein gemeinsames, wenn auch abstraktes Ziel von allen, die an der Lehre der Naturwissenschaften teilhaben (ebd., 23). Für Bybee ist SL keine "festgelegte Anzahl von Eigenschaften", mit Hilfe derer eine ganze Bevölkerung als wissenschaftlich kundig oder unkundig bezeichnet werden kann; er hält diese Auffassung für „pädagogisch unangemessen". Er geht davon aus,

> dass Scientific Literacy aus verschiedenen Niveaus naturwissenschaftlichen Verständnisses besteht. So kann z.B. ein einzelner gleichzeitig über umfangreiches Wissen in Geologie, einige Kenntnisse in Biologie, wenige in Physik, wenig Wissen über die historische Entwicklung jedoch mehr über soziale Bezüge und kann etwas über technische Anwendungen verfügen. Eine solche Perspektive geht davon aus, dass jedes Individuum in verschiedenen Bereichen unterschiedliche Ausprägungen von Scientific Literacy zeigt und dass es Wissen, Verständnis und Fähigkeiten ein Leben lang weiterentwickelt (ebd., 25).

Empirische Studien wie die von Miller und anderen über den Kenntnisstand der Bevölkerung bezüglich wissenschaftlicher Fakten akzeptiert Bybee nicht als die absolute Wahrheit, sondern eher als Annäherung an oder als Tendenz für ein Phänomen, das man in der Realität viel komplexer denken muss. Insofern hält er auch die hohen Ansprüche an Scientific Literacy nicht für grundsätzlich unerreichbar; sie geben vielmehr einen Zielhorizont vor, der gleichermaßen für Praktiker wie auch für Wissenschaftler und Politiker gelten soll und handlungsleitend wirkt:

> Den Mythos von Scientific Literacy zu verwerfen, würde bedeuten, eine Reise ohne Ziel fortzusetzen und zudem alle Landkarten wegzuwerfen (ebd., 41).

Statt also den Idealzustand einer umfassenden SL als Grundlage für gesellschaftliche Beteiligung vorauszusetzen und damit entweder den Personenkreis auf wenige „kompetente" Entscheider einzugrenzen (und auch dieser Personenkreis wäre kaum eindeutig bestimmbar) oder jedem Bürger eines demokratischen Staates einen (ebenfalls kaum bestimmbaren) Kanon notwendiger wissenschaftlicher Fakten und Methoden für die Ausübung seiner Bürgerpflichten vorzuschreiben, ist es sinnvoller, die Prozesshaftigkeit und die individuellen Unterschiede von Wissen, Interesse und Verständnis auszugehen (so wie sie bei Bybee in der nominellen SL erwähnt werden).

Thomas Koballa, Andrew Kemp und Robert Evans entwickeln den Ansatz von Bybee weiter, indem sie ein holistisches Modell von Scientific Literacy entwerfen, in das auch informelle Bildungsanlässe einbezogen werden können: Die Entwicklung von SL ist demnach dynamisch und ein sich über die gesamte Lebensspanne entfaltender Prozess (Koballa/ Kemp/ Evans 1997, 27).

Sie stellen ein dreidimensionales, individuelles Modell der SL vor. Diese drei Dimensionen beinhalten unterschiedliche Stufen von SL, verschiedene Domänen oder Fachgebiete, in denen sie erworben werden kann, und die Bedeutung und Wertschätzung des jeweiligen wissenschaftlichen Wissensgebietes für den einzelnen, die, bezogen auf ein Fachgebiet, unterschiedlich hoch sein kann (ibid., 31).

Terry Burns, John O'Connor und Sue Stocklmayer ergänzen dieses Modell zur Metapher einer Berglandschaft mit mehreren, unterschiedlich hohen Bergen, wobei jeder einzelne ein bestimmtes wissenschaftliches Gebiet repräsentiert, das unterschiedlich strukturierte Wissensgebiete umfasst (z-Achse). Die Breite der Bergmassive (x-Achse) bildet den persönlichen Stellenwert eines Wissensgebietes (eine breite Basis zeugt für die Wichtigkeit); die Höhe des jeweiligen Berges zeigt an, wie stark die Kenntnisse in einem wissenschaftlichen Wissensgebiet ausgeprägt sind (y-Achse) (Burns/ O'Connor/ Stocklmayer 2003, 192). Die „Wissenschaftskultur" einer Gesellschaft wird symbolisiert mit einer Wolke; sie bestimmt die grundsätzlichen Bedingungen für die Entwicklung von Scientific Literacy wie das Wetter für den einzelnen Bergsteiger. Die Leitern symbolisieren Maßnahmen der Wissenschaftskommunikation, die für das Erklimmen der Berge hilfreich sind (Abb. 1).

Abbildung 1: Dreidimensionales Modell Scientific Literacy

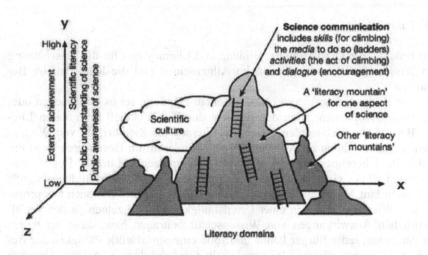

Quelle: Burns/O'Connor/Stocklmayer 2003

Diese Differenzierung von Scientific Literacy macht es auch in anderer Weise möglich, ihre Idee in Bezug auf die Praxis kritisch zu brechen: So wird von einer einzelnen Maßnahme kaum zu erwarten sein, dass sie einen sofortigen Anstieg der Scientific Literacy bewirkt. Gefördert werde zunächst das Interesse oder die Bereitschaft, sich mit wissenschaftlichen Inhalten auseinander zu setzen, was erst später zu Scientific Literacy führe (ebd.). Aufgrund der starken Ausdifferenzierung der Wissenschaften sei nicht nur die Berglandschaft jedes „Laien" unterschiedlich ausgeprägt; auch Wissenschaftler selbst wiesen unterschiedliche Bergprofile auf, auch wenn ihr Gebirge aus vielen „hohen" und „breiten" Bergen besteht. Die Autoren leiten daraus ab, dass die Vorstellung von einem einseitigen Kommunikationsmodell von „oben" nach „unten" damit obsolet geworden ist (ebd., 193). Nicht Wissenschaftler allein bestimmen demnach, was zu einer Scientific Literacy gehört. Die Perspektive des Einzelnen macht darüber hinaus deutlich, dass die Beteiligung und selbstständige Verarbeitung von Informationen unabdingbare Voraussetzung ist, Literacy zu erreichen: „The awareness that a mountain (a scientific domain) exists may lead to the subsequent adoption of the skills and methods required to ascend it" (ebd.). Ein Bewusstsein hierfür zu schaffen ist wiederum Aufgabe der Wissenschaftskommunikation.

In diesem Modell wird allerdings unterstellt, dass Wissenschaftskommunikation (Science Communication) einer Scientific Literacy dient und nicht nur oberflächlich auf Zustimmung ausgelegt ist (dieses Problem wird im folgenden Kapitel untersucht).

2.5 Fazit

Was bedeutet die Diskussion um Bildung und Literacy nun für die Einschätzung von Wissenschaftskommunikation im Allgemeinen und die Kinderuni im Besonderen?

Der Bildungsanspruch in pädagogischem Handeln, sei es in formellen oder informellen Kontexten, kann derzeit nicht durch den aktuell diskutierten Literacy-Begriff abgelöst werden. Scientific Literacy als Zielhorizont von Wissenschaftskommunikation im Allgemeinen und Kinderuni im Besonderen weist nur punktuelle Übereinstimmungen mit dem allgemeineren Literacy-Begriff auf. Ansonsten gibt es viele Parallelen in der Diskussion um SL zum Bildungsbegriff: SL besteht laut Meinung der Experten sowohl aus Fakten- wie auch aus prozeduralem Wissen und soll in einer Urteilsfähigkeit des Einzelnen zu den gesellschaftlichen Auswirkungen von Wissenschaft beitragen bzw. diese herstellen. Der Anspruch, jeder Bürger könne und solle eine umfassende Fähigkeit zur Beurteilung wissenschaftlichen Wissens erhalten, scheint derzeit unlösbar. Dennoch wird an Scientific Literacy als Leitbild festgehalten.

Bedeutsam ist am Begriff SL, dass er neben Faktenwissen, Methodenwissen, Kenntnis über gesellschaftliche Zusammenhänge und Urteilsfähigkeit schon seit seiner Entstehung immer einen normativen Aspekt der „Wertschätzung" der Wissenschaften enthält, also Teil einer gesellschaftlichen, öffentlichen Kommunikation ist. Besonders die Naturwissenschaften scheinen von einer von Wissenschaftlern und Bildungspolitikern beklagten mangelnden Akzeptanz betroffen zu sein. Dies wiederum unterscheidet den Begriff von Bildung, dessen kanonische Inhalte nicht in gleicher Weise in Frage standen. Insofern ist Scientific Literacy funktional sowohl in Bezug auf eine erwünschte Haltung wie auch auf die Möglichkeit, Auswirkungen von Wissenschaft auf die Gesellschaft wahrnehmen und beurteilen zu können, sich also an einem öffentlichen Diskurs über Wissenschaft zu beteiligen. Funktional ist er ebenso auf der praktischen Ebene der Lebensbewältigung, wie sie in der PISA-Studie als Ziel von SL zugrunde gelegt wird.

Gesellschaftliche Partizipation ist aber im Bildungsbegriff seit seiner Entstehung immer mitgedacht worden (Kant), und auch Humboldts Entwurf des Schulwesens gründet auf der Überzeugung, dass Allgemeinbildung nicht nur die Vervollkommnung des Individuums ermögliche, sondern auch darauf ausgerichtet gewesen sei, als „Reformprogramm zur Herstellung einer bürgerlichen Öffentlichkeit" zu dienen, „in der jeder potentiell mit jedem kommunizieren kann" (Benner 1990, 184). Es entspricht daher nicht nur dem Literacy-Konzept, sondern auch der Bildungsidee, dass Kulturtechniken und Kulturgüter sowie Wissensbestände einer möglichst großen Öffentlichkeit zur Verfügung gestellt werden.

Dabei ist es konsequent, eine gesellschaftlich-funktionale Bedeutung von Bildung, wie sie der Literacy-Begriff vorsieht, einzuschließen und damit als berechtigt anzuerkennen. Dies ist nicht gleichbedeutend damit, im Sinne der OECD das Funktionieren der Märkte aufrecht zu erhalten, sondern verleiht der seit den Ursprüngen der Bildungsidee vorhandenen Überzeugung Ausdruck, durch Bildung finde der Mensch zu seiner Bestimmung und vervollkomme sowohl sich selbst als auch die Gesellschaft. Den Bildungsinstitutionen wie Schule und Universität kommt damit eine herausragende Bedeutung zu; jedoch auch der informelle Sektor bietet prinzipiell Möglichkeiten zur Bildung in dem Maße, wie er die Aufforderung enthält, am gesellschaftlichen Diskurs über Wissenschaft teilzunehmen.

Scientific Literacy gründet sich auf die dem Bildungsbegriff entlehnte Vorstellung, jeder Bürger müsse über grundlegende Kenntnisse, Verfahren und sprachliche Fähigkeiten in Bezug auf Wissenschaften verfügen, um seine Rechte und Pflichten in einer Demokratie gewissenhaft ausfüllen zu können. Es geht hier um die Schaffung einer öffentlichen Kultur, die nicht nur durch das Durchlaufen von Bildungsinstitutionen garantiert wird, sondern auch im täglichen Leben außerhalb von formellen Lehrgängen erfahrbar werden kann. Ähnlich wie der Bildungsbegriff ist SL nicht exakt bestimmbar, sondern zerfällt in verschiedene Bestandteile, von denen einige im institutionellen Rahmen wie der Schule, andere in informellen Kontexten, wie Freizeit oder Weiterbildung erworben werden können.

Für die Kinderuni bedeutet dies, dass sie unter politischer Perspektive mit dem Begriff der Literacy bzw. Scientific Literacy verbunden bleibt, ebenso aber mit der individuellen Frage der Bildung: Literacy zielt ab auf den mündigen Bürger einer demokratischen Gesellschaft, Bildung auf Selbstbestimmung und individuelle Persönlichkeitsentwicklung, die mit Hilfe von Wissenschaft angeregt werden soll, jedoch nicht kollektiv bestimmt werden kann.

Mit der differenzierten Betrachtung, wie SL erworben werden könnte, muss man von einem statischen Modell („Man besitzt sie oder man besitzt sie nicht") abrücken. Ein praxisnahes und auch den informellen Sektor einschließendes Modell wie das von Koballa et al. und Burns et al. geht davon aus, dass sie individuell und themenspezifisch sehr unterschiedlich ausgeprägt sein kann. Hierbei kommt es aber nicht nur auf das persönliche Interesse und die Fähigkeiten des Rezipienten von wissenschaftlichen Inhalten an, sondern auch darauf, wie im Einzelfall Wissenschaft an den Rezipienten herangetragen wird. Als wichtige Faktoren nennen Experten der Diskussion über SL sowohl Vermittler (Lehrpersonen in Bildungsinstitutionen) als auch das gesellschaftliche Umfeld, das die Voraussetzung dafür schafft, dass Wissenschaft als ein relevanter Bereich des Wissens und des Lebens von den Rezipienten anerkannt wird (Darstellung in den Medien, Freizeitangebote). Für die Kinderuni wird zusätzlich zu untersuchen sein, ob sich einer oder mehrere Bestandteile von SL – Faktenwissen, prozedurales Wissen, gesellschaftliche Bezüge von Wissenschaft oder Urteilsfähigkeit – sich in der Konzeption und Gestaltung wiederfinden lassen.

Die Diskussion um den Bildungsbegriff enthält aber auch noch eine weitere Erkenntnis: Seit dem 19. Jahrhundert existiert in Deutschland eine starke geistige Strömung, die ein Verständnis von Bildung als einem Recht für alle Bürger der Gesellschaft erschwert. Wer auf die Notwendigkeit einer Beteiligung möglichst vieler am gesellschaftlichen Prozess besteht und Kultur- und Wissensgüter dazu in direkter Weise als Mittel einzusetzen beabsichtigt, muss sich den Vorwurf gefallen lassen, Bildung unmöglich zu machen.

Popularisierung von Kultur und Wissenschaft wurde von einflussreichen Denkern wie Nietzsche und Adorno als minderwertig eingestuft, weil hier Wissen und Kultur nicht in Reinform rezipiert werden können, sondern didaktisch aufbereitet oder unterhaltend präsentiert werden. Ob sich hierzu die besonders scharf kritisierten Massenmedien prinzipiell eignen oder andere Vermittler geeigneter sind, welche Rolle hierbei den Institutionen zukommt und welche dem Sektor von Freizeit und Weiterbildung, wird gar nicht erst in den Blick genommen. Die Radikalität von Adornos Abwehr gegenüber der Popkultur schließt logisch auch pädagogisch anerkannte Formate wie Lehrbücher, Ratgeber oder Lehrgänge und Vorlesungen im Rahmen von Volkshochschule ein.

Wenn einem ureigenen Anspruch des Bildungsbegriffs, nämlich Bildung für alle zugänglich zu machen, praktisch entsprochen werden soll, muss neben dem formellen auch der informelle Sektor berücksichtigt werden. Die Kinderuni gehört in diesen Bereich. So ist ein Diskurs über die Auswahl und die Qualität der Inhalte notwendig, um entscheiden zu können, ob die Kinderuni einen Bildungswert hat. Voraussetzung für die Gültigkeit dieser Betrachtung ist allerdings, eine pauschale Ablehnung von funktionalen Aspekten von Bildung sowie von Popularisierung zu überwinden.

3 Kommunikation

Erziehung ist (...) zuallererst Überlieferung, Mitteilung dessen, was uns wichtig ist. Kein pädagogischer Akt ist denkbar, in dem der Erwachsene nicht etwas über sich und seine Lebensform mitteilt, willentlich oder unwillkürlich.

Klaus Mollenhauer 1994 [1983], 20

3.1 Einleitung

Die Kinderuni wird diskutiert als Werbung, politische Kommunikation und als Bildungsveranstaltung. Daher wird in diesem Kapitel die Kinderuni als PR für die Institution Universität, als Teil einer politischen Kampagne zur Förderung der Wissenschaften, und als Veranstaltung im Rahmen von pädagogischem Handeln untersucht. Alle drei Aspekte beinhalten Formen von gesellschaftlichen Austauschprozessen, die sich mit „Kommunikation" beschreiben lassen – Ronneberger und Rühl prägten dafür den Begriff der „öffentlichen Kommunikation" (Ronneberger/Rühl 1992; Rühl 1993).

Die folgende Untersuchung gliedert sich in vier Teile: Im ersten Teil wird Öffentlichkeit als die Sphäre definiert, in der sich gesellschaftliche Kommunikationsprozesse ereignen.

Der zweite Teil dient dem Versuch zu klären, wie man die Kinderuni kommunikationstheoretisch fassen kann. Die Kinderuni wird dabei eingeordnet in ein Modell von öffentlicher Kommunikation. Hierbei wird besonders wichtig sein, mit welchen normativen Implikationen öffentliche Kommunikation verbunden ist.

Im dritten Teil werden die spezifischen politischen und historisch-systematischen Bedingungen erläutert, unter denen pädagogisches Handeln im deutschen Bildungssystem stattfindet. Es wird zu zeigen sein, ob die Kinderuni Teil einer öffentlichen gesellschaftspolitischen Kommunikation ist, die vor dem Hintergrund der „Wissensgesellschaft" und der Transformation der Bildungssysteme das Bedingungsgefüge zwischen Pädagogik und Politik verändert.

Im vierten Teil geht es um den Versuch einer Bestimmung der Bedeutung von Kommunikation für die Pädagogik. Ausgangspunkt ist die Kommunikationstheorie Paul Watzlawicks, die hier kurz vorgestellt werden soll, da sie den Hintergrund bildet für eine der einflussreichsten bildungstheoretischen Reflexionen, die den Kommunikationsbegriff als pädagogische Kategorie zu definieren versuchten, nämlich die Pädagogik der Kommunikation (PdK), von Klaus Schaller. So kann bestimmt werden, ob die Kinderuni als ein Kommunikationsprozess verstanden werden kann, der pädagogisch relevant ist.

3.2 Öffentlichkeit

Wie Öffentlichkeit definiert wird, ist wesentlich für die Beantwortung der Frage, ob die Kinderuni einen pädagogischen Wert haben und als potenziell „bildend" bezeichnet werden kann. Als Bestandteil von Wissenschaftskommunikation kann die Kinderuni prinzipiell mehreren Zwecken dienen, wie beispielsweise der Absatzförderung des Produktes „akademischer Abschluss" wie auch als Mittel zur Herstellung gesellschaftlicher Partizipation.

Öffentlichkeit ist ein im 18. Jahrhundert aus dem Adjektiv „öffentlich" im Sinne von „staatlich" bzw. „dem Gemeinwesen zugehörig" gebildet worden und seitdem „eine für den west- und mitteleuropäischen Sprachraum spezifische Kategorie des politisch-sozialen Lebens" (Hölscher 1978, 413). Öffentlich sind sowohl die staatlichen Institutionen und alle Handlungen der Regelung und Steuerung des Gemeinwesens, als auch die „zum Publikum versammelten Privatleute" (Habermas 1990, 121). Drittens bezeichnet Öffentlichkeit einen abstrakten „Handlungszusammenhang, als Sphäre bzw. Raum der Gesellschaft, realisiert in den Medien, Parteien, Verbänden, Bürgerinitiativen" (Keienburg 2011, 11). Kurt Imhof unterscheidet weiterhin institutionelle Akteure wie politische Organisationen, Unternehmen und Medien von der informellen Ebene der soziale Bewegungen (Imhof 2003, 204 f.).

Seit Kant ist Öffentlichkeit eng mit einem Aufklärungsanspruch verbunden: Nur im freien Gedankenaustausch mit anderen erweist sich die Vernunft. Öffentlichkeit ist nach Kant sowohl ein Prüfstein der Vernunft – in der Annahme, dass diese sich im Streit der Argumente fast zwangsläufig herausstellen muss (Kant 1977 [1783], 54) – als auch ein Hilfsmittel gegen die Trägheit des einzelnen, sich aus seiner Unmündigkeit zu befreien.[14] Mit diesem Verständnis von Öffentlichkeit arbeitet auch Jürgen Habermas, der Öffentlichkeit mit dem „politisch räsonierenden Publikum" gleichsetzt (Habermas 1990, 140). Der aufklärerische Impuls der Öffentlichkeit wendet sich bei Kant wie bei Habermas grundsätzlich an jeden Menschen; daher ist die prinzipielle Zugänglichkeit zum freien Diskurs ein wesentliches Merkmal von Öffentlichkeit. Gleichwohl vertritt Kant die Meinung,

---

[14] „Es ist also für jeden einzelnen Menschen schwer, sich aus der ihm beinahe zur Natur gewordenen Unmündigkeit herauszuarbeiten. (...) Daß aber ein Publikum sich selbst aufkläre, ist eher möglich; ja es ist, wenn man ihm nur die Freiheit läßt, beinahe unausbleiblich" (Kant 1977 [1783], 54). Die Vernunft, so interpretiert Johannes Keienburg diese Kant'sche Aussage, beinhalte „ihre Überprüfung an fremder Vernunft. Sie bedarf des Prüfsteins der Öffentlichkeit" (Keienburg 2011, 6).

zum gegenwärtigen Zeitpunkt bestehe die räsonierende Öffentlichkeit nicht aus allen Bürgern, sondern nur aus besonders ausgebildeten oder informierten Meinungsführern, die ein „Publikum" zu einem selbstständigen Gebrauch ihrer Vernunft anleiten sollen; Orte, an denen sich die Öffentlichkeit konkretisiert, ist die Universität, Meinungsführer sind die Gelehrten, als Medium dient neben den Schriften der öffentliche Vortrag (Keienburg 2011, 84). Nach und nach sollte jedoch das Publikum am Aushandeln der Vernunft beteiligt werden (ebd., 33). Auch wenn Kant Öffentlichkeit nicht nur abstrakt, sondern auch als konkret vorfindbar versteht, ist dennoch die regulative Idee der Öffentlichkeit als ein Aushandeln von Rationalität der wichtigere Teil. Auch Habermas spricht von einer „fiktiven Identität" der Öffentlichkeit (Habermas 1990, 121). Charakteristisch für diese normative Betrachtungsweise ist es, dass von einer einheitlichen Öffentlichkeit ausgegangen wird, die sich als Gegengewicht zum ebenfalls als Einheit konzipierten Staat darstellt und zwischen diesem und der Gesellschaft vermitteln kann (Keienburg 2011, 42). Die pädagogische Bedeutung von Öffentlichkeit ergibt sich aus ihrem Ziel, durch den Austausch rationaler Argumente im Dienst der Wahrheit die Mündigkeit des Einzelnen zu befördern. Nach Kant ist dabei strikt zu unterscheiden zwischen „populär" und „öffentlich", denn „nicht alles, was mit dem Anspruch der Öffentlichkeit auftritt, [erhält] durch diese Öffentlichkeit gleich einen Wert (...). Es reicht eben nicht, die Dinge einfach nur auszusprechen – die ausgesprochenen Argumente müssen schon einleuchten" (ebd., 57).

Im Kontrast dazu steht ein Modell von Öffentlichkeit, dass Jürgen Gerhards und Friedhelm Neidhardt aus soziologischer Sicht vorstellen. Es berücksichtigt die moderne Massendemokratie und unternimmt den Versuch, Öffentlichkeit stärker empirisch zu beschreiben. In diesem ist die Öffentlichkeit ein „intermediäres System (...), das zwischen dem politischen System einerseits und den Bürgern und den Ansprüchen anderer Teilsysteme der Gesellschaft vermitteln soll" (Gerhards/Neidhardt 1991, 41). Es ist ein „spezifisches Kommunikationssystem", dessen „Publikum (...) grundsätzlich ‚unabgeschlossen' ist" (ebd., 44 f.). So schließt das Modell sowohl Kommunikation unter Anwesenden wie mit Abwesenden ein, was den modernen Massenmedien eine wichtige Funktion in Bezug auf Öffentlichkeit zuweist (ebd., 45 f.). Anders als im normativen Verständnis geht es in diesem Modell nicht um Wahrheit oder Vernunft, sondern um Informationsverarbeitung und Interessenausgleich (ebd., 47). Es sieht nicht mehr zwingend die Repräsentanz von Meinungsführern vor: „Öffentliche Kommunikation ist Laienkommunikation" (ebd., 46). Diese kann auf drei Ebenen stattfinden: auf der Ebene der persönlichen Begegnung zweier oder wenig mehr Menschen (Encounter-Ebene), auf der Ebene der öffentlichen Veranstaltung (Versammlungs-Ebene) sowie ohne persönliche Begegnung im Rahmen der Medienkommunikation (ebd., 50 ff.). Im Zuge einer Ausdifferenzierung moderner Gesellschaften komme den Massenmedien im Austausch von Informationen eine immer bedeutendere Rolle zu; ohne eine Rückkopplung an die beiden personalen Ebenen der Öffentlichkeit verliert sie aber ihre Authentizität und damit ihre Wirkung als Intermediär. Daher sei von einer „Gleichrangigkeit aller Öffentlichkeitsebenen" auszugehen (ebd., 56). Auf allen Öffentlichkeitsebenen existierten „Foren öffentlicher Kommunikation", die aus „Arenen" und „Galerien" bestünden: Interessenvertreter stellten Meinungen und Anliegen vor, über ihren Erfolg entschieden letztlich die Teilnehmer der Galerie (ebd., 58). Da es in diesem Modell weder Meinungsführer im autoritativen Sinne noch eine universell gültige Wahrheit gibt, führt der öffentliche Diskurs nicht zu Mündigkeit, sondern muss diese im Gegenteil schon voraussetzen. Die Pluralität der öffentlich geäußerten Meinungen insbesondere durch die Massenmedien „sowie das Spektrum der von ihnen vermittelten Themen und Meinungen" sollen dabei die Offenheit „in Bezug auf ihre Informationssammlungsfunktion" garantieren (ebd., 55). Dennoch sprechen Gerhards und Neidhardt der Öffentlichkeit auch eine Funktion als „Impulsgeber für gesellschaftliches Lernen" zu (ebd., 63). Dieses Lernen kann aber nur noch durch die Steuerung der Aufmerksamkeit auf relevante Themen und das Bereitstellen von Informationen gefördert werden; die Funktion von Öffentlichkeit besteht dann in einer Spiegelung konkurrierender Meinungen als einer Selbstbeobachtung von Gesellschaft (Neidhardt 1994, 9; Marcinkowski 1993; Kohring 1997). Wichtig ist nicht mehr, was öffentlich verhandelt wird, sondern wie eine Einseitigkeit der öffentlichen Meinungsdarstellungen vermieden werden kann.

Öffentlichkeit, so resümiert Imhof, sei demnach „das Produkt eines Ausdifferenzierungsprozesses, der mit der Moderne beginnt" und deren „Urform" „die Gestalt der Versammlung" annimmt, während den Periodika der Aufklärungssozietäten die Aufgabe zufällt, diese Versammlungsöffentlichkeiten zu integrieren" (Imhof 2003, 204). Für die heutige Öffentlichkeit in einer Massendemokratie sei dagegen

neben der Begründung der Legitimationsgrundlagen der politischen Institutionen (…) die Ausdifferenzierung einer Marktwirtschaft konstitutiv. (…) Damit etablieren sich neben politischen Organisationen auch kommerziell orientierte Unternehmen und die Medien, die sich je auf unterschiedliche Publikumsrollen beziehen (ebd.).

Für die Medien als einem wichtigen Akteur bei der Herstellung von Öffentlichkeit ist nach Imhof charakteristisch, dass sie neben dem Staatsbürger (öffentlich) auch den Konsumenten (privat) ansprechen und damit die marktwirtschaftliche Ausrichtung auf Zielgruppen, „nach Kaufkraft, Bildung und Zugehörigkeit zu Lebensstilgruppen gegliedert" (ebd., 205), einschließen. Organisationen wie Universitäten, die zwar öffentliche Institutionen sind, jedoch nicht direkt an politischen Prozessen teilhaben, sind in seinem Modell der Ausdifferenzierung von Öffentlichkeit nicht enthalten. Inwiefern sie sich also an der Beteiligung des mündigen Staatsbürgers an gesellschaftlichen Prozessen orientieren oder vorrangig Konsumenten in einem Marktmodell ansprechen, ist bisher nicht eindeutig geklärt.

Da es in dieser Arbeit um die Frage nach dem pädagogischen Wert von Kinderuni als öffentlichem Diskursbeitrag geht, wird Öffentlichkeit normativ verstanden und mit dem Ziel der Aufklärung und Mündigkeit verbunden. Mit Kant kann man die Universität – neben den literarischen Salons – als eine historische Keimzelle der bürgerlichen Öffentlichkeit bezeichnen; sie steht in der Tradition einer allgemeinen Erprobung der Vernunft ohne die direkte Anbindung an politische Diskursprozesse. Im Rahmen eines von Habermas konstatierten Strukturwandels der Öffentlichkeit steht die Universität heute unter dem Druck, sich zunehmend als Interessenvertreter in einem Spiegelmodell von Öffentlichkeit zu behaupten und spricht daher unterschiedliche Zielgruppen der Bevölkerung an. Die Zielgruppenorientierung löst die Verpflichtung, dass das Erreichen einer allgemeinen Öffentlichkeit dennoch ein übergeordnetes Ziel von Universitäten bleibt, aber nicht auf. Auch die Effizienzdebatte relativiert diesen Anspruch nicht. Nur so ist beispielsweise verständlich, dass die Kinderuni zwar eine bestimmte Zielgruppe anspricht (Kinder) und in der Praxis besonders häufig von Kindern einer bestimmten sozialen Schicht (akademisch gebildetes Elternhaus) besucht wird (vgl. Kap. 5.3), es aber ein immer wieder artikuliertes Anliegen bleibt, möglichst Kinder aller sozialen Schichten zu erreichen. An dieser Forderung wird ersichtlich, dass Universitäten sich als öffentliche Institutionen dem Ausdifferenzierungsprozess der modernen Demokratie nicht verschließen und ihr Publikum systematisch erweitern.

Mit der diskurstheoretischen Perspektive von Kant und Habermas auf Öffentlichkeit ist die Kinderuni in besonderer Weise verbunden, da sie auf Initiative der Presse entstand, die seit dem 18. Jahrhundert als Resonanzboden der öffentlichen Vernunft agiert.

Öffentlichkeit vor dem Hintergrund der Kinderuni soll im Folgenden normativ sowohl als regulative Idee wie auch als konkrete Ausweitung eines partizipierenden Publikums am gesellschaftlichen Diskurs im Sinne Kants verstanden werden. Es wird zu untersuchen sein, ob und inwiefern es der Kinderuni sinnvoll gelingt, einerseits einer kommunikativen Logik des Interessenvertreters zu folgen, der es dem Publikum überlässt, über den Wert des Präsentierten zu urteilen, und andererseits „den Gelehrten" die Meinungsführerschaft in der Erprobung von Rationalität zu überlassen.

3.3 Kommunikation in den Kommunikationswissenschaften

Um die Kluft zwischen der normativen pädagogischen Theorie und der sozialen Praxis, zu der auch die Kinderuni gehört, zu schließen, bedarf es einer Untersuchung, welche Formen öffentlicher Kommunikation es gibt und welche gesellschaftliche Funktion sie jeweils erfüllen. Wenn auch die deskriptive Betrachtung von Kommunikationsprozessen in der Gesellschaft die Frage, ob sie pädagogisch sinnvoll sind, nicht beantworten kann, zeigt sie dennoch, wo Potenziale eines pädagogischen Sinns liegen. Die Kommunikationswissenschaften bieten hierzu präzisere und differenziertere Theorien als die Pädagogik.

3.3.1 Was ist Kommunikation?

Grundsätzlich ergibt sich aus dem Thema dieser Arbeit, dass es um menschliche Kommunikation geht.

Zusätzlich handelt es sich um Kommunikation mit der und für die Öffentlichkeit, wobei hier sowohl eine abstrakte allgemeine Öffentlichkeit als auch bestimmte gesellschaftliche Teilgruppen (Kinder und Familien, aber auch Multiplikatoren und politische Entscheider) gemeint sind. Da die Gruppe der Angesprochenen auf eine bestimmte Region bzw. auf eine Stadt begrenzt ist, lässt sie sich aber auch annähernd konkret fassen; vollständig konkret ist die Öffentlichkeit in einer bestimmten Veranstaltung, die sich als „Versammlungsöffentlichkeit" (Neidhardt) beschreiben lässt und sich immer wieder neu konstituiert. Indirekt geht es ebenso auch um die Repräsentation der Versammlungsöffentlichkeit in den Massenmedien, vornehmlich den Printmedien, die die Kinderuni überregional und lokal begleiten und den ursprünglichen Rahmen der anvisierten Öffentlichkeit erweitern.

Jedoch stehen hier nicht das personenungebundene Massenmedium, sondern soziale Akteure im Vordergrund, seien es Organisationen oder Menschen, die in einer bestimmten sozialen und dabei öffentlichen Rolle auftreten. Dies bedeutet, dass die persönliche Beziehungsebene innerhalb einer Kommunikation vor allem in Hinblick auf gesellschaftliche Erwartungen und Ansprüche betrachtet wird. Dabei ist es jedoch für den Typus der Versammlungsöffentlichkeit charakteristisch, dass die Übereinstimmung von Erwartungen und Ansprüchen auf der persönlichen, zwischenmenschlichen Ebene in der konkreten Situation hergestellt werden muss. Kommt diese Übereinstimmung nicht adäquat zustande, können auch die damit verbundenen überpersönlichen sozialen Erwartungen nicht erfüllt werden.[15] Es geht also um die Verzahnung von einer Metaebene der

---

[15] Welches diese Erwartungen und Ansprüche sind, wird im Kap. 4 (Wissenschaft) erläutert.

Kommunikation (Kommunikation von Organisationen und Massenmedien in ihrer gesellschaftlichen Forumsfunktion) mit der Ebene der persönlichen Begegnung in einer pädagogisch gestalteten Situation.[16] Wesentlich ist daher die Betrachtung von Kommunikation als Interaktion, d.h. als „wechselseitig aufeinander bezogene soziale Handlungen samt ihrer kommunikativ vermittelten Bedeutung" (Jarren/Donges 2011, 18).

Anders als bei der Betrachtung der Massenkommunikation als weitgehend einseitige Vermittlung von Botschaften eines Senders an einen Empfänger (vgl. Shannon/Weaver [1949] 1977) kommt es auf den Austausch der Partner im Kommunikationsprozess an.[17] Die Soziologie betrachtet dabei Kommunikation als „Mechanismus zur Koordination sozialen Handelns", im Extrem sogar, wie in der Systemtheorie, „als Grundeinheit alles Sozialen" (Kohring, 2009, 72). In diesem Sinne wäre es möglich, menschliche Kommunikation auch ohne ihre personalen Akteure als abstrakte Prozesse zu analysieren. Diese Vorstellung ist insofern nützlich, als sie es erlaubt, verschiedene der hier relevanten Arten von Kommunikation, wie z.B. Organisationskommunikation, Kommunikation der Printmedien und personale Kommunikation in der Versammlungsöffentlichkeit miteinander zu verbinden. Es gibt jedoch noch einige systematische Probleme, die zu lösen sind.

Ein Problem besteht darin, dass Kommunikation der Massenmedien und Organisationskommunikation, die man üblicherweise mit Public Relations gleichsetzt, in der Forschung bisher zwei strikt voneinander getrennte Bereiche darstellen. Im Kontext von Public Relations wird Kommunikation trotz mehrerer Versuche einer differenzierten allgemeinen Theoriebildung innerhalb der Kommunikationswissenschaft[18] immer noch als Unterfunktion des Unternehmensmanagements bzw. des Marketings gesehen.[19] Hingegen etablierte sich seit den 1990er Jahren die Publizistik als eigenes Forschungsfeld mit dem Themengebiet öffentliche Kommunikation.[20] Zu diesem gehört die Erforschung Politischer Kommunikation und der Rolle der Massenmedien in den meinungs- und entscheidungsgestaltenden Prozessen der Demokratie.[21] Zwar werden hier auch PR-Kampagnen mit behandelt, jedoch ausschließlich im Kontext der Kommunikation der Massenmedien. So heißt es z.B. bei Otfried Jarren und Patrick Donges:

---

[16] Dass gerade für pädagogische Prozesse dieser Doppelaspekt von Kommunikation typisch ist, stellt auch Lenzen ins Zentrum seiner Überlegungen über den Kommunikationsbegriff (Lenzen 1983, 458).
[17] Zwar beginnt sich diese Sichtweise zu ändern, indem auch Massenkommunikation, zumal mit den Beteiligungs- und Rückkopplungsmöglichkeiten durch das Internet, ebenso als „parasoziale Interaktion" bezeichnet wird (Jäckel 2008, 56 f.); der Unterschied zu interpersonaler Kommunikation unter Anwesenden ist aber noch immer deutlich.
[18] Vgl. z.B. Grunig/Hunt 1984; Ronneberger/Rühl 1992; Röttger 2009.
[19] Vgl. Kotler/Keller/Bliemel 2007; Zerfaß 2010.
[20] Vgl. Bentele/Brosius/Jarren 2003.
[21] Vgl. Sarcinelli 2011; Jarren/Donges 2011.

Politische Akteure verfolgen ihre Ziele intentional, betreiben Öffentlichkeitsarbeit bzw. PR unmittelbar (der Politiker selbst) oder mittelbar (der Pressesprecher, die PR-Stelle eines Politikers oder einer Organisation), und sie richten ihre Aktivitäten aufgrund ihrer Orientierung auf die allgemeine Öffentlichkeit und damit stark auf den Journalismus und die Massenmedien aus. Dort gilt es, Resonanz zu erzielen, positiv besetzte Themen durchzusetzen und als schädlich angesehene Thematisierungen zu vermeiden oder diese durch öffentliche Stellungnahmen rechtzeitig und nachhaltig umzudeuten (Jarren/Donges 2011, 169).

Die Kinderuni kann sowohl als Teil einer politischen Initiative wie PUSH als auch als Organisationskommunikation von Universitäten gesehen werden. Die beiden Perspektiven fokussieren auf jeweils unterschiedliche gesellschaftliche Akteure: Während die erste Perspektive die politischen Akteure in den Vordergrund rückt, sind es in der zweiten die Akteure der Wissenschaft. Dennoch sind für die Kinderuni beide Aspekte relevant. Es ist daher für diese Untersuchung wünschenswert, ein Modell öffentlicher Kommunikation zu entwickeln, die beide Perspektiven berücksichtigen kann.

3.3.2 Öffentliche Kommunikation

3.3.2.1 Publizistik

Einen Ansatz dazu liefert Matthias Kohring: Öffentliche Kommunikation definiert er als einen Begriff, der sich vor allem im Journalismus manifestiert, auch wenn sie systematisch über dem der Massenkommunikation steht, und damit also mehr umfasst als nur Publizistik. Voraussetzung ist dabei die Vorstellung einer komplexen Gesellschaft, in der Individuen und Organisationen es nicht mehr schaffen, sich eigenständig über alle relevanten und sie betreffenden Prozesse und Fakten ein Urteil zu bilden. Um trotzdem zu gültigen Urteilen in allen lebensweltlichen Situationen zu kommen, und nicht nur einigen wenigen Wahrnehmungen folgen zu müssen, die von partikularen Interessen geleitet sind, bildet die heutige Gesellschaft ein eigenes „Funktionssystem" aus:

> Dieses Funktionssystem, diesen speziellen gesellschaftlichen Bereich nenne ich *öffentliche Kommunikation* oder *Öffentlichkeit*. Die gesellschaftliche Funktion öffentlicher Kommunikation ist folgende: Sie beobachtet die Interdependenzen, d.h. die wechselseitigen Abhängigkeits- und Ergänzungsverhältnisse einer funktional ausdifferenzierten Gesellschaft, und teilt diese Beobachtungen mit. Im Funktionssystem Öffentlichkeit werden Ereignisse ausschließlich unter dem Gesichtspunkt thematisiert, ob sie Erwartungen in der gesellschaftlichen *Umwelt* dieser Ereignisse verändern könnten (...). Öffentliche Kommunikation prüft also, ob ein Ereignis aus einem System A in einem System B so wichtig ist, dass es auch dort zum Ereignis werden

könnte (...). Nur um solche potenziell mehrsystemzugehörigen Ereignisse geht es öffentlicher Kommunikation. Öffentliche Kommunikation legt mir also nahe, dass ein Ereignis in meiner sozialen Umwelt in irgendeiner Weise auch für *mich* Bedeutung erlangen *könnte* (Kohring 2009, 76 f., Hervorhebung im Original; vgl. auch Kohring 2005).

Öffentliche Kommunikation ist hier also eine Art Pool, der mit Informationen über Ereignisse gefüllt ist, die potenziell für mehr als einen gesellschaftlichen Akteur relevant sind. Ein wichtiger Bestandteil, aber nicht der einzige, ist der Journalismus (ebd., 77). Es handelt sich dabei aber nicht um in irgendeiner Weise verbindliche oder zwangsläufig wahre Informationen (ebd.). Daher ist es nicht so, dass dieses System einfach nur eine Zusammenstellung von Fakten ist, die z.B. bei fleißiger Lektüre von Zeitungen erworben und direkt in adäquates Handeln in der Umwelt umgesetzt werden kann. Das bedeutet, dass öffentliche Kommunikation andere Eigenschaften haben muss, um ihre Wirksamkeit zu konstituieren und zu legitimieren. Kohring greift hier auf den Begriff des „Vertrauens" zurück, das sich auf das „symbolischen Wissen *über* diese Akteure" der öffentlichen Kommunikation gründe (ebd., 79, Hervorhebung im Original). Zunächst muss der Leser also dem Journalisten bzw. dem Medium genügend Vertrauen schenken, um dem gelesenen Artikel oder dem gesehenen Fernsehbeitrag eine Relevanz über sein Leben einzuräumen. Sieht er diese Quelle als seriös an, dann gestatte er diesen, sein Vertrauensverhältnis zu anderen gesellschaftlichen Akteuren mit zu gestalten: „Der Journalismus liefert mir also nicht ein Wissen, das mir zurzeit fehlt, er hebt also nicht Wissensunterschiede auf (...). Er liefert mir diejenigen Anhaltspunkte, die ich brauche, um mein Vertrauen in andere zu begründen und legitimieren zu können" (ebd., 80). Gerade in Bezug auf Wissenschaft spricht er öffentlicher Kommunikation den Auftrag ab, wissenschaftliche Fakten inhaltlich voll adäquat darzustellen, sondern es geht allein um die „Güte unseres Vertrauensverhältnisses mit der Wissenschaft", und das bedeutet in erster Linie „Wissen über [deren] Akteure" (ebd., 81). Ein Bildungsauftrag im Sinne von systematischer Wissensvermittlung ist hingegen für ihn nicht Bestandteil öffentlicher Kommunikation; diese bezieht sich nur auf die Grundlage für die sinnvolle Gestaltung der sozialen Beziehungen, mithin für Urteilsfähigkeit (ebd.).

Wenn aber öffentliche Kommunikation nicht nur über die Massenmedien in Form von Journalismus stattfindet, so bleibt die Frage bestehen, wer oder was alles zum Funktionssystem Öffentlichkeit dazugehört. Zu Recht weist Kohring darauf hin, dass die große Konzentration der kommunikationswissenschaftlichen Forschung auf die Massenmedien nur auf der technischen Voraussetzung der Kommunikation basiere, was die genaue Sinnhaftigkeit als soziales Handeln nur vage wiedergebe (Kohring 2009, 74).

Bei der Bestimmung der Akteure im System der öffentlichen Kommunikation bleibt er aber ebenfalls ungenau, erinnert an „mittelalterliche Nachrichten-Ausrufer", „Alltagsgespräche", „Klatsch und Gerüchte" (ebd., 77; an anderer Stelle spricht er auch von „öffentlichen Versammlungen und Gesprächen", vgl. Kohring 2005, 263).[22] Er kritisiert zwar die Luhmann'sche Darstellung in der „Realität der Massenmedien", in der „Journalismus, Werbung und Unterhaltung in einem gar nicht schmackhaften Eintopf als prinzipiell gleichartige Zutaten zusammengerührt" würden (ebd., 74). Eine eigene, begründete Differenzierung nimmt er jedoch nicht vor.

3.3.2.2 Public Relations

Wo also die PR eingeordnet werden soll, ist unklar. Kann sie als Akteur der öffentlichen Kommunikation in das Kohring'sche Modell integriert werden? Grundsätzlich ist es möglich, wenn die Verbreitung nicht zwingend massenmedial erfolgen muss. Ein Problem aber ergibt sich insofern, als Kohring PR als „Selbstauskünfte" bzw. „Selbstbeobachtung" eines bestimmten Systems bzw. einer bestimmten Organisation auffasst, das eben nur dessen eigene, begrenzte Perspektive beinhaltet und daher prinzipiell nicht mehrsystemzugehörig ist. Der Journalismus hingegen sei, zumindest idealerweise, autonom und nicht einem oder mehreren Auftraggebern verpflichtet:

> Jede Ausrichtung des Journalismus auf die Kriterien resp. die Selektivität eines bestimmten Systems würde diese Beobachtungen für die anderen Systeme wertlos machen (...). Journalistische Autonomie ist mithin nicht ‚bloß' als eine moralische oder demokratietheoretische Forderung anzusehen – sie ist vielmehr die unverzichtbare Voraussetzung für die gesellschaftliche Funktionserfüllung des Systems Öffentlichkeit und seines Leistungssystems Journalismus (Kohring 2005, 277 f.).

Der Realität hält jedoch eine solche strikte Trennung von Publizistik und Public Relations im Systems öffentliche Kommunikation nicht stand: Die Abhängigkeit des Journalismus von Materialien und Informationen aus den PR-Abteilungen diverser Organisationen nimmt stetig zu (Kohring 2005, 188; vgl. auch Maier/ Miljkovič/ Palmar/ Ranner 2004, 26-32 für Deutschland und Österreich sowie Bronstein 2006, 76 für Großbritannien und die USA). Gleiches gilt auch für Nachrichtenagenturen, die personell meist sehr eng besetzt sind und daher wenig

---

[22] Ähnlich unbestimmt fällt die Formulierung im aktuellen Handbuch Kommunikations- und Medienwissenschaft aus, das unter dem Stichwort „öffentliche Kommunikation" die Definition liefert: „Bezeichnung für die Gesamtheit aller Kommunikationsvorgänge, die in der Öffentlichkeit stattfinden". Als Akteure werden benannt: „Bürger", „politische Herrschaftsträger", „Massenmedien" (Pfetsch/Bossert 2013, 248 f.).

eigene Recherchezeit aufbringen können (Müller 2004, 110 ff., bezogen auf den deutschsprachigen Raum). Weitere Quellen für den Journalismus bei seiner Berichterstattung über Wissenschaft sind Fachzeitschriften wie Nature oder Science, die zwar nicht im strengen Sinne als Organisations-PR zu bezeichnen sind, dennoch aber eher dem System Wissenschaft als der allgemeinen Öffentlichkeit zugeordnet werden können (Kohring 2005, 187).

Diese Entwicklung geht einher mit dem strukturellen Problem des Journalismus – insbesondere der Presse und des öffentliche Rundfunks – , zugleich Institutionen zur Förderung des Gemeinwohls und Unternehmen zu sein, die ökonomisch handeln müssen (Förg 2004, 126 f.). Eine strikte Abgrenzung unter der Systematik „mehrsystemzugehörig/nicht mehrsystemzugehörig" bzw. „Selbstbeobachtung/ Fremdbeobachtung" wird der gesellschaftlichen Differenzierung nicht gerecht, in der Public Relations entweder in der Gestalt einflussreicher einzelner Organisationen oder auch Zusammenschlüssen von Organisationen und anderen sozialen Akteuren untrennbar mit dem Journalismus im Funktionssystem der öffentlichen Kommunikation verbunden sind.[23]

3.3.2.3 Publizistik und PR als zwei Aspekte öffentlicher Kommunikation

Es ist also naheliegend, PR und Journalismus als zwar funktional getrennte, aber innerhalb eines Systems der öffentlichen Kommunikation existierende Bereiche aufzufassen.[24]

Worin besteht aber dann ihre unterschiedliche Funktionalität? Um dies zu klären, muss man sich von Kohrings Vorstellung, der Journalismus könne rein deskriptiv als autonomes System der effektiven Selbstbeobachtung einer Gesellschaft beschrieben werden, lösen. Die Unterscheidung von „Mehrsystemzugehörigkeit" als differenzierendes Merkmal des Journalismus zur PR greift zu kurz, wenn diese nachweislich zur allgemein-gesellschaftlichen Meinungsbildung beitragen. Mehrperspektivität ergibt sich nicht nur aus der Autonomie des Journalismus (auch wenn dies ein wesentlicher Faktor ist), sondern auch aus dem Verständnis ihrer gesellschaftlichen Aufgabe. Kohring argumentiert mit seiner Forderung nach einer Autonomie des Journalismus also nicht neutral, sondern letztlich moralisch im Sinne der Demokratietheorie: Denn nur die Demokratie macht eine unabhängige Berichterstattung erforderlich. Neben das zugegebenermaßen wichtige Element der finanziellen und organisatorischen Unabhängigkeit

---

[23] Dabei ist unbestritten, dass es graduelle Unterschiede in der Verflechtung von PR und Journalismus gibt und generell die Zunahme von Vernetzungen beider Bereiche beobachtet werden kann. Zum teils als problematisch diskutierten Verhältnis zwischen PR und Journalismus vgl. Altmeppen/Röttger/Bentele 2004; Hoffjann 2007.
[24] Hinweise für das Verhältnis einer Verwandtschaft bei gleichzeitiger funktionaler Trennung finden sich auch bei Förg 2004, 125 f.

der gesellschaftlichen Informationssysteme treten auch ethische Kriterien, die an alle Informationsträger, und damit auch an die PR als Bestandteil öffentlicher Kommunikation, angelegt werden müssen.

Während Birgit Förg diesen Versuch in ihrer theoretisch-empirischen Studie „Moral und Ethik der Public Relations" (Förg 2004) schon unternahm, ist dennoch zumindest im deutschsprachigen Raum das Image der PR „eher schlecht" oder „ambivalent" (Bentele/Brosius/Jarren 2013, 282), was eine wissenschaftliche Beschäftigung mit ihren ethischen Aspekten erschwert. Besonders Klaus Merten präsentiert eine scharfe Kritik der PR-Branche und spricht ihr – im Gegensatz zum Journalismus – jedwede moralische Relevanz ab (Merten 2008a, 1). Er stellt eine Dichotomie zwischen PR und Journalismus auf: Public Relations seien gleichzusetzen mit der Absicht zu täuschen, während Journalismus mit Objektivität und Wirklichkeit verknüpft sei. PR versuchten zu beschönigen und berichteten daher ausschließlich Positives; Journalismus zeige die Realität und sei daher meist negativ (ebd., 3). Public Relations „nutzen die Differenz zwischen einer ‚realen' Wirklichkeit und einer dazu konstruierten fiktionalen Wirklichkeit, die tendenziell freundlicher resp. wünschenswerter ausfällt und die von der Öffentlichkeit als ‚eigentliche' Wirklichkeit akzeptiert werden soll. Diese Differenzbildung ist das eigentliche Prinzip der PR" (ebd., 6). Das von ihm verwendete Vokabular und die radikale Abgrenzung vom Journalismus verstellt dabei den Blick auf die von ihm selbst aufgestellte Forderung, dass der Berufszweig Public Relations danach streben sollte, „ein strategisches Differenzmanagement abzusichern und zu fördern durch eine leistungsfähige Ethik, die nicht mehr kategorial (Ja/Nein) sondern, als Differenzmanagement, nach mehr/weniger zu differenzieren in der Lage ist" (Merten 2008a, 10). Gleiches fordert auch Förg, wenn sie die häufig von Berufspraktikern vertretene Meinung kritisiert, dass ein ethisches Verhalten als Öffentlichkeitsarbeiter nur auf der Ebene der Individualethik ausreiche. Ein solches Verständnis greife zu kurz, so dass eine organisationsübergreifende, institutionelle Einbettung von PR-Kodizes vorangetrieben werden müsse (Förg 2004, 191 ff.).

So stellt sich die Frage, ob PR nach Kohrings Definition als „mehrsystemzugehörig" oder prinzipiell nur als „einem System zugehörig" gesehen werden kann, denn öffentliche Kommunikation zeichnet sich dadurch aus, dass sie in mehreren gesellschaftlichen Kontexten Bedeutung hat. Die Beantwortung dieser Frage hängt davon ab, welcher Öffentlichkeitsbegriff zugrunde gelegt wird. Geht man davon aus, dass es nur ein gesamtgesellschaftliches Forum gibt, auf denen Themen des öffentlichen Interesses (Themen mit Mehrsystemzugehörigkeit) diskutiert werden, dann muss man Organisationskommunikation formell ausschließen. PR dienen dann als (eine) Informationsquelle für den Journalismus (oder die bisher nicht näher definierte „Gerüchteküche"), über die die Akteure aber autonom entscheiden, sowohl, was die Auswahl der dargestellten Fakten als auch was ihre Bewertung angeht. Geht man aber davon aus, dass es mehr als nur ein Forum für Öffentlichkeit gibt, dann steigt die Bedeutung von PR im Verhältnis zur Bedeutung eines bestimmten Akteurs in diesem Forum.

Die Soziologie nimmt gewöhnlich die Konstitution von Öffentlichkeit über soziale Gruppierungen bzw. Schichten vor. Alternativ dazu könnte man aber auch einen Öffentlichkeitsbegriff konstituieren, der sich über Themen definiert. In diesem Modell wäre Bildung ein solches Thema. Es ist im Kohring'schen Sinne klar „mehrsystemzugehörig", da alle Bürger, sowohl im transzendentalen als auch im institutionellen Sinn, sich bilden; „mehrsystemzugehörig" ist es aber auch, da mehrere gesellschaftliche Akteure in ihnen tätig sind und ihren Einfluss geltend machen. Über Bildung diskutieren politische Entscheidungsträger, Journalisten als Repräsentanten des „Bürgertums", zunehmend auch – zumindest auf lokaler Ebene – die Bildungsinstitutionen selbst, Kirchen, Stiftungen und andere Träger von informellen Bildungsangeboten sowie Verbände (GEW, Philologenverband, Wissenschaftsrat, Kultusministerkonferenz etc.). Wer in einem konkreten Fall des Themas „Bildung" ein relevanter Akteur ist, gliedert sich nach weiteren Sub-Ebenen auf. Das allgemeine und das differenzierte Modell von Öffentlichkeit schließen sich dabei gegenseitig nicht aus, sondern ergänzen einander.[25]

In einer stark ausdifferenzierten Gesellschaft, so stellt es Kohring dar, kann es der Journalismus nicht mehr leisten, autonom zu entscheiden, welche Fakten und Prozesse öffentlichkeitsrelevant und welche Informationen und Argumente valide sind. Dies wird (oft schon in dieser Phase begleitet durch die Medien) auf einem Spezialforum von Öffentlichkeit vorentschieden. Die eigentliche Leistung des Journalismus wäre es dann, einen Diskurs auf der Meta-Ebene zu führen, in dem die Relevanz der Argumentationen auf der Sub-Ebene in ihrer Bedeutung für andere Themen und Akteure gespiegelt und bewertet werden. Gelingt es dem Journalismus, mindestens eine „Bewertungs-Autonomie" zu bewahren, kann er die „Vorsortierung", die innerhalb eines Themas stattgefunden hat, sowohl verstärken als auch abschwächen, sowie mit Aspekten aus anderen gesellschaftlichen Themen anreichern.

Dazu reicht es nicht aus, dass Journalismus nur die Multiperspektivität der Beobachtung aufrechterhält, sondern er kommt nicht umhin, eine Bewertung vorzunehmen. Kohring spricht in seinem Modell von Öffentlichkeit von „öffentlicher Kommunikation als spezifischer Sinnkonstruktion" (Kohring 2009, 77).[26]

---

[25] Theis-Berglmair sieht hingegen, in Anlehnung an Luhmann, in der Differenzierung der Öffentlichkeit nach Themen eine Abwendung von den normativen Elementen von Öffentlichkeit hin zu einem unentschiedenen Nebeneinander von Sichtweisen und Beobachtungen ohne die Möglichkeit einer problemlösenden Instanz wie Wahrheit oder Vernunft, so wie sie z.B. im Modell des öffentlichen Diskurses bei Habermas vorhanden ist (Theis-Berglmair 2008, 341).
[26] In der Kommunikationswissenschaft wird der Begriff „Sinn" freilich meist nicht im moralischen Sinne verwendet, sondern deskriptiver als ein kohärentes Gedankengefüge charakterisiert, das als Abbild der Wirklichkeit fungiert; vgl. auch Herger, der von einer „Gestaltung bzw. Modellierung von Wirklichkeitsvorstellungen" spricht (Herger 2006, 43; Hervorhebung im Original).

Er teilt dem Journalismus aber ebenso eine gesellschaftliche Orientierungsfunktion zu (ebd., 77f.). Schon in der Wahl der Themen und Quellen hat ein Journalist eine sittliche Vorentscheidung getroffen, nämlich zum Beispiel eine Quelle als „seriös" einzustufen und eine andere als „voreingenommen" oder „fehlerhaft". Es sind dies jedoch keine nur individuellen Entscheidungen, sondern aufgrund der Aufgabe, die dem Journalismus per Verfassung zugestanden wird (Deutscher Presserat), agiert jeder Journalist zugleich als Sprachrohr des allgemeinen öffentlichen Interesses, als Vertreter des Gemeinwohls. In der Selektion des Journalismus sieht auch Kohring eine seiner gesellschaftlichen Hauptfunktionen (aufgeteilt in Themenselektivität, Faktenselektivität, empirisch nachprüfbare Richtigkeit von Beschreibungen, explizite Bewertungen, wobei die dritte Komponente als die wichtigste anzusehen ist; Kohring 2004, 106 ff.; 262). Der Faktor der Mehrsystemzugehörigkeit ist dabei als ein notwendiges, aber nicht unbedingt auch hinreichendes Kriterium zu sehen. Die Vielfalt der mehrsystemzugehörigen Ereignisse dürfte die Kapazität des jeweiligen Mediums regelmäßig übersteigen, so dass auch hier wiederum eine – nur sittlich begründbare – Auswahl zu treffen sein wird.

Da Public Relations als Organisationskommunikation in diese gesellschaftliche Funktion nicht offiziell einbezogen werden, ist ihre gesellschaftliche Stellung ambivalent. Zwar sind weder im Journalismus noch in der PR branchenspezifische moralische Kodizes besonders wirkungsvoll (vgl. Lungmus 2012; Merten 2009), doch allein die verfassungsrechtliche Stellung von Rundfunk, Presse und Fernsehen begründet einen sittlichen Anspruch, wie immer man inhaltlich die Forderung nach objektiver Information der Bevölkerung ausdeutet.

Ethische Richtlinien für die Kommunikation öffentlicher Organisationen sind nicht gesetzlich verankert (wie die Pressefreiheit im GG)[27]; es existieren für politische Organisationen wie das Bundespresseamt und die Presseabteilungen der Ministerien lediglich Empfehlungen (Urteile des Bundesverfassungsgerichtes 1966, 1977, 1983, 2002[28]), für andere Organisationen existieren solche Richtlinien nicht.

Dies erschwert ihre ethische Verortung und erklärt die schillernde Ambivalenz ihrer Kommunikation zwischen Aufklärung, Werbung und, im Extremfall, Propaganda. Merten kritisiert zu Recht, dass die ethischen Kodizes wie der Code d' Athènes zu allgemein und unverbindlich ausfielen (Merten 2009, 108 ff.). Er

---

[27] Anders als in Deutschland hat die Schweiz für die Regierungskommunikation eine Kommunikationsrichtlinie erarbeitet, die sich explizit mit ethischen Kriterien auseinandersetzt: „Propaganda im Sinne totalitärer Systeme stösst in der Demokratie auf verständliche Abwehrreflexe und ist abzulehnen. (...) PR können helfen, [das] Staatswissen in Allgemeinwissen zu erweitern. Sie müssen dazu aber umfassende Informationen liefern und können nicht Teilbereiche ausklammern. (...) Kommunikation in der Politik soll nicht in appellatorischer Art unterbewusste Abläufe in Gang setzen (wie dies z.B. die Werbung tut), sondern rational nachvollziehbare Inhalte anbieten" (Richtlinien der Schweizer Bundeskanzlei, zitiert nach Herger 2004, 179).
[28] Vgl. Busch-Janser/Köhler 2006.

plädiert daher dafür, dass nicht die Mitarbeiter von PR-Abteilungen als Berufsgruppe, sondern Organisationen selbst sich ethischen Standards stellen müssten, also eine *„Ethik der Organisation"* (ebd., 116, Hervorhebung im Original) hervorbringen sollten. Es ist bei Befürwortern wie Kritikern der PR inzwischen eine anerkannte Position, dass Mitarbeiter der Öffentlichkeitsarbeit nicht nur der Öffentlichkeit, sondern ihren Auftraggebern dienen, also auch ein Partikularinteresse vertreten[29] (dies muss nicht notwendigerweise mit Täuschung verbunden sein und entbindet natürlich nicht von einer individuellen ethischen Grundhaltung). Je nach Art der Organisation kann dieses Interesse aber zugleich auch ein Interesse des Gemeinwohls beinhalten. Es könnte also gewinnbringend sein, Public Relations nach Arten von Organisationen zu unterscheiden.

3.3.2.4 Organisationskommunikation als öffentliche Kommunikation

Nikodemus Herger versucht mit seiner systematischen Analyse „Organisationskommunikation" (2004) eine solche Differenzierung zu leisten. Kennzeichen jeglicher Organisationskommunikation sei es, dass sie auf der Grundlage der Effizienz gestaltet wird, was bedeutet, „dass die Entscheide auf einer umfassenden Informationsgrundlage und rechtzeitig getroffen werden; den methodischen Ansprüchen der Organisation genügen; und mit einem sparsamen Einsatz von Ressourcen verbunden sind" (Herger 2004, 96). Weiterhin interagieren Public Relations „über *Märkte* mit den gesellschaftlichen Funktionssystemen und erbringen dadurch ihre Leistungen für die Organisation. Die Definition des Marktbegriffs ist im Kontext der Public Relations von besonderer Bedeutung, da er die Voraussetzung für die PR-Leistungen (...) bildet" (ebd., 100, Hervorhebung im Original). Demnach zeichnet Organisationskommunikation aus, dass sie auf einem anderen strukturellen Bild der Öffentlichkeit aufbaut als der Journalismus: Während dieser prinzipiell auf eine allgemeine Öffentlichkeit ausgerichtet ist, unterteilen die PR die Öffentlichkeit in unterschiedliche Zielgruppen. Dies hat weitreichende Folgen: Zwar wird jede Organisation Grundinformationen bereit stellen, die tendenziell für jeden Bürger erreichbar sind; dennoch ist kennzeichnend, dass sie für sich relevante Anspruchsgruppen definieren, die mit jeweils unterschiedlichen Informationen und Angeboten adressiert werden. Herger unterscheidet gewinnorientierte Organisationen von Non Profit-Organisationen, die, anders als jene,

---

[29] Die Public Relations Society of America (PRSA) schrieb im Jahr 2000 der „Advocacy", also der Verpflichtung der Öffentlichkeitsarbeiter auf die Ziele und Werte der von ihnen vertretenen Organisation, als Kern ihrer Berufsethik zu (vgl. Fitzpatrick/Bronstein 2006, ix f.).

ihre Leitdifferenz über die Sinngebung [bilden] (...). Als Sinnsysteme haben NPOs eine wertbildende Funktion, was die Glaubwürdigkeit und das Vertrauen in die Organisation stärkt und erhöht. (…) Als Sinnsysteme reduzieren die NPOs Komplexität für andere Organisationen und Bezugsgruppen (ebd., 161).[30]

Sie hätten eine Thematisierungsfunktion öffentlicher Belange als Gegenmacht zu staatlichen und wirtschaftlichen Instanzen und ergänzten die politische Agenda um soziale und ökologische Themen (ebd., 162). Ein dritter Organisationstyp ist nach Herger die öffentliche Verwaltung, die eine eigenständige Wirtschaftseinheit mit spezifischen Aufgaben und Leistungssphären darstelle und ein „Ausführungsorgan [ist], das zur Erreichung des Staatszwecks nur in demokratisch bestimmten Aufgabenbereichen tätig werden darf" (Schedler/Proeller 2000, 51). Verwaltungskommunikation sei damit zentrale Staatsfunktion mit dem nicht spezifizierten „Bürger" als Zielgruppe (Herger 2004, 170). Auch die Verwaltungskommunikation sei

grundsätzlich rechtlichen und qualitativen Normen verpflichtet. (...) Ohne Verständlichkeit, Wahrheit, Wahrhaftigkeit und Richtigkeit wird es schwierig, die Kommunikationsverantwortung glaubwürdig und wirkungsvoll wahrzunehmen und durchzusetzen, etwa für Schutzaufgaben, Wohlfahrtsaufgaben, Wettbewerbsaufsicht, Energieversorgung (ebd., 172).

Schulen und Universitäten hebt Herger als Organisationen hervor, die unter den öffentlichen Verwaltungen besonderes Vertrauen genießen (ebd., 182).[31] Es gibt also offensichtlich Organisationen, die, obwohl sie Partikularinteressen vertreten, ein höheres Vertrauen genießen als andere, und zwar dann, wenn sie nicht allein auf den Vorteil eines einzelnen gesellschaftlichen Akteurs ausgerichtet sind, sondern partikulare Interessen im Sinne einer bestimmten Thematik oder Aufgabe verfolgen; diese Thematik oder Aufgabe muss aber auch außerhalb dieser Organisation als relevant anerkannt sein.

Die Relevanz wird ihr aber nicht nur durch den Journalismus zugeschrieben, sondern ist ihr entweder schon durch den staatlichen Auftrag inhärent (öffentliche Verwaltungen) oder sie entsteht durch eine ursprünglich private Initiative von Einzelbürgern, die irgendwann eine „kritische Masse" erreicht und dann z.B. durch journalistische Berichterstattung weitere Unterstützung erhält (Umweltorganisationen wie Greenpeace, Menschenrechtsorganisationen wie Amnesty International). Akteure im Bereich Bildung gehören genau solchen Organisa-

---

[30] Vgl. der Begriff des Vertrauens bei Luhmann 1973.
[31] Seine Einschätzung untermauert Herger nochmals in einer späteren Publikation, in der er eine britische Meinungsumfrage aus dem Jahr 2005 zitiert, die Lehrern und Hochschullehrern unter den Berufsgruppen neben Ärzten die höchste Vertrauenswürdigkeit zuweist (Herger 2006, 16). Vgl. auch Bentele/Seidenglanz 2008, 352.

tionen an. Indem sie Bildung als Ziel festlegen, erheben sie Anspruch auf öffentliches Vertrauen und die Glaubwürdigkeit ihrer Vertreter.[32] Dieses Vertrauen fällt ihnen nicht automatisch mit der Beschäftigung mit Themen des öffentlichen Interesses zu. Es ist abhängig von Erfahrung (Herger 2006, 15 ff.; Bentele/Seidenglanz 2008, 349), also von Handlungen oder Interaktionen mit ihrer Umwelt, in denen eine Organisation wiederholt gezeigt hat, dass sie tatsächlich Ziele verfolgt, die nicht nur ihrem eigenen Erhalt dienen. Ob Ansprüche auf Vertrauen berechtigt sind, kann vorher nicht bestimmt werden:

> Wer diese Frage schon auf der theoretischen Ebene entscheiden will, arbeitet letztlich mit Unterstellungen. Ob zwischen Moralisierung durch PR und dem Handeln von Akteuren und Institutionen eine Kluft besteht, ist ein empirisches Problem. Überspitzt formuliert: Wenn sich etwa ein Tablettenkonzern in Werbung und PR für *etwas weniger Schmerz in dieser Welt* einsetzt, ist damit ein Anspruch verbunden, dem man zunächst und ganz naiv mit Hochachtung begegnen kann. Weniger naiv sollte man dann aber auch zu messen versuchen, d.h. empirisch überprüfen, wie stark der *Schmerz in dieser Welt* durch den vermeintlich selbstlosen Einsatz dieses Unternehmens tatsächlich nachgelassen hat (Sarcinelli/Hoffmann 2009, 233 f., Hervorhebung im Original).

Schulen und Universitäten genießen also nicht nur deswegen das Vertrauen der Öffentlichkeit, weil sie vom Staat einen öffentlichen Auftrag erhalten, sondern auch deshalb, weil sie die Berechtigung dieses Vertrauens über einen langen Zeitraum bewiesen haben.

3.3.3 Kriterien einer Ethik für öffentliche Kommunikation

Was aber bedeutet Vertrauen in unserem Kontext der öffentlichen Kommunikation? Es dürfte deutlich geworden sein, dass der Begriff für Public Relations ebenso wie für den Journalismus eine zentrale Rolle spielt. Aus kommunikationswissenschaftlicher Sicht hat Günter Bentele den Versuch einer systematischen Differenzierung unternommen, indem er es definiert als

> Prozess und Ergebnis öffentlich hergestellten (d.h. in der Regel medienvermittelten) Vertrauens in öffentlich wahrnehmbare Akteure (z.B. Einzelakteure, Organisationen) und Systeme (z.B. Teilsysteme wie das Politik-, das Rechts- oder das Wirtschaftssystem oder auch noch begrenztere soziale Teilsysteme wie das Rentensystem, das Gesundheitssystem oder das Parteiensystem (...) (Bentele 2013, 250).

---

[32] Bentele unterscheidet „Vertrauen" und „Glaubwürdigkeit", indem er Vertrauen als einen umfassenden Begriff bezeichnet, Glaubwürdigkeit jedoch nur auf die Kommunikation von Personen bezieht (Bentele 2013, 251).

In komplexen modernen Gesellschaften geschieht die Steuerung des öffentlichen Vertrauens durch Vermittler:

> In der Informations- und Kommunikationsgesellschaft sind es insbesondere die Medien und deren Akteure, darüber hinaus aber auch die Organisationen, die den Medien mit ihren Informationen einen großen Teil ihres redaktionellen Stoffes liefern, also die Kommunikationsabteilungen von Unternehmen, Verbänden, Parteien, NGOs, die Dienstleister, die PR-Agenturen sowie deren Akteure, die mit der Informationsweitergabe und innerhalb öffentlicher Kommunikationsprozesse auch für Vertrauensgewinne, -stabilisierungen oder -verluste der jeweiligen Personen oder Organisationen mit zuständig sind (ebd., 251).

Als Kriterien für die Ausbildung von öffentlichem Vertrauen benennt er „Sachkompetenz, Kommunikationsadäquatheit, kommunikative Konsistenz, kommunikative Transparenz, Offenheit und gesellschaftliche Verantwortung", wobei die kommunikative Konsistenz die wichtigste Komponente sei (ebd.). Bentele integriert also indirekt Journalismus und PR in ein gemeinsames System der öffentlichen Kommunikation[33], wobei er feststellt, dass

> Organisationen (…) in ihrem Handeln und in ihrer Kommunikation Diskrepanzen zu vermeiden [versuchen], PR-Kommunikatoren (...) sich also eher dem Typ der Diskrepanzvermeider zuordnen [lassen], wohingegen Journalisten – dies gehört zu ihrem Selbstverständnis – sich eher als Diskrepanzsucher verstehen (ebd.).

Im Gegensatz zu Merten operiert er nicht mit den Begriffen von Wahrheit und Täuschung, da er berücksichtigt, dass die Diskrepanzsuche, also „Negativismus, Konflikt, Kontroverse und journalistische Routinen wie ‚aktuelle Instrumentalisierung'" im Journalismus ebenso wie bewusste Täuschung von Seiten der PR das Ergebnis einer medialen Konstruktion sein können (Bentele/Seidenglanz 2008, 356). Dennoch gibt er, ohne es explizit deutlich zu machen, eine allgemeine Idee von Wahrheit und Täuschung nicht auf.

Auch Niklas Luhmann, der Vordenker des Vertrauensbegriffs in sozialen Kontexten, muss, wenn er von einem „Mechanismus zur Reduktion sozialer Komplexität" (Luhmann 1973) spricht, annehmen, dass die Vertrauenssubjekte Handlungen und Aussagen der Vertrauensobjekte für wahr oder richtig halten, und zwar, und das ist das Besondere am Vertrauensbegriff, ohne dieses vollständig rational und durch eigene, persönliche Erfahrung begründen zu können (Luhmann spricht von einer „riskanten Vorleistung", ebd., 23 ff.). Insbesondere gilt dies für ein System wie Wissenschaft, für das Wahrheit eine zentrale Kategorie ist. Wer auf die Inhalte von Wissenschaftskommunikation vertraut, muss also zunächst einmal Vertrauen in die „abstrakten Mechanismen – generalisierte

---

[33] Vgl. auch Dernbach (2002).

Kommunikationsmedien (…) oder symbolische Zeichen" der Wissenschaft haben (Kohring 2002, 97). Ebenso muss er oder sie darauf vertrauen können, dass die Art der Organisation (Hochschule) bzw. des Systems (Wissenschaft) auch die Art und Weise bestimmt, wie in der Öffentlichkeit kommuniziert wird. Umgekehrt prägen die Gesetzmäßigkeiten eines Systems die Art des kommunikativen Umgangs der in ihr Tätigen mit der Öffentlichkeit. Wissenschaftler, denen nachgewiesen werden kann, dass sie die Idee der Wahrheit relativieren, z.B. indem sie nicht abgesicherte Forschungsergebnisse in der Öffentlichkeit als Fakten präsentieren oder eigene und fremde Gedanken in Publikationen nicht eindeutig voneinander abgrenzen, werden nicht nur innerhalb ihres Systems, sondern auch außerhalb sanktioniert.

Zusammenfassend kann man also sagen, dass öffentliche Kommunikation grundsätzlich eine ethische Fundierung braucht, da eine Mehrsystemzugehörigkeit bei allen Kommunikationsarten und –medien öffentlicher Kommunikation unterstellt werden muss. Die PR öffentlicher Einrichtungen unterliegen daher grundsätzlich ähnlichen ethischen Kriterien wie der Journalismus. Dem Journalismus kommt aufgrund seiner verfassungsrechtlichen Fundierung und stärkeren ethischen Kodifizierung eine wichtige Vermittlerrolle zu sowie das prinzipielle Recht einer Bewertungsautonomie. In der Praxis zeigen alle Einrichtungen, die öffentliche Aufgaben wahrnehmen, eine ähnliche Verpflichtung gegenüber den von Bentele ermittelten Kriterien.

So muss auch von der Kinderuni erwartet werden, dass sie die Eigengesetzlichkeiten der Wissenschaft und der Institution Hochschule korrekt repräsentiert, da sie sonst einen gesellschaftlichen Vertrauensverlust riskiert. Wenn darüber hinaus auch der Bildungswert der Kinderuni bestimmt werden soll, muss der Vertrauensbegriff auf zwei Ebenen angewendet werden: Als öffentliche Kommunikation kann sie dann bildend sein, wenn sie eine Gelegenheit darstellt, dass mündige Bürger sich über die Art, wie Wissenschaft dort repräsentiert wird, ein Urteil bilden können; als Bildungsveranstaltung muss sie für Kinder eine Gelegenheit bieten, einen systemadäquaten Einblick in Inhalte und Verfahrensweisen der Wissenschaft zu erhalten. Genau dies ist in den Kriterien von Bentele mit enthalten und muss im Folgenden geprüft werden.[34] Ein wesentliches Anliegen ist dabei aus soziologischer und kommunikationswissenschaftlicher Sicht, dass

---

[34] Interessanterweise ist „Vertrauen" in der geisteswissenschaftlichen Pädagogik anscheinend keine eigene Kategorie: Aktuelle Nachschlagewerke wie das Wörterbuch der Pädagogik (Böhm 2005) haben hierzu keinen Eintrag. Der Begriff findet sich allerdings in stärker soziologisch und psychologisch beeinflussten Lexika wie dem Beltz Lexikon Pädagogik mit dem Hinweis auf drei Bedeutungsebenen: 1. Entwicklung von Urvertrauen in der frühkindlichen Phase, 2. „in der Erziehung notwendige Voraussetzung für eine gelingende Interaktion zwischen dem Lehrenden/Erziehenden und seinen Adressaten", und 3. als Mechanismus zur Komplexitätsreduktion wie oben diskutiert (Tenorth/Tippelt 2007, 754). Die institutionelle bzw. gesellschaftliche Ebene des Vertrauens in pädagogischen Prozessen wurde in neuerer Zeit als Forschungsdesiderat formuliert (vgl. Fabel-Lamla/Welter 2012).

geklärt wird, „wie Systeme eingerichtet werden können, in denen trotz hoher Komplexität es dem Handelnden selbst überlassen werden kann, zu entscheiden, ob er vertraut oder nicht" (Luhmann 1973, 105), was letztlich heißt, dass die Art und Weise, wie öffentlich kommuniziert wird, für die Urteilsfähigkeit und Selbstbestimmung des Einzelnen von hoher Bedeutung ist:

> Prozesse der Vertrauensbildung oder von Vertrauensverlusten auf Rezeptionsseite hängen (...) stark von den Regeln organisierter Kommunikation sowie von den Prozessen und Strukturen der öffentlichen Kommunikation insgesamt ab (Bentele/Seidenglanz 2008, 355).

Ein nicht gelöstes Problem besteht aber weiterhin darin, dass PR mit einem marktförmigen Modell von Öffentlichkeit arbeiten und so zwangsläufig immer einen Teil der Bevölkerung aus der Kommunikation ausschließen, indem sie versuchen, passgenaue Zielgruppen zu erfassen. Folglich müsste in besonderer Weise darauf geachtet werden, dass die PR öffentlicher Organisationen ein möglichst breites Kommunikationsangebot umfassen und ihre Kommunikation so gestalten, dass sie die normativen Bedingungen der Herstellung einer allgemeinen Öffentlichkeit erfüllen können.

3.3.4 Kinderuni als Beispiel öffentlicher Kommunikation

Wie sieht es nun mit der Erfüllung dieser Ansprüche bei der Kinderuni aus? Hierbei betrachten wir vor allem die Erwachsenenperspektive, gehen also vom Idealfall des mündigen Bürgers aus, auch wenn dies für die eigentliche Bildungsveranstaltung nur die Zielgruppe zweiter Ordnung darstellt. Für die Kinderuni sind die Eltern, Großeltern oder andere erwachsene Begleitpersonen der teilnehmenden Kinder wichtig, weil sie zum Teil selbst bei den Vorlesungen anwesend und maßgeblich an der Entscheidung beteiligt sind, ob Kinder an der Kinderuni teilnehmen. Aus der Perspektive der Hochschulen ist außerdem die Thematisierung der Kinderuni in der lokalen und überregionalen Presse und ggf. lokalen und regionalen Rundfunk- und Fernsehberichterstattung interessant, da sie eine über die Versammlungsöffentlichkeit hinaus gehende öffentliche Wahrnehmung ermöglichen. Aus PR-Sicht kann man argumentieren, dass die Aufmerksamkeit Erwachsener sogar wichtiger für die Imagewirkung der Universität in der Öffentlichkeit ist als das Kinderpublikum: Das wird daran deutlich, dass in einer Befragung die Initiatoren der Kinderuni als wichtigstes Ziel der Veranstaltung, neben einem „Wecken von Interesse an der Wissenschaft", ganz allgemein „die Öffnung der Universität nach außen" bzw. „in die Gesellschaft" sehen; dieses Ziel wird auch von den Referenten noch als wesentlich wahrgenommen (Richardt 2008, 62).

Die durch Massenmedien hergestellte Öffentlichkeit ist die umfassendste, die wir kennen, auch wenn zu vermuten ist, dass sich die Teilnehmer am öffentlichen Diskurs nach der Art des Massenmediums unterscheiden: So sind die Zuschauer des Mediums Fernsehen nicht automatisch dieselben wie die des Radios, der Zeitungen oder des Internets. Mit der Kinderuni verbindet sich das Medium der Zeitung, sowohl, was die Information über Termine und Inhalte angeht (Bergs-Winkels/Giesecke/Ludwig 2006, 51; Richardt 2008, 57 f.), als auch den öffentlichen Diskurs.[35] Bezogen auf die Organisation Hochschule bedeutet dies eine hohe Transparenz der Kommunikation.

Auch der Zugang zu den Veranstaltungen der Kinderuni ist prinzipiell uneingeschränkt möglich. Die Vorlesungen werden von Wissenschaftlern gehalten und lehnen sich formell an die in der Universität herrschende pädagogische Form der Vorlesung an; daher wird auch das, was Universität ausmacht, transparent bzw. erfahrbar gemacht. Die Referenten stellen teils etwas aus ihrem Fachbereich vor, teils versuchen sie aber auch, im Auftrag der Organisatoren gesammelte Kinderfragen oder Themenwünsche zu behandeln; sie tun dies aber dann aus ihrer fachlichen Perspektive. Daher ist auch eine hohe Sachkompetenz und kommunikative Konsistenz vorhanden. Die Adäquatheit der Kommunikation könnte im Zusammenhang mit der Kinderuni als die Fähigkeit der Referenten definiert werden, eine Verbindung zwischen der Erfahrungswelt der Kinder und der Wissenschaft herzustellen. Diese ist abhängig vom jeweiligen Referenten und wird in der Regel nicht von Seiten der Hochschule beeinflusst.

Das Kriterium „gesellschaftliche Verantwortung" nach Bentele ist dagegen schwerer zu fassen. Dieses Kriterium kann nur abhängig davon bewertet werden, wie Universitäten aufgrund ihres Organisationstyps einzuschätzen sind. Hierbei ergibt sich die Schwierigkeit, dass sie weder reine staatliche bzw. öffentliche Verwaltungsorganisationen sind noch private gemeinwohlorientierte Organisationen wie die NGOs oder nach wirtschaftlichen Prinzipien ausgerichtet wie Unternehmen. Wenn man sie über ihre Aufgabe definiert, sind sie am ehesten den öffentlichen Verwaltungsorganisationen zuzurechnen. Daher ist gesellschaftliche Verantwortung ihr vom Organisationstyp her inhärent. Wie sich diese Verantwortung ausdrückt, ist aber offen für Interpretationen. So könnte man formulieren, dass Kinderunis, die ja nicht zum Kerngeschäft der Universitäten gehören, ein Ausdruck dieser gesellschaftlichen Verantwortung sind, da sie den Sinn ihrer Organisation und ihrer Inhalte einer breiteren Öffentlichkeit vorstellen (Richardt nennt dies als Hauptmotivation der Organisatoren, vgl. Richardt 2008, 62). Bentele spricht, in Anlehnung an demokratietheoretische Ansätze, zudem von der Anwendung „*dialogischer Formen*" und „weniger traditionelle Elemente der

---

[35] vgl. überregional: Die ZEIT: Moesle 2002, Schnabel 2003, Steuernagel 2004; Röbke 2008, Elsing 2009, Strassmann 2010; Süddeutsche Zeitung: Meichsner 2010, Der Spiegel: Mohr 2004, Putz 2004, Thimm 2003, FAZ: Uhl 2005, Hildebrandt-Woeckel 2010, Klein 2011.

Einweg-Kommunikation" bzw. die *„Fähigkeit zu selbstkritischer Betrachtung und Revision* von (als falsch erkanntem) Verhalten", die das Vertrauen in PR-Maßnahmen unterstützen (Bentele/Seidenglanz 2008, 357; Hervorhebung im Original). Dies muss im Folgenden geprüft werden.

3.4 Das Verhältnis von Staat und Erziehung

Wenn die Kinderuni als Teil eines gesellschaftlichen Kommunikationsprozesses auch einen pädagogischen Sinn entfalten kann, gilt es nun, ihre Bedeutung im öffentlichen Raum in den Blick zu nehmen. Kann eine Veranstaltung, die einen pädagogischen Sinn enthält oder enthalten soll, auch politisch aufgeladen sein? Kann und soll die Politik Initiator von Erziehungs- und Bildungsprozessen von Heranwachsenden sein? Ist es legitim, die Kinderuni als ein Instrument zur Anpassung von Kindern an die politischen Normvorstellungen einer kompetitiven „Wissensgesellschaft" im Sinne der OECD zu betrachten?

3.4.1 Pädagogische Freiheit und politische Erziehung: systematische Unterscheidungen

Volker Ladenthin entwickelt die Thematik in seinem Aufsatz „Das Verhältnis dreier Zieldimensionen: Politik, Pädagogik, Ethik" (Ladenthin 2011a) aus der historisch-systematischen Perspektive. In den ältesten schriftlichen Überlieferungen Europas, wie der Bibel oder den Homerischen Epen, werden die drei Bereiche als eng miteinander verknüpft gesehen: Wozu die junge Generation erzogen werden soll, ergebe sich entweder direkt aus göttlicher Offenbarung oder aus traditionell überlieferter Sitte. Jedoch weise schon die griechische Antike erste Anzeichen einer Trennung der Bereiche auf: So habe Aristoteles eine Differenzierung zwischen Politik und Pädagogik eingeführt, die eng mit der politischen Form der Demokratie verwachsen sei. Politik regle den Umgang prinzipiell Gleichartiger, Pädagogik hingegen den Umgang zwischen der älteren und der jüngeren Generation (ebd., 17). Dabei lasse sich die Hierarchie des pädagogischen Verhältnisses gegenüber dem politischen Idealzustand der Herrschaft prinzipiell Gleichgestellter nur so rechtfertigen, dass die jüngere Generation in die Fähigkeit eingewiesen werden müsse, sich selbst zu regieren (ebd.).

Analog dazu differenziert Ladenthin grundsätzlich zwischen der Einübung in die Befolgung gesellschaftlich vorgegebener sittlicher Normen und der Fähigkeit zum sittlichen Handeln überhaupt (ebd., 21)[36] sowie zwischen der Ausrich-

---

[36] Vgl. auch Ladenthin 2002, 65 ff.

tung von (staatlicher) Erziehung auf politische Ziele und der Ausrichtung auf die „Natur des Menschen" (ebd., 23 f.). Er beruft sich dabei wiederum auf Aristoteles: Dieser vereine die systematisch unterschiedlichen Ausrichtungen insofern, als Politik und Pädagogik auf das letzte Ziel der „Glückseligkeit" ausgerichtet seien, die im Sinne des Demokratieprinzips von jedem Einzelnen sittlich neu bestimmt werden müssten. Da diese aristotelische Sicht einer einheitlichen transzendentalen Ausrichtung des Telos von Politik und Pädagogik in neuzeitlichen Gesellschaften nicht mehr vorhanden sei[37], müsse jeder der drei Bereiche nach seinen eigenen regulativen Ideen gestaltet werden – in der Pädagogik wären dies die „Ideen der Wahrheit, der Sittlichkeit, des Schönen und des individuell zu findenden Lebenssinns" (ebd., 30) – , ohne dass diese endgültig bestimmt und festgelegt werden dürften. Eine Orientierung von Erziehung und Bildung an politischen Zielen sei dagegen auszuschließen (ebd., 29 f.), was auch insbesondere die Trennung von politisch definierter „Ausbildung" als Anpassung an gesellschaftliche Vorgaben im Gegensatz zu „Bildung" als „das Verstehen, die Reflexion, die Kritik und die Entwicklung von Alternativen zum Status Quo" einschließe (ebd., 26). Jedoch sollen die Bereiche Pädagogik und Politik nicht völlig getrennt voneinander gedacht werden, sondern sich gegenseitig sinnvoll ermöglichen: Politik erhalte der Pädagogik Gestaltungsfreiheit ohne feste Zweckbindung, während Pädagogik die Pflicht habe, politische Forderungen in die Gestaltung ihrer Prozesse einzubeziehen (ebd., 30).

Dietrich Benner stellt heraus, dass

> die Beziehungen zwischen Erziehung und Pädagogik und den anderen gesellschaftlichen Tätigkeiten und Handlungsfeldern angemessen weder als ein Unter- noch ein Überordnungsverhältnis gedacht werden können. (…) Zwischen den Handlungslogiken von Arbeit, Moral, Erziehung, Politik, Kunst und Religion besteht in der Moderne ein Verhältnis der Nicht-Hierarchizität (Benner 2012, 25).

Die Verschränkung von Bildungs- und Staatszielen als „affirmative Pädagogik", die nicht dem Menschen, sondern dem Machterhalt des Staates diene, sei dagegen abzulehnen; und dies gelte nicht nur für totalitäre, sondern ebenso für demokratische Systeme, die aktuell geneigt seien, Bildung an der Formung der europäischen Gemeinschaft (vgl. Ladenthin 2004, insbesondere 81 ff.) oder an den Erfordernissen der Globalisierung (vgl. Ladenthin 2010) auszurichten und somit die schon in der Antike implizit formulierte Zukunftsperspektive der nachwachsenden Generation unzulässig einzuschränken (Ladenthin 2011a, 27 f.).

---

[37] Ladenthin bescheinigt der Antike einen „hohen Standard der theoretischen Reflexion", den die pädagogische und politische Praxis seither „weit unterboten und faktisch unterlaufen" habe (Ladenthin 2011a, 24).

Rudolf Tippelt argumentiert jedoch, dass Bildung und Demokratie prinzipiell zusammen gehören (Tippelt 2010). Er beruft sich dabei auf John Dewey, für den „Demokratie eine Lebensform und keinesfalls nur eine Regierungsform" sei (Tippelt 2010, 21). So erfordere diese Staatsform auf besondere Weise „das Handeln und die Erfahrung als ein[en] aktive[n] Prozess der Auseinandersetzung von Person und Umwelt", die jeden Bürger einschließe (ebd.). Er unterstellt, dass das Bildungsideal der „Befreiung des Menschen zu sich selbst, zu Urteil und Kritik und (...) gegen jede unreflektierte Anpassung an vorgegebene gesellschaftliche Situationen" (ebd., 20) der Staatsform der Demokratie inhärent sei. Dabei differenziert auch er zwischen einer vordergründig zweckorientierten Ausbildung („fachliche Qualifikation", „Vermittlung von Leistungsvoraussetzungen (...), die von Arbeitenden zur Erfüllung bestimmter Funktionen im Arbeitsprozess erwartet werden") und Bildung als „Förderung autonomer Persönlichkeiten" (ebd.). Bildung könne also mit anderen Worten gar nicht unabhängig von Demokratie gedacht werden. Diese Überlegungen verdeutlichen, dass letztlich das Verhältnis von Staat zu Staatsbürger analog zum Verhältnis Erzieher zu Zögling gedacht wird: Das pädagogische Paradoxon, Selbstbestimmung durch Führung zu erreichen, gilt für beide und erfährt in der Staatsform der Demokratie eine besondere Bedeutung.

3.4.2 Legislative Ebene: Verfassung

Formell im Sinne einer expliziten rechtlichen Regelung gilt die Bildungshoheit der Länder, die in den einzelnen Länderverfassungen wiederum auf das Grundgesetz Bezug nehmen und dieses inhaltlich für das Bildungssystem ausformulieren. Der Verfassungsrechtler Josef Isensee betont die verfassungsmäßige Offenheit zwischen Politik und Pädagogik, die stark interpretationsbedürftig sei und so die pädagogische Freiheit, aber auch Unsicherheit, stütze (Isensee 1986, 193).[38] Typisch für den demokratischen Rechtsstaat ist, dass er „nicht Tugend erzwingt, sondern Freiheit gewährleistet" (ebd., 197) und sich darauf verlassen muss, „daß ein erheblicher Teil seiner Bürger sich über das Niveau des Egoismus hinaushebt und aus freiem Antrieb ein Mehr an gemeinwohlförderlicher Leistung erbringt, als das Gesetz es befiehlt" (ebd., 198). Das bedeutet also, dass

> die Verfassung des freiheitlichen Staates als solche noch kein Erziehungsprogramm [ist]. Aber sie braucht ein Erziehungsprogramm. Es ist nicht möglich, aus der Ver-

---

[38] Am Beispiel des Landes NRW zeigt Isensee allerdings auch, dass manche Landesverfassung Bildungsziele benennt, die gesellschaftlich bzw. politisch problematisch sind und im Gegensatz zur intendierten Wirkung des Grundgesetzes stehen (wie zum Beispiel eine einseitige Erziehung zu Kritik und Widerstand; vgl. Isensee 1986, 199).

fassung ein praktikables Konzept zu deduzieren. Dieses kann nur politisch festgelegt werden, freilich nicht in souveräner Dezision, sondern in Ausrichtung an den ethischen Voraussetzungen und Erwartungen der Verfassung und in Respektierung der verfassungsrechtlichen Grenzen der pädagogischen Wirksamkeit des Staates (ebd., 205).

„Die Schule", so führt er weiter aus, „steht nicht im Dienst eines abstrakten Menschenbildes der erziehungswissenschaftlichen Theorie oder des politischen Mehrheitswillens. Sie dient allein dem wirklichen, lebendigen Schüler, dem sie pädagogische Hilfe leistet, seine Persönlichkeit lernend zu entfalten" (ebd. 206). Dabei sei „das höchste aller Bildungsziele der Schule das Verstehen" der Umwelt, „in die er hineingeboren wurde", womit im Wesentlichen Reflexions- und Urteilsfähigkeit gemeint sind, die sich nur in der Kenntnis der vollen Komplexität des Lebens entfalte (ebd.).[39]

3.4.3 Exekutive Ebene: Politische Kampagnen

Nach der bisherigen Betrachtung ergibt sich also folgendes Bild: Pädagogik und Politik sind, systematisch gesehen, zunächst als voneinander getrennte Bereiche existent; die staatliche Gewalt gewährt dem pädagogischen Wirken innerhalb des demokratischen Rahmens viel Interpretationsspielraum. Tippelt deutet jedoch an, dass Pädagogik und Politik sich einander annähern, und zwar auf der exekutiven Ebene.[40] So ist der Einfluss von PISA z.B. durch die Umgestaltung von Inhalten zu Kompetenzen in den Curricula unbestreitbar; für diese Arbeit ist jedoch bedeutsamer, dass die politische Einflussnahme nicht nur in der Institution der Schule spürbar wird, sondern sich auch auf andere Institutionen, wie z.B. die Kindertagesstätten, stärker auszudehnen beginnt. Erzieherische Impulse kommen nicht nur direkt aus der politischen Exekutive, sondern zunehmend auch von privaten Akteuren, allen voran den bundesweit agierenden Stiftungen. Diese gemeinnützigen Stiftungen wenden sich, aktiv unterstützt durch die Bundespolitik, pädagogischen Bereichen zu, die von der Verfassung nicht geregelt sind und keine offiziellen Curricula haben. Das Bundesministerium für Bildung und For-

---

[39] Inzwischen wurden die von Isensee zitierten Richtlinien für den politischen Unterricht in NRW komplett neu überarbeitet, und orientieren sich – beispielsweise an berufsbildenden Schulen – nun an „Reflexionsfähigkeit", „Toleranz", „Konfliktfähigkeit", „Solidarität" und „Bereitschaft zum Handeln" (Ministerium für Schule, Wissenschaft und Forschung 2001, 15 f.). Siehe auch: Reinhardt 2005, 17-29.
[40] Aber auch ein Teil der erziehungswissenschaftlichen (empirischen) Forschung baut normative politische Erwartungen in sein Forschungsdesign ein. Besonders deutlich ist dies im Bereich der Scientific Literacy: Die Forschung wird betrieben, um den demokratiefähigen, wissenschaftlich geschulten Bürger hervorzubringen (vgl. Bendixen/Feucht 2010, 583).

schung rief 2011 unter Hinweis auf die enorme Finanzkraft privater Stiftungen[41] die so genannte „Allianz für Bildung" ins Leben. Ziel der Initiative ist es, „Instrument der bundesweiten Vernetzung [zu sein], das die beteiligten Stiftungen, Organisationen und Initiativen dabei unterstützt, ihre Expertise zu bündeln, Beispiele guter Praxis bekannt zu machen und für einen Bewusstseinswandel in der Gesellschaft zu werben" (BMBF 2011a). Die Organisation von Bildung, so heißt es in einem Grundsatzpapier, sei nicht mehr allein Aufgabe des Staates, sondern solle auch gesamtgesellschaftlich mitgestaltet werden:

> Auf dem Weg zur Bildungsrepublik sind nicht allein der Staat und die Schulen gefordert. Bildung geht alle an. Die Bildungsrepublik braucht Bildungsbürgerinnen und Bildungsbürger, die Neugier und Lernwillen leben und diese Haltung als Vorbilder an Kinder weitergeben, nicht nur an ihre eigenen. Zur Bildungsrepublik gehören Bürgerinnen und Bürger, die Kinder und Jugendliche begleiten, sie bei der Entwicklung ihrer Bildungsbiographie fördern und ihnen Wissen und Zuwendung vermitteln. Wir brauchen eine breite gesellschaftliche Bewegung für Bildung und für bessere Bildungschancen für alle Kinder. Deshalb wollen wir viele interessierte staatliche, private und zivilgesellschaftliche Kräfte in Deutschland in einer Allianz für Bildung zusammenführen (BMBF 2011b, 1 f.).

Die Rolle des Staates ist dabei nicht mehr, gesetzliche Rahmenbedingungen zu schaffen, die von staatlich autorisierten Personen (Lehrpersonen und Erzieherinnen und Erziehern) pädagogisch ausgefüllt werden, sondern er versteht sich vielmehr als Moderator und Initiator sowie Verstärker gesellschaftlicher Interessen in der Bildung und Erziehung der nachwachsenden Generation, und zwar vor allem auf der kommunalen Ebene, wo

> Vereine, Verbände und engagierte Bürgerinnen und Bürger in enger Abstimmung mit Schulen und Kommunen Maßnahmen entwickeln, die Kindern und Jugendlichen elementare Kulturtechniken, Sozialkompetenzen sowie Lern- und Lebenshaltungen wie Teamgeist und Anstrengungsbereitschaft vermitteln. Die Instrumente hierfür sind so vielfältig wie die Akteure, die sich mit ihren jeweiligen Kompetenzen einbringen. Mannschaftssport und außerschulische Kultur- und Musikangebote gehören ebenso dazu wie Sommercamps in den Ferien, Paten- und Mentorenprogramme oder auch Hausaufgabenunterstützung. Die Allianz für Bildung bildet auf Bundesebene das Dach über den lokalen Bildungsbündnissen (ebd., 2).

Der Staat fördert das Bürgerengagement aktiv und sucht gleichzeitig finanzielle Ressourcen zu erschließen, die die staatliche Finanzierung ergänzen. Die Bundespolitik eröffnet damit explizit die Zusammenarbeit mit allen gesellschaftli-

---

[41] Das BMBF beziffert den Anteil der Bildungsausgaben von privaten Geldgebern am Gesamtbudget 2011 mit 19,6 Prozent (BMBF 2014a, 29).

chen Akteuren, die, meist am Rande der offiziellen Bildungsinstitutionen oder im informellen Sektor, pädagogisch tätig sind und beabsichtigt dabei, die Trennung zwischen politischer, pädagogischer und gesellschaftlicher Ebene aufzuheben.

Für diese Untersuchung ist bedeutsam, dass die zitierte Art der Gestaltung von Bildungspolitik von Seiten des Bundes neue Formen der öffentlichen Kommunikation erfordert. Denn die Regierung will nicht nur neue Foren für gesellschaftliche Bildungsanstrengungen selbst schaffen (durch Vernetzung und fachliche Expertise), er gesteht den beteiligten privaten Akteuren auch zu, dass diese für ihre Interessen und Motive öffentlich werben. Bestimmte erzieherische Ziele werden als gesellschaftlicher Konsens vorausgesetzt, z.B. „elementare Kulturtechniken, Sozialkompetenzen sowie Lern- und Lebenshaltungen wie Teamgeist und Anstrengungsbereitschaft" (ebd.). Die „Allianz für Bildung" und weitere Maßnahmen im Sektor der Schulentwicklung[42] und Wissenschaftsförderung[43] sind dabei noch in ihrer Wirkung weitgehend unerforscht; sie müssen als Experimentierfeld des Staates (und weiterer gesellschaftlicher Akteure) für politische Konsensherstellung angesehen werden.[44] Sie sind Ausdruck der Auffassung, Politik und Gesellschaft hätten identische Interessen, die gemeinsam auf die

---

[42] Wissenschaftlich viel beachtet und kontrovers diskutiert wird der von der Vereinigung der Bayerischen Wirtschaft e.V. initiierte „Aktionsrat Bildung", in dessen Auftrag führende und öffentlich sichtbare Erziehungswissenschaftler seit 2005 jährlich Gutachten zu aktuellen Themen der Bildungspolitik erstellen, vgl. www.aktionsrat-bildung.de, Zugriff am 12.9.2014.
[43] Prominentes Beispiel ist das jährlich stattfindende internationale Symposium „Falling Walls", das seit 2009 neueste wissenschaftliche Forschung aus aller Welt überblicksartig einem ausgesuchten Publikum von Multiplikatoren aus Wissenschaft, Wirtschaft und Politik vorstellt. Das Bundesministerium für Bildung und Forschung kooperiert hier mit einer Vielzahl von öffentlich geförderten und privat finanzierten Forschungseinrichtungen (wie DAAD, Fraunhofer Institut, DFG) und Unternehmen (wie A.T.Kearney, Tchibo, Telekom), vgl. www.falling-walls.com, Zugriff am 12.9.2014.
[44] Erste Erfahrungsberichte und Ansätze einer wissenschaftlichen Auswertung wurden 2010 auf der Ebene der Durchführung solcher Kooperationen auf der DgfE-Tagung der Kommission für Bildungsorganisation, Bildungsplanung und Bildungsrecht (KBBB) vorgestellt, die unter der Themenstellung „Neue Steuerung – alte Ungleichheiten" einen eher skeptischen Ton anschlug (Dietrich/Heinrich/Thieme 2011). Einer ersten Bilanz unterzogen wurden Projekte wie die Regionalen Bildungsbüros NRW (Kooperation Land-Kommune), Lokale bzw. Regionale Bildungslandschaften (Kooperation von Schulen und Trägern der Jugendhilfe) oder Schulwettbewerbe (z.B. „Starke Schule", ausgerichtet von der Hertie-Stiftung), vgl. Manitius/Berkemeyer 2011; Täubig 2011; Heinrich/Altrichter/Soukup-Altrichter 2011. Der Fokus der Untersuchungen richtete sich allerdings nicht auf kommunikative Prozesse zwischen Akteuren aus dem politischen und dem pädagogischen Feld, sondern, wie schon der Titel der veranstaltenden Kommission deutlich macht, auf Aspekte der Organisation und Planung von staatlich organisierten Bildungsprozessen. Jedoch zeigt sich in diesen Berichten, dass auch auf der operationalen Ebene gesellschaftliche Diskurse über Bildung abgebildet werden und sich nicht selten der Widerspruch zwischen Ansprüchen seitens politischer Akteure (Verringerung der sozialen Ungleichheiten im Bildungssystem) und den Handlungslogiken der Akteure des Bildungssystems offenbart – auch dies könnte man als Kommunikationsprozess bezeichnen. Hier wird jedoch auf die Erweiterung der Perspektive verzichtet, da sie nicht insofern öffentlich ist, dass sie eine breite gesellschaftliche Bühne beansprucht. Trotz ihrer sehr interessanten Ergebnisse sind diese Studien als ein Nachdenken der politischen Exekutive über sich selbst zu verstehen. Politische Konsensherstellung umfasst den der Durchführung vorgelagerten Bereich, wiewohl die Übergänge zwischen Diskurs, Pilotprojekt und flächendeckender Einführung bestimmter Maßnahmen teilweise gleichzeitig oder sich überschneidend stattfinden.

Erziehung der Heranwachsenden einwirken sollten. So kann zum Beispiel als Ziel der Bildungspolitik abgeleitet werden, dass die Regierung die nachwachsende Generation dazu befähigen möchte, in einer globalisierten Welt handlungs- und gestaltungsfähig zu bleiben.[45]

Was diese Entwicklung zur Vernetzung von Regierung und gemeinnützigen Organisationen auf der Ebene der öffentlichen Kommunikation bedeutet, zeigt Nikolaus Huss, der die Tendenz der Regierungskommunikation zum „Issues Management" analysiert (Huss 2006). Dieses Konzept aus dem Bereich der Unternehmens-PR

> geht davon aus, dass der Handlungsrahmen eines Unternehmens stark von übergeordneten und langfristigen Trends und Erwartungen geprägt ist. Gelingt es dem Unternehmen, diese zu identifizieren und aktiv, im optimalen Fall proaktiv, damit umzugehen, kann es seine Unternehmensstrategie mittel- und langfristig darauf ausrichten und gewährleistet dadurch seinen Erfolg (Huss 2006, 303).

Issues Management bzw. Themenmanagement im gesellschaftlichen Diskurs gewinnt umso mehr an Bedeutung, als politische Prozesse immer öffentlicher werden: „nicht der gesetzgeberische Akt als solcher, sondern das Zustandekommen von gesetzlichen und außergesetzlichen Initiativen [rückt] in den Mittelpunkt der Wahrnehmung" (ebd., 308). Daher wird es immer wichtiger, politische Entscheidungen nicht nur durchzusetzen, sondern auch ihre Wirksamkeit zu zeigen, sie zu inszenieren. Der Staat geht dabei über die bloße Pflicht zur Information des Bürgers hinaus (von einer „Organisation der Kommunikation" zu einer „Inszenierung der Kommunikation", vgl. Gebauer 1998, 469). Als einen zunehmenden Trend sieht Huss die „Vergesellschaftung von Politik" durch „außerparlamentarische Initiativen und Kommissionen", welche schon die rot-grüne Bundesregierung Ende der 1990er Jahre eingeführt habe, um die öffentliche Priorisierung politischer Handlungsfelder sichtbar und Lösungswege diskutierbar zu machen", mit dem „Ziel (...), die Ergebnisse dieser Initiativen gleichzeitig als Erfolge der Regierung zu nutzen oder die durch sie bearbeiteten Politikfelder zumindest zu besetzen (Huss 2006, 308 f.).

Als ein erfolgreiches Beispiel von Issues Management nennt er die Initiative „Lokale Bündnisse für Familie" der Familienministerin Renate Schmidt, die 2004 ins Leben gerufen (und auch nach dem Regierungswechsel fortgesetzt) wurde und der es mit der freiwilligen Beteiligung von Wirtschaftsverbänden, Gewerkschaften und der Bertelsmann-Stiftung gelang, auf regionaler und lokaler Ebene Modelle für eine bessere Vereinbarkeit von Beruf und Familie zu entwi-

---

[45] Vgl. eine Passage aus dem Text über „Ziele und Aufgaben" des BMBF: „Bildung ist die Basis für ein eigenverantwortliches Leben, Selbstständigkeit und Teilhabe an Wirtschaft und Gesellschaft. Mit Bildung bereiten wir unsere Kinder auf die Herausforderungen einer sich verändernden und immer stärker globalisierten Welt vor" (BMBF 2014b).

ckeln und umzusetzen (ebd., 311). Diese laut Huss für alle beteiligten Partner vorteilhafte Zusammenarbeit enthält folgende Charakteristika:

> das Aufgreifen eines längst überfälligen Themas, die Herstellung einer Interessensidentität zwischen Regierung und Gesellschaft, das hohe persönliche Engagement der Ministerin, der Verzicht auf zu frühe und marktschreierische Kommunikation (ebd.).

Damit, so Huss, könne „die Grundlage für echtes, politisches Handeln gelegt" werden (ebd.).

Öffentliche Kommunikation und politisches Handeln verschmelzen also innerhalb des Modells Issues Management zu einer fast untrennbaren Einheit: Es gehe nicht mehr um eine kommunikative Nachbereitung, sondern gleichzeitig auch um eine Vorbereitung politischen Handelns in einer inhaltlich und semantisch-ideologisch codierten gemeinsamen Maßnahme (ebd., 312).[46] Ebenso verschmelzen die Grenzen zwischen Politik und Gesellschaft, wobei hier Gesellschaft nicht im umfassenden Sinne eines allgemeinen Modells („jeder mündige Bürger"), sondern jeweils thematisch einschlägiger Zusammenschlüsse von Organisationen und Organisationsverbänden definiert wird. Damit unterscheidet sich diese Form öffentlicher Kommunikation von vorherigen und immer noch verbreiteten Konzepten von Regierungs-PR, die im Sinne von Verwaltungskommunikation vor allem Broschüren und Internetauftritte als Verkündigungsorgane schon umgesetzter Politik produziert.

Wie schon erwähnt ist das Issues Management im Rahmen von Initiativen wie „Lokale Bündnisse für Familie" nur eine Facette der öffentlichen Kommunikation im Rahmen der Regierungs-PR und nicht charakteristisch für die Gesamtheit der Kommunikation (vgl. für einen systematischen Überblick Gebauer 1998 und Czerwick 1998). Sie kann dennoch als ein Trend in der bildungspolitischen Kommunikation bezeichnet werden, der es ermöglicht, unter Umgehung des föderalen Prinzips, die aus Sicht der Bundesregierung zentralen aktuellen Desiderate voranzutreiben (Huss 2006, 312). Ziel der Regierung ist es dabei, die Handlungsblockaden in der stark kontroversen Bildungspolitik, die durch die Autonomie der Länder noch gesteigert wird und in der Vergangenheit eher zu einer kommunikativen Zuspitzung geführt hat (vgl. Reuter 1998), aufzulösen. Der kommunikationspolitische Ansatz des Issues Management verlangt vom Staat eine außerordentlich komplexe Moderator- und Steuerungskompetenz, soll

---

[46] Dieses Phänomen sah Habermas schon 1990 kritisch: Er warnte vor dem „umfunktionierten Prinzip der Publizität" (Habermas 1990, 293), das zum einen die „faktische Verlagerung der Kompetenzen politischen Kompromisses vom Gesetzgeber in den Verkehrskreis der Verwaltungen, Verbände und Parteien" beinhalte, zum anderen „die Umwandlung privater Interessen vieler einzelner in ein gemeinsames öffentliches Interesse, die glaubwürdige Repräsentation und Demonstration des Verbandsinteresses als eines allgemeinen" beabsichtige (ibid., 297).

sie umfassend auf politisches Handeln umgesetzt werden. Die Aufspaltung des Konstruktes einer allgemeinen Öffentlichkeit in Teilöffentlichkeiten bedeutet, dass in demokratietheoretischer Hinsicht garantiert werden muss, dass alle Teile einer Bevölkerung und alle für die Öffentlichkeit relevanten Themen angemessen berücksichtigt werden.

Die Allianz für Bildung, die PUSH-Initiative mit ihren verschiedenen Maßnahmen zur Wissenschaftskommunikation sowie auch die Förderprogramme für mathematisch-naturwissenschaftliche und technische Schulfächer und Wissenschaftsbereiche (MINT) können als solche übergreifende politische Kommunikationsmaßnahmen der Bundesregierung verstanden werden. In ihnen kooperiert der Staat mit bestimmten gesellschaftlichen Gruppen und macht diese mit Hilfe von Issues Management zu Trendsettern des Regierungshandelns. Inwiefern eine einzelne Kommunikationsmaßnahme dabei den ethischen Kriterien öffentlicher Kommunikation entspricht oder nicht, ist bei der großen Anzahl unterschiedlichster Maßnahmen (allein die PUSH-Initiative weist Dutzende solcher Einzelmaßnahmen auf, vgl. Weingart/Pansegrau/Rödder/Voß 2007; Borgmann 2005) nicht verallgemeinerbar. Jedoch können theoretisch alle diese Kommunikations- bzw. Bildungsmaßnahmen auf dem informellen Sektor, und hierzu gehört auch die Kinderuni, dazu beitragen, dass allgemeine pädagogische Grundsätze und politische Zielbestimmungen untrennbar miteinander vermischt werden. Dies würde der langen Tradition einer Trennung von Pädagogik und Politik zuwiderlaufen und möglicherweise auch das Ziel von Bildung und Demokratie, selbstbestimmte Bürger hervorzubringen, durch vorzeitige Konsensherstellung behindern.[47] Die vorläufige Analyse der Kinderuni unter kommunikationsethischen Gesichtspunkten scheint dies zunächst zwar nicht zu bestätigen. Für eine weiterführende Beurteilung ist aber eine Einschätzung nötig, ob und inwiefern öffentliche Kommunikation eine pädagogische Bedeutung enthalten kann.

---

[47] Die Politikwissenschaftlerin Chantal Mouffe warnt davor, in politischen Prozessen zu unterstellen, dass „Konflikte zwischen Interessenverbänden der Vergangenheit angehörten und Konsens durch Dialog erzielt werden könne" und „daß wir dank der Globalisierung und der Universalisierung der liberalen Demokratie eine kosmopolitische Zukunft vor uns hätten, die Frieden, Wohlstand und weltweite Achtung der Menschenrechte bringen werde" (Mouffe 2007,7). Ihrer Meinung nach gehört der Dissens notwendig zur Demokratie dazu: „Statt des Versuches, Institutionen zu entwerfen, die alle widerstreitenden Interessen und Werte durch vermeintlich ‚unparteiliche' Verfahren miteinander versöhnen, sollten demokratische Theoretiker und Politiker ihre Aufgabe in der Schaffung einer ‚agonistischen' Sphäre des öffentlichen Wettstreits sehen, in der verschiedene hegemoniale politische Projekte miteinander konfrontiert werden könnten. Dies ist aus meiner Sicht das *sine qua non* einer effektiven demokratischen Praxis" (ibid., 9 f., Hervorhebung im Original).

3.5 Kommunikation in der Pädagogik

3.5.1 Probleme aus pädagogischer Sicht

Der Kommunikationsbegriff erscheint zunächst wenig geeignet, als genuin pädagogische Kategorie zu dienen. Er fand ursprünglich vorrangig in anderen Domänen Anwendung, wie in der Kommunikationswissenschaft, der Psychologie, der Soziologie, der Linguistik oder der Ökonomie. Die erziehungswissenschaftliche Forschung diskutiert den Begriff seit den 1970er Jahren in zwei Bereichen, in denen die Kommunikationstheorien der Soziologie und Psychologie ihre Wirkung entfaltet haben: Zum einen fand die soziologische Forschung über Massenkommunikation ihren Niederschlag in der Medienpädagogik, zum anderen gab es, ausgehend von Watzlawicks Analysen gestörter Kommunikation in der Psychotherapie, mehrere Versuche, die Gelingensbedingungen von Face-to-face Kommunikation pädagogisch zu begründen (Lenzen 1983, 459).

Die Mehrzahl der pädagogischen Entwürfe für unverzerrte, gelungene Kommunikation berufen sich auf Hans Jürgen Apels Konzept einer transzendental gedachten „Kommunikationsgemeinschaft" (Apel 1973) oder auf Jürgen Habermas' Theorie des kommunikativen Handelns (Habermas 1971, 1981) mit dem Ideal des „herrschaftsfreien Diskurses". Zu diesen gehören die Ansätze von Klaus Mollenhauer (1972), Schäfer und Klaus Schaller (1971) sowie Schaller (1978; 1987), die sich in die Theorierichtung der Kritischen Erziehungswissenschaft einordnen lassen. Unter der Annahme, dass Erziehungshandeln kommunikatives Handeln ist, erhält dieses eine pädagogische Dimension dadurch, dass es seinen „Zweck in den beteiligten Subjekten selbst hat" und eine „Verständigung über Sinnorientierung und Handlungsziele erreichen will" (Mollenhauer 1972, 42). Darüber hinaus gab und gibt es auch zahlreiche praktische Versuche, Bedingungen für gelungene Kommunikation im Erziehungsalltag herauszuarbeiten (vgl. Lenzen 1983, 460; in neuerer Zeit Winkel 2005; Rosenbusch/Schober 2004; Wulf et. al. 2011) sowie den Unterricht zum Ort eines Kommunikationstrainings zwecks Hervorbringung kommunikativer Kompetenz zu machen. Dieter Lenzen beurteilte diese Versuche bereits 1983 kritisch als „praktizistische" Missverständnisse, da „die Gründe für die faktisch beobachtbare verzerrte Kommunikation nicht (nur) in den Subjekten, sondern (auch) in den sozialen Bedingungen zu suchen" seien, in denen sie leben (Lenzen 1983, 460). Sie müssten zwangsläufig erfolglos bleiben, da die Erziehungswissenschaft bisher nicht in der Lage gewesen sei, „über eine (transzendentale) Rekonstruktion kommunikativer Kompetenz einem Begriff *pädagogischen* Handelns näherzukommen" (ebd., Hervorhebung im Original).

Im Folgenden sollen diese Schwierigkeiten näher untersucht werden, indem auf einen der Entwürfe einer Verbindung von Kommunikation und Pädagogik näher eingegangen wird: Klaus Schallers „Pädagogik der Kommunikation".

Zuvor soll ein Überblick über den dieser Theorie zugrunde liegenden Kommunikationsbegriff gegeben werden. Schaller berücksichtigt und verarbeitet mehrere Quellen in seinem Kommunikationsmodell, von denen er neben Paul Watzlawick vor allem den von Mead entwickelten Symbolischen Interaktionismus nennt (Schaller 1987, 57 ff.); er bezieht sich auch mehrfach auf Martin Buber, dessen pädagogische Philosophie auf dem dialogischen Prinzip beruht (ebd., 56 ff., 153 f.). Die Kommunikationstheorie Watzlawicks stellt jedoch den größten Einfluss in seinem Entwurf dar.

3.5.2 Der Kommunikationsbegriff von Watzlawick, Beavin und Jackson

Die in Axiomen formulierte Kommunikationstheorie von Paul Watzlawick, Janet Beavin und Don Jackson beruht auf einer Vorstellung von Kommunikation als Verhalten. So ist auch das erste Axiom „Man kann nicht nicht kommunizieren" (Watzlawick/Beavin/Jackson 2007 [1969], 53) zu verstehen: Anders als der Begriff der Sprache, der sich auf Denken und Sprechen als bewusstes Mitteilen von Informationen bezieht, umfasst Kommunikation hier auch das breite Spektrum nonverbaler Ausdrucksmöglichkeiten, die sich in Interaktionen von Menschen beobachten lassen. Kommunikation wird so zur „Conditio sine qua non menschlichen Lebens und gesellschaftlicher Ordnung" (ebd., 13) und damit auch zentral für den Bildungsprozess (Schaller 1987, 52). Das zweite Axiom „Jede Kommunikation hat einen Inhalts- und einen Beziehungsaspekt derart, daß letzterer den ersteren bestimmt (…)" (Watzlawick et al. 2007 [1969], 56) macht deutlich, dass dem sozialen Aspekt in Kommunikationsprozessen der Vorrang eingeräumt wird. Prä-logische, nicht-rationale Elemente menschlicher Verständigung geraten dabei ins Blickfeld. Auch etablieren Watzlawick, Beavin und Jackson damit Kommunikation als ein System, in das alle integriert sind, die aktiv oder passiv an einer Situation teilhaben; Schaller bezieht dies z.B. darauf, dass nicht die Lehrer-Schüler-Dyade, sondern die ganze Klassengemeinschaft für didaktische Überlegungen maßgeblich wird (Schaller 1987, 52). Das dritte und vierte Axiom[48] beziehen sich auf die konkrete Gestaltung von Kommunikationssituationen, in der laut Schaller die „Natur der Beziehung" bzw. die Bedeutung der nichtver-

---

[48] Axiom 3: „Die Natur einer Beziehung ist durch die Interpunktion der Kommunikationsabläufe seitens der Partner bedingt", (Watzlawick, Beavin und Jackson, 2007 [1969], 61), Axiom 4: „Menschliche Kommunikation bedient sich digitaler und analoger Modalitäten. Digitale Kommunikationen haben eine komplexe und vielseitige logische Syntax, aber eine auf dem Gebiet der Beziehungen unzulängliche Semantik. Analoge Kommunikationen dagegen besitzen dieses semantische Potential, ermangeln aber die für eindeutige Kommunikationen erforderliche Syntax" (ibid., 68).

balen Kommunikation für die Beziehungsdimension (ebd.) thematisiert werden; für Schallers Theorie spielen sie jedoch eine untergeordnete Rolle, da er vor allem an der transzendentalen, abstrakten Dimension von Kommunikation interessiert ist. Das fünfte Axiom („Zwischenmenschliche Kommunikationsabläufe sind entweder symmetrisch oder komplementär, je nachdem, ob die Beziehung zwischen den Partnern auf Gleichheit oder Unterschiedlichkeit beruht", Watzlawick/Beavin/Jackson 2007 [1969], 70) stellt das zentrale Bindeglied der Kommunikationstheorie mit der Pädagogik dar, das Schaller in seiner Rezeption normativ weiterzuentwickeln versucht. Bei Watzlawick, Beavin und Jackson werden die Kategorien der Symmetrie und Komplementarität rein deskriptiv verwendet; bei Schaller wie auch bei anderen kommunikationstheoretisch inspirierten pädagogischen Ansätzen wird daraus die Forderung, dass pädagogische Beziehungen zwischen Erziehern und Zöglingen zwar zunächst komplementär seien, aber nach Symmetrie streben sollten, Komplementarität also Schritt für Schritt aufzuheben sei.[49] „Symmetrisch" ist in der Kommunikationstheorie gleichbedeutend mit „spiegelbildlich" oder „ebenbürtig"; sie zielt auf „Gleichheit und Verminderung von Unterschieden" (ebd., 69). Die Hinführung von Watzlawick et al. zu diesen Kategorien macht deutlich, dass es sich um faktisch zu beobachtende Machtverhältnisse zwischen den Kommunikationsteilnehmern handelt[50], die universell als die bestimmenden Faktoren menschlicher Kommunikation gelten sollen. Schaller wird diesen Symmetrie-Begriff relativieren bzw. umdeuten.

3.5.3 Schaller: Pädagogik der Kommunikation

Klaus Schaller stellt in den 1970er und 1980er Jahren mit seiner „Pädagogik der Kommunikation", ein Modell auf, das Erziehung und Bildung mit Kommunikation verbindet.

Ausgangspunkt seiner Überlegungen ist die „primordiale Sozialität" des Menschen, die den transzendentalen Bezug pädagogischen Handelns ausmache: „In-der-Welt-sein" schließe gleichzeitig das „Mit-sein in Welt" und die „Existenz des Menschen in der Vielfalt ihrer Bezüge" ein (Schaller 1987, 40). Dieses wird gleichwohl mit Rationalität verknüpft: Erziehung sei somit

---

[49] Im Gegensatz dazu führt im Symmetrie-Modell von Watzlawick, Beavin und Jackson das Gleichgewicht der Kräfte in der Kommunikation sogar zu fortgesetzten, unlösbaren Konflikten, wenn die Gesprächspartner permanent um Vorherrschaft ringen (vgl. ibid., „Symmetrische Eskalation", 103 f).

[50] Watzlawick, Beavin und Jackson berufen sich dabei auf den Begriff der „Schismogenese" („ein (...) durch die Wechselbeziehungen zwischen Individuen verursachten Differenzierungsprozeß der Normen individuellen Verhaltens"; Watzlawick, Beavin und Jackson 2007 [1969], 68) aus dem Kontext der Analyse von Gesellschaften (Bateson) und der Politik (Richardson).

die Produktion und Vermittlung von ‚humaner' Handlungsorientierung in symmetrischen Prozessen gesellschaftlicher Interaktion unter dem Horizont von Rationalität (ebd., 11).

Dabei entsteht Rationalität (auch) aus der primordialen Sozialität des Menschen selbst, aus dem Vollzug des intersubjektiven Austausches:

> [Sie] produziert gegenüber der gesellschaftlich und pädagogisch verfaßten Sozialität zufolge der ihr innewohnenden spontanen Momente intersubjektiver Sinngenerierung ständig einen Überschuß humaner Möglichkeiten und fungiert damit diesen gegenüber kritisch (ebd., 94).

Dieser Überschuss mit seiner kritischen Funktion stellt sich aber nur dann ein, wenn die Kommunikation zwischen Erziehern und Zöglingen symmetrisch ist, also beide Kommunikationsperspektiven im Hinblick auf Sinngenerierung zusammen gedacht werden (ebd., 95).

Während sich Watzlawicks Symmetrie in der Kommunikation auf die konkrete Gestaltung von menschlichen Beziehungen bezieht, meint Schaller unter „intersubjektiver Sinngenerierung" etwas anderes. Er unterscheidet „Hervorbringung von Sinn" als Kommunikation I und „Vermittlung" von Sinn als Kommunikation II, wobei nur in letzterer die Symmetrieforderung Watzlawicks Geltung beanspruchen kann:

> Die PdK [Pädagogik der Kommunikation, S.K.] hat die Symmetrieforderung bekanntlich von der Kommunikationsaxiomatik P. Watzlawicks et al. übernommen und ist seit ihrer Übernahme bemüht, sie aus ihrer positivistischen Engführung zu befreien, sie historisch-gesellschaftlich zu fundieren. Dabei haben sich die Kommunikationsaxiome *Watzlawicks* für die PdK mehr und mehr als belastende Hypothek erwiesen, welche sie vielleicht besser abstoßen sollte. Wo es in pädagogischen Prozessen um Vermittlung ausformulierten sozialen Sinns geht – diese Ebene wird Kommunikation II genannt – ist ihnen ein relatives Recht zuzubilligen, wo aber die Hervorbringung sozialen Sinns in rationaler Kommunikation das Thema der Pädagogik ist (Kommunikation I), sind sie unzureichend (…) (ebd., 259, Hervorhebung im Original).

Die Hervorbringung von Sinn vollzieht sich vielmehr als „gesellschaftliche Interaktion und Kommunikation" (ebd., 237), die schon als Apriori jenseits konkreter Beziehungsgestaltung vorhanden ist, nämlich als „soziale Textur" (ebd.), eben als „primordiale Sozialität", als „Mit-Sein-in Welt". Die geforderte Symmetrie auf dieser abstrakteren Ebene bezieht sich darauf, dass Gesellschaften sich verändern können, also spontan neuen Sinn hervorzubringen imstande sein müssen („in der (…) Gemeinsamkeit, welche symmetrische Kommunikation dimensioniert, wurzelt der neue Einfall, die neue Perspektive, in deren Vernunft sich alle partikulare Vernunft als vernünftig, als human erweisen muß"; ebd., 261). Symmetrie ist auf der Ebene der Kommunikation I, der transzendentalen Ebene, als „ästhetische Erfahrung" einer Entsprechung von Elementen, nicht als Spiegelbildlichkeit, gedacht (ebd., 260). Die wesentliche Inspiration aus dem Kommunikationsbegriff Watzlawicks für Schallers pädagogische Deutung ist jedoch, dass nicht nur Kommunikation II, sondern insbesondere auch Kommunikation I sowohl eine reflexive, als auch eine prä-reflexive Komponente enthalten:

> Interaktion, aber auch Kommunikation, sind nicht auf den Bereich reflexiv-kognitiver Leistungen der Menschen beschränkt. Auch das prälogische Zusammenleben dieser leiblich verfaßten Wesen vollbringt Strukturierungsleistungen und produziert Sinn, von dem getragen sich die reflexiven Subjekte bei der Artikulation ihres Ich nicht distanzieren können (ebd. 238).

Daraus folgt, dass auch Kinder trotz ihrer noch begrenzten (sprachlich-) reflexiven Fähigkeiten in rationale Kommunikation – auch im Sinne von Kommunikation I – einbezogen werden können und müssen:

> Rationale Kommunikation, wo es doch um Argumentation und Begründung gehe, sei allenfalls für Schüler der ‚Sekundarstufe II', aber nicht für Kinder; sie seien noch nicht reif für begründende Gedankengänge. Wäre dies der Fall, dann wäre das vorher zum pädagogischen Bezug Gesagte nicht zu halten. Wir müssen dagegen davon ausgehen, daß es schon bei sehr kleinen Kindern solche, wenn auch enge, Spielräume für rationale Kommunikation gibt, in denen Mütter und Väter sich selbst – wie sie es von ihren Kindern wünschen – der gemeinsamen Erwägung preisgeben: wie es wohl zu halten sei mit den einfachen Dingen des täglichen Zusammenlebens. Und selbst beim noch sprachlosen Kind (…) bestehen solche Spielräume, zumindest in der Weise des Angebots. Wenn die werdende Mutter ihr ungeborenes Kind anspricht, macht sie ihm bereits ein solches Angebot gemeinsamer kommunikativer Existenz (ebd., 147).

Symmetrie in den Kommunikationsbeziehungen bedeutet also, dass Kommunikation nicht als ein linearer Prozess der Weitergabe und Verarbeitung von Informationen gedacht ist, in der der Sprecher Subjekt und der Hörer Objekt der Botschaft wird. Vielmehr sind Kommunikationsprozesse als Subjekt-Subjekt-Beziehungen zu denken, in denen das Mitgeteilte Rückkopplungen durchläuft und Auswirkungen auf beide Subjekte haben kann (ebd., 187 ff.).

Obwohl Kommunikation I als abstrakte Idee konzipiert ist, ist sie dennoch mit den realen, historisch gewachsenen gesellschaftlichen Verhältnisse verbunden, in der sich Rationalität „inkorporiert" als „gesellschaftliches Kommuniqué" (ebd., 195). Darunter fasst Schaller die Errungenschaften der „bürgerlichen Gesellschaft", wie „Demokratisierung der Lebensverhältnisse" oder „Rationale

Lebensführung" (ebd., 280). Konkretisiert bzw. umgesetzt findet sich dieses Kommuniqué zum Beispiel im deutschen Grundgesetz, das zwar „nicht für die Ewigkeit geschrieben", aber dennoch „von relativer Dauer" sei, also ein Produkt der aus primordialer Sozialität hervorgegangenen gesellschaftlichen Kommunikationsprozesse (Schäfer/Schaller 1971, 12). Rationalität ist somit nach Schaller kein universaler Begriff, sondern er ist historisch gewachsen, ein „Richtmaß",

> welches Menschen sich innerhalb eines bestimmten historisch-gesellschaftlichen Kontextes als Maß menschlicher Lebensführung *gegeben*, zu geben haben (Schaller 1987, 191, Hervorhebung im Original).

Dennoch ist das, was Rationalität ausmacht, nicht willkürlich und zufällig entstanden:

> Wir sollten darum von den in der Menschheitsgeschichte von Menschen gemachten Erfahrungen und den ihnen entsprechenden Erwartungen ausgehen. Und da meine ich, daß die Menschheit in ihrer Geschichte, in ihrer sinngenerierenden Auseinandersetzung mit der Mitwelt und Umwelt, Ordnungen erarbeitet hat, die einen quasi-anthropologischen Charakter gewonnen haben. Es gibt Grenzen, so die Erfahrung, ohne deren Respektierung wir heute meinen, (...) nicht als Menschen leben zu können. Solche Grenzen zu nennen, wage ich nicht. Doch mögen die Koordinaten der bürgerlichen Gesellschaft: Demokratisierung der Lebensverhältnisse und Rationale Lebensführung in ihrer Nähe liegen (ebd., 256).

Ohne also konkret nennen zu können, was genau die Grundlagen der Humanität sind, – und dies ist nicht zu deuten als eine argumentative Schwäche, sondern vielmehr als die Grenze des wissenschaftlich Erforschbaren[51] – sieht Schaller also das „gesellschaftliche Kommuniqué" als das Ergebnis von sinngenerierenden Kommunikationsprozessen einer Gesellschaft an.

Was bedeutet nun dieses Kommunikationskonzept für pädagogisches Handeln und für eine daraus folgende Bestimmung von Erziehung und Bildung? Aus der oben genannten Formulierung, Erziehung sei die „Produktion und Vermittlung von ‚humaner' Handlungsorientierung" folgt, dass Erzieher zum sinnvollen Handeln auffordern müssen, und zwar „unter dem Horizont von Rationalität". Pädagogische Kommunikation ist daher nicht restlos symmetrisch, sondern fordert Rationalität ein, d.h. mindestens die Auseinandersetzung mit bereits (zu) geltenden gesellschaftlichen Normen und Werten. Schaller bekennt dies als eine Schwierigkeit in seinem Modell und schränkt letztlich die Symmetrievorstellung

---

[51] Das Problem einer Definition des „Humanen" findet sich nicht nur in der Pädagogik, sondern auch in der Anthropologie: Der Kulturanthropologe Clifford Geertz beschreibt in seinem Aufsatz „The Impact of the Concept of Culture on the Concept of Man" die Schwierigkeiten und Irrwege einer Bestimmung der „menschlichen Natur" (vgl. Geertz 1973).

in seinem Kommunikationsmodell ein, indem er Erziehern einen „Rest von Dogmatismus" zugesteht (ebd., 257). Dieser Dogmatismus bezieht sich auf das Heranführen und auch die Durchsetzung von Handlungsorientierung am „Humanen".

Einen eigenen Bildungsbegriff formuliert Schaller nicht explizit aus. Er kritisiert jedoch mehrfach den „humanistischen" Bildungsbegriff, der ausschließlich auf das Individuum und dessen Entfaltung aus sich selbst heraus aufbaut. Hierzu gehören auch Vorstellungen von materialer, formeller oder kategorialer Bildung sowie das Nachdenken über Kompetenzen, die sämtlich höchstens auf der Ebene der Kommunikation II Bedeutung erlangen. Wichtiger für ihn ist die Einbettung des Individuums in seine gesellschaftlichen Bezüge:

> Beschränkt man hingegen die Kontur des Selbst nicht auf seine individuell-monadische Privatheit, nimmt man in sie jene Perspektive des Vollzugs von Inter-Subjektivität hinein, welche die Substanz des Selbst mit ausmacht, dann kann man Bildung durchaus als Selbstverwirklichung deuten. Bildung heißt dann mit sich selbst, und d.h. gerade auch mit den mich tragenden gesellschaftlichen Verkehrsweisen, ernstmachen, heißt die Reflexivität, die peinliche Selbstbezogenheit des herkömmlichen Bildungsgedankens, überwinden (ebd., 226).

Ziel von Bildung ist nicht die auf das Einzelwesen bezogene Entfaltung des autonomen Selbst, sondern, Comenius aufgreifend, die „emendatio rerum humanarum" (ebd., 280), die Verbesserung der menschlichen Verhältnisse. „Selbstsein", so Schaller, ist „Verantwortung für die andern Menschen und dafür, daß diese Welt wird, was sie ist: Heimat der Menschen" (ebd., 276).

Individuelle sowie gesellschaftliche Kommunikationsprozesse müssen also aus pädagogischer Perspektive zur Weiterentwicklung humaner Lebensführung dienen, was Schallers sehr hohen Anspruch dokumentiert.

3.5.4 Kritik an Schallers Theorie

Schallers Pädagogik der Kommunikation ist schon während seiner fast zwanzigjährigen Entwicklung und Ergänzung und auch darüber hinaus häufig kritisiert worden.[52] Seine zentralen Konzepte wie „Intersubjektivität" und „Symmetrie" konnte er nicht eindeutig und widerspruchsfrei definieren. Er trennt bei seinem Erziehungsziel des Vollzugs der Intersubjektivität zunächst eine abstrakte Ebene der Kommunikation I von der konkreten Erziehungswirklichkeit in Kommunikation II, vermischt aber auch wieder beide Ebenen, wie in der Begründung für die

---

[52] Vgl. u.a. Bock 1978; Menze 1979; Tischner 1985; Winkel 1985; Ladenthin 1993; Sammet 2004, 16-80.

Einbindung nicht oder noch nicht voll reflexiv kompetenten Zöglinge: Einerseits steht schon werdendes menschliches Leben in der primordialen Sozialität, anderseits bezieht er sich bei kleinen Kindern auf ganz konkrete Alltagsvollzüge, die diese in der Kommunikation mit den Eltern selbst regeln sollen. Es bleibt unklar, ob dies schon Sinngenerierung auf einer Ebene der Kommunikation I darstellt. Und wo sollten wohl Spielräume für Sinngenerierung beim Ungeborenen liegen? Denn als Inhalte der gesellschaftlich inkorporierten Intersubjektivität wird, wie gezeigt wurde, auf die Verfassung, auf Demokratie oder rationale Lebensführung verwiesen. Es klafft aber eine große theoretische Lücke zwischen der – sicher nicht unberechtigten – Forderung nach einer möglichst frühen kommunikativen Mitgestaltung von Kindern an der Generierung von Sinn einerseits und Empfehlungen für die aus diesen Überlegungen resultierende erzieherische Praxis andererseits. So schreibt Jürgen Sammet:

„Vollzug von Intersubjektivität" meint in der PdK (…) gleichermaßen die an den einzelnen Kommunikationsakten vorauszugehende primordiale Interaktionsstruktur und den spezifischen Vollzug von Kommunikation selbst (bis hin zum Erziehungsstil) (Sammet 2004, 78).

Eine derartige „Überfrachtung und Hypostasierung von Kommunikation I", die nicht zwischen der Begründungsebene und Vollzugsebene von Kommunikation unterscheide, erschwere eine genuin kommunikative Begründung in Schallers Ansatz (ebd.).

Dies wird auch besonders deutlich in einem zweiten Hauptkritikpunkt an Schallers Theorie, der sich auf sein Konzept von Symmetrie bezieht. Kommunikationstheoretisch leitet er diese nur für die Vermittlungsebene von Sinn (Kommunikation II) ab, während sie für die eigentliche Zielbestimmung pädagogischer Kommunikation, der Sinngenerierung (Kommunikation I) zu einem Kommunikationsprozess mit „tendenziellen Symmetrie" abgeschwächt, dem Erzieher also letztlich doch die bestimmende Rolle zugedacht wird. Diesen Widerspruch klärt Schaller nicht, was in seiner Theorie zu einer Unentschiedenheit zwischen pädagogischen und kommunikationstheoretischen Argumenten führt. Dies führt auch dazu, dass er aus entgegengesetzten Richtungen kritisiert werden kann.

So versteht Volker Ladenthin Schallers Symmetrieforderung so, dass dieser der „Leiblichkeit (…) bestimmende Autorität über die Reflexion" (Ladenthin 1993, 422) zubilligt mit der Folge, dass „auch dem ‚Monströsen' [ein] veritable[r] Sinn und damit Geltung und folglich auch jeder Unverantwortlichkeit eine Evidenz des Vollzugs [eingeräumt werden] müsste" (ebd., 421). Dies wiederum würde bedeuten, dass nur Vernunft, ausgedrückt durch sprachliche Reflexion, zu einer Durchsetzung des „Humanen" führt, während Kommunikation, die auch Vorsprachliches mit einfließen lässt, zwangsläufig deskriptiv bleiben muss und pädagogisch nicht relevant wäre. Ladenthin besteht daher darauf, dass Erziehung vor dem Hintergrund einer universalen Rationalität zuallererst „Führung" und „Ingeltungsetzung" von Ansprüchen meint, die dann so begründet werden, dass die zu Erziehenden diese Begründungen verstehen und einsehen können. Erst danach kann eine eigene Bewertung stattfinden und die Tradition verändert werden: „Das Vertrauen, das der Lernende dem Lehrenden entgegenbringt, weil ihm dieser – paradoxerweise – etwas zur Anerkennung nötigend vorlegt, was jener erst ablehnen kann, wenn er es zuvor vollständig anerkannt (gelernt) hat, gründet *allein* in der Gewißheit, dass der Erzieher über einen solchen Sinn verfügt und von diesem aus den Lehr-Lernvorgang steuert und begründet" (Ladentin 2003, 253, Hervorhebung im Original). So kann man also folgern, dass nur die Förderung (sprachlich-reflexiv verfassten) Verstehens und Nachdenkens den pädagogischen Führungsanspruch rechtfertigt und eine Abgrenzung zu Macht und Manipulation darstellt (ebd., 251). Genau dies meint aber auch Schaller, wenn er Erziehern einen „Rest von Dogmatismus" zubilligt. Wie jedoch das „Mit-Sein-in Welt" in den pädagogischen Anspruch mit einbezogen werden kann, wenn es zumindest teilweise nicht bewusst verstanden und nachvollzogen werden kann, klärt Schaller nicht.

Im Gegensatz dazu geht Jan Masschelein die Symmetrie in Schallers Konzept nicht weit genug. Er radikalisiert den Kommunikationsbegriff, indem er – anders als Schaller – der Interaktion den Primat vor der Rationalität explizit zubilligt. Dies bedeutet, dass eine Vernunft sich nur dann manifestieren kann, wenn sie sich in der Begegnung mit dem anderen als gültig erweist, also von ihm angenommen wird. So werde nur dann das Kind mit der ihm eigenen Lebenswelt wirklich anerkannt, wenn man pädagogisches Handeln nicht intentional ausrichte, also gerade nicht von der Erzieherperspektive aus gestalte, sondern lediglich „Angebote" in der „kommunikativen Praxis" mache und damit die „Gleichheit der Interaktionspartner" voraussetze (Masschelein 1991, 213). Die Basis der Erziehung sei somit nur die Teilhabe an einem menschlichen Zusammenleben, das aber für den Heranwachsenden keinerlei Geltungsanspruch mehr habe (ebd., 233). Damit gibt Masschelein jedoch einen genuin pädagogischen Bezug von Kommunikation auf, was Schaller aus guten Gründen nicht vertreten kann. Denn es steht hier mehr auf dem Spiel als ein autoritärer gegenüber einem partnerschaftlichen Erziehungsstil: Wenn die Pädagogik in kommunikativen Prozessen keinerlei normative Funktion mehr haben soll, so entfällt der Maßstab und die Orientierung für die Selbstentfaltung des Einzelnen und die Weiterentwicklung der menschlichen Gesellschaft; in jedem Kommunikationsakt müsste sich Geltung neu durchsetzen (und es fragt sich, nach welchen Regeln dies geschehen soll; nach Watzlawick könnte auch Komplementarität statt Symmetrie Basis von störungsfreier Kommunikation sein; vgl. Watzlawick/Beavin/Jackson 2007 [1969], 103).

Weiterhin wurde auch der implizite Bildungsbegriff Schallers kritisiert. Clemens Menze wandte sich gegen Schallers Idee, das Selbst sei „nichts anderes als das Sediment durchlaufener Kommunikationsprozesse", denn dadurch würde die „Personalität des Individuums" so untergraben, dass das Kind nicht mehr zu seiner personalen Bestimmung geführt werden könne (Schaller 1987, 276); in seiner Replik darauf bekräftigt Schaller jedoch, dass von einer völligen „Autonomie des Subjektes" nicht mehr auszugehen sei, so dass man über eine Neubestimmung des Personbegriffs nachdenken müsse, der die Bedeutung der Gesellschaft für den Einzelnen integriere (ebd., 277). Jenseits seines eher allgemeinen „emendatio"-Motivs als Ziel von Bildung entwickelt er aber keinen theoretischen Ansatz, wie sich das Selbst im Wechselspiel von eigenen und fremden Impulsen bildet[53]; so wirft ihm auch Sammet vor, dass „Fragen nach der ‚Innerlichkeit‘, nach Perspektiven individueller Lebensgestaltung oder nach religiösen Dimensionen" in Schallers Theorie nicht gestellt werden und der humanistische Bildungsgedanke vorschnell zugunsten einer Überspitzung gesellschaftlicher Ansprüche aufgegeben worden sei (Sammet 2004, 66). Dieser Kritik ist insoweit zuzustimmen, dass auch Schallers Konzept der neuen, spontanen Sinngenerierung im Vollzug der Intersubjektivität nur dann gelingen kann, wenn das Selbst eigene Impulse zu setzen imstande ist. Schaller sieht diese Schwierigkeit immerhin als bisher ungelöstes Problem (Schaller 1987, 277).

Generell muss festgestellt werden, dass Schallers Pädagogik der Kommunikation kein einheitliches, stabiles Theoriegerüst darstellt. Die permanente Erläuterung und Umarbeitung seiner Ideen, sein Aufnehmen und teilweise Wiederverwerfen der Kommunikationstheorie Watzlawicks und anderer Kommunikationstheorien machen sein Konzept unübersichtlich und, vor allem, was die Begriffe Intersubjektivität und die Unterscheidung von Kommunikation I und Kommunikation II angeht, unscharf. Rainer Winkel macht ihm deshalb den Vorwurf, sich in eklektizistischer Manier Elemente aktueller Kommunikationstheorien anzueignen, die pädagogisch nicht vollständig durchdacht seien (Winkel

---

[53] Einen neueren Ansatz hierzu entwickelte Krassimir Stojanov (2006). Er baute ein Modell von Intersubjektivität im Bildungsvorgang auf, das auf einer bestimmten Form von Sozialität beruht: Es handelt sich hier um einen Raum, in dem der „Platz der Gesellschaft im Menschen", d.h. die „Präsenz des konkreten und des generalisierten Anderen im eigenen Selbst" ausgehandelt werde, und zwar in einer „Dialektik von ‚Selbstsein in der Welt durch den Anderen‘ und ‚Selbstsein in der Welt in Abgrenzung von Anderen‘" (Stojanov 2006, 55 f.). Das autonome Selbst wird dabei nicht überflüssig, sondern Intersubjektivität erscheint als die „Bedingung der Möglichkeit [einer] Entstehung [von Autonomie] und als Nährboden für ihre Entfaltung" (ibid., 56). Er charakterisiert diesen vorreflexiven, soziokulturellen Raum inhaltlich als „Anerkennung" mit den Bestandteilen Empathie, moralischer Respekt und soziale Wertschätzung (ibid., 223). Eine vollständige Symmetrie der Kommunikationspartner muss daher nicht unbedingt vorausgesetzt werden, wohl aber eine „Anerkennung [des] Potentials, diese Bedürfnisse und Ideale zu ‚konzeptuellen Inhalten‘ (...) im Rahmen seiner Partizipation an einer universalistisch entgrenzten Diskurs- und Argumentationsgemeinschaft propositional (und das heißt: transformierend) zu artikulieren" (ibid.). Symmetrie bezieht sich hier explizit auf die Beziehungsebene in pädagogischen Kontexten. Das Problem der Geltung wird aber in seinem Konzept ebenso wie bei Masschelein nicht gelöst.

1985, 730). Sammet wirft ihm vor, er habe keine echte Verbindung zwischen Kommunikation und Pädagogik geschaffen, sondern lediglich „alten Wein in neue Schläuche" gefüllt (Sammet 2004, 80).

Trotz dieser umfassenden Kritik muss man Schallers Pädagogik der Kommunikation als einen Pionierversuch würdigen, Theorie und Praxis der pädagogischen Beziehungsgestaltung unter aktueller Perspektive zu verbinden. Die Aufnahme des Kommunikationsbegriffs in seinen Theorieversuch ist nicht oberflächlich, sondern erweitert den Blick auf Aspekte kommunikativen Handelns in pädagogischen Kontexten, die bisher kaum beachtet wurden. Ebenso macht er deutlich, dass Kommunikation den normativen Kern pädagogischer Fragestellung berührt, indem er versucht, Geltung und Selbstbestimmung, Tradition und Offenheit als kommunikatives Geschehen zu deuten.

So hat Schaller Ansätze entwickelt, die in dieser Arbeit gewinnbringend weiter verarbeitet werden können:

Er löst die pädagogische Perspektive aus der Betrachtung des individuellen Lehrer-Schüler-Verhältnisses heraus und bildet die Grundlage dafür, dass man auch öffentliche Kommunikation, also die gesellschaftliche Ebene der Beziehungsgestaltung, unter pädagogischer Perspektive betrachten kann: Es geht um die Öffnung des Blicks für einen sozialen bzw. gesellschaftlichen Gesamtkontext, „Mit-Sein-in-Welt", durch den Geltungsansprüche auch in nicht immer vollständig sprachlich-reflexiver Form an die nachwachsende Generation herangetragen werden. Dies entspricht der Realität von Erziehungs- und Bildungsprozessen eher als andere kommunikationstheoretische Ansätze, die von einer „idealen oder realen Kommunikationsgemeinschaft" (Apel) oder dem „herrschaftsfreien Diskurs" (Habermas) ausgehen und damit nicht nur politische und gesellschaftliche Kommunikationsverhältnisse idealisieren, sondern auch insbesondere Kinder aus der Betrachtung ausgrenzen, die nicht über das reflexive Vermögen im Sinne eines Bürgerrechts bzw. der politischen Teilhabe verfügen. Schaller betont hingegen die Bedeutung symmetrischer Kommunikation und das Ausloten des Spielraums für Rationalität auch schon für Kinder und Heranwachsende. Die Kinderuni kann also gedeutet werden als ein pädagogisch gestalteter Raum, in dem einerseits gesellschaftliche Normen an Kinder herangetragen werden und gleichzeitig ein Anreiz geschaffen wird, sie zu einer eigenen Beschäftigung und wertenden Verarbeitung der dargebotenen Inhalte aufzurufen.

Öffentliche Kommunikation wird versuchsweise in dieser Arbeit als Teilbereich des „Mit-Seins-in-Welt" nach Schaller definiert. Wenn Kinderuni als öffentliche Kommunikation verstanden werden soll, wäre sie somit Teil des „Mit-Seins-in Welt". Dies erscheint umso plausibler, als Schaller explizit auf die erzieherische Bedeutung von Lernorten außerhalb von Schule und außerhalb eines personalisierten Verhältnisses von Lehrer und Schüler eingeht:

Erziehung (...) geschieht permanent zufolge jenes Mit-anderen-in-der-Welt-seins, und wir sollten uns nicht scheuen, auch zwischenmenschliche Verkehrsweisen, die außerhalb der klassischen Erziehungseinrichtungen vollzogen werden – nachdem sie die Peinlichkeit, Manipulation zu sein, verloren hat – *Erziehung* zu nennen (Schaller, 1987, 57; Hervorhebung im Original).

Konkrete Orte und Situationen, wo das „Mit-anderen-in-der-Welt-seins" seine erzieherische Wirkung entfaltet, nennt er nicht; dennoch sind ausdrücklich gesellschaftliche Vorgänge gemeint, die nicht nur für ein Individuum, sondern überindividuell für eine ganze Generation sinnbildend sind:

Jede Mitteilung (...) trifft mit dem Sinnhorizont des Selbst, dem diese Mitteilung gilt, zusammen, rührt an sein es konstituierendes Mit-sein. Das mag ohne Erschütterungen abgehen, und der mitgeteilte Sinn wird akzeptiert. Es kann aber auch zu Kollisionen, zu Erschütterungen kommen, in denen das eigene wie das mitgeteilte Mitsein infrage gestellt werden und in Bewegung geraten (...). An dieser Stelle kommt das Selbst und kommt „die Gesellschaft", kommt die Welt ein Stück weiter (ebd., 56).

Er formuliert einen normativen Anspruch für die Regeln gelungener Kommunikation aus pädagogischer Perspektive: Selbstbestimmung sowie Aufforderung zur Selbstbestimmung als pädagogische Kategorie werden übersetzt in die kommunikative Kategorie der Symmetrie in Kommunikationsprozessen – diese spielen in der Ursprungstheorie von Watzlawick, Beavin und Jackson keine so tragende Rolle. Vielmehr ist es für die pädagogische Perspektive Führung unter Geltungsanspruch einerseits und Aufforderung zur Selbsttätigkeit und Selbstbestimmung andererseits konstitutiv und kann nur graduell unterschiedlich eingeschätzt, aber nicht aufgehoben werden. Hier versucht Schaller im Gegensatz zu Masschelein einen Mittelweg zu gehen, der die Forderung nach Symmetrie so weit wie möglich zu verwirklichen sucht.

Unklar bleibt Schaller hingegen da, wo es darum geht, das Ausmaß und die Art und Weise zu bestimmen, wie das „Mit-Sein-in-Welt", wie die „soziale Textur", auf die nachwachsende Generation einwirkt oder wie sie darauf einwirken sollte. Dies bleibt eher den deskriptiven Wirkungsanalysen der Kommunikations- und Medienwissenschaften (Medienwirkungsforschung) vorbehalten, die uns hier nicht weiterhelfen. Denn es ist Schaller zuzustimmen, dass eine „behavioristische (...) und positivistische (...) Engführung der Kommunikationstheorie" die „komplexe Struktur (...) und Wechselwirkung" (Schaller 1987, 187) menschlichen Verhaltens und menschlicher Lebensführung nicht erklären kann. So ist die von ihm selbst unbeantwortete Frage immer noch aktuell: „Wie und unter welchen Bedingungen kommt es in Informations- und Kommunikationsprozessen zu einer Handlungsorientierung, die über die an der Kommunikation Beteiligten zur Verfügung stehenden Handlungsmuster hinausgeht" (ebd.)? Aus pädagogischer Sicht wäre also eine Theorie zu entwickeln, die erklärt, unter welchen Bedingungen die Generierung neuen Sinns in der nachwachsenden Generation möglich ist, ohne auf den Geltungsanspruch einer schon etablierten Gesellschafts- und Werteordnung zu verzichten.

Konkret müsste man also die Kinderuni daraufhin untersuchen, welche gesellschaftlichen Geltungsansprüche sie enthält und wie eine Beschäftigung mit ihnen eingefordert wird. Soll sie sich von Manipulation unterscheiden, müsste sie eine Aufforderung zur Selbsttätigkeit beinhalten.

Interessant für die Fragestellung dieser Arbeit ist außerdem Schallers Auffassung von Wissenschaft als Teil des gesellschaftlichen Interaktionsprozesses:

> Die Wissenschaft steht (…) gesellschaftlicher Interaktion, den Verkehrsweisen der Menschen untereinander, ihren ‚Produktionsverhältnissen' in einem weiten Sinne (wie sie nämlich ihre eigene Zukunft ideell perspektivieren und materiell realisieren) nicht als etwas Fremdes teilnahmslos gegenüber, sondern ist Teil dieser ‚Hervorbringung' (…) (ebd., 115).

Kommunikationswissenschaften wie Pädagogik erhalten ihre Impulse wesentlich aus der „zwischenmenschlichen Praxis" bzw. den „gesellschaftlichen Verhältnissen"; sie rücken „Fragestellungen in ihren Blick", stimulieren Forschung und ermöglichen die Entdeckung wissenschaftlicher Erkenntnisse – wenn Schaller auch einschränkend feststellt, dass dies nicht in gleichem Maße für alle Wissenschaften gelte (ebd., 114). Jedoch ist die Wissenschaft seiner Meinung nach Ergebnis und Bedingung eines gesellschaftlichen Entschlusses, eine rationale und demokratische Lebensführung zu praktizieren (ebd., 115). Die Kommunikationstheorie von Watzlawick mit ihren Begriffen von Symmetrie und Komplementarität sei also gerade nicht universal zu denken, sondern bleibe den gesellschaftlichen Verhältnissen verhaftet und werde durch diese erst hervorgebracht. Wissenschaft stehe daher im Dienst der Gesellschaft:

> Die neuzeitlichen Wissenschaften dürfen sich nicht objektivistisch verharmlosen – sie würden sich selbst aufgeben. Ihre Objektivität beruht gerade darauf, daß sie für die Tendenzen des historisch-gesellschaftlichen Kontextes (und hier handelt es sich konkret um die Leitmotive der aufbrechenden bürgerlichen Gesellschaft: *Demokratisierung und rationale Lebensführung*) Partei ergreifen (ebd., Hervorhebung im Original).

Diese Auffassung Schallers kann zwar wiederum, wie schon in der Kritik zu seiner Vorstellung von Bildung deutlich wurde, als Verabsolutierung gesellschaftlicher Ansprüche gesehen werden. Sie ist jedoch immer noch aktuell; aus ihr speisen sich die zahlreichen Initiativen zur Förderung des „Dialogs" zwischen Wissenschaft und Öffentlichkeit. Wie später zu sehen sein wird, ist Schallers gesellschaftsnahe Deutung von Wissenschaft jedoch nicht unumstritten (vgl. Kap. 4).

3.6 Fazit

Die Analyse der kommunikationstheoretischen Voraussetzungen der Kinderuni hat gezeigt, dass die Kinderuni als PR-Maßnahme eine ethisch fundierte Form der öffentlichen Kommunikation sein kann. Dabei kann sie, wie der Journalismus, prinzipiell zur Urteilsfähigkeit und Selbstbestimmtheit der Bürger einer Gesellschaft beitragen. Schwierigkeiten ergeben sich daraus, dass PR einerseits nicht mit einem normativen Modell einer allgemeinen Öffentlichkeit verbunden ist, sondern mit verschiedenen Zielgruppen, die auch in der Summe eine exkludierende Wirkung ausüben und daher demokratischen Prinzipien widersprechen. Auch wird PR nicht in ihrer tatsächlichen regulativen Wirkung auf gesellschaftliche Kommunikationsprozesse wahrgenommen, und ist daher nicht in der gleichen Weise wie der Journalismus durch Gesetze normiert.

Es kann daher nicht ausgeschlossen werden, dass die Kinderuni im Zusammenhang mit politischen Kampagnen der Bundesregierung Merkmale aufweist, die der Tradition einer Trennung von pädagogischem und politischem Handeln widersprechen. Die zunehmend aktiv gestaltende Kommunikation in bundespolitischen Initiativen auf dem Bildungssektor verwischt die Grenzen zwischen der Umsetzung und der kommunikativen Begleitung von politischen Programmen: Durch Issues Management verkehren sich demokratische Prinzipien der Meinungsbildung, wenn politische Kampagnen dazu verwendet werden, die von der Politik als wichtig erachteten Themen durch vorherige und begleitende Kommunikation als einen Konsens in der Bevölkerung darzustellen, wenn dieser tatsächlich (noch) nicht existiert (vgl. Habermas, Strukturwandel der Öffentlichkeit). Auch dem Prinzip der Pädagogik, die nachfolgende Generation mit der Fähigkeit auszustatten, ihre eigene Zukunft zu gestalten, würde dadurch behindert. Die Vielzahl und Verschiedenartigkeit der Maßnahmen innerhalb solcher politischen Kampagnen machen es jedoch unmöglich, eine einzelne Maßnahme wie die Kinderuni schon auf der theoretischen Ebene abschließend zu bewerten. Wesentlich ist daher, dass öffentliche Kommunikation auf ethische Kriterien wie Transparenz, Sachkompetenz, Kommunikationsadäquatheit, Offenheit und gesellschaftliche Verantwortung verpflichtet wird – eine Verpflichtung, die in Bezug auf die Kommunikation öffentlicher Organisationen wie der Universität nicht institutionalisiert ist.

Die Pädagogik bietet mit Klaus Schaller ein normatives Verbindungsmodell zwischen pädagogischem und gesellschaftlichem Handeln, das den faktischen, tendenziell problematischen Umgang mit Kommunikation auf dem Bildungssektor relativieren kann. Schaller zeigt, dass pädagogisches und gesellschaftliches Handeln im Umgang mit der nachwachsenden Generation immer schon miteinander verknüpft sind und entwickelt aus dem Kommunikationsbegriff von Watzlawick übergreifende pädagogische Kriterien für gelingende Kommunikation, die sowohl auf der individuellen Ebene einer persönlichen Beziehungsgestaltung wie auch auf der gesellschaftlichen Ebene eines politischen Meinungsbildungsprozesses Anwendung finden können. Sein Modell hat darüber hinaus den Vorzug, dass es die ideologische Trennung zwischen PR und Journalismus in Bezug auf öffentliche Kommunikation aufheben kann und eine echte pädagogische Perspektive auf die Kinderuni zulässt: Kommunikation ist Beziehungsgestaltung und schließt daher prinzipiell alle vorher diskutierten Formen ein. Schaller öffnet damit den Blick für eine Betrachtung der Kinderuni als pädagogische Maßnahme.

4 Wissenschaft

> Es ist kein Zufall, kein Pädagogismus und auch kein typisch amerikanischer Luxus, wenn in den USA Wissenschaftler von höchstem Rang in die Niederungen der Grundschulpädagogik und der Lerntheorie herabsteigen. *Hier* können sie in elementarer Form erkennen, was in ihrer wissenschaftlichen Höhenlage nur noch schwer auszumachen ist: daß man es bei jeder Wissenschaft und auf jeder ihrer Ebenen mit den Grundbegriffen zu tun hat, die man ihr anfangs gibt. Wissenschaften *können* also in *ihren Prinzipien gelernt werden.* Man bedarf nicht immer ihrer ganzen Substanz, um sie zu beherrschen.
>
> Hartmut von Hentig 2003 [1969], 174, Hervorhebungen im Original

Hat die Kinderuni überhaupt etwas mit „Wissenschaft" zu tun? Handelt es sich nicht vielmehr um eine mehr oder weniger realistische oder authentische Repräsentation von Wissenschaft, um einen mit wissenschaftlicher Aura verkleideten „Schulunterricht" oder gar um eine zusammenhanglose Aneinanderreihung von Fakten, die mit dem akademischen Alltag und der Forschung so gut wie nichts zu tun haben?

Um diese Fragen zu beantworten, muss der Begriff „Wissenschaft" zunächst definiert werden. Ziel ist es, herauszufinden, wie eine der möglichen Definitionen für diese Arbeit, also für den Zusammenhang mit Wissenschaftskommunikation und der Kinderuni, gewinnbringend sein könnte. Darüber hinaus soll hier das Verhältnis von Wissenschaft zur Gesellschaft untersucht und der Frage nachgegangen werden, warum und mit welchem Ziel Wissenschaft an ein außerwissenschaftliches Publikum vermittelt wird. Zu einer Betrachtung von Wissenschaftskommunikation aus Sicht der Wissenschaft gehört ebenso das „Wie" der Vermittlung, also eine Beschäftigung mit ihren eigentümlichen Vermittlungsformen, der akademischen Lehre. Inwiefern die Kinderuni eine Verbindung mit diesen Formen sucht oder ein eigenständiges, mit dem normalen Wissenschaftsbetrieb unverbundenes kommunikatives Element darstellt, kann anschließend untersucht werden. Im Zusammenhang mit der übergreifenden Frage dieser Arbeit, ob Kinderuni bildend sein kann, ist es notwendig, die normativen Grundlagen von Wissenschaft und das Ethos von wissenschaftlich Tätigen im Hinblick auf ihr Verhältnis zur Gesellschaft zu analysieren.

4.1 Was ist Wissenschaft?

Der Begriff „Wissenschaft" hat eine aspektereiche und nicht abzuschließende Bedeutung. Wissenschaft kann als Tätigkeit einzelner oder eines sozialen Gefüges angesehen werden, sie gilt weithin als ein als System von Ideen, kann also auch mit kulturellem Wissen gleichgesetzt werden, und ebenso ist Wissenschaft eine gesellschaftliche Institution und nimmt eine herausgehobene Stellung in einer Gesellschaft ein, deren Entwicklung sie zunehmend bestimmt (Schwarz 1999, 29 f.). Noch schwieriger scheint es, Wissenschaft zu definieren, wenn man alle Wissenschaften zusammen zu fassen versucht, denn schon die grobe Einteilung von Natur- und Geisteswissenschaften beschreibt nicht nur unterschiedliche Gegenstände der Betrachtung („Natur" und „Kultur"), sondern auch unterschiedliche Methoden der Erkenntnisgewinnung.

Ein übergreifendes konstitutives Element ist die Suche nach Wahrheit, die sich seit der Ablösung von Wissenschaft aus der Abhängigkeit von Metaphysik, Kirche und Staat in der Neuzeit über die (ursprünglich natur-) wissenschaftliche Methode etablieren und bewahren lässt (Weingart/Carrier/Krohn 2007, 22; Luhmann 1992, 273). Die geisteswissenschaftliche Methodik der Hermeneutik als der Wissenschaft des Verstehens und Ausdeutens von Texten blieb dagegen immer in Verbindung mit Kultur und Tradition und drängt „über die Grenzen hinaus, die durch den Methodenbegriff der modernen Wissenschaft gesetzt sind"; dennoch geht es auch in ihr um Erkenntnis und Wahrheit (Gadamer 1975, XXVII), was sie, wie die Naturwissenschaften, von unmittelbaren gesellschaftlichen Bezügen abrückt.

Bis zur Vormoderne verstand man unter Wissenschaft vor allem das Sammeln und Bewahren sowie die unverfälschte Weitergabe des Wissens. Die experimentellen Naturwissenschaften veränderten das Verständnis von Wissenschaft im 17. und 18. Jahrhundert jedoch grundlegend, indem sie den Fokus auf das Forschen und neue Erkenntnisse legten (Stichweh 1994, 229). Im frühen 19. Jahrhundert erfolgte die endgültige Trennung von Wissen, das abgesichert ist und der Wissenschaft, die sich mit dem „Wissen im Werden", dem noch zu Erforschenden, beschäftigt; äußerlich etablierte sich dieses Wissenschaftsverständnis dadurch, dass Schule und Universität formal voneinander getrennt wurden. So schrieb Wilhelm von Humboldt 1810:

> Es ist ferner eine Eigenthümlichkeit der höheren wissenschaftlichen Anstalten, dass sie die Wissenschaft immer als ein noch nicht ganz aufgelöstes Problem behandeln und daher immer im Forschen bleiben, da die Schule es nur mit fertigen und abgemachten Kenntnissen zu thun hat und lernt (Humboldt 1964 [1810], 256).

Diese Trennung von „Wissen" und „Wissenschaft" ist grundsätzlicher Natur, aber nicht so absolut, wie es bei Humboldt erscheint. Denn auch der heutige

110

Schulunterricht beruht auf wissenschaftlichen Grundsätzen, muss den aktuellen Forschungsstand und auch das Zustandekommen des Wissens, also wissenschaftliche Methoden, berücksichtigen. Umgekehrt findet sich das Lernen abgesicherten Wissens nicht nur in der Schule, sondern auch an der Universität. Jedoch hat erst die Betonung des noch zu Erforschenden, das Streben nach neuer Erkenntnis und die Vielfalt der daraus entwickelten Methoden zu der enormen Differenzierung des Wissens geführt, deren Motor die Wissenschaft seit dieser Zeit ist. Bei aller Verschiedenheit der Wissenschaften lautet daher die Definition von Wissenschaft in der Wissenschaftstheorie, Wissenschaft sei ein

> zusammenhängendes System von Aussagen, Theorien und Verfahrensweisen, das strengen Prüfungen der Geltung unterzogen wurde und mit dem Anspruch objektiver, überpersönlicher Gültigkeit verbunden ist (Carrier 2009, 312).

Diese allgemeine Definition umfasst sowohl Geistes- als auch Naturwissenschaften, berücksichtigt aber nicht die Vielschichtigkeit des Begriffs, der sich durch die Jahrhunderte zwar gewandelt hat, in dem aber alte und neue Schichten der Bedeutung je nach Blickwinkel weiterhin vorhanden sind. So ist Wissenschaft

> in jedem Falle ein Prozeß, stetig sich wandelnd, stetig ihre Grenzen neu bestimmend. Sie findet statt in einem Kontinuum, in dem die etablierte Wissenschaft und ihre Betreiber das eine, die Öffentlichkeit (…) das andere Ende des Spektrums markieren (Schwarz 1999, 31).

Allerdings bestimmen nicht nur Wissenschaftler, sondern auch die Öffentlichkeit, was als Wissenschaft zu gelten hat. Symptomatisch hierfür ist beispielsweise, dass die Massenmedien sich hauptsächlich mit den Naturwissenschaften beschäftigen und daher das öffentliche Bild der Wissenschaft entsprechend geprägt haben.[54] Auch wissenschaftliche Untersuchungen über das Verhältnis zwischen Wissenschaft und Gesellschaft konzentrieren sich häufig auf die Naturwissenschaften (Weingart 2005; 2007, Carrier 2007, Neidhardt 2002 und andere). Schon jetzt lässt sich vermuten: Mit dem Konzept der Kinderuni steht diese Betrachtung nicht in Einklang. Denn sie bildet meist grundsätzlich alle an einer Universität vorhandenen wissenschaftlichen Fächer ab.

Auch aus einem anderen Grund ist die Bestimmung dessen, was Wissenschaft ausmacht, noch nicht vollständig: Sie schließt nicht die Institutionen ein, an denen Wissenschaft stattfindet, und lässt ihren sozialen Bezug ebenso außer

---

[54] So weisen Schummer und Spector nach, dass die populären Vorstellungen von Wissenschaft visuell häufig durch naturwissenschaftliche Methoden wie durch das Reagenzglas oder das Mikroskop symbolisiert werden (Schummer/Spector 2009). Rödder weist diese ikonische Darstellung auch für Interviews in Zeitungen und Zeitschriften nach (Rödder 2009, 122 f.).

Acht. Diese beiden Bezüge sind aber wesentlich für eine Betrachtung der Kinderuni, die ja eine Verbindung zwischen Wissenschaft und Gesellschaft aufbaut.

Eine Definition mit gesellschaftlichem Bezug, der ebenso die historischen wie aktuellen Bedeutungsschichten von Wissenschaft aufnimmt, findet sich, wenn auch indirekt, in der Enzyklopädie Philosophie und Wissenschaftstheorie (1996). „Wissenschaft" ist hier Bestandteil einer „berufsmäßig ausgeübte[n] Begründungspraxis", und umfasst „ferner die Tätigkeit, die das wissenschaftliche Wissen produziert" (Kambartel 1996, 719), erfordert also eine eigene gesellschaftliche Infrastruktur mit eigener Profession und Orten, an denen Wissensproduktion erfolgen kann. Insbesondere die Geisteswissenschaften lieferten darüber hinaus „den begründeten Inhalt eines historischen Bewußtseins der Gesellschaft" (ebd., 720), dienen also als Speicher und als Ort der Reflexion von Kultur und Tradition. Der gesellschaftliche Bezug der Wissenschaft wird darüber hinaus in den verwandten Begriffen „Wissenschaftsforschung", „Wissenschaftsgeschichte" und „Wissenschaftssoziologie" verhandelt, bei denen Wissenschaft als „sozialer Prozess" verstanden wird (Gethmann 1996a, 727). Hier kommt sowohl den handelnden Personen einer „scientific community" eine bedeutende Rolle zu als auch dem „Einfluß gesellschaftlicher Faktoren auf die Annahme von Theorien" (Mittelstraß 1996, 728). Diese erweiterte Betrachtung von Wissenschaft macht deutlich, dass „ eine ‚intervenierende Variable' des organisatorischen Aufbaus der Wissenschaft, ihren Strukturen, Regeln und prozessualen Mechanismen" (Gethmann 1996b, 735) diese mit der Gesellschaft verknüpft:

> Durch diese findet einerseits eine Vermittlung von sozialen Bedingungen und Einflüssen in wissenschaftliche, d.h. kognitive, Prozesse statt, andererseits werden ihre Resultate über die spezifische Organisation der Wissenschaft in die Gesellschaft vermittelt und wirken auf diese (ebd.).

Noch deutlicher legt Helmut Seiffert den Schwerpunkt einer Definition von Wissenschaft auf die Rolle von Personen, wenn er schreibt, Wissenschaft sei „dort, wo diejenigen, die als Wissenschaftler angesehen werden, nach allgemein als wissenschaftlich anerkannten Kriterien forschend arbeiten" (Seiffert 1989, 391). Da er „Kultur" als einen der Leitbegriffe für die Bestimmung von Wissenschaft ansieht, schließt er ebenso deren Systemhaftigkeit mit ein, zu denen „die Menschen, sowohl als Individuen wie als Gruppen verschiedener Stufung und Vernetzung, ihre Aktivitäten wie ihre Ideen; weiterhin die Apparate und Methoden, die Institutionen verschiedener Organisationsstufung" gehören (ebd., 392). Auf sekundärer Ebene gehört hierzu auch die „Informationsvermittlung, angefangen von der direkten Vermittlung, Verarbeitung und Bearbeitung wissenschaftlicher Aussagen bis hin zur Wissenschaftsvermittlung im Bereich der Bildung oder der Beratung" – diese Elemente bezeichnet er auch als „Makrowissenschaft" (ebd.). Für John Ziman ist dies die einzig gültige Definition von Wissenschaft, da nur sie der Komplexität dessen, was Wissenschaft ausmacht – nämlich ein Zusammenspiel von Personen, Ideen und Institutionen – gerecht werden kann:

> It has been put to me that one should in fact distinguish carefully between Science as a body of knowledge, Science as what scientists do and Science as a social institution. This is precisely the sort of distinction that one must *not* make (…). By assigning the intellectual aspects of Science to the professional philosophers we make of it an arid exercise in logic; by allowing the psychologists to take possession of the personal dimension we overemphasize the mysteries of 'creativity' at the expense of rationality and the critical power of well-ordered argument; if the social aspects are handed over to the sociologists, we get a description of research as an N-person game, with prestige points for stakes and priority claims as trumps. The problem has been to discover a unifying principle for Science in all its aspects. The recognition that scientific knowledge must be public and *consensible* (to coin a necessary word) allows one to trace out the complex inner relationships between its various facets. Before one can distinguish and discuss separately the philosophical, psychological or sociological dimension of Science, one must somehow have succeeded in characterizing it as a whole (Ziman 1968, 11 f., Hervorhebungen im Original).

Die sozialen Bedingungen, unter denen Wissenschaft betrieben werden kann, sind nicht zufällig, sondern sie ergeben sich aus der Tatsache, dass Forschung wesentlich daraus besteht, Argumente und Fakten anderen Forschern zugänglich zu machen und damit die Weiterentwicklung des Wissens zu ermöglichen (ebd., 9).

Eine allgemeine Definition geht also von den folgenden formellen Bestandteilen der Wissenschaft aus: Im Zentrum steht die Forschung, also Wissensproduktion; weiterhin werden aber auch Sammlung und Überlieferung sowie Vermittlung von Wissen genannt. So vereint Wissenschaft drei Funktionen miteinander: Sie erschafft neues Wissen, ist ein Träger von Kultur und Tradition und erfüllt Erziehungs- und Bildungsaufgaben.

Wenn in diesem Kapitel von „Wissenschaft" die Rede sein soll, wird nicht von einer innerwissenschaftlichen Perspektive ausgegangen, sondern sie wird in einem größeren, außen- und gesellschaftsorientierten Zusammenhang betrachtet. Wissenschaft, so wie sie in den genannten Enzyklopädien und Schriften definiert wird, sei hier also gleichgesetzt mit Wissen, das in einer Forschungseinrichtung gewonnen und gelehrt wird und methodisch abgesichert ist. Die Universität ist dabei diejenige Institution, die alle drei Funktionen in sich vereint und sich daher als Organisation am besten eignet, als Ort der Untersuchung von „Makrowissenschaft" zu dienen.

4.2 Kommunikation von Wissenschaft

Da durch die Differenzierung der Wissenschaften spätestens seit dem 19. Jahrhundert diese immer speziellere Probleme bearbeitet und dazu immer komplexere Methoden braucht und anwendet, ist offensichtlich, dass es auch immer schwieriger wird, in ihr und über sie verständlich zu kommunizieren. Rudolf Stichweh stellt daher fest,

> daß es sich im Fall der Popularisierung nicht um ein marginales Phänomen an der Außengrenze der genuin wissenschaftlichen Kommunikation handelt. Vielmehr situiert sich die Popularisierung immer mehr im Kern der Kommunikationszusammenhänge der Wissenschaft (Stichweh 2005, 99).

Eine ausschließliche Konzentration der Wissenschaft auf Wahrheit sei dabei in mehrfacher Hinsicht problematisch: Sie verkompliziere bereits den innerwissenschaftlichen Austausch zweier Wissenschaftler aus verschiedenen Disziplinen (vgl. Ludwik Fleck 1980 [1935]), spielt eine Rolle in der universitären Lehre und betrifft auch den Legitimationsnachweis gegenüber Politik und allgemeiner Öffentlichkeit, auf deren grundsätzliche Unterstützung und finanzielle Zuwendung die Wissenschaft angewiesen ist. Stichweh bezeichnete denn auch die Spannung zwischen der Autonomieforderung der Wissenschaft und ihrer Abhängigkeit von außerwissenschaftlichen Randbedingungen einerseits und ihrem nicht unmittelbar einzusehendem Nutzen für die Gesellschaft andererseits als „doppelte Legitimationsschwäche" (Stichweh 1977, 64). Er sieht eine Lösung dieses Problems darin, dass Wissenschaft mit ihrer Institutionalisierung an Universitäten, zu der die öffentliche Aufgabe einer Erziehung und Ausbildung gehört, an gesellschaftliche Ansprüche rückgebunden bleibt (Stichweh 1994, 1977). Sprachlogisch wäre zudem zu fragen, wie Wissenschaft sich artikulieren soll, wenn sie sich nicht darstellt. Auch innerszientifisch ist sie an Darstellung (Auswahl, Adressaten usw.) gebunden; sie wird also immer schon einer didaktischen Frage unterzogen – auch und gerade, wenn sie innerszientifisch bleibt.

Zusätzlich zur Didaktik, der sich jede Wissenschaft unterziehen muss, kommt aber die hiervon zu unterscheidende Popularisierung – also die Kommunikation, die den innerszientifischen Rahmen bewusst überschreitet. Die Popularisierung von Wissenschaft hat verschiedene Modi, die sich mit Stichweh definieren lassen als

- Interdisziplinäre Popularisierung (innerwissenschaftlicher Austausch von Fachkollegen),
- Pädagogische Popularisierung im Rahmen der inneruniversitären Lehre und der Schulausbildung,

- Politische Popularisierung, die der Legitimation und Beschaffung von Finanzmitteln für die Forschung dient und
- Allgemein(verständlich)e Popularisierung, die auf ein unspezifisches Publikum gerichtet ist, das potenziell jeden Bürger einschließt, der sich mit Wissenschaft beschäftigen möchte (Stichweh 2005, 100).

Auf den ersten Blick scheint es, als lasse die Kinderuni sich unschwer dem zweiten Modus zuordnen, auch wenn sie keiner der von Stichweh aufgestellten Kategorien entspricht, also weder mit Schulunterricht noch mit universitärer Lehre gleichgesetzt werden kann: Sie enthält kein festes Curriculum, keine einheitlichen Methoden der Lehre, und ihre örtliche und zeitliche Struktur unterscheidet sich deutlich von institutionellen Bildungsangeboten; zudem findet in ihr keine Erfolgskontrolle statt.

In der Erziehungswissenschaft ist das Thema Popularisierung von Wissenschaft nur selten aufgegriffen worden. Zwar belegt Heiner Drerup, dass schon in den 1960er Jahren z.B. der Pädagoge Jürgen Henningsen die Zentralität von Popularisierung im wissenschaftlichen Lehrbetrieb festgestellt habe, da sie in allen Lehr- und Lernprozessen eine Rolle spiele; jedoch habe dies nicht dazu geführt, dass sich die Erziehungswissenschaft stärker auf dieses Thema einließ (Drerup 1999, 33). So wurde die pädagogische Debatte über Popularisierung von Wissenschaft bis zu den 1990er Jahren hauptsächlich von Soziologen, Publizisten und Journalisten geführt (ebd.). Gründe für das Meiden dieses Themas sieht Drerup unter anderen darin, dass einerseits Wissenschaftler generell die Verständlichkeit von Wissenschaft für ein nicht-wissenschaftliches Publikum nicht als „Bringschulden" ansähen, sondern als „Holschulden den außerwissenschaftlichen Vermittlern und Letztnutzern als Reproduzenten dieses Wissens überlassen" hätten (ebd., 34). Andererseits habe der sich vollziehende Kurswechsel der Pädagogik zur Erziehungswissenschaft zur Nichtbeachtung von Popularisierung beigetragen: Die Disziplin sei bestrebt gewesen, „die der akademischen Pädagogik nachgesagte Nähe zum ‚bloßen Erfahrungswissen' als Handicap für szientifische Ambitionen" abzustreifen und dadurch „Vorurteilen entgegen zu wirken, wonach das popularisierte Wissen zutreffender als repopularisiertes Wissen zu qualifizieren sei, welches von akademischen Bearbeitern den Altbesitzern zurückgegeben" werde (ebd.). Erst in den 1990er Jahren habe das Thema innerhalb einer Debatte über differente Wissensformen und Nutzungsformen, die diverse Modelle der Verarbeitung wissenschaftlichen Wissens außerhalb der Wissenschaft untersucht und sich mit „generellen Diskussionen neuer Wissensordnungen im Informationszeitalter" verknüpft, auch in der allgemeinpädagogischen Auseinandersetzung wieder an Gewicht gewonnen (ebd., 35). Im Fall der Kinderuni fällt jedoch, wie gezeigt wurde, die Bewertung weiterhin eher skeptisch bis ablehnend aus (vgl. Kap. 1.1).

Jenseits der von Drerup angeführten Gründe für diesen Skeptizismus gibt es noch einen weiteren, der im Zusammenhang mit der Verpflichtung von Wissenschaft auf Wahrheit zu tun hat, und dieser liegt in der Frage, ob es Grenzen der Vermittelbarkeit für wissenschaftliches Wissen gibt und wenn ja, wo diese liegen. Dies berührt unmittelbar unsere Fragestellung, da sie mit entscheidet, ob die Kinderuni ein sinnvolles Experiment darstellt oder nicht. Kann wissenschaftliches Wissen grundsätzlich so vereinfacht werden, dass achtjährige Kinder es verstehen? Oder wird wissenschaftliche Erkenntnis dann so stark kompromittiert, dass das Vermittelte im strengen Sinne nicht mehr der Wahrheit entspricht oder aber so stark an die Alltagswelt der Kinder angelehnt ist, dass Wissenschaft gar nicht mehr im Zentrum der Vorlesungen steht?

4.3 Universalität und Öffentlichkeit von Wissenschaft: Ziele der Popularisierung

Diese Fragen sind eng verknüpft mit einem weiteren wichtigen Charakteristikum von Wissenschaft, wie sie sich in den westlichen Demokratien herausgebildet hat, nämlich ihrer Universalität und Öffentlichkeit. Stichweh spricht in diesem Zusammenhang zum einen von der sachthematischen Universalität von Wissenschaft, was bedeutet, „daß es in der Welt keinen Sachverhalt gibt für den es seiner Natur nach ausgeschlossen wäre, daß sich die Wissenschaft mit diesem Sachverhalt befassen könnte" (Stichweh 2005, 96). Zweitens führt er eine „soziale Universalität der Wissenschaft" an, die darin bestehe, „daß, sofern etwas überhaupt für sich einen Wahrheitsanspruch reklamieren kann, dieser Wahrheitsanspruch für jedes Individuum in der Welt gelten würde" (ebd., 97). Diesen sozialen Universalitätsanspruch bezeichnet Drerup als Kennzeichen von Wissenschaft, in der „universalistische Wahrheitsansprüche mit universalistischen Fortschrittsversprechungen" gekoppelt werden (Drerup 1999, 29). Aus seiner Sicht rückt damit Wissenschaft in die Nähe von religiösen Gemeinschaften oder absolutistischen politischen Systemen mit ihren jeweiligen „Rezepten" für die Erlösung der Menschheit. Universalität wäre damit Ideologie, kein Faktum.

Stichweh sieht die prinzipielle Universalität und Offenheit von Wissenschaft eng verknüpft mit ihrer gesellschaftlichen Öffentlichkeit und dem westlich-demokratischen System. Grundsätzlich sei denkbar, dass Wissenschaft unter dem Prinzip der Geheimhaltung funktioniere; jedoch seien seit dem 17. Jahrhundert solche vorher durchaus vorhandenen Tendenzen nicht mehr feststellbar – somit grenze sich Wissenschaft von Technik ab, die oft der Geheimhaltung und Privatisierung bzw. Patentierung unterliege (Stichweh 2005, 97 f.). Das jahrhundertelange Festhalten an einer Öffentlichkeit von Wissenschaft impliziert für ihn damit auch, dass niemand von ihren Erkenntnissen prinzipiell ausgeschlossen sein darf, und zwar sowohl praktisch als auch ideologisch:

> Die soziale Inklusion ins Wissenschaftssystem leitet sich von der Universalität und der Offenheit der Wissenschaft ab. Wenn Wissenschaft für sich Universalität beanspruchen kann, und dies im Sinn einer Unterstellung der Validität ihrer Wissensansprüche für jedes einzelne Individuum in der Welt, dann folgt daraus mit einer gewissen Zwangsläufigkeit, daß der Zugang zu diesen universellen Wahrheiten keinem der Individuen verwehrt werden sollte, für die man zunächst einmal die Gültigkeit dieser Wahrheiten postuliert. Und wenn zweitens Offenheit und Öffentlichkeit als der einzige Standard fungiert, der sich im Umgang mit wissenschaftlichem Wissen als akzeptabel erweist, sollte auch aus diesem Grund diese öffentliche Zugänglichkeit des Wissens auf ein Publikum von maximaler sozialer Ausdehnung zielen (ebd., 98).

Die Frage, ob damit auch Kinder als ein legitimes Publikum für die Kommunikation wissenschaftlicher Erkenntnis sind, ist damit aber noch nicht geklärt. Zwar ist unstrittig, dass der Universalismus zu den wesentlichen Eigenschaften von Wissenschaft gehört (Merton 1973, 270 ff.), theoretisch also niemand vom Verstehen wissenschaftlicher Erkenntnis ausgeschlossen werden kann. Jedoch beziehen sich Erläuterungen zum Universalismus meistens auf Kommunikationsprozesse von Wissenschaftlern untereinander.

Robert K. Merton beispielsweise thematisiert in seinem Abschnitt über den Universalismus Gesellschaft nur als eher störendes Element der Einflussnahme (ebd.); Niklas Luhmann führt aus, es gebe „keine (oder nur extrem sekundäre) Gründe für das ‚Fernhalten' anderer" und der Appell an Wissenschaftler „sich doch verständlicher auszudrücken und Wissen mehr zu verbreiten", sei berechtigt. „Das Publikum" gehöre aber „nicht zum System" (Luhmann 1992, 626):

> (…) realistischerweise wird man sehr enge Schranken der Verständlichkeit akzeptieren müssen und für Popularisierung, didaktische Aufbereitung, lexikalische Präsentation eine andere Sorte von Literatur schaffen müssen (ebd., 624).

Die Grenze zwischen wissenschaftlichem und popularisiertem Wissen ist aber nicht immer eindeutig, denn auch innerhalb des Wissenschaftssystems gibt es, wie schon erwähnt, Formen der Popularisierung, und zwar nicht nur unter Forscherkollegen unterschiedlicher Disziplinen, sondern auch innerhalb einer Disziplin im Rahmen der Lehre.

Stichweh führt in diesem Zusammenhang an, dass mancher namhafte Wissenschaftler sogar originäre Forschungserkenntnisse in einer eigenen Form von Populärliteratur verbreite, um gesellschaftliche Debatten anzustoßen:

Heutzutage gibt es viele einflußreiche Wissenschaftler, Figuren wie Stephen Jay Gould, Richard Dawkins und Jared Diamond, die ihre intellektuelle Arbeit zu erheblichen Teilen oder sogar ausschließlich auf diese Art allgemeinverständlicher Popularisierung konzentrieren. Die Essays und Bücher, die sie schreiben, schließen interdisziplinäre, pädagogische und politische Absichten in den Akt der Popularisierung ein. Eine interessante Selbstcharakterisierung, die aus dieser Art von wissenschaftlichem Schreiben vor wenigen Jahren hervorgegangen ist, spricht von einer *dritten Kultur* („third culture") als einer eigenständigen öffentlichen und intellektuellen Kultur (Stichweh 2005, 102, Hervorhebung im Original).[55]

Letztlich bestreitet Stichweh aber nicht, dass es Abgrenzungstendenzen der Wissenschaft weiterhin gibt (ebd., 109); das beweist auch der Terminus der „third culture" als einer vom üblichen wissenschaftlichen Kommunikationsstil abgetrennten Form der Kommunikation. Egal ob sich diese der breiten Öffentlichkeit gegenüber öffnet und zunehmend eigene, neue Sprachregelungen erfindet, immer geht es Wissenschaftlern offenbar darum, ihre Deutungshoheit gegenüber Nichtangehörigen des Wissenschaftssystems aufrecht zu erhalten.

Drerup greift genau dieses Problem der Deutungshoheit auf, indem er von einem „Standardmodell der Popularisierung wissenschaftlichen Wissens" (Drerup 1999, 38) spricht. Analog zur „Defizithypothese" (vgl. Kap.1.2) charakterisiert er das Kommunikationsverhältnis zwischen Wissenschaft und Öffentlichkeit als ein hierarchisches, in dem der Wissenschaft ein Machtmonopol zukommt. Zu diesem Standardmodell gehört es, von einem „Begriff des ‚reinen, genuinen wissenschaftlichen Wissens' als Kontrastbegriff zu dem des popularisierten Wissens" (ebd., 39) auszugehen und so aus Sicht der Wissenschaft eine Art „gold standard" zu etablieren, in der die Frage nach der Relativität und Geltung wissenschaftlichen Wissens von „außen" nicht mehr gestellt werden kann (ebd., 41). Sichtbar wird dies aus seiner Sicht auch an der Diskussion um den Begriff der Scientific Literacy, die über das Modell eines faktisch unerreichbaren Ideals nicht hinausgeht (ebd., 42; vgl. Kap. 2.3).

Drerup sieht es als sinnvoller an, in der Kommunikation von Wissenschaft und Öffentlichkeit auch die Adressatenperspektive einzunehmen und sich zu fragen, „Was möchten Leute in spezifischen Situationen von der Wissenschaft wissen?" (ebd., 43) und dieses Interesse als legitim anzuerkennen. Als populistische Irrwege kennzeichnet er jedoch die meisten Bemühungen, wissenschaftliche Erkenntnisse in den öffentlichen Diskurs einzubringen: Die Massenmedien neigten zur moralischen Zuspitzung und zu „deterministischen Kausalmodellen" (ebd.), soziale Bewegungen zu „symptomatische[n] Fehlschlüsse[n] zeitdiagnostischer Tendenzanalysen" (ebd., 44), und Public Relations und Social Marketing

---

[55] Stichweh bezieht sich hier auf Brockman (1995). Die „dritte Kultur" spielt an auf die Überwindung der von Snow (1960) festgestellten Kluft zwischen Naturwissenschaftlern und Literaten bzw. Geisteswissenschaftlern.

von Industrieunternehmen setzten wissenschaftliche Studien im eigenen Auftrag als Instrumente für die Vermarktung ihrer Produkte ein (ebd., 45).

Die Lösung liegt für ihn in einem Popularisierungsverständnis, „das sowohl wissenschaftsinterne und –externe Prozesse als Popularisierungsprozesse wahrzunehmen erlaubt" (ebd., 46). Daher gelte es auch, eine Revision der „Verlautbarungsperspektive, aus der heraus Popularisierungsprobleme diskutiert werden" vorzunehmen, in der sowohl die Konsumentenperspektive wie auch die Medien, beteiligte Professionen, soziale Bewegungen wie Interessenorganisationen einer Gesellschaft berücksichtigt werden (ebd.). Wie dies jedoch von statten gehen soll und wie gelungene Popularisierung wissenschaftlichen Wissens aussehen könnte, dazu liefert Drerup keine Ansatzpunkte oder Kriterien. Er lenkt aber die Aufmerksamkeit auf die Voraussetzungen für ein harmonisches Verhältnis von Wissenschaft und Öffentlichkeit, das die Grundlage dafür darstellt, was als legitimes Interesse beider Bereiche gelten kann.

Wenn ein Kompromiss zwischen der Wahrheit und der mit wissenschaftlichem Arbeiten verbundenen Methodengehalt von Wissenschaft einerseits und den Interessen der Öffentlichkeit, die sich – situations- oder themenspezifisch – in verschiedene Öffentlichkeiten bzw. Interessengruppen aufteilt, gefunden werden soll, hilft ein Blick auf verschiedene aktuelle Auffassungen darüber, was Wissenschaft und was wissenschaftlich Tätige in der und für die Gesellschaft leisten sollen und welches Kommunikationsverhältnis aus diesen Einschätzungen hervorgeht.

4.4 Das Konzept der Autonomie

Ob Wissenschaft ein autonomes System innerhalb der Gesellschaft ist oder vorrangig bestimmte gesellschaftliche Funktionen erfüllt, ist schon seit der Entstehung der ersten europäischen Universitäten im Mittelalter keine leicht zu beantwortende Frage.

Der Historiker Walter Rüegg kommt nach seiner Analyse kontroverser Deutungen zu dem Schluss, „daß die Universität weder als ein über der Gesellschaft schwebendes Wolkenkuckucksheim noch als Überbau der gesellschaftlichen Produktivkräfte entstand" und sich Universität und gesellschaftliche Umwelt gegenseitig bedingen und wechselseitig interagieren (Rüegg 1993, 29). Welches dabei die entscheidenden Faktoren für die Herausbildung der Universität als handlungsfähige Korporation waren, der *amor sciendi* oder die handfesten Interessen von Fürsten, Päpsten und Städten, kann laut Rüegg aber von der Geschichtsforschung noch nicht beantwortet werden (ebd., 30). Jedoch macht er die Durchsetzung des „Lehren[s] und Lernen[s] rationaler Wahrheitssuche" dafür verantwortlich, dass die Universität auch ihre gesellschaftliche Rolle, beispielsweise als Ausbilderin der gesellschaftlichen Elite, erfüllen konnte und die Institution über so viele Jahrhunderte stabil blieb (ebd., 38 f.). Er kommt daher zu dem Schluss, dass die grundlegende Struktur der Universität die „des berühmt-berüchtigten Elfenbeinturms" und „ihre manifeste Funktion der aristotelische *bios theoretikos*, die wissenschaftliche Bildung um ihrer selbst willen" sei (ebd., 39).

Ähnlich resümieren es auch Peter Weingart, Martin Carrier und Wolfgang Krohn in ihrem historischen Überblick über die Entwicklung des Verhältnisses zwischen Wissenschaft und Gesellschaft. Zwar stellen sie, ausgehend von ihrem breiteren Fokus, der über die Institution Universität hinausreicht, fest, dass es seit der Entfaltung der Naturwissenschaften im 17. Jahrhundert eine Verschiebung in der Zielsetzung von Wissenschaft gegeben habe: So habe sich das „Leitmotiv der Wissenschaftlichen Revolution" von einer Bewahrung gesicherten Wissens verändert zu einem „bewusste[n] Streben nach Innovationen und damit [zu einer] Verbindung von *Neuartigkeit* und *Nützlichkeit* des Wissens" (Weingart/Carrier/Krohn 2007, 16; Hervorhebung im Original), das auch einherging mit einem „Bewusstsein von epistemischen, technischem und gesellschaftlichem Fortschritt" (ebd.). Jedoch beruhten auch diese neuen Anwendungs- und Nützlichkeitserwägungen von Wissenschaft auf der Idee eines Zusatzes oder Nebenproduktes einer hauptsächlich auf Erkenntnis orientierten Tätigkeit. Dabei beziehen sich die Autoren auf das sogenannte „Kaskadenmodell" von Francis Bacon aus seinem Werk „Novum Organon" (1620), nach dem die Wissenschaft, um praktischen Nutzen zu erreichen, diesen nicht direkt anstreben darf:

> Der richtige Weg zur Mehrung des Nutzens führt über die Erkenntnis der Ursachen und Naturgesetze; den Frucht bringenden Versuchen müssen die Licht bringenden vorausgehen. Erst die Erforschung der Grundsätze bringt dasjenige tiefer gehende Verständnis hervor, das für die Entwicklung innovativer Technologien unerlässlich ist (…). Das Kaskadenmodell hat die Vorstellung des Verhältnisses von Wissenschaft und Technik über Jahrhunderte hinweg und zum Teil bis zum heutigen Tag geprägt. Danach erwächst technischer Fortschritt aus den Ergebnissen der Grundlagenforschung (Weingart/Carrier/Krohn 2007, 17).[56]

Erst im 19. Jahrhundert bildeten sich nach Weingart, Carrier und Krohn echte angewandte Wissenschaftszweige heraus, wie z.B. die Elektrotechnik, die die theoretischen Einsichten erfolgreich für praktische Eingriffe zu nutzen verstand

---

[56] Wie aus den Ausführungen von Weingart, Carrier, Krohn und anderer Wissenschaftstheoretiker (z.B. Benoît 2006; Stokes 1997; Bush 1945) hervorgeht, ist die Debatte um Autonomie oder Anwendungsorientierung von Wissenschaft stark durch die naturwissenschaftliche Perspektive geprägt. Ob und wie dieses Modell auch auf die Geisteswissenschaften übertragbar, also repräsentativ für Wissenschaft schlechthin ist, ist bisher nicht systematisch erforscht. Es lässt sich in den Geisteswissenschaften jedenfalls nur selten ein Zusammenhang zwischen Theorie, Hypothesen und experimenteller Überprüfung feststellen, so wie er in den Naturwissenschaften üblich ist.

(ebd., 25). Insgesamt aber konstatieren die Autoren die wiederholte Überforderung der Wissenschaften durch die Erwartung der Gesellschaft auf möglichst umstandslose Anwendung von Erkenntnissen (ebd., 24 ff.).[57]

Diese Position bekräftigt die Sichtweise einer Deutungshoheit der Wissenschaft über ihre Inhalte und Ziele, so wie sie zu Anfang des 19. Jahrhunderts von Wilhelm von Humboldt postuliert wurde:

> Denn sowie diese rein dasteht, wird sie von selbst und im Ganzen (...) richtig ergriffen. Da diese Anstalten ihren Zweck indess nur erreichen können, wenn jede, soviel als immer möglich, der reinen Idee der Wissenschaft gegenübersteht, so sind Einsamkeit und Freiheit die in ihrem Kreise vorwaltenden Principien (von Humboldt 1964 [1810], 255).

Gesellschaftliche bzw. staatliche Einflüsse sieht Humboldt als unnötig und eher schädlich an:

> Er [der Staat] muss sich immer bewusst bleiben, dass er (...) vielmehr hinderlich ist, sobald er sich hineinmischt, dass die Sache ohne ihn unendlich besser gehen würde (...) (ebd., 257).

Wie hier an der Vorstellung aktueller Positionen zum Verhältnis Wissenschaft und Gesellschaft gezeigt werden konnte, ist Humboldts Sicht, obwohl sie in dieser reinen Form nie in die Praxis umgesetzt wurde (Lenhardt 2005; Rüegg 2004, 19), als regulative Idee bis heute gültig (Rüegg 2004, 19; vgl. auch Stichweh 1994).

Zur Vorstellung einer Autonomie von Wissenschaft gehört noch ein weiterer Aspekt, der im Folgenden eine wichtige Rolle spielen wird, nämlich ihre postulierte Unabhängigkeit von gesellschaftlichen Normen und Werten. Dieser Gedanke ergibt sich schon aus der strikten Trennung Humboldts zwischen Wissenschaft und Gesellschaft bzw. Staat. Auch ist er es, der aus dieser Trennung eine moralische Qualität der Wissenschaft ableitet, und zwar dergestalt, dass die höheren wissenschaftlichen Anstalten als „Gipfel, in dem alles, was unmittelbar für die moralische Cultur der Nation geschieht, zusammenkommt" (Humboldt 1964 [1810], 255). Wissenschaft bildet laut Humboldt den Charakter, absichtslos und individuell, durch die Beschäftigung mit und durch die Suche nach Wahrheit:

---

[57] Auch die Definition von „angewandter Wissenschaft" stützt sich bei Weingart, Carrier und Krohn ausschließlich auf die Naturwissenschaften und lässt dabei außer Acht, dass historisch ältere Disziplinen wie Medizin, Jura oder Theologie immer schon den Doppelstatus von Grundlagenforschung und Anwendung beinhalteten (vgl. Bora/Kaldewey 2012,16.).

Sobald man aufhört, eigentlich Wissenschaft zu suchen, oder sich einbildet, sie brauche nicht aus der Tiefe des Geistes heraus geschaffen, sondern könne durch Sammeln extensiv aneinandergereiht werden, so ist Alles unwiederbringlich und auf ewig verloren; verloren für die Wissenschaft, die, wenn dies lange fortgesetzt wird, dergestalt entflieht, dass sie selbst die Sprache wie eine leere Hülse zurücklässt, und verloren für den Staat. Denn nur die Wissenschaft, die aus dem Inneren stammt und in's Innere gepflanzt werden kann, bildet auch den Charakter um, und dem Staat ist es ebenso wenig als der Menschheit um Wissen und Reden, sondern um Charakter und Handeln zu thun (ebd., 257 f.).

Somit entwirft er Gesellschaft und Wissenschaft als geteilte Welten, in der diese Trennung sich als Gewinn für beide herausstellt: Die „praktische Bedeutung der Wissenschaft", so deutet Dietrich Benner diese Stelle in Humboldts Ausführungen, bestehe darin „daß [Humboldt] keinerlei das Denken und Handeln normierende Instanz zuließ" (Benner 1990, 209). Nur so sei zu erreichen, „wissenschaftlich ausgebildete Nationalbürger zu bilden, die sich gleichermaßen durch fachwissenschaftliche, philosophische und moralisch-politische Urteils- und Handlungskompetenz auszeichnen" (ebd.).

Diese Verschränkung von Wissenschaft und Bildung sieht auch Clemens Menze als konstitutiv für Humboldts Auffassung: Ausschlaggebend sei, was den Wissenschaften

an Menschlichkeit abzugewinnen ist, ob und wie sie auf den Geist als Mittelpunkt des Menschen anregend zurückwirken, in seine Sinnesart und Denkweise übergehen, zur Förderung seiner Menschheit und damit zur Entfaltung seiner Bildung beitragen (Menze 1989, 263),

die wesentlich auf dem Freiheitsgedanken beruht.

Dieses Humboldt'sche Argument beweist seine Gültigkeit bis heute, wenn auch in unterschiedlicher Ausprägung. So argumentiert Ladenthin 2011, Wissenschaft sei „in dem Sinne amoralisch, als die Vermehrung von Wissen nicht zwingend zu einer Vermehrung von Moralität und Humanität führt" (Ladenthin 2011b, 101), und folgert daraus in der Umkehrung: „Gerade weil der Wissenserwerb nicht an moralische Interessen der jeweiligen Gesellschaft gebunden ist können soziale Tabus gebrochen, tradierte Vorurteile widerlegt, neue Bereiche entdeckt werden" (ebd., 102). Wissenschaft ist in diesem Verständnis also nicht dazu da, gesellschaftliche Problemstellungen zu bearbeiten und etwa an Lösungen zu arbeiten, seien diese durch die Politik zweckgebunden oder nicht. Daher müssen und können sich die Wissenschaften nicht gesellschaftlich positionieren und sind in ihrem Ethos einzig der Wahrheit verpflichtet. Ladenthin trennt methodisch zwischen Wissenschaft, Technik und Sittlichkeit (ebd., 105 f). Moralische Urteilsfähigkeit ist laut Ladenthin in diesem Sinne kein Ergebnis von Wissenschaft, sondern ein Ergebnis von Bildung:

So bleibt festzuhalten, dass Bildung nicht schon durch Wissenschaft erreicht werden kann, wie andererseits Bildung nicht ohne Wissenschaft möglich ist (ebd., 120).

4.4.1 Derrida: Die Unbedingte Universität

Trotz und gerade wegen ihrer prinzipiellen Unabhängigkeit hat Wissenschaft, ganz besonders in ihrer Institutionalisierung als Universität, eine wichtige Funktion für die Gesellschaft. Diese liegt in der Verknüpfung der Universität mit der Öffentlichkeit (vgl. hier auch schon Kant 1798 in seiner Schrift „Streit der Fakultäten", in Bezug auf Philosophie). Auf diese weist die eingangs zitierte allgemeine Definition von Wissenschaft hin. Jacques Derrida erneuert die damit verbundene Sichtweise von Wissenschaft und Universität in seiner Schrift „Die unbedingte Universität", indem er die Humboldt'sche Idee der Universität weiterentwickelt und aktualisiert. Auch er ist für die prinzipielle Unabhängigkeit der Universität, jedoch weist er ihr eine deutlich aktivere Rolle im gesellschaftlichen Gesamtzusammenhang zu.

In Humboldts Vorstellung existieren Wissenschaft und Gesellschaft nebeneinander ohne direkte Berührungspunkte; wissenschaftliche Tätigkeit ist Ausdruck eines natürlichen Bedürfnisses von Menschen, das einen Nährboden für die Gesellschaft bildet, und zwar in den Sinne wie auch die Befriedigung von materiellen Bedürfnissen wie Essen oder Schlafen Voraussetzung für gelingendes menschliches Zusammenleben ist:

> Was man daher höhere wissenschaftliche Anstalten nennt ist, von aller Form im Staate losgemacht, nichts Anderes als das geistige Leben der Menschen, die äussere Musse oder inneres Streben zur Wissenschaft und Forschung hinführt. Auch so würde Einer für sich grübeln und sammeln, ein anderer sich mit Männern gleichen Alters verbinden, ein Dritter einen Kreis von Jüngern um sich versammeln. Diesem Bilde muss auch der Staat treu bleiben, wenn er das *in sich unbestimmte und gewissermaßen zufällige Wirken* in eine festere Form zusammenfassen will (Humboldt 1964 [1820], 256, eigene Hervorhebung S.K.).

Derrida macht nun dieses weitgehend unverbundene Nebeneinander von Wissenschaft und Gesellschaft zu einer bewussten Opposition. Wissenschaft ist nicht mehr ein natürliches, organisches und unbestimmtes menschliches Wirken, sondern erfüllt eine wichtige und bewusst gestaltete gesellschaftliche Aufgabe:

> Die Universität macht die Wahrheit *zum Beruf* – und sie *bekennt* sich *zur* Wahrheit, sie legt ein Wahrheits*gelübde* ab. Sie erklärt und gelobt öffentlich, ihrer uneingeschränkten Verpflichtung gegenüber der Wahrheit nachzukommen (Derrida 2001, 10, Hervorhebung im Original).

Geht es bei Humboldt also darum, das ohnehin Existierende in seiner Eigenheit zu fördern („Auch so würde Einer für sich grübeln und sammeln"), ist es Derridas Anliegen deutlich zu machen, dass die Institutionalisierung von Wissenschaft in der Universität gleichzeitig beinhaltet, gesellschaftlich relevant zu werden: Wahrheit wird zum Beruf, erfüllt damit eine öffentliche Funktion und eine moralische Verpflichtung. Die in der Universität institutionalisierte Wissenschaft wird also zum „Ort einer unbedingten und voraussetzungslosen Erörterung all dieser Probleme, der rechtmäßige Raum ihrer Aus- und Umarbeitung" (ebd., 11). Wissenschaft, und insbesondere die Geisteswissenschaften, garantiert einen „öffentlichen Raum", in dem die „Frage des Menschen, des dem Menschen Eigenen, des Menschenrechts, des Verbrechens gegen die Menschlichkeit", also auch grundlegende Probleme des menschlichen Zusammenlebens, ergebnisoffen diskutiert werden sollen (ebd.). Die Universität wiederum garantiert mit ihrer Institutionalisierung den offenen und „bestmöglichen Zugang" zu dieser Reflexion (ebd., 12).

Diese soll aber kein neutraler Ort, sondern „ein Ort letzten kritischen (…) Widerstands gegen alle dogmatischen und ungerechtfertigten Versuche sein, sich ihrer zu bemächtigen" (ebd.). Dies bedeute, dass die Universität in Opposition zur Gesellschaft stehen kann und auch soll:

> Aus dieser These folgt, daß dieser unbedingte Widerstand die Universität zu einer ganzen Reihe von Mächten in Opposition bringen könnte: Zur Staatsmacht […], zu ökonomischen Mächten (…), zu medialen, ideologischen, religiösen und kulturellen Mächten etc., kurzum: zu allen Mächten, welche die kommende und im Kommen bleibende Demokratie einschränken (ebd., 14).

Im gesellschaftlichen Machtgefüge ist die Universität also ein Ort zur Verteidigung der Demokratie als einer auf Freiheit gegründeten Staatsform, und zwar insofern, als hier „nichts außer Frage steht" und in ihr das Recht verwirklicht wird, „alles zu sagen, sei es auch im Zeichen der Fiktion und der Erprobung des Wissens; und das Recht, es öffentlich zu sagen, es zu veröffentlichen" (ebd.). Dies ist eine wichtige Ergänzung, weil Derrida sich damit nicht auf die Geschichte der Universität seit ihrer Gründung, sondern explizit auf ihre moderne Form und Zielsetzung seit Beginn des 19. Jahrhunderts und ganz konkret auch auf ihre gegenwärtige Rolle in einer globalisierten Welt bezieht (ebd., 52 ff.). Gleichermaßen rekurriert Derrida auf die ebenso für die Demokratie grundlegende Gleichheit, wenn er ausführt, dass das Recht einer absoluten Freiheit des Denkens und Sagens sich nicht nur in der Isolation der Institution Universität verwirklichen, sondern auch auf andere gesellschaftliche Foren erstrecken soll: Wissenschaft, und speziell die Geisteswissenschaften, sollen sich nicht „einmauern", sondern ganz im Gegenteil den bestmöglichen Zugang zu einem neuen öffentlichen Raum (…) eröffnen, der von neuen Techniken der Kommunikation, der Information, der Aufzeichnung und Erzeugung von Wissen transformiert wird (ebd., 12).

Diese öffentliche Rolle der Institution Universität deckt sich nach Derrida nicht mit Wissenschaft im Allgemeinen. Er unterscheidet die Universität explizit von anderen Forschungseinrichtungen, die zweckgebunden sind an außerhalb der Wissenschaft stehende Interessen (ebd., 16 f.). Nur diese kann überhaupt ein Gegengewicht zu staatlichen, politischen und ökonomischen Mächten sein. Derrida räumt ein, dass es eine Unabhängigkeit der Universität de facto nicht gibt („Sosehr diese Unbedingtheit prinzipiell und *de jure* die unüberwindbare Kraft der Universität ausmacht, so wenig war sie jemals Wirklichkeit", ebd., 16), jedoch muss diese Unabhängigkeit so weit wie möglich verteidigt und bewahrt werden („Und dennoch halte ich fest an der Idee, dieser Raum akademischen Typs müsse durch eine Art absoluter Immunität symbolisch geschützt werden"; ebd., 45).

Hier unterscheidet Derrida die als „klassisch" bezeichnete Konzeption von Universität, so wie sie z.B. von Humboldt entworfen wurde, mit ihrer aktualisierten Form als Ort des Widerstandes, und erläutert dies am Beispiel der Geisteswissenschaften („Humanities"). Aufgabe der Geisteswissenschaften sei es traditionell, „ihrer überkommenen Definition gemäß", sich dem „Studium, dem *Wissen*, der Erkenntnis jener normativen, präskriptiven, performativen Möglichkeiten, die (…) Gegenstand der Humanities sind" (ebd., 42), zu widmen, und zwar sind dies die „Inhalte, Gegenstände und Themen der jeweils gewonnenen und gelehrten Erkenntnisse philosophischer, moralischer, politischer, historischer, linguistischer, ästhetischer, anthropologischer, kultureller Natur", in denen „Wertungen, Normativität, und eine präskriptive Erfahrung zulässig und bisweilen konstitutiv sind" (ebd., 43). Diese Beschäftigung mit den Gegenständen soll neutral und theoretisch sein, denn darin liege ihr widerständiges Potenzial (ebd., 42 f.).

Jedoch reicht Derrida die klassische Auffassung von Wissenschaft in den Humanities nicht vollständig aus: Es bestehe die Gefahr, dass sich die Wissenschaft so sehr von der Welt abkoppele, dass die in ihr gewonnenen Erkenntnisse nur noch deskriptiv als gesichertes Wissen weitergegeben und nicht mehr als Ort des Möglichen verstanden würden, an dem neue und widerständige Perspektiven auf Welt und Gesellschaft entworfen werden könnten.[58] Eine nur „wissensorien-

---

[58] Diese Gefahr der traditionellen Auffassung von Wissenschaft und Universität entwickelt Derrida unter Rückgriff auf Kants „Streit der Fakultäten", der Philosophie, und mithin den Geisteswissenschaften, die Funktion einer Propädeutik zuschreibt, die „vorbereiten ohne vorzuschreiben" und nur „Kenntnisse" bieten, „die zudem ,Vorkenntnisse' bleiben": „Darin spricht sich ein kantischer Theoretizismus, aber auch Humanismus aus, der mit einer Privilegierung der Form ,Wissen' einhergeht (…). Die Möglichkeit zur Hervorbringung von Werken, ja zu präskriptiven oder performativen

tierte", auf Forschung sich konzentrierende Wissenschaft mit dem Idealbild des wissenschaftlich Tätigen als neutralem Experten kann also dazu führen, dass der Raum der Diskussion nachhaltig eingeschränkt wird, die Gegenstände ihrer impliziten normativen Kraft entkleidet und nur noch unter dem Aspekt der Nutzbarkeit in die Gesellschaft transferiert werden (Ode 2006, 188 f.).

Daher muss das klassische Modell der Universität, so einleuchtend Theoretizismus und Neutralität sein mögen, gewandelt werden, indem die Wissenschaft – und vorrangig die Humanities – aktuelle gesellschaftliche Entwicklungen und die Fundamente gesellschaftlichen Lebens beleuchten und bewerten: „Diese neuen Humanities müßten sich der Geschichte des Menschen widmen, der Idee des Menschen, der Figur des Menschen und des ‚dem Menschen Eigenen'", und hierbei denkt Derrida an konkrete gesellschaftliche Errungenschaften, wie eine Analyse der Geschichte der Menschenrechte, der Geschichte des Begriffs „Verbrechen gegen die Menschlichkeit", der Geschichte der Demokratie und ihrer rechtlichen Grundlagen (ebd., 67 f.). Er bindet diese Aufgabe an die Rolle des Professors, der es in der Ausübung seines Berufes schaffen soll, mithilfe seines theoretischen Werkzeugs und seinem Expertenwissen die Universität zum Ort der vorurteilsfreien Reflexion aktueller gesellschaftlicher Problemlagen zu machen. So schreibt Erik Ode in seiner detaillierten Analyse der „Unbedingten Universität":

> Die Frage nach dem Verbleib jener Stimmen der Philosophen, Anthropologen, Pädagogen usw., die in den Universitäten tätig sind, in Zeiten radikaler Umbrüche und zweifelhafter Zukunftsperspektiven des Menschen und der Welt, schwingt in Derridas Universitätsentwurf unverkennbar mit und kann als einer der zentralen Aspekte festgehalten werden (Ode 2006, 193 f.).

Aus dem Vorangegangenen dürfte deutlich geworden sein, dass Wissenschaftler in der Kommunikation mit der Öffentlichkeit eine zentrale Rolle einnehmen. Derrida macht das Gelingen des Unternehmens Wissenschaft als kritische gesellschaftliche Instanz besonders an der Figur des Professors fest. Dass er nicht die Rolle des Wissenschaftlers im Allgemeinen, sondern speziell die des Professors als Angehörigem der Institution Universität anspricht, ist kein Zufall, da nur hier die öffentliche Funktion von Wissenschaft in den Vordergrund tritt: „Das Recht, alles zu sagen, sei es auch im Zeichen der Fiktion und Erprobung des Wissens; und das Recht, es öffentlich zu sagen, es zu veröffentlichen. Dieser Bezug auf den öffentlichen Raum ist es, wodurch die neuen Humanities der Epoche der Aufklärung verpflichtet bleiben werden" (Derrida 2001, 14 f.). Derrida leitet die Aufgabe und das Ethos des Professors etymologisch her:

Äußerungen im allgemeinen wird einem Professor von diesem Theoretizismus verwehrt oder zumindest beschnitten" (Derrida 2001, 44).

Professer, das heißt ein Unterpfand hinterlegen, indem man für etwas einsteht und sich dafür verbürgt. *Faire profession de* – sich zu etwas bekennen oder etwas zum Beruf machen – , das heißt mit erhobener Stimme erklären, wer man ist, indem man den anderen bittet, dieser Erklärung aufs Wort zu glauben" (ebd., 34 f.). Und weiter: *„Philosophiam profiteri* bedeutet nicht einfach, daß man Philosoph ist, auf eine der Sache angemessene Weise Philosophie treibt oder lehrt, sondern daß man sich durch ein öffentliches Versprechen dazu verpflichtet, sich öffentlich der Philosophie zu widmen, sich ihr hinzugeben, sich zu ihr zu bekennen, für sie Zeugnis abzulegen, ja sich für sie zu schlagen (ebd., 35).

Demnach ist also die öffentliche Vorlesung bzw. Lehre wesentlicher Teil des Berufsbildes eines Professors oder desjenigen, der oder die an der Universität arbeitet (im Gegensatz zum Forschenden an außeruniversitären Einrichtungen). Wissenschaft und Universität sollen weder der Logik des Nützlichen gehorchen noch eine objektive, unveränderliche Wahrheit verkünden. Stattdessen sollen sie Wahrheiten permanent in Frage stellen. Das heißt jedoch nicht, dass der Professor der Wahrheit abschwören soll, im Gegenteil: „Die Universität macht Wahrheit *zum Beruf* – und *sie bekennt sich* zur Wahrheit, sie legt ein Wahrheits*gelübde* ab" (ebd., 10, Hervorhebung im Original). Es gehe also darum, „den Streit *um* jene Wahrheit konsequent aufrecht zu erhalten" (Ode 2006, 53; Hervorhebung im Original). Freiheit der Wissenschaft und des wissenschaftlich Tätigen bestehe wesentlich in der – durch wissenschaftliche Methoden abgesicherten und objektivierten – freien Meinungsäußerung, worin sich auch ihr Bezug zur Demokratie äußere. Diese finde statt in der Forschung und Lehre als performativen Akten:

Einen Lehrberuf ausüben oder Professor sein, das hieß in dieser Tradition – und sie ist es, die in einer tiefgreifenden Wandlung begriffen ist – zweifellos nicht allein, Wissen zu vermehren und zu vermitteln, sondern lehrend zugleich öffentlich sich zu diesem Lehrberuf zu bekennen, das heißt zu versprechen, eine Verantwortung zu übernehmen, die im Akt des Wissens oder Lehrens nicht aufgeht (Derrida 2001, 40).

In einem etymologischen Rückgriff insbesondere auf die französische und englische Verwendung des Wortes „professer" bzw. „to profess", in dem das „öffentliche Erklären" und ebenso das „Gelöbnis, ein Glaubensschwur, ein Eid, eine Bezeugung, eine Bekundung, eine Beglaubigung, ein Versprechen" (ebd., 34) wesentlich seien, also eine „Verpflichtung" gegenüber der Öffentlichkeit umfasse, „für etwas ein[zu]steh[en]" (ebd.), stärkt Derrida die öffentliche Rolle des Professors und weist ihm eine gesellschaftliche Funktion zu. Wenn auch die Wissenschaft ihre Kraft aus dem Theoretischen und Konstativen gewinne, also aus dem Abstand zu ihrem Gegenstand und den gesellschaftlichen Zusammenhängen, ist die Verbreitung ihrer Erkenntnisse ein performativer Akt, ein Akt des „Sich-Einmischens" in gesellschaftliche Realität.

4.4.2 Diskussion

Das Thema, ob Wissenschaftler als Lehrende an einer Universität gesellschaftlichen Einfluss nehmen sollen oder nicht, ist kontrovers diskutiert worden. Ausgehend von der Humboldt'schen Idee des Abstandes der akademischen Welt von ihrer Umwelt vertritt auch hundert Jahre später Max Weber noch die Ansicht, Professoren sollten nicht explizit Stellung beziehen zu aktuellen gesellschaftlichen Fragen, schon gar nicht zu überzeugen versuchen. Der Wissenschaftler sei ein „Lehrer" und kein „Führer" (Weber 2011 [1919], 29). Weber unterscheidet zwischen wissenschaftlicher Methode einerseits und Moral andererseits; Wissenschaft biete Rationalität, Religion biete Sinnstiftung und Glaube; da beides miteinander nicht vereinbar sei, könne Wissenschaft keine gesellschaftlichen Probleme lösen:

> Die Unmöglichkeit ‚wissenschaftlicher' Vertretung von praktischen Stellungnahmen – außer im Falle der Erörterung der Mittel für einen als fest *gegeben* vorausgesetzten Zweck – folgt aus weit tiefer liegenden Gründen. Sie ist prinzipiell deshalb sinnlos, weil die verschiedenen Wertordnungen der Welt in unlöslichem Kampf untereinander stehen (ebd., 26).

Er lehnt daher die moralische Rolle des Hochschullehrers ab:

> Und jedenfalls sind es nicht die Qualitäten, die jemand zu einem ausgezeichneten Gelehrten und akademischen Lehrer machen, die ihm zum Führer auf dem Gebiet der praktischen Lebensorientierung oder, spezieller, der Politik machen (ebd., 29).

Und weiter:

> Und fühlt er sich zum Eingreifen in die Kämpfe der Weltanschauungen und Parteimeinungen berufen, so möge er das draußen auf dem Markte des Lebens tun: in der Presse, in Versammlungen, in Vereinen, wo immer er will (ebd., 30).[59]

Wissenschaft liefere „Methoden des Denkens, das Handwerkszeug, und die Schulung dazu" (ebd.). Grundsätzlich streitet Weber aber nicht ab, dass Wissenschaftler eine öffentliche Rolle einnehmen sollen und können. Er trennt dies aber von der Berufsausübung im Hörsaal, die er durchaus als zentral ansieht. Zweifelnd und spöttisch äußert er sich über die Naturwissenschaftler, die tatsächlich glaubten, dass ihre Erkenntnisse den Sinn der Welt enthüllen könnten (ebd.,

---

[59] Dies ist eine interessante Parallele zu Kants Aufsatz „Was ist Aufklärung?", der dann allerdings vom „Privatgebrauch" der Vernunft spricht.

20).[60] Die Sinnfrage zu klären sei demnach nicht die Aufgabe des Wissenschaftlers.

Diese Position ist auch weitere sechs Jahrzehnte noch aktuell, was die Stellungnahme des Wissenschaftlers und Politikers Hermann Lübbe 1985 zu diesem Thema beweist. Lübbe weist Wissenschaftlern eine politische Verantwortung gegenüber der Politik zu (Lübbe 1985, 61), aber es schade dem Ruf des Wissenschaftlers, sich an konkreten politischen Initiativen zu beteiligen („Die Schädigung des Ansehens der Wissenschaft durch parasitäre Nutzung dieses Ansehens für beliebige politische Zwecke ist (…) verantwortungslos", ebd., 63). Klarer noch als Weber unterscheidet er aber zwischen öffentlichen Äußerungen von Wissenschaftlern mit und ohne Zusammenhang zur Forschung, die er oder sie vertritt. So ist es für ihn unzulässig, wenn beispielsweise eine Politologin sich mit der Autorität ihres Amtes und dem gesellschaftlichen Status als Wissenschaftlerin für den Umweltschutz einsetzt, von dem sie fachlich nicht mehr versteht als jeder andere Bürger. Klimaforscher sollen und können sich jedoch zu den Sachfragen öffentlich äußern, die in ihrem Fachgebiet Grundlage politischer Entscheidungen bilden, und etwa in Gesetzen zum Umweltschutz einfließen. Dabei handele es sich um Fälle,

> in denen in politischen Handlungs- und Entscheidungszusammenhängen von Annahmen über das, was der Fall sei, ausgegangen wird, in bezug auf die der Wissenschaftler kraft seiner Spezialkompetenz für fachspezifische Einsichten in das, was der Fall ist, für sich in Anspruch nehmen darf, es besser zu wissen oder sogar, in Extremfällen, jener Fachkommunität anzugehören, die einzig es wissen kann (ebd.).

Dies unterscheidet sich jedoch von Derridas Anliegen einer Wissenschaft als Dekonstruktion, also des ständigen Infrage Stellens, die er besonders den Geisteswissenschaften zuteilt. Die Vorstellung Webers und Lübbes ist die eines Wissenschaftlers, der Sachfragen neutral beantwortet und nicht politische Meinungsbildung, auch nicht über sein Fachgebiet, aktiv betreibt. Dies erscheint bei Lübbe auch gar nicht nötig, denn er geht davon aus, dass Wissenschaftler selbstverständlich nach allgemein bekannten moralischen Grundsätzen handeln: So seien es

> Normen vom Charakter moralischer, übrigens auch rechtlicher Selbstverständlichkeit, die hier die Forschung und die Praxis öffentlicher Bekanntgabe ihrer Ergebnisse leiten und damit den Forscher eine bis in den politischen Lebenszusammenhang hineinreichende Verantwortung wahrnehmen lassen (ebd., 64).

---

[60] „Wer – außer einigen großen Kindern, wie sie sich gerade in den Naturwissenschaften finden – glaubt heute noch, daß Erkenntnisse der Astronomie oder der Biologie oder der Physik oder der Chemie uns etwas über den *Sinn* der Welt, ja auch nur etwas darüber lehren könnten: auf welchem Weg man einen solchen ‚Sinn' – wenn es ihn gibt – auf die Spur kommen könnte?" (Weber 2011 [1919], 20)

Vor diesem Hintergrund erscheint es nicht nötig, dass Wissenschaftler über grundsätzliche Sinnfragen menschlichen Daseins und ihre aktuelle gesellschaftliche Ausgestaltung nachdenken. Ihr Geschäft, und es ist wichtig zu betonen, dass Lübbe hier von Naturwissenschaftlern spricht, ist die Wahrheit, die sich unabhängig von gesellschaftlichen Zuständen herausfinden lässt. Unberücksichtigt bleiben bei Lübbe allerdings die Wissenschaftler in ihrer Funktion als akademische Lehrpersonen.

Im Gegensatz dazu vertritt Max Horkheimer, ausgehend von den Prinzipien Webers, dass es die Pflicht des Hochschullehrers sei, das kritische, rationale Denken zu schulen, die gegenteilige Meinung: In seiner Rede zu Fragen des Hochschulunterrichts legt er dar, dass das kritische Denken auf Gesamtzusammenhänge des Lebens und der Gesellschaft angewendet werden solle („die Zusammenhänge, mit denen sie sich beschäftigen, auf ihre eigene Stimmigkeit oder Unstimmigkeit abzuklopfen", Horkheimer 1953, 39):

> Es ist unsere Pflicht als Lehrer, unermüdlich so lange auf der Erkenntnis zu insistieren, bis sie die Blindheit des je Einzelnen sprengt und den Gedanken auf die Veränderung des ganzen Zustandes lenkt. Für dieses Verhalten weiß ich keinen anderen Namen als die Philosophie. Sie ist von allen Archaismen unseres akademischen Unterrichts der älteste, älter als Wissenschaft und Theologie. (…) Um aber den Schritt von der allherrschenden, ihrer selbst nicht mächtigen bewußtlosen Aufklärung (…) zu ihrer philosophischen Gestalt zu tun, dazu bedarf es vielleicht gerade jener anachronistischen Momente unseres Unterrichts, von denen ich Ihnen zu Anfang sagte, daß in ihnen heute das Ferment des Humanen aufbewahrt sei. Verhältnisse wie das, wenn Sie wollen, unaufgehellte *Vertrauen des Studenten zu seinem Lehrer*, die Erwartung, von ihm jene Lehre, jenes geheime Wort zu erfahren, vor dem das ganze verkehrte Wesen fortfliegt, sind der Nährboden dessen, was sich vom Betrieb nicht überwältigen lässt (…) Es ist an uns, das, was an Formen der Lehre noch gegenwärtig ist, daran zu wenden, daß das Bewußtsein derer, für die wir die Verantwortung tragen, weiterreiche als ein Zustand, der uns allesamt in Funktionäre verwandeln möchte (ebd., 38 ff., eigene Hervorhebung, S.K.).

Das bedeutet: Die Einheit von Forschung und Lehre begründet letztlich laut Horkheimer die öffentliche Rolle von wissenschaftlich Tätigen. Spaltet man die Lehre von der sonstigen wissenschaftlichen Tätigkeit ab, verschwindet zugleich die moralische Dimension des Berufsbildes, vielleicht nicht ganz, aber doch zu einem großen Anteil. Denn zwar können wissenschaftlich Tätige auch anders, z.B. nach Lübbe als Expertinnen und Experten für die politische Willensbildung, öffentlich tätig sein, aber die Notwendigkeit verschwindet. Was nicht der Öffentlichkeit gelehrt und vermittelt werden muss, kommt eher ohne eine ethische Komponente aus. Das aber ist zugleich auch die pädagogische Perspektive auf Wissenschaftskommunikation. Die neuere Forderung, Lehre und Forschung voneinander abzuspalten bzw. die Arbeit von außeruniversitären Forschungseinrichtungen unter den Schutz des Grundgesetzes zu stellen, ist daher ambivalent. Denn die Einheit von Forschung und Lehre macht die Universität zu einer Organisation, die Öffentlichkeit und Spezialistentum vereinigt und gesellschaftlich bedeutsam macht. Wenn auch außeruniversitäre Forschung unter den Schutz des GG gestellt werden soll, muss die öffentliche Komponente dort eigens neu begründet werden.[61] Wissenschaft hat keinen öffentlichen Charakter per se, sie ist auch als reine Auftragsforschung privater Unternehmen oder als mehr oder weniger nicht-öffentlicher „Think Tank" der Politik denkbar.

4.4.3 Schlussfolgerungen

Betrachtet man wissenschaftliche Autonomie systematisch, vollzieht diese sich insgesamt also auf drei Ebenen: Autonomie bedeutet zunächst, dass die Wissenschaft über ihre Inhalte, Methoden und Zielsetzungen frei entscheiden kann.

Ob sich die Autonomie der Wissenschaft weiterhin dadurch auszeichnet, dass sie außermoralisch ist, also durch normative Regelungen der Gesellschaft weder beeinflusst noch zensiert wird, war lange Zeit Konsens, wird jedoch in jüngerer Zeit angefochten: Denn zugleich hat die Wissenschaft, vor allem ihre Institutionalisierung als Universität, eine wichtige moralische Funktion, die gerade in ihrer Unabhängigkeit besteht, sich aber auf die Rolle eines öffentlichen gesellschaftlichen Korrektivs zunehmend einlässt. In der Terminologie Derridas ist sie zwar deskriptiv, theoretisch, konstativ und neutral, in der Ausübung des Berufes ist sie jedoch performativ und erhält durchaus moralische Relevanz. Wichtig zu beachten ist die Form der öffentlichen Äußerungen von Wissenschaftlern. Ihr Recht zur öffentlichen Stellungnahme leitet sich bei allen hier vorgestellten Autoren aus ihrer wissenschaftlichen Tätigkeit des Forschens ab, und zwar unabhängig davon, ob sie diese Stellungnahmen als Experten für die Politik, als Lehrende an der Universität oder in sonstiger Form abgeben.[62] Für alle hier vorgestellten Autoren wäre es unzulässig, sich öffentlich – also mit der Autorität ihres Amtes – ohne fachlichen Zusammenhang zu äußern.

---

[61] Dies versucht in jüngerer Zeit Ino Augsberg, der dafür plädiert, auch außeruniversitäre Forschung unter den öffentlichen Schutz des Grundgesetzes zu stellen: Ihm zufolge muss die Wissenschaftsfreiheit (Art. 5 Abs. 3 S.1 GG) überall dort gewährleistet sein, wo Wissenschaft institutionalisiert stattfindet. Sie könne weder auf die traditionelle Universität (Einheit von Forschung und Lehre), noch auf das subjektive Freiheitsrecht des individuellen Wissenschaftlers begrenzt bleiben (vgl. Augsberg 2012).

[62] Die Formen gesellschaftlicher oder moralischer Stellungnahme von Wissenschaftlerinnen und Wissenschaftlern sind natürlich vielfältig und durchaus nicht nur an die akademische Lehre gebunden. Einen hohen Stellenwert besitzt sie in der deutschen Tradition, wo Professoren und Professorinnen als Hüter von Kultur und Tradition gesehen werden und diese Funktion vor allem in der Lehre wahrnehmen, jedoch z.B. nicht in Frankreich, wo sie sich als öffentliche Intellektuelle eher die Massenmedien als Forum suchen (vgl. Liebeskind 2011, 281 ff.).

Hieraus folgt, dass eine autonome Wissenschaft in ihrem Kommunikationsverhalten grundsätzlich so wenig Kompromisse wie möglich eingeht, wenn sie ihre Erkenntnisse einem außerwissenschaftlichen Publikum mitteilt, um das ihr eigentümliche Wahrheitsgesetz zu wahren, und dass sie zunächst keiner kommunikativen Rückkopplung, also einer Interaktion mit einem außerwissenschaftlichen Publikum bedarf. Es ist daher die Frage, ob Popularisierung außerhalb des Kerngeschäftes von Wissenschaft steht. In einem Autonomie-Modell von Wissenschaft wird die Rezeption wissenschaftlicher Ergebnisse bestimmt durch die „Holschuld" des Publikums, das willens und in der Lage sein muss, wissenschaftliche Termini und Erklärungen in ihrer „reinen" Form nachzuvollziehen. Dies wird auch von Derrida nicht bestritten.

Dass die Autonomievorstellungen zu keiner Zeit in absoluter Form wirksam waren, scheint ihrer Gültigkeit bzw. Akzeptanz keinen Abbruch zu tun. Grundlegend für diese Sichtweise ist die Vorstellung einer einheitlichen Wissenschaft, wie sie sich in Gestalt der Universität manifestiert (d. h. in der Gemeinschaft von Lehrenden und Lernenden sowie einer große Bandbreite an Fächern).

4.5 Das Konzept der Kontextualisierung

4.5.1 Nowotny, Scott und Gibbons: Wissenschaft neu denken

Helga Nowotny, Peter Scott und Michael Gibbons greifen Drerups Vorschlag auf, nicht ausschließlich die wissenschaftszentrierte Perspektive auf Wissenschaftskommunikation einzunehmen und stellen ihrerseits die einseitig dominante Idee von der Vorherrschaft der Wissenschaft infrage. Ausgangspunkt ihrer Überlegungen ist nicht die Tradition von Wissenschaft und Universität, sondern eine Gegenwartsbetrachtung. Sie stellen zunächst die These auf, dass sich aktuell das Verhältnis von Wissenschaft und Gesellschaft stark verändert habe. In einer Gesellschaft, in der wissenschaftlich generiertes Wissen immer stärker nachgefragt und in der auch außerhalb der klassischen Forschungseinrichtungen an immer mehr Orten wissenschaftliches Wissen erzeugt werde, sei die Kopplung zwischen Wissenschaft und Gesellschaft stärker geworden (Nowotny/Scott/Gibbons 2005, 135 f.). Aufgrund der Individualisierung der Gesellschaft und der enormen Ausdifferenzierung der Wissenschaften könne von einem gemeinsamen Ethos der Wissenschaft in einem von der Gesellschaft abgekoppelten Raum nicht mehr ohne weiteres ausgegangen werden:

> Obwohl Wissenschaft nach wie vor ein kollektives Unternehmen ist, und obwohl die kollektivistischen, auf Konsens beruhenden Überzeugungen über das Wesen (und die Verfassung) der Wissenschaft noch immer starken Einfluß haben, ist der einzelne Wissenschaftler heute viel freier, mit Personen aus anderen Gruppen zu kooperie-

ren und die etablierten Grenzen zwischen Institutionen und Gruppen zu überschreiten (...) (ebd., 133).

Die Vorstellung „von der Einen Wissenschaft, dem Einen Wissenschaftler und der Einen Natur" sei also ein Mythos (ebd., 142), auch wenn die „‚Einheit der Wissenschaft' in einem gewissen Maß durch die bestehenden Verknüpfungen zwischen Disziplinen und Spezialgebieten gewährleistet" sei, z.B. „durch die gemeinsame Nutzung von Methoden, die Verbreitung von Forschungsinstrumenten und Simulationstechniken über die Grenzen von Disziplinen und Unterdisziplinen hinweg und schließlich durch den Zugang zu Forschungsergebnissen, die in anderen Wissenszweigen gewonnen wurden" (ebd., 143).

Sie sprechen von einer „Modus-2-Gesellschaft", in der nicht nur wissenschaftlich Tätige einer Disziplin über die Art und Qualität der Forschung urteilen, sondern auch die an ihr interessierten und die sie betreffenden sozialen Bereiche. Auf der Grundlage der Analyse „The New Production of Knowledge" von Gibbons et al. 1994 definieren Nowotny, Scott und Gibbons die Merkmale einer Modus-2-Wissenschaft so,

> daß in ihrem Rahmen Wissen im ‚Anwendungskontext' generiert wird", „daß Wissenschaft nicht länger als ein autonomer Raum betrachtet werden kann, der klar vom ‚Anderen' der Gesellschaft, der Kultur und (...) der Wissenschaft abgegrenzt ist. Vielmehr sind alle diese Bereiche ‚intern' derart heterogen und ‚extern' derart abhängig voneinander und sogar grenzüberschreitend geworden, daß sie nicht mehr unterschieden und unterscheidbar sind (...) (Nowotny/Scott/Gibbons 2005, 9).

Zum einen betreffe dies (immer schon) die politischen Randbedingungen ihrer Finanzierung, zum anderen aber (neuerdings) auch die Frage, welche Themen sie behandele und wie sie zu ihren Ergebnissen komme:

> Selbst die wissenschaftlichen Inhalte öffnen sich gegenüber Forschungsfragen, die nicht mehr auf einem Bild von der Natur beruhen, bei dem die Natur dem Wissenschaftler diese Fragen ins Ohr flüstert. Menschen aus anderen gesellschaftlichen Gruppen, seien dies Mitglieder anderer Wissenschaftlergemeinschaften, Partner aus der Industrie oder Laien, werden in dem neuen Spiel der Wissensproduktion aktiv aufgesucht, erfahren Wertschätzung und werden willkommen geheißen (ebd., 133).

Diese „Kontextualisierung" sei im Wesentlichen das Ergebnis des großen Erfolges der Wissenschaft für gesellschaftliche Problemlösungen, was eine Sogwirkung dahingehend entfalte, immer mehr in die „Produktion von Lösungen für Probleme" hineingezogen zu werden, „die ihre Quelle in den Sorgen bestimmter Personen, Gruppen oder Organisationen – oder der Gesellschaft insgesamt – haben" (ebd., 136). Insofern wird der wachsende Druck auf die Wissenschaft von

Seiten der Wirtschaft und Politik nicht als Bedrohung ihrer Autonomie, sondern als natürlicher Prozess interpretiert und sogar als Stärke gesehen ebd., 134).

Wissenschaft habe aufgrund ihrer zunehmenden Problemlösekraft, also einem verstärkten Anwendungsbezug, nur noch eine Funktion: „Ihre vordringliche Aufgabe besteht darin, Innovationsprozesse einzuleiten, sie aufrechtzuerhalten und die Haupttriebkraft hinter ihnen zu sein. Infolgedessen bildet sie in wachsendem Umfang einen Teil der gesellschaftlichen Realität, die sie gestaltet" (ebd., 142 f.). Es findet hier eine Verengung der traditionellen Auffassung von Wissenschaft statt: Ausbildung und Weitergabe von tradiertem Wissen wird im Wissenschaftsverständnis von Nowotny, Scott und Gibbons weitgehend ausgeblendet. Wissenschaft ist funktional der Gesellschaft zugeordnet als Motor des Fortschritts und steht daher auch nicht, wie beim Autonomie-Konzept von Derrida, zu gesellschaftlichen Mächten in Opposition, sondern integriert sich in andere Systeme. Beispielsweise wird „der Markt als eine legitime Arena" (ebd., 140) der Wissenschaft charakterisiert. Kontextualisierung, so fassen Nowotny, Scott und Gibbons zusammen, „ist nicht gleichbedeutend mit einer Dichotomie zwischen Wissenschaft und Gesellschaft. Vielmehr verweist sie auf ein Spektrum komplexer Interaktionen zwischen Potential und Anwendung, Zwängen und Anregungen" (ebd., 153). Diese Zwänge und Anregungen, beispielsweise durch erhöhten Kostendruck, Vorgaben staatlicher Förderung oder Meinungsverschiedenheiten mit anderen Disziplinen fördert eine Sensibilisierung der Wissenschaftler gegenüber den gesellschaftlichen Implikationen ihrer Forschung; statt dies jedoch als Bedrohung und Bestärkung ihres Widerstandes zu verstehen, sehen die Autoren dies vor allem als Chance:

> Viele Wissenschaftler sind wahrscheinlich noch immer der Meinung, sie seien an nichts anderem als einem Public Relations-Unternehmen beteiligt, das lästig, aber notwendig ist. Andere Wissenschaftler haben dagegen ganz genau diejenigen Vorteile und Möglichkeiten erkannt, die das neue unternehmerische Umfeld bietet (ebd., 142).

An diesem Zitat wird deutlich, wie sehr die Auffassung des Verhältnisses von Wissenschaft und Gesellschaft auch die Einschätzung von sogenannten „Kommunikationsmaßnahmen" prägt: Nur eine autonome Wissenschaft kann Public Relations, als „lästige Notwendigkeit" empfinden. Im System der kontextualisierten Wissenschaft kann sie hingegen grundsätzlich eingefügt werden, wenn auch nicht ohne Probleme, wie ich später zeigen werde.

Der Kontext, so wird deutlich in der Argumentation von Nowotny, Scott und Gibbons, kann zum integralen Bestandteil der Forschung werden (ebd., 144), wobei „der Kontext" Anwender von Forschung sein können, aber auch die Massenmedien, genauso aber Politiker oder Bürgerinitiativen. Dies führt zu der Erkenntnis, dass es eine inhaltlich wie finanziell unabhängige Wissenschaft de facto nicht gibt, sondern nur graduelle Unterschiede in der gesellschaftlichen Einflussnahme (ebd., 155). Da die Autoren nicht von einer einheitlichen Wissenschaft ausgehen, setzen sie ihre Analyse nun fort, indem sie die Arten der Kontextualisierung in verschiedenen Wissenschaftsdisziplinen beschreiben. Sie entwickeln die Kategorien „schwach kontextualisiert", „stark kontextualisiert" und „Kontextualisierung mittlerer Reichweite" (ebd., 5), und erläutern diese Begriffe anhand von Beispielen. Die Teilchenphysik wird als schwach kontextualisiert beschrieben, da sie die Festlegung der wichtigen Forschungsfragen unabhängig von ökonomischen und politischen Vorgaben vornimmt (ebd., 157) und aus einer geschlossenen Gemeinschaft von Wissenschaftlern besteht, die ein starkes gemeinsames Ethos aufweisen (ebd., 159; Nowotny, Scott und Gibbons sprechen hier von „‚tribalistischen' Zügen"). Auch nationale Forschungs- und Entwicklungsprogramme liefern Beispiele für eine schwache Kontextualisierung: Hier werde ein inhaltlicher und finanzieller Rahmen vorgegeben, innerhalb dessen die Wissenschaftler jedoch frei agieren könnten (ebd., 163). Typisch sei eine stark formalisierte Kommunikation über bürokratische Richtlinien, in der Regel ohne tiefer gehende persönliche Kontakte zwischen Wissenschaftlern und dem rahmengebenden Kontext, meist nationale öffentliche Behörden. Die Qualität der Kommunikation zwischen Wissenschaft und Kontext sei hier eher undeutlich und sehr allgemein (ebd., 166).

Hingegen zeichnet sich starke Kontextualisierung dadurch aus, dass

> Forscher die Gelegenheit haben *und die Bereitschaft zeigen*, auf Signale zu reagieren, die sie aus der Gesellschaft erhalten. Dabei handelt es sich um einen dynamischen, in beide Richtungen verlaufenden Kommunikationsprozeß – das krasse Gegenteil zu einem Prozeß, bei dem versucht wird, die Wissenschaft durch bürokratische Mittel zu kontrollieren (…). Wichtig ist es hervorzuheben, daß eine starke Kontextualisierung nicht nur auf die Forschungsplanung und Prioritätensetzung Einfluß nimmt, sondern auch auf die Forschungsthemen und –methode (ebd., 167; Hervorhebung im Original).

Zu den stark kontextualisierten Wissenschaften zählen, abhängig von ihrer Ausprägung in einzelnen Fallbeispielen, die die Autoren zusammentragen, die Umweltwissenschaften oder die medizinische Forschung unter Beteiligung von Patientengruppen. Gerade in der medizinischen Forschung erscheint die Notwendigkeit einer starken Rückkopplung zwischen Wissenschaft und Welt notwendig und sinnvoll, da der Mensch hier die zentrale Bezugsgröße der Forschung darstellt: Wahrnehmungen von Patienten liefern Biomedizinern wichtige Hinweise auf dem Weg zur Erforschung bestimmter Krankheiten. Dabei heißt starke Kontextualisierung nicht, dass dadurch den Forschern von „außen" Ziele oder Projekte vorgegeben würden, sondern dass sich die Kommunikation intensiviert und gerade dadurch neue Forschungserkenntnisse möglich werden (ebd.).

Jenseits dieser Beispiele stellen die Autoren fest, dass die meisten wissenschaftlichen Disziplinen sich derzeit in einem Stadium der Kontextualisierung von mittlerer Reichweite befinden (ebd., 181). Diese zeichneten sich dadurch aus, dass sie „Transaktionsräume" bildeten, in denen bestimmte Gruppen aus Wissenschaft und Gesellschaft ein gemeinsames Interesse verfolgen; in jedem Fall finde eine „Ausweitung des Forschungsprozesses über die Grenze dessen hinaus" statt, „was traditionell als der legitime Aufgabenbereich der Forscher angesehen wurde" (ebd., 182). Als Beispiele nennen Nowotny, Scott und Gibbons das Humangenomprojekt, die Entdeckung der Hochtemperatursupraleitung, oder die Goldhagen-Debatte um den Holocaust (ebd., 186 ff.). Diese Transaktionsräume erläutern sie unter Zuhilfenahme des kulturanthropologischen Ansatzes von Peter Galison (1997), der in seiner Abhandlung über die Geschichte der Atomphysik das Modell von so genannten „Austauschzonen" entwickelte (vgl. Nowotny/Scott/Gibbons, 182 ff.). In diesen Austauschzonen, in denen Theoretiker, Experimentatoren und Ingenieure zusammen arbeiteten, bildeten sich laut Galison analog zu den Handelskontakten zwischen verschiedenen Kulturen „Pidginsprachen" aus. Für diese sei charakteristisch, dass „Dinge ohne Bezugnahme auf irgendeinen äußeren Maßstab koordiniert werden können (…). Jeder Stamm kann in diese Interaktionen völlig unterschiedliche Objekte und die mit ihnen verbundenen Bedeutungen einbringen beziehungsweise daraus entnehmen" (ebd., 184). Die Verständigung sei „zwangsläufig unvollständig und bruchstückhaft", brächte aber eine „kraftvolle, im lokalen Rahmen verständliche Sprache" hervor (ebd.). Die Autoren verallgemeinern das „Pidgin"-Modell in ihrem Begriff der Transaktionsräume, deren Erfolg etwas damit zu tun hat, dass jeder Teilnehmer etwas beitragen kann, was auch für den anderen wertvoll ist. Diese Art der Kommunikation wird sowohl als wirtschaftliches Gebaren als auch als evolutionärer Prozess beschrieben. Transaktionsräume sind der Ort, in denen sowohl symbolisch als auch ganz konkret Wissenschaft und Gesellschaft aufeinanderträfen und potenzielle Teilnehmer darüber entscheiden könnten, was ausgetauscht wird und in der die Richtung des Kommunikationsprozesses festgelegt wird (ebd., 185). Je erfolgreicher die Grenzen der Kommunikation überwunden werden könnten, desto beständiger seien diese Transaktionsräume.

Das Vorhandensein von Transaktionsräumen oder Austauschzonen inspiriert die Autoren im Folgenden zu der Idee, dass sich die Wissenschaft in ein besonderes System des Austausches mit der Gesellschaft begeben muss. Dieses bezeichnen sie als „Agora" nach dem Vorbild der antiken Stadtstaaten Griechenlands, „um den neuen öffentlichen Raum zu bezeichnen, wo Wissenschaft und Gesellschaft, Markt und Politik zusammenströmen" (ebd., 253). Die Agora ist in ihrer Vorstellung ein Ort mit einer „Vielzahl von Öffentlichkeiten" und unter

Beteiligung von vielen Institutionen, „darunter die Massenmedien, die energisch ihre eigenen Aushandlungsprozesse führen", ebenso wie die Organisationen der Forschungsförderung, die immer kritischer würden und immer höhere Anforderungen stellten (ebd., 257). Die Agora kreiert dabei einen öffentlichen Raum, in dem

> Wünsche, Sehnsüchte, Präferenzen und Bedürfnisse ebensogut artikuliert werden können wie Forderungen (ebd., 261).

Reagiert die Wissenschaft derart intensiv auf ihre gesellschaftliche Umwelt, gerät die Vorstellung einer absoluten Wahrheit, bisher Kernelement wissenschaftlicher Tätigkeit, ins Wanken:

> Die manifeste Präsenz eines weiten Spektrums wissenschaftlicher Praktiken führt weg von der Vorstellung, es gäbe einen festen epistemologischen Kern, der in der gesamten Wissenschaft und in einer Vielzahl sich verändernder wissenschaftlicher Praktiken wirksam ist (ebd., 207).

Die Autoren relativieren das Konzept der „absoluten oder beinahe absoluten Wahrheit" zu der Produktion „zuverlässigen" oder auch „gesellschaftlich robusten Wissens" (ebd., 213), d.h. eines Wissens, das sich in Austauschprozessen mit der Gesellschaft als valide erweist und ihrer Erprobung standhält. Dies bedeutet, dass es auch außerhalb der unmittelbaren Verwendung in wissenschaftlichen Kontexten verständlich und konsensfähig sein müsse (ebd.). Einen Autonomie-Anspruch hat die Wissenschaft nicht mehr in Bezug auf ihre Erkenntnisse, sondern nur noch auf die Voraussetzungen ihrer Erzeugung (ebd).

4.5.2 Kritik

Eine Theorie, die in so umfassender Weise das traditionelle Modell von Wissenschaft verändert, ist natürlich nicht ohne eine kritische Rezeption geblieben.[63] Hessels und Van Lente fassen die bis 2008 erschienene Kritik zusammen und benennen zwei wesentliche Punkte: Zum einen verabsolutierten Nowotny, Scott und Gibbons die vorgestellten Einzelfälle intensivierter Interaktion zwischen Gesellschaft und Wissenschaft derart, dass sie der Diversität unterschiedlicher wissenschaftlicher Disziplinen nicht gerecht würden: Die von ihnen analysierten Beispiele seien keinesfalls repräsentativ und entbehrten so der empirischen Grundlage (Hessels/Van Lente 2008, 20). Zum anderen wird angezweifelt, dass

---

[63] Vgl. Etzkowitz/ Leydesdorff 2000; Fuller 2000; Godin 1998; Rip 2002; Shinn 2002; Weingart/ Carrier/ Krohn 2007.

es eine lineare Entwicklung von Modus-1 zu Modus-2 Gesellschaften im Hinblick auf die Wissensproduktion gebe; vielmehr sei der intensive Austausch von Wissenschaft und Gesellschaft schon ein wesentliches Merkmal von Wissenschaft im 17. und 18. Jahrhundert gewesen (ebd., vgl. Weingart/Carrier/Krohn 2007, 24). Ob sich die Wissenschaft als Ganzes wirklich in Richtung einer erhöhten Reflexivität gegenüber der Umwelt und zu mehr Transdisziplinarität entwickelt, sei nicht gesichert (Hessels/Van Lente 2008, 21).

Zudem ist die Frage, ob die Zuschreibung von Nowotny, Scott und Gibbons, dass der von ihnen beschriebene Prozess der Modus-2 Wissensproduktion realistisch und wünschenswert ist. Peter Weingart analysiert die von ihm ebenfalls konstatierte stärkere Verbindung von Wissenschaft, Politik und Medien kritisch, indem er vielfach die nicht intendierten Wirkungen dieser Dynamik untersucht und zu dem Schluss kommt, dass die Glaubwürdigkeit der Wissenschaft untergraben werden kann. Er stellt dabei teils die gleichen Beispiele wie Nowotny, Scott und Gibbons dar und verweist auf das für die Öffentlichkeit höchst verwirrende wissenschaftliche Expertengerangel um die so genannte „Klimakatastrophe" (Weingart 2005, 159 ff.) ebenso wie auf die Tatsache, dass Goldhagen mit seinem Buch zwar eine intensive mediale Debatte auslöste, seine Thesen die Fachwissenschaft jedoch nicht überzeugen konnten (ebd., 168 ff.). Grenzüberschreitungen der Wissenschaft in Richtung Politik und Medien bergen nach Weingarts Auffassung ein hohes Risiko, ihren Stellenwert als Produzentin glaubwürdigen Wissens einzubüßen.

Im Zuge dieser kritischen Rezeption fällt auf, dass das von Nowotny, Scott und Gibbons entwickelte Modell – im Gegensatz zu den vorgestellten Autonomie-Modellen – keine direkte normative Komponente enthält. Es wird ein Ist-Zustand postuliert, in dem die Relevanz wissenschaftlichen Wissens für alle gesellschaftlichen Bereiche als gegeben und „natürlich" vorausgesetzt wird (die vorherrschende Metapher für den Prozess ist die Evolution). Die Autoren bemühen sich nicht um eine ausgewogene Darstellung, indem sie auch die Risiken der von ihnen beschriebenen Entwicklung aufdecken; ihre Thesen sind daher als implizit normativ-ideologisch wahrgenommen worden, und zwar in dem Sinn, dass sie die politisch wünschenswerte Zukunft als Faktum präsentieren (Godin 1998). Hessels und Van Lente würdigen jedoch den Versuch, eine umfassende neue Theorie des Verhältnisses zwischen Wissenschaft und Gesellschaft entworfen zu haben, die viele Anknüpfungspunkte für eine empirische Überprüfung enthalte (Hessels/Van Lente 2008, 21).[64]

---

[64] Eine ausdrücklich normativ fundierte Befürwortung des Kontextualisierungs-Modells, wenn auch nicht mit explizitem Bezug auf Nowotny, Scott und Gibbons, findet sich in Kitchers Idee einer „well-ordered science", in der sich Wissenschaft dem Wohl der Gesellschaft verpflichtet und ihre Forschungsagenda auf sie ausrichtet, vorausgesetzt, sie ist auf demokratische Weise zustande gekommen (Wissenschaftler sollen also weder zum Vollzugsgehilfen der Politik degradiert werden, noch sollen Wissenschaftler sich in elitärer Manier über gesellschaftliche Belange hinwegsetzen): „My discussi-

Auch im Hinblick auf den Untersuchungsgegenstand der Kinderuni fällt die Bewertung über die Brauchbarkeit der Theorie ambivalent aus. Zunächst erscheint die Idee bestechend, dass die Kinderuni vielleicht dabei ist, eine Transaktionszone zwischen Wissenschaft und Gesellschaft zu werden. Gerade im Hinblick auf die konkrete Gestaltung der Vorlesungen könnte es gewinnbringend sein, darauf zu achten, ob im Zuge der Kinderuni z.B. seitens der Dozenten und Dozentinnen Spuren einer eigenen „Pidgin"-Sprache zu finden sind; auch das Bild einer „Agora" scheint für diese Art der Kommunikation einleuchtend zu sein. Auf den zweiten Blick werden aber auch die Hindernisse deutlich: Gibt es ein echtes „Handelsinteresse" auf beiden Seiten? Ist das Interesse der Kinder nicht als viel höher einzuschätzen als das der Wissenschaftler, die durch ihre Teilnahme an der Kinderuni eigentlich keine unmittelbaren Vorteile haben (weder verteilen Kinder Forschungsmittel, noch liefern sie fachliche Reputation)? Eine echte Kontextualisierung findet ebenfalls nicht statt, da die Kinderuni im Rahmen der Lehre stattfindet und im engeren Sinne nichts mit Forschung, schon gar nichts mit gemeinsam entwickelten Forschungsfragen zu tun hat.

Dennoch bietet nur das Modell der Kontextualisierung einen geeigneten Anknüpfungspunkt für einen Sinn der Kinderuni, da nur in ihm die Popularisierung von Wissenschaft einen ausreichend hohen Stellenwert erhält. Im Autonomie-Modell sind bisher keine vergleichbaren Ansätze zu finden. So wird es die Aufgabe dieser Arbeit sein, beide Modelle nach sinnvollen Elementen für eine Legitimation und Gestaltung von Kinderuni zu durchsuchen.

Die Stärke des Autonomie-Modells könnte darin bestehen, dass sich aus ihm der Maßstab erklären lässt, an dem sich Wissenschaftskommunikation ausrichtet; es bietet ein normatives Ethos mit einer erkennbaren Grenze des Kompromisses, den Wissenschaft im Umgang mit Gesellschaft einzugehen bereit sein sollte. Es regelt also mit anderen Worten das „Wie" des Kommunikationsprozesses, legt Inhalte und Methoden fest und weist eine Rückbindung an die Wahrheitsverpflichtung auf. Das Kontextualisierungs-Modell liefert einen Anlass für die Kontaktaufnahme verschiedener gesellschaftlicher Gruppen mit Wissenschaft, in ihm manifestiert sich ein Raum des Experimentierens und Erprobens, in dem die Öffentlichkeit – oder auch die verschiedenen Öffentlichkeiten – sich mit Wissenschaft auseinandersetzen können, was wiederum den Dialog über die Rolle von Wissenschaft in der Gesellschaft fördert. Es gilt, die Bedeutung öffentlicher Bilder von Wissenschaft und ihre gesellschaftliche Funktion in den Blick zu nehmen. Denn es ist möglich, dass die Popularisierung von Wissenschaft

---

on of well-ordered science is a proposal for answering the fundamental question. It frames empirical issues about how we might arrive at a council in whose discussions tutored preferences were exchanged to form something like a collective wish list. and it is not hard to envisage how social research could make headway with those issues. Instead of a science policy that has swathed a commitment to elitism in attractive drapery, we might succeed in fashioning something genuinely democratic" (Kitcher 2001, 145).

nicht nur, wie Weingart befürchtet, einer Instrumentalisierung von Wissenschaft Vorschub leistet, oder, wie Ode vermutet, einseitigen Lobbyismus seitens der Universitäten hervorbringt und somit das Eigentliche der Wissenschaft zerstört[65], sondern im Gegenteil lebendigen Austausch und mehr Verständnis für ihre Eigengesetzlichkeit hervorbringt, und dieses Verständnis auf eine breitere Basis (als nur die der politischen Entscheider und Geldgeber) stellt. Sowohl in einem Modell von Autonomie als auch in dem der Kontextualisierung finden sich Verknüpfungen zu dieser Lösung.

In einem Abschnitt über die Rolle von Populärwissenschaft in der Gesellschaft schreiben Nowotny, Scott und Gibbons:

> Doch die Populärwissenschaft stellt eine vitale Verbindung zwischen der wissenschaftlichen Kultur im besonderen und der Kultur der Gesellschaft im allgemeinen her. Sie hilft die Kluft zu überbrücken, die zwischen Werten und Praktiken der Wissenschaft auf der einen und generellen gesellschaftlichen Normen und Alltagserfahrungen auf der anderen Seite bestehen. In diesem Licht betrachtet sind populäre Vorstellungen und Bilder von der Wissenschaft nicht nur unvermeidlich, sondern auch essentiell für die Bewahrung einer gesunden Wissenschaftskultur. Aufgrund ihrer Beschaffenheit vermischt sich allerdings das, was Wissenschaftler die ‚Fakten‘ nennen, mit der ‚Fiktion‘, den Produkten der menschlichen Vorstellungskraft. Nur aufgrund ihrer Verschwommenheit nämlich vermögen es diese Bilder, den Riß zwischen Wissenschaft und Gesellschaft zu kitten. Wissenschaftler können dafür kämpfen, ihre Autorität über die Demarkationslinie zu errichten beziehungsweise neu zu errichten, die zwischen den ‚Fakten‘ und der ‚Fiktion‘ oder der Nichtwissenschaft besteht (…). Die wirkliche Frage besteht (…) darin, wie die populären Vorstellungen von der Wissenschaft mit dieser selbst interagieren (…). Denn [gewöhnliche Männer und Frauen, S.K.] arbeiten aktiv daran, für sich zu konstruieren, zu interpretieren und zu verstehen, was Wissenschaft ist und was Wissenschaftler tun (Nowotny/Scott/Gibbons 2005, 236 f.).

Überraschenderweise findet sich ein ähnlicher Abschnitt auch bei Derrida, dem Verfechter der Unbedingten Universität:

---

[65] Ode stellt sich die Frage nach einem adäquaten Reagieren der Universitäten angesichts der aktuellen Herausforderungen und interpretiert dann die Unbedingtheit der Universität nach Derrida wie folgt: „Wäre es nicht sinnvoller, so könnte man hier schon einwenden, konkrete Strategien zu entwickeln, wie man der Übergriffe dauerhaft Herr wird, indem man sich das Prinzip der Macht, da, wo es noch in der Universität auffindbar ist (z.B. in Form des Kapitals oder im Lobbyismus), zu eigen macht, um der äußeren Besiedelung etwas ‚Gleichwertiges‘ entgegenzusetzen, auch wenn man dafür vom Prinzip der Unbedingtheit abrücken müßte? Derrida hat gute Gründe, dies aus prinzipiellen Erwägungen heraus abzulehnen und auf die ‚unüberwindbare Kraft‘ des Prinzips zu setzen (…), die bereits in der Betonung des ‚Unmöglichen‘, ‚Abstrakten‘ und ‚Unwirklichen‘ mitschwingt" (Ode 2006, 88 f.). Eine aktive Intervention der Universität im gesellschaftlichen Meinungsbildungsprozess lehnt er also als ihr wesensfremd ab.

Diese Grenze des Unmöglichen, des ‚vielleicht‘, ‚als ob‘, und ‚wenn‘, ist der Ort, an dem die Universität der Realität, den Kräften des Draußen ausgesetzt ist (seien es kulturelle, ideologische, politische, ökonomische oder andere Kräfte). Genau dort ist die Universität in der Welt, die sie zu denken sucht. An ihr muß sie sich ihren Verantwortungen stellen. Nicht, um sich zu schließen und jenes abstrakte Souveränitätsphantasma wiederaufleben zu lassen (…). Sondern um wirkungsvoll Widerstand zu leisten, indem sie sich mit außerakademischen Kräften verbündet, um durch eine erfindungsreiche Gegenoffensive jedem (politischen, rechtlichen, ökonomischen etc.) Wiederaneignungsversuch und allen anderen Figuren der Souveränität entgegenzutreten (Derrida 2001, 76 f.).

Die Universität ist als öffentlicher und (noch) autonomer Ort prädestiniert für diese Art der Auseinandersetzung, mehr als jede andere Einrichtung, an der Wissenschaft betrieben wird. Derrida räumt aber auch die Möglichkeit ein, dass sein Konzept der Unbedingten Universität an anderen Orten denkbar ist:

> Die unbedingte Universität hat ihren Ort nicht zwangsläufig, nicht ausschließlich innerhalb der Mauern dessen, was man heute Universität nennt. Sie wird nicht notwendig, nicht ausschließlich, nicht exemplarisch durch die Gestalt des Professors vertreten. Sie findet statt, sie sucht ihre Stätte, wo immer sich diese Unbedingtheit sich ankündigen mag (ebd., 77).

Die Übereinstimmungen zwischen Derrida als einem Verfechter des Autonomie-Modells und Nowotny et al. als Befürworter einer Kontextualisierung liegen in der Betrachtung von Wissenschaft als einem öffentlichen Gut und von Wissenschaftlern als bewussten Gestaltern ihrer öffentlichen Rolle.

Im Folgenden wird der Blickwinkel auf die Institution der Universität beschränkt und insbesondere die Rolle der Wissenschaftler im Kommunikationsprozess mit der Öffentlichkeit untersucht, der Derrida eine zentrale Bedeutung beimisst. Hierbei geht es um die Bereiche von Öffentlichkeit, die den nächsten Bezug zur Kinderuni haben, nämlich – als Kommunikation nach innen – die akademische Lehre.

4.6 Universitäre Lehre

4.6.1 Wissenschaft zwischen Forschung und Lehre

Die Idee einer Einheit von Forschung und Lehre wird vor allem Wilhelm von Humboldt zugeschrieben. Jedoch existiert diese Vorstellung Stichweh zufolge in gewisser Weise schon im Mittelalter, als kanonisiertes Wissen mit Wissenschaft gleichgesetzt gewesen sei, so dass Wissenschaft betreiben hieß, Wissen zu sammeln, zu memorieren, systematisieren und aktiv aufrecht zu erhalten, sie also gegen Verfälschungen zu schützen (Stichweh 1994, 228). Eine Erneuerung erfuhr dieses Konzept erst mit der Neuerfindung der Universität zwischen 1790 und 1850, indem erstmals Wissenschaft mit dem Begriff der Forschung verbunden worden sei, und zwar im Sinne von Forschung als *„Neuheit, Erfindungen und Erweiterungen des Wissens"*(ebd., 230, Hervorhebung im Original). Einheit von Lehre und Forschung bedeutete ab diesem Zeitpunkt also forschendes Lehren und implizierte, dass das Wissen sich in der Vermittlung im Individuum neu formierte und dadurch auch weiterentwickelt habe, und dass Wissen als Methode des Denkens aufgefasst, und daher Lernen als bloße identische Reproduktion von Wissen nicht mehr denkbar gewesen sei (ebd., 233 f.). Wenn also Hochschullehrer mit ihren Studenten sprachen, sei dies im strengen Sinne nicht mehr Lehre gewesen, sondern die gemeinsame Erörterung eines wissenschaftlichen Problems, also Forschung. Insofern sei auch der pädagogische Bezug des „Erziehens" nicht mehr eine eigene Kategorie, sondern erfülle sich im gemeinsamen Forschen als einer Denk- und Persönlichkeitsschulung durch Wissenschaft selbst (ebd., 235).

Wissenschaftlichkeit, gedacht als Methode, sei daher auch seit dieser Zeit das Abgrenzungskriterium zur Schule, deren strikte formelle Trennung in Deutschland ebenfalls auf diese Zeit zurückgehe (ebd., 193). Es habe im Zuge der Neuorganisation des Schulwesens eine Doppelung von Wissensgebieten als „Wissenschaftliche Disziplin" und als „Schulfach" gegeben, wobei dieses so hierarchisch strukturiert wurde, dass im „Fach" nur ein Auszug der Disziplin gelehrt worden sei (ebd., 202). Die strikte Trennung von Wissenschaft und Schule sei also eine politische Entscheidung gewesen. Zugleich stellt Stichweh in zeitgenössischen Schriften fest, dass eine Freiheit der Wissenschaft vor allem mit der Vorlesung assoziiert und das dialogische Lehrer-Schüler-Verhältnis sowie dialogische Lehrformen überhaupt abgelehnt worden seien (ebd., 236). Die Vorlesung, so kann man aus diesen Ausführungen schließen, ist seit dem ausgehenden 18. Jahrhundert also der Inbegriff der wissenschaftlichen Lehre, und zwar als Gegenbegriff zur schulischen Lehre, in der das dialogische Element vorherrschend ist (dennoch gibt es die dialogische Form weiterhin auch an der Universität als „Seminar").

4.6.2 Was ist eine Vorlesung?

Seit der Gründung der Universitäten im Mittelalter gehört die Vorlesung als Lehrform zu ihrem festen Bestandteil. Trotz individueller Unterschiede der einzelnen Universitäten legt die historische Hochschulforschung nahe, dass die Lehrmethoden schon zu dieser Zeit nahezu gleichförmig waren und auf einer sogenannten scholastischen Geisteshaltung beruhten (Verger 1993, 55). In ihrer

damaligen Form bestand sie in der „kommentierten Lektüre der offiziell anerkannten Texte und diente der Beherrschung der ‚Autoritäten‘, die jedem Fach
zugrunde lagen" (ebd.). Textverständnis und logisch einwandfreie Argumentation, wie überhaupt das Schriftliche bzw. die Schrift waren die Grundlage der
scholastischen Lehrmethode und galten als der wichtigste Zugang zur Wahrheit.
Da die Vorlesung jedoch mündlich vorgetragen wurde, spielte auch die persönliche Beziehung zwischen Vortragendem und Zuhörern eine große Rolle, umso
mehr, als die ursprüngliche Form der Universität als eine autonome Gemeinschaft der Lehrenden und Lernenden angesehen wurde (ebd., 55 f.). Genauso alt
ist aber auch die Kritik an dieser Lehrmethode, die schon damals als „verknö-
chert" und „scholastisch (...) bis zum Überdruß" gescholten wurde (ebd., 56).

Die Vorlesung hat sich seit ihren Anfängen im Mittelalter gewandelt: Diente sie vor Erfindung des Buchdrucks und bis ins 17. Jahrhundert vor allem dazu,
kanonische Texte in ihrem Wortlaut vorzustellen und zu kommentieren, und
damit die Überlieferung sicherzustellen (Apel 1999, 20 ff.), hat sie heute die
ordnende, orientierende Funktion einer Einführung in ein Fach oder ein Forschungsgebiet. Diese neuere Funktion fällt zusammen mit dem Zeitpunkt der
Neuordnung der Universitäten in Europa im ausgehenden 18. und beginnenden
19. Jahrhundert. Johann Gottlieb Fichte, Wilhelm von Humboldt und Friedrich
Daniel Schleiermacher nahmen eine Neubestimmung der Lehrform der Vorlesung vor, die sich am zeitgenössischen Bildungskonzept orientierte. In ihren
Ausführungen standen nicht die Rezeption, sondern die selbstständige Aneignung und die Anregung zu kritischer Reflexion des dargestellten Gegenstandes
im Vordergrund.

Fichte sah die Vorlesung im Dienste der Schaffung einer „Schule der Kunst
des wissenschaftlichen Verstandesgebrauchs" („Deducirter Plan einer zu Berlin
zu errichtenden höheren Lehranstalt" [1807], zit. nach Apel 1999, 23) und for-
derte, dass diese Lehrform die Studierenden zur eigenen Beschäftigung mit dem
Gegenstand anregen und damit ihre Selbstbildung befördern sollte. Wilhelm von
Humboldt verband in seiner Schrift „Ueber die innere und äussere Organisation
der höheren wissenschaftlichen Anstalten in Berlin" (1810) das Forschen und
Lehren als Aufgabe der Hochschullehrer und stellte heraus, dass die Vorlesung
eine Gelegenheit sei, neue wissenschaftliche Erkenntnisse auf den Prüfstand zu
stellen:

> Denn der freie mündliche Vortrag vor Zuhörern, unter denen doch immer eine be-
> deutende Zahl selbst mitdenkender Köpfe ist, feuert denjenigen, der einmal an diese
> Art des Studiums gewöhnt ist, sicherlich ebenso sehr an, als die einsame Musse des
> Schriftstellerlebens oder die lose Verbindung einer akademischen Genossenschaft.
> Der Gang der Wissenschaft ist offenbar auf einer Universität, wo sie immerfort in
> einer grossen Menge und zwar kräftiger, rüstiger und jugendlicher Köpfe herumge-
> wälzt wird, rascher und lebendiger. Ueberhaupt lässt sich die Wissenschaft als Wis-

senschaft nicht wahrhaft vortragen, ohne sie jedesmal wieder selbstthätig aufzufassen, und es wäre unbegreiflich, wenn man nicht hier, sogar oft, auf Entdeckungen stossen sollte (Humboldt 1810 [1964], 262).

So macht Humboldt deutlich, dass er nicht das Ablesen von Texten, sondern einen freien Vortrag von den Hochschullehrern erwartet, der eine Gemeinschaft von Lehrenden und Lernenden befördert und hervorruft im Dienst der Wissenschaft. Dadurch, dass die Lehrenden ihren Vortrag didaktisch aufbereiten, ihn systematisch ordnen oder Leitsätze formulieren und auf verschiedene Lerngruppen abstimmen, lernen sie in gewisser Weise ebenso wie die Studierenden, ihr Fach und ihr Wissen immer neu und stoßen auf neue Einsichten (Apel 1999, 24). Herausgestellt wird ebenso, dass die Wissenschaft wie auch die geistige Entwicklung aller an ihr Teilhabenden durch das dialogische Moment der Vorlesung profitiert. Die noch heute geltende Einheit von Forschung und Lehre an der Universität, die mit der Professur verbunden ist, geht auf diesen Gedankengang von Humboldt zurück. Schleiermacher konkretisierte die ideale Form der Vorlesung weiter, indem er die Vorlesung nach antikem Vorbild als „Gespräch" konzipierte. Hierbei sind zwei didaktische Elemente unverzichtbar, nämlich das „populäre" und das „produktive" (Schleiermacher 1965 [1846], 245): Während Ersteres die Kunst ausmacht, den Zuhörern das Nicht-Wissen über einen Gegenstand bewusst zu machen und sie von der Notwendigkeit des Wissenserwerbs zu überzeugen, dient Zweiteres dazu, „wissenschaftliches Denken vorbildlich am Gegenstand vorzuführen und die Konstruktion des Gegenstandes zu lehren", also die Zuhörerschaft am Erkennen selbst teilhaben zu lassen und diesen Denkprozess nachzubilden (Apel 1999, 25). Die Vortragskunst bestehe dabei darin, Begeisterung für die Sache und Klarheit in der Sache zum Ausdruck zu bringen, diese in ein angemessenes Verhältnis zu bringen und dabei „nicht für sich, sondern wirklich für sie [die Studierenden, S.K.] [zu] rede[n]" (Schleiermacher 1965 [1846], 246). Er unterstreicht also die Notwendigkeit einer anschaulichen und lebendigen Darstellung und die Fähigkeit, sich auf das Publikum einzustellen (Apel 1999, 26). Diese Neuorientierung der Vorlesung ist noch heute ein treffender Maßstab für die Ansprüche, die an eine Vorlesung gestellt werden (vgl. Leggewie/Mühlleitner 2007).

Jedoch beschreiben die drei Autoren weder zu ihrer Zeit noch heute die Realität der akademischen Lehre; vielmehr stand und steht die Lehrform der Vorlesung bis heute immer wieder in der Kritik, ohne dass sie jedoch ernsthaft in der Gefahr stünde, abgeschafft zu werden. Durchgängig entzündet sich die Kritik am Desinteresse der Hochschullehrenden für die didaktische Umsetzung der vorgetragenen Inhalte: Hans Jürgen Apel, der die Vorlesung historisch und systematisch analysiert, führt dazu treffende Beispiele aus dem Universitätsalltag des 19. Jahrhunderts an (Apel 1999, 27 ff.). Die reine Inhaltsorientierung, die auch heute noch in der Form des Ablesens einer schriftlichen Vorlage zu finden ist, verhindert die Kontaktaufnahme mit dem Publikum und so genau jenes gemeinschaftliche Denken und die Anregung zur selbsttätigen Beschäftigung der Studierenden mit dem Gegenstand. So lautet denn auch der seit dem 19. Jahrhundert immer wieder vorgetragene Vorwurf, dass die Vorlesung gerade das Gegenteil erreiche, indem sie zu einer passiven, unkritischen Haltung erziehe (Apel 1999, 35) und die Autokratie des Vortragenden fördere (ebd., 9).

Die seit Jahrhunderten kontrovers geführte Auseinandersetzung über Vor- und Nachteile der Vorlesung, wie sie bei Apel ausführlich nachzulesen ist, zeigt deutlich ihre hohe Bedeutung für die akademische Ausbildung nicht nur in Deutschland, sondern auch weltweit.

Eine historische Aufarbeitung kann jedoch nicht schlüssig erklären, warum die Vorlesung weiterhin eine so zentrale Stellung innerhalb der Universität beibehält und warum sie selbst in Zeiten des Vormarsches der virtuellen Welt (Zugänglichmachen von Vorlesungen und Lernmaterialien im Internet) und der gegenwärtigen Favorisierung interaktiver Methoden (die eher in Seminaren und Übungen umsetzbar sind) im Lehrbetrieb der Hochschulen noch nicht verschwunden ist. Einen Hinweis hierzu liefert die systematische Analyse Jan Masscheleins und Maarten Simons in ihrem Aufsatz „Die Universität als Ort öffentlicher Vorlesung" (2011), der zugleich ein Plädoyer für die Aktualität dieser pädagogischen Form darstellt. Die Autoren knüpfen an das Ideal Wilhelm von Humboldts und seiner Zeitgenossen an, indem sie die Vorlesung an Bildung und Aufklärung orientieren und ihr dabei sowohl eine individuelle wie auch eine gesellschaftliche Funktion zuweisen und diese miteinander verschränken. Universität und Vorlesung erscheinen hier als eine Einheit, wobei Erstere ein gesellschaftliches Prinzip und Zweitere dessen konkrete Ausformung beschreibt. Wesentliches Moment der Universität sei ihre Losgelöstheit von der Gesellschaft als ein Ort des öffentlichen Vernunftgebrauchs. Ausgehend von Kants Schrift „Was ist Aufklärung?" stellen Masschelein und Simons nicht die Institution Universität als solche, sondern die Figur des Gelehrten in den Vordergrund, der im Kant'schen Sinne über Dinge des allgemeinen Interesses als Gelehrter nachdenkt und somit nur der Vernunft und Wahrheit verpflichtet ist. Mit Kant sehen Masschelein und Simons die Vorlesung also insofern als „öffentlich" an, als „sie nicht an eine bestimmte Domäne oder Sphäre gebunden [ist], das heißt eine Domäne oder Sphäre mit klaren Grenzen und Operationsregeln" (Masschelein/Simons 2011, 140). Jedoch sei sie nicht vollkommen losgelöst und spielerisch frei, sondern werde eingeschränkt und unterworfen dem „Reich der universalen Vernunft mit seinen Gesetzen und seinem eigenen Tribunal" (ebd., 141).

Die Vorlesung sei der natürliche Ort für solches Nachdenken „in Gegenwart eines Publikums über Dinge von Belang" (ebd., 147). Die Vorlesung unterscheide sich dabei von anderen Lehr-Lern-Situationen dadurch, dass sich der Vortragende auf die gleiche Ebene begebe wie die Zuhörer und sie im Wesentlichen als Gleiche behandle:

> Im Gegensatz zur Unterrichtsstunde spricht der Professor, die Professorin zu einem Publikum und betrachtet sich selbst nicht als wesentlich verschieden vom versammelten Publikum. Während der Vorlesung wird etwas in einer solchen Weise dargestellt, dass das Publikum sich fähig fühlt, Anschluss an das Dargestellte zu finden und sich mit ihm zu befassen, in seiner Gegenwart zu denken (…). Eine Vorlesung umfasst folglich stets die Einladung, ein interessiertes und beteiligtes Publikum zu werden, und begegnet Studierenden nicht als einer Gruppe von Unwissenden oder Lernenden (ebd.).

So kann der Hörsaal zu einem „magischen Ort" werden und die Vorlesung ein „magisches Ritual" im Sinne der Aufhebung von Raum und Zeit für die Anwesenden, die sich ganz in eine Thematik versenken (ebd., 152).
Was Horkheimer kritisch als „mißglückte Säkularisierung der Predigt" (Horkheimer 1953, 27) bezeichnete, wenden die Autoren positiv im Hinblick auf eine moralische und spirituelle Qualität der Veranstaltung:

> Um es sehr allgemein zu sagen, während der Vorlesung enthüllt etwas seinen öffentlichen Belang, das heißt, es enthüllt die Frage, wie wir mit ihm leben und uns ihm gegenüber verhalten wollen (Masschelein/Simons 2011, 147).

Weiter sprechen sie vom magischen Moment der Begegnung so:

> Es sind die Momente, in denen wir spüren, dass sich wirklich etwas ereignet und dass dieses Ereignis etwas mit der öffentlichen Rede zu tun hat. In der öffentlichen Rede steht etwas auf dem Spiel, eine Sache (ein Text, ein Bild, ein Virus, ein Fluss, ein Neuron) wird zum Thema, und die Hörer werden zum Denken in seiner Gegenwart provoziert. Das hat zur Folge, dass, wenn wir Hörer einer Vorlesung sind, wir selbst und unsere Beziehungen zu diesen Dingen auf dem Spiel stehen, und dass wir beginnen müssen, für uns selbst zu sehen und zu denken. Öffentliche Vorlesungen sind deshalb mit dem Entstehen eines neuen Bewusstseins verbunden oder mit einem Überraschen des Selbst, das die eigenen privaten Angelegenheiten übersteigt, dadurch dass Dinge zu einer öffentlichen Angelegenheit werden (ebd., 153 f.).

Diese Form des „Selber-Denkens" ist durchaus nicht identisch mit dem, was man unter Bildung, also z.B. einem kritischen, reflektierten Verstehen ansehen könnte. Was sie beschreiben, ist etwas, das der Bildung vorausgeht: „Studieren wird hier von der Versöhnung durch Bildung ebenso unterschieden wie von dem endlosen Kreislauf des Lernens. Die Zeit des Studiums ist die Zeit des Sich-Schwächens, des Sich-Verlierens im Angesicht zum Beispiel eines ‚Textes' oder von ‚Dingen'" (ebd., 156). Insofern ist es gerade nicht die moralische Lektion über ein Thema, auch nicht das so genannte kritische Reflektieren über den Gegenstand, sondern das emotionale Erlebnis einer Verbindung von Begeisterung und Denken, was die Besonderheit einer Vorlesung ausmacht. Dazu gehört laut Masschelein und Simons ein bestimmtes Ethos des Vortragenden, das mit dem Berufsbild des Professors zu tun hat, und zwar besteht es aus dem

> öffentlichen Versprechen, sich einer Sache zu widmen, sich ihr hinzugeben (…). Der Professor spricht nicht einfach nur über etwas, über Objekte und Fakten, sondern bringt stets auch seine Hingabe an die Sache zum Ausdruck (…). Gewissermaßen ist er stets eine Art Amateur, also jemand, der bis zu einem gewissen Grad liebt, worüber er spricht (ebd., 155).

4.6.3 Die Rolle von Inszenierung und Narration

Da die Kinderuni keine „normale" Vorlesung ist, sondern eine aus ihr entwickelte popularisierte Sonderform darstellt, wird nun noch versucht, die Kinderuni in Bezug auf ihre Besonderheiten aus der Perspektive der PR zu beleuchten. Hierbei steht nicht ein Idealbild von wissenschaftlicher Praxis im Vordergrund, sondern die Kinderuni als funktionales Instrument zur Verbreitung eines Images, der Identität der Universität als gesellschaftlicher Institution. Während Masschelein und Simons die Abgelöstheit der Vorlesung von gesellschaftlichen Zusammenhängen betonen, zeichnet sich die Kinderuni gerade durch eine Hinwendung an die Gesellschaft aus und beabsichtigt eine Brückenfunktion zwischen der Welt der Wissenschaft und der Alltagswelt der Kinder (und der Erwachsenen). So steht die Kinderuni in einem besonderen Spannungsverhältnis zwischen den beiden Welten: Anders als im Kontext des normalen Studiums sind die teilnehmenden Kinder nicht Angehörige der Universität, sie sind nur „Zaungäste" und bedürfen einer Zugangsmöglichkeit zum vorgestellten Thema, die über das Maß hinausgeht, das eingeschriebene Studierende erwarten dürfen. Wie weit reicht jedoch dieses Zugeständnis an die „Zaungäste"? Ist die Einschätzung einiger Öffentlichkeitsarbeiter gerechtfertigt, die die Kinderuni vor allem als Instrument der Werbung sehen, das auf die Bedürfnisse der medialen Berichterstattung zugeschnitten sein muss und in der es um eine messbare quantitative Verbreitung geht (vgl. Goddar 2009)? Angesichts des großen Spielraums, der Dozenten der Kinderuni im Allgemeinen zugestanden wird, kann man diese Frage nur empirisch und ausgehend von jeder einzelnen Veranstaltung beantworten (vgl. Kap. 6.4). Tatsächlich ist die Variationsbreite der Inszenierungen von Vorlesungen im Hörsaal bei der Kinderuni deutschlandweit enorm: So gibt es im Vergleich zum normalen Lehrbetrieb in den Vorlesungen der Kinderuni generell einen vermehrten Einsatz von visuellem Material und Medieneinsatz, wie Fotos, Bilder, Filme, oder, vor allem in den naturwissenschaftlichen Vorlesungen, durch Kameras vergrößerte, technisch unterstützte physikalische Experimente. Auch Objekte wie Tiermodelle, Apparaturen oder symbolische Gegenstände werden häufig in die Vorlesungen einbezogen, die nach dem Ende der Veranstaltung teilweise von den Kindern ausprobiert oder untersucht werden können. Sogar den Einsatz von dramaturgischen Mitteln kann man in der Kinderuni beobachten: Es gibt musikalische Vorführungen, Live-Untersuchungen von Föten im Mutterleib, sowie die Einbeziehung des Publikums, wenn eine Gruppe von Kindern „auf der Bühne" die Funktionsweise eines Muskels demonstriert, indem sie das Zusammenspiel der Muskelfasern darstellen. Typischerweise finden Kinderuni-Vorlesungen daher auch in Hörsälen statt, die eine Theatralisierung und Inszenierung erlauben, also architektonisch Theatersälen nachempfunden sind.

Trotz dieser zusätzlichen Gestaltungsmittel beruht die Kinderuni im Gegensatz zu anderen populären Formaten der Wissenschaftskommunikation auf der traditionellen Form erlebten und sinnlich gemachter „Textes" oder einer ebensolchen „Idee". Die Vorlesung setzt vor allem die auditive Sprachverarbeitung in Gang. In Museen bzw. Science Centern, die auf Kinder und Jugendliche ausgerichtet sind, steht dagegen das Visuelle, das Haptische, auch die Narration im Vordergrund (Gisler 2004, 206 f.). Typisch ist hier das Erlebnis des Mit-Machens in einer Ausstellung (z.B. Exponate, mit denen Handlungen ausgeführt werden) oder die Einbettung in Geschichten einer wissenschaftlichen Entdeckung oder Biographie. Der Aspekt der Inszenierung spielt zwar sowohl in den Vorlesungen der Kinderuni als auch in Ausstellungen eine Rolle.[66] Es gibt aber einen entscheidenden Unterschied: In der Vorlesung steht die Person des Wissenschaftlers im Vordergrund. Nicht, wie in Ausstellungen, das Objekt, sondern die Person tritt in den Austausch mit dem Publikum. Daher ist sie es, die sowohl das Phänomen „Wissenschaft" als auch die Universität als Institution verkörpert. Indem sich der Wissenschaftler, die Wissenschaftlerin auf der Bühne der Kinderuni präsentiert, spielt er oder sie eine Rolle, die nicht nur durch das System Wissenschaft bestimmt ist. Er oder sie betritt einen Raum, in dem auch gesellschaftliche Erwartungen an seine und ihre Rolle ins Spiel kommen. Fachlich gesprochen geht es aus dem Blickwinkel der PR hier um das Image des wissenschaftlich Tätigen und der Wissenschaft, um den Wissenschaftler und die Wissenschaftlerin als Teil der Corporate Identity[67] einer Universität. Die Identität

---

[66] Masschelein und Simons stehen dem Element der Inszenierung im Rahmen der Vorlesung zwiespältig gegenüber. Zwar sehen sie in der Architektur des Hörsaals die Funktion verwirklicht, „Menschen um etwas zu versammeln" und betonen seine Bedeutung als öffentlicher Raum; andererseits streiten sie ab, dass der Hörsaal eine Bühne ähnlich dem Theater oder Parlament darstelle: „Sie sind oft nicht so gestaltet, dass eine Aufführung gut sichtbar ist oder die Blicke auf den Redner (...) gelenkt werden" (Masschelein/Simons 2011, 149 f.). Für die Kinderuni dürfte der bühnenartige Hörsaal jedoch typisch sein.
[67] Der ökonomische Begriff Corporate Identity wird definiert als „strategisches Konzept zur Positionierung der Identität oder auch eines klar strukturierten, einheitlichen Selbstverständnisses eines Unternehmens" (Gabler Wirtschaftslexikon 2014, 660). Dieses umfasst u.a. eine „Unternehmenskultur als Netzwerk von gelebten Verhaltensmustern und Normen", die das Handeln der Mitarbeiter

des Wissenschaftlers, der Wissenschaftlerin wird in ein Verhältnis gesetzt zu den Erwartungen und der Vorstellungswelt des Publikums. Voraussetzung für die Betrachtung des Wissenschaftlers und der Wissenschaftlerin im Rahmen von PR ist die Annahme, dass es sich bei seiner Identität nicht um etwas Gesetztes, Autonomes, Unveränderliches handelt, sondern dass es um ein konstruktivistisches Verständnis von Identität geht. Die Wissenschaftsphilosophin Priska Gisler entwickelt das Verhältnis von Wissenschaftlern als Repräsentanten von Forschungsorganisationen und ihrem Publikum im Rahmen der Wissenschaftskommunikation mit dem Modell der „Erzählung über sich selbst" (Gisler 2004). Gisler beruft sich auf Jerome Bruners narrative Identitätstheorie, die die Vorstellung eines autonomen Selbst radikal in Frage stellt:

> (...) there is no such thing as an intuitively obvious and essential self to know, one that just sits there ready to be portrayed in words. Rather, we constantly construct and reconstruct our selves to meet the needs of the situations we encounter (Bruner 2002, 64).

Daraus schließt sie, dass

> Forschungsinstitute und Hochschulen ihre Selbstrepräsentationen nicht am schwarzen, leeren Brett [erschaffen]. Sie entwickeln sich vielmehr aus der Mitte der Geschehnisse, aus bestimmten historisch-sozialen Kontexten heraus. Dass sich Randbedingungen verändern können, bedeutet, dass die Geschichten, die das Selbst kreieren und gerade auch diese Randbedingungen charakterisieren, sich wandeln können (Gisler 2004, 209).

Identität ist somit ein Aushandlungsprozess zwischen dem „Innen" des akademischen Alltags und dem „Außen" des nicht-akademischen Publikums. Dieser Prozess des Aushandelns ist nicht immer frei von Konflikten und auch nicht beliebig. Am Beispiel der Entwicklung eines Exponates für die Selbstdarstellung einer großtechnischen Forschungsanstalt im Rahmen einer Ausstellung untersucht Gisler, wie dieser Aushandlungsprozess verläuft: Ausgangspunkt jeglicher Vermittlung von wissenschaftlichen Inhalten ist zunächst die Herstellung von

---

bestimmen und so sicherstellen, „dass die durch verbales und nonverbales Verhalten gesendeten Signale mit dem erarbeiteten Konzept übereinstimmen und so bei den verschiedenen Adressatenkreisen wie Öffentlichkeit, Kunden, Presse, Kapitalgeber, Lieferanten potenzielle Arbeitnehmer etc., den Aufbau eines Firmenimages ermöglichen" (ibid.). Das Konzept ist nur begrenzt übertragbar auf Organisationen wie Universitäten, die bisher nicht in gleichem Maße wie gewinnorientierte Unternehmen auf eine klare Profilbildung ausgerichtet sind. Gleichwohl kann der Begriff Corporate Identity übertragen werden auf eine Orientierung von Wissenschaftlern und Wissenschaftlerinnen an den Normen der Wissenschaft und der gesellschaftlichen Rolle der Universitäten im Allgemeinen (vgl. Kap. 4.3 und 4.4). Ob das Ziel von Corporate Identity, „eine wesentlich höhere Kompatibilität und Synergie der Unternehmensaktivitäten" zu ermöglichen (ibid.), in Bezug auf eine einzelne Universität erreicht werden kann, ist aufgrund des Prinzips der akademischen Freiheit von wissenschaftlich Tätigen fraglich.

Vertrautem bzw. die Anknüpfung an Vertrautes sowie die Suche nach einem emotionalen Zugang:

> Von Anfang an sei klar gewesen, erzählte der Forscher, dass man den Leuten ‚etwas nahe bringen‘, ihnen etwas ‚zeigen‘ wolle, damit sie in der Folge etwas ‚empfinden‘ könnten. Die Besucher sollten zunächst auf einer Gefühlsebene angesprochen werden, nicht auf einer intellektuellen (ebd., 211).

Nach verschiedenen Versuchen einer Umsetzung wurde letztlich aber ein Exponat entwickelt, dass nur den Anlass einer Beschäftigung mit dem vorgestellten Forschungsthema bot. Der Sinn konnte nur dann adäquat übermittelt werden, wenn das Exponat durch Erläuterungen und eine Führung der Wissenschaftler begleitet wurde:

> Was aber den epistemischen Kern ihrer Tätigkeiten anbetrifft, erachten sich die Wissenschaftler als unerlässlich. Sie verdeutlichen mit ihrer Selektion, dass weder die Nähe zur nicht-wissenschaftlichen Welt noch ein Produkt im Zentrum ihrer Arbeit und deren Bezugnahme zur Welt stehen, sondern das Aufeinander-Abstimmen, die Koordination und Kontrolle, das Zurechtrücken der „Sachen" (ebd., 216).

Selbst wenn es sich hier also nicht um eine Vorlesung, sondern um eine Ausstellung handelt, so zeigt dieses Beispiel, dass die beteiligten Wissenschaftler auf das Wort statt auf die Visualisierung setzten. Ohne die persönliche Anwesenheit und Erklärung konnte offenbar das Wesentliche nicht übermittelt werden (ebd.). Wissenschaftskommunikation unter Beteiligung von wissenschaftlich Tätigen ist demnach eine Selbstbestätigung der Identität des Forschenden und der Forschung; die Begegnung mit dem Publikum nimmt dabei eine wichtige Funktion ein. Gisler spricht unter Bezugnahme auf Philippe Lejeune von einem „pacte autobiographique", in dem ein Autor auf die Wahrheit und die Lesenden auf die bereitwillige Annahme verpflichtet werden, wobei die Leser Autor und Geschichte fortwährend auf ihre Glaubwürdigkeit überprüfen (ebd., 217). Erzähler und Publikum sind daher beide an der „Identität" der Wissenschaft beteiligt, wobei es den „Autoren" zukommt, die Spielregeln der Identitätskonstruktion aufzustellen und beizubehalten:

> Die Forschenden gelangen in ihrer Geschichte zu einem Bild ihrer Arbeit, in dem die Logik der Wissenschaft dem Lauf der Natur folgt. Sie beharren aber darauf, dass es ihrer selbst bedarf, um das damit in Zusammenhang stehende Wissen zu generieren. Und erst das Vorhandensein eines Publikums verleiht ihrer Geschichte einen Sinn (ebd.).

Der Wissenschaftler spricht in erster Linie für sich selbst, über seine Person wird auch das Abbild, das Image der Wissenschaft und der Universität, mitgeprägt, und mit dem Einverständnis des Publikums immer wieder neu hervorgebracht. Zwar verschwinden unter dem zunehmenden Professionalisierungs- und Differenzierungsdruck in der Öffentlichkeitsarbeit der Hochschulen und Forschungsorganisationen die Forschenden immer mehr: In Ausstellungen, Pressemitteilungen und Selbstdarstellungsbroschüren sind sie häufig nicht mehr die Autoren der Aushandlungsprozesse mit dem Publikum. Umso mehr sind sie es aber in der Kinderuni, die den direkten Kontakt von wissenschaftlich Tätigen und Publikum zum Markenzeichen gemacht hat:

> Die Forschenden selber wollen nicht verschwinden, wenn Glaubwürdigkeit, aber auch ihre originären Forschungsinteressen und –objekte zur Debatte stehen (ebd., 218).

Glaubwürdigkeit, Wahrheit, Wortlastigkeit und persönliche Begegnung sind damit trotz stärker werdender Visualisierung und Inszenierung von Wissenschaft weiterhin ausschlaggebend für die Kommunikation von Forschungseinrichtungen. Die Analyse im folgenden Kapitel wird jedoch zeigen müssen, ob dies auch für den Typ der Kindervorlesung gilt. Denn hier vertritt der Redner oder die Rednerin häufig nicht seine oder ihre eigene Forschung und legt daher offenbar nicht direkt Rechenschaft über seine oder ihre eigene Identität ab: Schließlich geht es in der Kinderuni vordergründig häufig um die Klärung von Alltagsproblemen („Woher weiß das Navi, wo wir lang fahren müssen?") oder berücksichtigt die Wünsche der Kinder (Vorlesung über Brücken). Es könnte daher die Hypothese aufgestellt werden, dass die Aushandlungsprozesse hier etwas anders verlaufen. Aufgrund der Vielfalt der Themen und Akteure ist außerdem zu vermuten, dass es graduelle Unterschiede geben wird. Es wird zu prüfen sein, ob sich Inszenierung und Narration im Kontext der Kinderuni als Störer von Authentizität und Glaubwürdigkeit erweisen.

4.6.4 Zwischenfazit

Die Diskussion über die Aspekte der interpersonellen Kommunikation gibt einige Hinweise für die Klärung der Frage, ob die Vorlesungen der Kinderuni die Möglichkeit von Bildung beinhalten. Für Lern- und Bildungsprozesse ist zentral, dass die Vortragenden sich um eine adäquate Anrede bemühen und das Publikum zugleich eine innere Bereitschaft aufweist. Besonders wichtig ist das Moment der Begegnung, das Buber als „Zwischen" bezeichnete und das nur bedingt planbar erscheint (Buber 1994 [1974]). Somit braucht die Form des Dialogs Raum für Unvorhergesehenes und Spontaneität. Nur aus der konkreten, nicht wiederholbaren Situation kann dann die mit einer spirituellen Erfahrung verbundene Anregung zum Selber-Denken im Publikum stattfinden. Jedoch beinhaltet der Dialog auch, dass beide Partner verändert aus der Situation hervorgehen, und zwar sowohl auf der emotionalen als auch auf der kognitiven Ebene.

Wesentlich für den Typus der Vorlesung ist eine emotionale Qualität, nämlich Begeisterung und Hingabe des Vortragenden für das Dargestellte und die Herstellung einer gleichen Ebene mit dem Publikum, setzt also das Bestreben von Symmetrie in der Kommunikation voraus. Darüber hinaus zeichnet die Vorlesung aus, dass sie wissenschaftliches Denken vorführt und etwas über die Konstruktion des wissenschaftlichen Gegenstandes enthält, also auch den Vorgang des wissenschaftlichen Zugangs zu einem Themengebiet behandelt (Schleiermacher). Folgen wir Masschelein und Simons, ist die Vorlesung außerdem ein Forum für öffentliches Nachdenken über Fragen von Belang, die jedoch nicht mit einer eindeutigen Bewertung des Vorgestellten verbunden sind, sondern diese Bewertung für das Publikum offen halten, somit einen Impuls setzen, der eine weiterführende Beschäftigung und persönliche Bezugnahme erlaubt und anregt. Eine Vorlesung ist also nicht Bildung, sondern geht ihr voraus. Umso wichtiger erscheint daher das Moment der Inspiration, in dem die Zuhörer und Vortragenden aus ihrem Ich heraustreten und einen Teil ihres Selbst der Begegnung, der Transformation preisgeben. Mit Kant kann man sagen, dass in dieser „riskanten" Situation des beiderseitigen Kontrollverlustes die Regeln des Vernunftgebrauches die Versicherung darstellen, dass es mit rechten Dingen zugeht, dass wirklich Wahrheit und Erkenntnis im Mittelpunkt der Vorlesung stehen, und nicht Unterhaltung oder Propaganda.

Zur Vorlesung gehört daher, wie Gisler verdeutlicht, der Schwerpunkt der kognitiv-sprachlichen Verarbeitung, die dem Wort Vorrang vor dem Bild einräumt. Visuelles, Narratives, Haptisches ist immer Mittel zum Zweck und stellt nur den Ausgangspunkt für die Vorstellung einer Idee oder eines Begriffes dar. Zugleich garantiert die Person des Wissenschaftlers und der Wissenschaftlerin die getreue Repräsentation von Wissenschaft und Universität in einem „pacte autobiographique", die durch die Akzeptanz des Publikums eine Stabilisierung erhält. Dies weist hin auf das Vorhandensein von eigenen, narrativen bzw. identitätsstiftenden Elementen der Wissenschaft, die es im nächsten Kapitel aufzuspüren gilt. Diese umfasst auch das spezielle Ethos des Wissenschaftlers und der Wissenschaftlerin.

4.7 Exkurs: Sachbücher für Kinder

Die Problematik einer Vermittlung zwischen Wissenschaft und Öffentlichkeit in der Praxis lässt sich zusätzlich anhand des Sachbuchs bzw. des Kindersachbuchs verdeutlichen.

Eine eindeutige Bestimmung des Begriffs „Sachbuch" oder „Kindersachbuch" ist bisher noch nicht gelungen; zwar kann die Charakterisierung „Darstellung von Fakten" als grobe Richtlinie dienen, aber auch erzählerische Elemente wie Dialog, die Einbettung in fiktionale Rahmenhandlungen und die Verwendung literarischer Stilmittel sind häufig vorhanden und erschweren eine deutliche Abgrenzung (Hahnemann/Oels 2008, 7-17; Ossowski/Ossowski 2011, 364 ff.). Ekkehard und Herbert Ossowski führen die Entstehung des Kindersachbuchs u.a. auf Comenius' „Orbis sensualium pictus" (1658) zurück (Ossowski/Ossowski 2011, 371); Andreas Daum weist auf Naturdarstellungen wie „Brehms Tierleben" (1864-68) hin (Daum 1998, 257 ff.); Andy Hahnemann und David Oels erwähnen als Vorläufer Sammlungen von Realien aus Geographie, Geschichte, Technologie, Naturkunde, Himmels- und Menschenkunde nach dem ersten Weltkrieg (Hahnemann/Oels 2008, 14). Als Hauptmotiv für die Entstehung von Sachbüchern wird „Bildung" (ebd.) bzw. „Demokratisierung von Wissen" (Ossowski/Ossowski, 379) genannt, wobei im Unterschied zu Lehrbüchern die unterhaltende Funktion betont wird.

Während im 19. Jahrhundert Realiendarstellungen wie z.B. populäre Naturkundebücher häufig auf narrative bzw. literarisch-poetische Elemente zurückgriffen (Daum 1998, 243 ff.), entstanden im 20. Jahrhundert Sachbücher mit Texten, die „schlicht chronologisch oder topographisch" organisiert waren und statt auf einen „durchgehaltenen Spannungsbogen" auf „wissenschaftliche Absicherung" Wert legten (Hahnemann/Oels 2008, 14). Da das Sachbuch vor allem auf die Jugend als Zielgruppe ausgerichtet war, diskutierten ab den fünfziger Jahren des 20. Jahrhunderts Pädagogen über dessen Sinn und Gestaltung. Dabei ging es darum, Literarisierung und Narrativierung als „geduldetes Übel" möglichst gering zu halten (ebd., 15). Dieser Einschätzung lag die Vorstellung eines „reinen Wissens" in der Form der Wissenschaft zugrunde, in dem Mischformen grundsätzlich nicht zu den legitimen Formen kultureller Produktion gezählt wurden (ebd.). Hans Magnus Enzensberger verurteilte 1960 die literarische Aufbereitung in populärwissenschaftlichen Büchern als Ablenkung vom „Kern der Sache", was nicht dem Versagen einzelner Autoren zuzuschreiben sei, sondern in der „Natur dieser Gattung" liege – im Erzählerischen gingen wissenschaftliche Tatsachen unter, und der Leser erfahre nichts von den Grundbegriffen und wissenschaftlichen Methoden (Hans Magnus Enzensberger: Muß Wissenschaft Abrakadabra sein? In: Die Zeit vom 5.2.1960; zitiert nach Hahnemann/Oels 2008, 15). Dennoch waren Sachbücher seit den 1960er Jahren, zunehmend auch für ein erwachsenes Publikum, kommerziell enorm erfolgreich, was Hahnemann und Oels nicht nur erhöhten Bildungsbemühungen und der Explosion des Wissens, sondern auch gesellschaftlichen Teilhabe- und Unterhaltungsbedürfnissen zuschreiben (so verweisen sie auf einen Zusammenhang zwischen aktueller medialer Berichterstattung und Sachbuch-Jahresbestsellern, ebd., 17).

Die Hybridform von Sachbüchern zwischen Wissensvermittlung und Unterhaltung beurteilen Ossowski und Ossowski für das Kindersachbuch grundsätzlich positiver, indem sie herausstellen, dass Unterhaltung, genaue Sachkenntnis und die Anpassung an das anvisierte Publikum gleichberechtigte Ansprüche an die populärwissenschaftliche Aufbereitung von Themen darstellten (Ossowski/ Ossowski 2011, 364 ff.). Es gehe darum,

> peinlich genau acht[zu]geben, sie [wissenschaftliche Erkenntnisse, S.K.] nicht zu verfälschen, sondern sie so zu ‚übersetzen', dass sie in allgemeinverständlicher Darstellung von Laien aufgenommen werden können. Das bedeutet jedoch nicht unbedingt den Verzicht auf Fachtermini, verpflichtet vielmehr zur leserzielgerechten Erklärung, wenn möglich durch die Textzusammenhänge oder (…) durch zusätzliche Erklärungen in einem ‚Anhang' (Glossar, Stichwortverzeichnis, Begriffserklärungen o.ä.) (ebd., 367).

Dass Sachbücher für Kinder auch unterhaltende Funktion haben, sehen sie nicht als notwendiges Übel, sondern weisen ihr (und ihren literarischen Stilmitteln) eine nützliche, weil motivierende Funktion zu: „Sie regen zu eigenem Forschen und zu weiterer Suche nach vergleichbaren Phänomenen an", die aktuell zu beobachtende Ergänzung von Sachbüchern für Kinder mit „Anregungen zu (Natur)- Beobachtungen, spielerische Elemente und andere handlungsorientierte Möglichkeiten im Sinne des ‚Lernens mit allen Sinnen' (audiovisuelle Mittel) lockern zusammen mit adäquaten literarischen Formen auf" (ebd., 370). Dazu müssten Sachbücher so konzipiert sein, dass sie auch ohne Unterstützung von Lehrpersonen zugänglich sind und Methodik, Didaktik und Gestaltung in sich selber tragen (ebd., 382). Die Unterhaltung als notwendiges Element für eine außerinstitutionelle, freiwillige Beschäftigung mit Wissensbeständen sei dabei so erfolgreich, dass sie auch in Schulbüchern immer mehr Verwendung finde und sich aktuell Lehrwerke und Jugendsachbücher in der Form einander annäherten (ebd., 367). Daher sehen sie das Sachbuch als „Unterstützung gezielten schulischen Lernens" an, wenn auch „unter bestimmten Bedingungen" (ebd., 378). Eine Qualitäts- und Adäquanzdiskussion zu Kindersachbüchern halten die Autoren dabei für unerlässlich und formulieren dies als Forschungsdesiderat (ebd., 385).

Die bekannteste und älteste Sachbuchreihe für Kinder im Alter zwischen acht und vierzehn Jahren in Deutschland ist die „Was ist was"-Reihe (seit 1963). Ragnar Tessloff adaptierte die Sachbuchreihe für den deutschen Buchmarkt aus der amerikanischen Vorlage „How and why" (Sentker 2013, 41). Weiterhin ragt aus dem inzwischen unüberschaubar gewordenen Sachbuchmarkt für Kinder die Reihe des Verlags Gerstenberg in Zusammenarbeit mit dem Dorsling/Kindersley-Verlag heraus. Beide Reihen behandeln die Themenkreise „Menschen", „Tiere", „Natur und Technik", „Erde/Weltall/ Landschaften", „Geschichte/Zeitgeschichte", „Umwelt/Umweltschutz", „Religion", wobei Darstellungen über Natur und Tiere am zahlreichsten vertreten sind (vgl. auch Ossowski /Ossowski 2011, 380). Autoren der Einzelbände sind entweder Wissenschaftler bzw. ausgewiesene Experten in einem Sachgebiet, oder Wissenschaftsjournalisten und freie Autoren, die sachlich von Wissenschaftlern und Mitarbeitern aus Forschungsmuseen beraten werden.

Beherrschendes Element ist bei „Was ist was" traditionell die Begrenzung auf 48 Seiten, die Dominanz des Textes gegenüber dem Bild und die Strukturierung in Abschnitte, die durch Fragekästchen eingeleitet werden. Abgesehen davon variiert der Stil der „Was ist was"-Bücher deutlich: Während der Band „Die Gene" (Band 111) mit einem magazinartigen Fallbericht aus der Kriminalistik beginnt, der die „Entdeckungsgeschichte der Gene" erzählt (Eberhard-Metzger 2001, 10 ff.) und insgesamt von einer erzählerischen Gestaltung geprägt wird („Bestimmt hast Du eine solche oder ähnliche Beobachtung schon einmal gemacht", ebd., 6; „Die DNS ist ein ausgesprochen hübsches Molekül: sie sieht aus wie eine zierliche Strickleiter", ebd., 20), ist die Sprache in dem Band über „Eiszeiten" (Band 65) sachlich („Zu den Klimaarchiven gehören auch Gesteine und Ablagerungen auf dem Festland und dem Meer. Ihre chemische und physikalische Zusammensetzung verrät den Wissenschaftlern die Klimageschichte einer Region", Crummenerl 2004, 9). Der Band über „Wölfe" (Band 104) beginnt mit der Schilderung eines persönlichen Erlebnisses des Autors mit den „Wölfen von Passo San Leonardo" (Zimen 1997, 4 f.) und geht ausführlich auf die Beziehung von Wolf und Mensch ein (ebd., 10 ff.).

Die Bücher des Gerstenberg-Verlages zeichnen sich im Gegensatz dazu besonders durch ihre Dominanz der Bilder aus. Auf erzählerische Elemente wird weitgehend verzichtet, „reine Fakten in kleinen Textblöcken, arrangiert in doppelseitigen Bild-Text-Themen" laden den Leser zum Blättern und Verweilen ein und überlassen es ihm selbst, wann und wie intensiv er sich mit den einzelnen Elementen auseinandersetzen will (Ossowski/Ossowski 2011, 379). Die Autoren treten in den Hintergrund, sie führen nicht mehr durch ein Thema und rahmen es narrativ ein, sondern konfrontieren den Leser direkt mit der Sache selbst. Die Texte sind teilweise recht anspruchsvoll: Es werden Fachtermini verwendet, Apparate und Methoden der zugrunde liegenden Wissenschaften vorgestellt (im Band „Kristalle und Edelsteine" zum Beispiel „Winkelkonstanzgesetz", oder „Kontaktgoniometer", vgl. Symes/Harding 2012, 12).

Diese Art der Darstellung ist ein Trend, dem sich auch die „Was ist was"-Reihe in ihren Neuauflagen mehr zuwendet: Die Fragekästchen werden zukünftig aufgegeben, Abbildungen und Fotos werden größer, der Textanteil kleiner (Sentker 2013, 41). Der Umfang der Bücher der Gerstenberg-Reihe überschreitet oft die bei „Was ist was" üblichen 48 Seiten. Neuere Ausgaben weisen ein Glossar oder Register auf, die denen von Lexika ähneln. Diese Gestaltungsmerkmale und auch die Differenzierung der Themen weisen darauf hin, dass die Beschränkung auf „kindgerechte Themen" verschwindet (Ossowski/Ossowski 2011, 376). Es finden sich ebenso Darstellungen und Hinweise auf neue wissenschaftliche Erkenntnisse zum Sachthema sowie auf bisher ungelöste Fragen („Gene": „Was die Genforscher noch alles wissen möchten", Eberhard-Metzger 2001, 42 ff.). Nachteile dieser Darstellungsweise sieht Uta Kirchner in der „Sterilität" der zwar farblich und gestalterisch brillanten, aber aus dem Kontext herausgelösten Abbildungen, in der häppchenweisen Verteilung des Textes auf die Doppelseiten, was dem systematischen Begreifen im Sinne einer „Informationsvernetzung" zuwiderlaufe, oder in der unreflektierten Anwendung des immer gleichen Konzeptes für sehr unterschiedliche Themen (Kirchner 1999, 186 f.).

Seit Enzensberger seine Kritik an populärwissenschaftlichen Sachbüchern formulierte, ist besonders beim Sachbuch für Kinder dennoch festzustellen, dass sein Argument, die wissenschaftlichen Grundlagen und Fakten würden zugunsten des Erzählerischen unterrepräsentiert oder verwässert, heute nicht mehr in gleichem Maße zuzutreffen scheint. Ob jedoch die Absicht mancher Autoren und Verlage neuerer Sachbücher, Kinder anschaulich „mit der Sache selbst" zu konfrontieren, sinnvoller ist als die Vermischung von Fakten mit Erzählformen, soll hier nicht beantwortet werden. Die teilweise Abkehr von strukturierenden „Rahmenerzählungen" zeigt jedenfalls, dass die Gegenüberstellung von „literarischen" und „wissenschaftlichen", d.h. rein faktenorientierten Elementen zusammen mit der Bewertung als „nicht legitim" oder „legitim" offenbar weiter fortwirkt: Die Wissenschaftlichkeit ist weiterhin dominantes Kriterium der Beurteilung. Die Analyse von Ossowski und Ossowski legt jedoch nahe, dass eine pädagogische Perspektive auf Sachbuchliteratur unterhaltende Elemente aufwerten kann: Didaktik und Unterhaltung können einander ergänzen oder sogar ineinander aufgehen, wobei weitgehend unbekannt ist, wie sich dies auf das Verstehen von und die weitere Beschäftigung mit wissenschaftlichen Inhalten auswirkt – nicht umsonst empfehlen die Autoren den individuellen und situationsabhängigen Einsatz von Sachbüchern als Ergänzung zu Lehrwerken in der Schule und die begleitende gemeinsame Lektüre in den Familien (Ossowski/Ossowski 2011, 384).

4.8 Fazit

Voraussetzung für eine Betrachtung der Kinderuni unter dem Paradigma „Wissenschaft" ist, dass eine weite Definition von Wissenschaft gewählt wird, die nicht nur die Inhalte und das Forschen an sich, sondern die gesellschaftliche Einbettung der Wissenschaft in Institutionen und ihre Gestaltung durch Personen einschließt (Makrowissenschaft). In dieser gewinnt die Kommunikation eine besondere Bedeutung, sowohl für den Prozess des Forschens selbst wie auch für die Gestaltung einer Beziehung zur Gesellschaft, als dessen Teil Wissenschaft gesehen wird. Während Humboldt eine Isolation der wissenschaftlichen Sphäre von Staat und Gesellschaft und ihre grundsätzliche Neutralität einforderte, und damit auch die Idealvorstellung von Universität bis in das 20. Jahrhundert prägte, finden sich in neuerer Zeit vermehrt Stimmen, die der Wissenschaft eine direkte gesellschaftliche Rolle zuweisen.

Derrida betont weiterhin die Autonomie der Wissenschaft und insbesondere der Universität als einen Ort der freien Reflexion. Zugleich trägt er der gesellschaftlichen Bedeutung der Universitäten Rechnung, deren Pflicht es sei, öffentliches Nachdenken über relevante zeitgenössische Themen zu fördern. Professoren komme die Aufgabe zu, sich im Rahmen ihrer wissenschaftlichen Tätigkeit unter der Maxime der Wahrheitsbekundung mit der Gesellschaft in Beziehung zu setzen und mit den Mitteln der Wissenschaft Alternativen und Perspektivwechsel zu erarbeiten, die u.a. der Aufrechterhaltung von Demokratie dienen. Autonomie besteht in dieser Betrachtung darin, dass Wissenschaftler über die Themensetzung ihrer Forschung und die Form ihrer Bearbeitung selbst entscheiden. Die Wahrheitsverpflichtung gebietet darüber hinaus, dass Professoren sich nur zu gesellschaftlichen Themen äußern, bei denen sie Experten sind. Eine Kommunikation mit der breiten Öffentlichkeit bzw. Popularisierung ist hierbei nicht zwingend eingeschlossen. Nowotny et al. entwerfen ein radikal anderes Bild von Wissenschaft: In ihrem Modell der Kontextualisierung verliert diese (für verschiedene Wissenschaftszweige graduell unterschiedlich) sowohl die Deutungshoheit ihrer Erkenntnisse wie auch die Autonomie, die relevanten Themen selbst zu setzen. Der Wahrheitsanspruch wird aufgegeben zugunsten „gesellschaftlich robusten Wissens"; die Gesellschaft entscheidet mit, welche Erkenntnisse sie als wahr akzeptiert bzw. welche für sie brauchbar sind und handelt diese in „Transaktionsräumen" aus. In diesem Modell eröffnen sich vielfältige Möglichkeiten der Kommunikation mit einer spezialisierten und breiten Öffentlichkeit. Beiden Modellen von Wissenschaft gemeinsam ist die Forderung an Wissenschaftler, ihre öffentliche Rolle bewusst zu gestalten. Derzeit ist eine flächendeckende Kontextualisierung von Wissenschaft aber weder theoretisch denkbar noch empirisch beobachtbar.

Die Vorlesung als Form der akademischen Lehre eignet sich in besonderer Weise für den Kontakt mit der Öffentlichkeit. Seit dem frühen 19. Jahrhundert soll sie einen Überblick über ein Fachgebiet geben, das selbstständige Denken schulen, idealerweise sogar erkenntnisfördernd zurückwirken auf die vortragenden Wissenschaftler (Humboldt, Schleiermacher). Wesentlich ist in ihr auch der Aufbau einer positiven emotionalen Beziehung zwischen Vortragendem und Publikum, das zu einer gleichberechtigten Teilhabe am Gegenstand befähigt und zu einer Bewusstseinsveränderung inspiriert wird (Masschelein/Simons). Gisler zeigt anhand ihrer Analyse einer Ausstellung, dass die Beziehungsgestaltung zwischen einem Wissenschaftler und seinem Publikum ein komplexes Aushandeln von Identität beinhaltet, bei dem sowohl das Selbstverständnis des Wissenschaftlers als auch die Erwartungen des Publikums eine Rolle spielen. Die Kontrolle über den Gegenstand und die Deutungshoheit schreibt sie, ähnlich wie Derrida, den Wissenschaftlern zu: Diese sind zu Kompromissen in der Darstellung ihrer Forschung bereit, um das Publikum emotional zu aktivieren, achten aber sehr genau darauf, den von ihnen festgelegten Wahrheitsgehalt nicht aufzugeben. Ein ähnliches Phänomen, gerade auch in neuerer Zeit, ist auch beim Kindersachbuch festzustellen. So betrifft die Kontextualisierung in den allermeisten Disziplinen nicht den Produktionsprozess wissenschaftlichen Wissens, sondern hauptsächlich den nachgeordneten gesellschaftlichen Kommunikationsprozess.

Die Kinderuni könnte Merkmale sowohl des Autonomiemodells von Derrida wie auch des Kontextualisierungsmodells von Nowotny et al. aufweisen. Es wird genau zu untersuchen sein, ob die Themensetzung sich an der jeweiligen Wissenschaft oder am kindlichen Publikum und seinen Interessen orientiert, und inwieweit die Dozenten bereit sind, ihm eigene Deutungsmuster zuzuerkennen.

TEIL II: Empirische Studien

5 Analyse bisheriger empirischer Studien

Nach den theoretischen Vorüberlegungen zu Bildung, Kommunikation und Wissenschaft soll nun eine Analyse erfolgen, ob und in welcher Form sich diese in der Anwendung von Wissenschaftskommunikation, und speziell im Fall der Kinderuni, wiederfinden. Hierzu wird in drei Schritten vorgegangen:

Als erste Annäherung an Wissenschaftskommunikation in der Praxis wird das Kommunikationsverhalten von Wissenschaftlern in der Öffentlichkeit untersucht und dabei ihr Auftreten in den Medien und in Versammlungsöffentlichkeiten berücksichtigt. Diese beiden Bereiche weisen die größte Nähe zum Untersuchungsschwerpunkt der Kinderuni auf. Auf der Rezeptionsseite werden Ergebnisse der Entwicklungsforschung vorgestellt, die im Hinblick auf die kognitiven Voraussetzungen von Kindern im Grundschulalter Hinweise darauf geben können, wie diese komplexe Sachverhalte verarbeiten. In einem zweiten Schritt werden bisherige empirische Analysen der Kinderuni vorgestellt. Sie zeigen, unter welchen Fragestellungen die Veranstaltung bisher analysiert wurde. Die Ergebnisse werden erneut unter der veränderten Fragestellung eines Sinns oder Bildungswertes ausgewertet und dahingehend diskutiert, inwiefern sie schon erste Antworten ermöglichen.

Im Anschluss wird die für diese Arbeit angefertigte qualitativ-empirische Studie zur Kinderuni Bonn präsentiert, in der die in den vorangegangenen Studien gemachten Erfahrungen einfließen.

5.1 Wissenschaftler und ihr Verhältnis zur Öffentlichkeit

5.1.1 Medienkontakte von Wissenschaftlern

Hans-Peter Peters et al. überprüften indirekt die von Nowotny et al. aufgestellte These einer Kontextualisierung von Wissenschaft: Sie befragten deutsche Wissenschaftler aus den Bereichen Stammzellforschung und Epidemiologie sowie Pressestellenleiter von Wissenschaftsorganisationen und Personen aus dem politisch-administrativen System, inwieweit sich Medienkontakte auf die Darstellung und die Inhalte der Forschung in den genannten Bereichen auswirken und wie sie diese einschätzen. Ausgangspunkt war dabei die Medialisierungs-These von Weingart, die besagt, dass sich Wissenschaft zunehmend an den Massenmedien und ihrer Logik der Darstellung orientiere, was eine mögliche Gefährdung wissenschaftlicher Qualität mit sich bringe, sich also letztlich auch auf den „Kern der Wissensproduktion" auswirke (Weingart 2001, 249; vgl. Peters et al. 2008, 270).

Dieser Wissenschaftszweig zeichne sich in besonderer Weise dadurch aus, dass er große mediale Beachtung finde, sowohl wirtschaftlich wie politisch eine hohe gesellschaftliche Relevanz besitze und seine Ergebnisse und Forschungsmethoden teilweise gesellschaftlich umstritten seien (Peters et al. 2008, 271). Die Autoren stellten zunächst fest, dass die teils kontroverse Berichterstattung über die Stammzellforschung bei menschlichen Embryonen nur einen kleinen Teil des Wissenschaftszweiges betreffe (ebd.) und das Verhältnis zwischen Medien und Wissenschaftlern im Großen und Ganzen unproblematisch sei (ebd., 280). Medienkontakte würden generell nicht als Karrierehindernis gesehen, wenn bestimmte Regeln des wissenschaftlichen Betriebs, z.B. Peer Review vor Bekanntmachung, eingehalten werden (ebd., 275 ff). Für die meisten Befragten, die in Führungspositionen tätig sind, gehöre der Kontakt zu den Medien zu ihren Aufgaben und sei Teil des Alltags (ebd., 273). Interessant ist außerdem, dass die Zugehörigkeit zu bestimmten Organisationen einen unterschiedlichen Umgang mit Medien bedingt: Universitätsangehörige seien generell freier im Umgang mit Medienvertretern als Angehörige von außeruniversitären Forschungseinrichtungen; auch würden Medienkontakte an der Universität weniger strategisch zur Erreichung der Organisationsziele verfolgt (ebd., 279). In außeruniversitären Forschungseinrichtungen sei der Einfluss von Pressestellen höher. Peters et al. stellten fest, dass PR-Beauftragte dort spezifische Ziele im Hinblick auf die Imageverbesserung ihrer eigenen Organisation verfolgten und eine differenziertere und näher an ökonomischen Marktprinzipien ausgerichtete Öffentlichkeitsarbeit betrieben; sie regulierten und kontrollierten daher stärker den Kontakt zwischen Medien und Wissenschaftlern (ebd., 278). Alle wissenschaftlichen Einrichtungen in diesem Bereich profitierten jedoch vom hohen öffentlichen Vertrauen: Angaben und Texte aus PR-Einheiten von Forschungseinrichtungen werden in der Regel nicht mehr von Journalisten geprüft, da man eine Interessenunabhängigkeit sowie eine Gemeinwohl-Orientierung der Wissenschaft unterstelle (ebd., 285).

Generell konstatierten Peters et al. in ihrer Studie zur Biomedizin, dass Weingarts These von der zunehmenden Medialisierung der Wissenschaft gestützt werden kann. Diese erfordere in der Außendarstellung die Betonung außerwissenschaftlicher Bezüge (ebd., 289). Dennoch führe dies ihrer Meinung nach nicht zu einer Kompromittierung bzw. inhaltlichen Abänderung der Forschung, denn die PR-Verantwortlichen in Forschungseinrichtungen stützten in ihrer Arbeit die Autonomie der Wissensproduktion:

Wissenschafts-PR ist (...) eine Strategie des Autonomieerhalts, indem sie die Ablösung des medialen Konstrukts von Wissenschaft bzw. des Images von Wissenschaftsorganisationen von der internen Praxis der Wissensproduktion ermöglicht, also zur Differenzierung zwischen innerwissenschaftlichem bzw. innerorganisatorischem Selbstbild und öffentlichem Bild führt. Allerdings kann die Differenz zwischen innerwissenschaftlicher Praxis und öffentlicher Selbstdarstellung nicht beliebig groß werden, ohne journalistisch ‚enthüllt' zu werden und damit eine Legitimationskrise zu erzeugen (ebd., 290).

Das Ergebnis dieser Studie ist also, dass die zunehmende Medialisierung der Wissenschaft einen eigenen kommunikativen Bereich, eine zweite Ebene erzeugt, in dem das Verhältnis von Wissenschaft und Öffentlichkeit verhandelt wird. Kontextualisierung im Rahmen von Öffentlichkeitsarbeit findet nur vordergründig statt; im Hintergrund sind die Normen der Wissenschaft weiterhin wirksam.

5.1.2 Humangenomforscher in der Öffentlichkeit

Simone Rödder untersuchte einen Wissenschaftsbereich, der ähnlich intensiv von den Medien beobachtet wird und wirtschaftlich bedeutsam ist: die Humangenomforschung. Sie führte leitfadengestützte Interviews mit 55 Wissenschaftlern aus Deutschland, den USA, Frankreich und Großbritannien durch, unter denen sich insbesondere auch Wissenschaftler mit hoher medialer Präsenz bzw. „Sichtbarkeit" befanden. Ähnlich wie Peters et al. förderte sie zutage, dass die meisten Forscher trotz einer Sensibilisierung gegenüber den Interessen und Bedürfnissen der Öffentlichkeit klare Grenzen zwischen Forschung und gesellschaftlicher Diskussion ziehen: Prinzipien wie Peer Review vor der Veröffentlichung oder vermehrter Kontakt zu den Medien erst nach der Etablierung einer erfolgreichen wissenschaftlichen Karriere machten deutlich, dass Wissenschaft nicht in allen Bereichen verhandelbar sei (Rödder 2009, 158 ff.).

Rödder stellt einen Bezug zu den Normen der Wissenschaft her, die traditionell intensive Medienkontakte als schädlich für die wissenschaftliche Karriere oder als unbedeutend klassifizieren. Dieses Bild beginne sich zu wandeln: Auftritte in den Medien seien zunehmend akzeptiert, sofern der Legitimationsdruck hoch ist, entweder aufgrund hoher staatlicher Fördermittel oder hohem Finanzbedarf von dritter Seite (Rödder 2009, 67 ff.). Dieser Druck, Forschung öffentlich zu „vermarkten", um weitere Ressourcen zu generieren, werde unter den interviewten Wissenschaftlern als sehr hoch empfunden (ebd., 99 f.)

Sie vergleicht zwei Arten von Wissenschaftskommunikation bzw. „Sichtbarkeit" von Wissenschaftlern: die Präsenz auf Veranstaltungen für die allgemeine Öffentlichkeit (wozu auch Veranstaltungen für Kinder und Jugendliche zählen), und die Präsenz in den Massenmedien. Ersteres werde in den Aussagen der Wissenschaftler als weniger nervenaufreibend und wirkungsvoller im Hinblick auf Bildung und Erziehung bewertet. Zweiteres diene eher der Mobilisierung der Gesellschaft für die eigenen Interessen bzw. die Interessen des Fachbereiches und beinhalte die Möglichkeit einer Steuerung des öffentlichen Meinungsbildungsprozesses (Rödder 2009, 100 ff.).[68] Ein großer Nachteil der persönlichen Interaktionen in Versammlungsöffentlichkeiten gegenüber einer Medienpräsenz sei in den Augen der Wissenschaftler die geringe Reichweite, die für das Anstoßen öffentlicher Debatten über die Auswirkungen und Voraussetzungen von Forschung nicht ausreiche; hierfür seien die Medien, insbesondere Printmedien und TV, unverzichtbar (ebd., 103). Generell zögen die befragten Wissenschaftler die Medienberichterstattung, trotz des Risikos der kommunikationsbedingten Verzerrung, der persönlichen Interaktion in Versammlungsöffentlichkeiten vor (ebd., 104).

Ausgehend von den Aussagen der Humangenomforscher erläutert Rödder drei verschiedene Modelle der Beziehung zwischen Wissenschaft und Öffentlichkeit: das Elfenbeinturm-Modell, das PUS-Modell und das gesellschaftlich kontextualisierte Modell. Das Elfenbeinturmmodell, so die Mehrzahl der befragten Wissenschaftler, gebe es „in der Humangenomforschung nicht mehr (…), wohl aber in Disziplinen, die wie die Mathematik Wissen produzieren, das wenig Berührungspunkte mit gesellschaftlichen Werten hat" (ebd., 116). Das PUS-Modell zeichne sich dadurch aus, dass es von einem Defizit-Ansatz des Publikums ausgehe, wissenschaftlich Tätige auf eine höhere Hierarchie-Ebene hebe und die Kommunikation durch wissenschaftliche Kriterien bestimmt seien; das Publikum habe eine passive Rolle (ebd., 117). Ausgerichtet sei dieses Modell auf Aufklärung und Erziehung (ebd.).

Das kontextualisierte Modell verfolge hingegen einen dialogorientierten Ansatz und relativiere die Vorrangstellung der Wissenschaft derart, dass diese auch die Bedürfnisse und Relevanzen für die Gesellschaft berücksichtige. Wissenschaftler seien Interessenvertreter und das Publikum nehme eine aktive Rolle ein. Die Öffentlichkeit könne und solle Entscheidungen über Voraussetzungen und Finanzierung der Wissenschaft mitentscheiden, auch „Feedback geben" und „wahrheitsbezogene Kritik üben", wenn auch nicht bezogen auf die Forschung individueller Wissenschaftler, sondern auf der institutionellen Ebene (ebd.). In

---

[68] In einem Fall berichtet ein Wissenschaftler von einer öffentlichen Veranstaltung in Japan, die sowohl für ihn als auch für das Publikum eine gewinnbringende Erfahrung gewesen sei. Beeindruckt habe er sich sowohl von der Selbstverständlichkeit gezeigt, mit der in Japan Fachtagungen von Wissenschaftlern auch für die allgemeine Öffentlichkeit geöffnet werden, als auch von der Chance auf einen echten Austausch, der sich dann eröffne, wenn das Publikum für den Forschungsgegenstand eine andere Erkenntnisform, z.B. die der jahrelangen Alltags- oder beruflichen Praxis besitzt (in diesem Beispiel ging es um eine Tagung zur Erforschung der Gene des Kugelfisches in einer Stadt, in der die Kugelfischerei einen wichtigen Industriezweig darstellte; Rödder 2009, 101 f.).

Bezug auf die Vermittlung von Wissenschaft an die Öffentlichkeit kritisierten die befragten Forscher die mangelnde Sensibilität und mangelnde Fähigkeiten von Wissenschaftlern im Umgang mit den Medien; es gelte, einen akzeptablen Mittelweg in der Darstellung zu finden zwischen Authentizität von Wissenschaft und der Aufmerksamkeitsorientierung der Medien, die vor allem eine „Story (...) interessant zu machen" suchten (ebd., 123). Ebenso wie in der Studie von Peters et al. wird dieser Vorgang als die „Konstruktion einer eigenen Realität" wahrgenommen (ebd.).

Innerhalb ihrer Untersuchung des Verhältnisses von Wissenschaftlern und Medien erstellte Rödder eine Beschreibung von vier Typen von Wissenschaftlern, die ihre Motivation für eine öffentliche Darstellung ihrer Forschung und die Erwartungen in Bezug auf die Gestaltung des Verhältnisses von Wissenschaft und Öffentlichkeit beschreiben (162 ff.): „Geek", „Missionar", „Anwalt" und „Öffentlicher Wissenschaftler". Differenziert werden die Typen vor allem durch das Ausmaß an Dialogizität mit der Öffentlichkeit: Während der Geek zwar die Notwendigkeit einsehe, Wissenschaft in der Öffentlichkeit zu präsentieren, um ihre Autonomie zu schützen, sei er prinzipiell nicht an gesellschaftlichen Implikationen seiner Forschung interessiert (ebd., 192). Er lebe hauptsächlich in der abgeschlossenen Welt des Labors und möchte selbst nicht mit der Öffentlichkeit in Kontakt treten („I just want to work in the lab and not be bothered with life", vgl. ebd., 165). Die Aufgabe, die Relevanz seiner Forschung der Öffentlichkeit zu zeigen, sehe er bei anderen Institutionen (Schule, Museum) oder professionellen Vermittlern (Öffentlichkeitsarbeiter und Journalisten) (ebd., 167). Auch die inneruniversitäre Lehre und die Betreuung von Studierenden erlebe der Geek als Belastung, da sie ihn von der Forschung abhielten (ebd., 165).

Für den Missionar sei eine generelle erzieherische Haltung und offensives Vermitteln der Botschaft von der Bedeutung der Wissenschaft typisch (ebd., 171):

> Auf der Encounter- und Versammlungsebene nehmen Missionare (...) jeden Wissenschaftler in die Pflicht, sich an der Darstellung der Relevanz der Sache zu beteiligen und als Encounter-Exponent im Familien- und Freundeskreis sichtbar zu werden. Trotz der enormen Bedeutung der Forschungsförderung ist missionarisches Engagement eine der Forschung nachgeordnete und nicht anerkennungsfähige Aktivität (ebd., 174).

Der Missionar sehe eine enge Beziehung der Wissenschaft mit der Öffentlichkeit, wobei die hohe Bedeutung der Wissenschaft für die Gesellschaft nicht begründungsbedürftig sei (ebd., 171) und öffentliche Aufmerksamkeit primär der Ressourcengewinnung diene (ebd., 172). Gesellschaft und Öffentlichkeit setzten falsche Prioritäten und müssten über das wirklich Wichtige aufgeklärt werden (ebd.). „Öffentliche Debatten rationaler zu machen" sei sein Hauptziel bei der Kommunikation nach außen, wobei die Missionare darauf vertrauten, dass die

Wahrheit sich schon von allein durchsetzen werde, was gleichbedeutend sei mit der Akzeptanz seiner Forschung (ebd., 173). Kennzeichnend für die Beziehung zwischen Wissenschaft und Öffentlichkeit sei das Bild der Wissenschaft als Leuchtturm, der „weithin sichtbare Botschaften [sendet], hoch ist er aber nach wie vor" (ebd., 173), d.h. der Missionar halte eine Distanz für normal.

Der Anwalt des Wissens sei ein „wertkonservativer Typ, der sich implizit oder explizit auf das Ethos der Wissenschaft bezieht (…). In den Selbstdarstellungen fällt sein Idealismus auf" (ebd., 175). Er reflektiere seine soziale Rolle differenziert: „Ein sichtbarer Wissenschaftler beispielsweise diskutiert wissenschaftliche Experten in politischen, ethischen und moralischen Debatten als strukturelle Vertreter der eigenen Interessen" (ebd.). Diese Wissenschaftler sähen ihre Forschung als ambivalent, aber trotzdem seien sie optimistisch, dass Wissenschaft zum Wohl der Gesellschaft beitrage (ebd., 176). Die Medien bzw. die Öffentlichkeit seien für diesen Typ eine

> Arena, in der wissenschaftliche und gesellschaftliche Relevanzen aufeinander treffen und verhandelt werden. (…) Generelles Sichtbarkeitsziel ist es im öffentlichen Raum eine *informierte Debatte zu führen*" (ebd., Hervorhebung im Original).

Weiterhin charakterisiert sie den Typ des Anwaltes als Vertreter eines „gesellschaftlich kontextualisierte[n] Modell[s] der Beziehung von Wissenschaft und Öffentlichkeit", der dennoch eine „nicht anpassungsbereite (…) Haltung gegenüber aufmerksamkeitsorientierter Kommunikation" aufweise. Zwar solle die Öffentlichkeit ein „Mitspracherecht" erhalten; jedoch sieht er die Gefahr, dass die „unreflektierte Übernahme außerwissenschaftlicher Orientierungen" das Potenzial aufweise, „innerwissenschaftliche Strukturen zu verändern" (ebd., 179).

Besonders relevant für eine Betrachtung der Kinderuni ist der dritte Typ, der Öffentliche Wissenschaftler, denn dieser sehe die (Medien-)Öffentlichkeit als relevantes Publikum „für jeden einzelnen Berufsträger" (ebd., 180). Zur „professionelle[n] Pflicht des Wissenschaftlers" gehöre „nicht nur die innerwissenschaftliche, sondern auch die außerwissenschaftliche Darstellung seines Forschungshandelns" (ebd.). Daher seien Tage der offenen Tür ein legitimer Indikator dafür, ob Forschung als gesellschaftlich relevant empfunden werde, und „diese Nachfrage soll Angebote aus der Wissenschaft steuern (wobei hier offen bleibt, ob damit Sichtbarkeits- oder Wahrheitsangebote gemeint sind)" (ebd., 181). Dies bedeute, dass für diesen Typ „Wissensproduktion kein Selbstzweck" sei und „der öffentliche Wissenschaftler angewandte Wissenschaft (…) grundsätzlich in einer *reziproken Beziehung zur Gesellschaft*" sehe (ebd., Hervorhebung im Original). Daher sähen öffentliche Wissenschaftler soziale Relevanz als Kriterium auch auf der Ebene ihres individuellen Forschungshandelns (…). Anders als beim Anwalt (…) plädiert der öffentliche Wissenschaftler für eine Ergänzung innerwissenschaftlicher Kriterien um das Kriterium sozialer Relevanz. Medienaufmerksamkeit wird dabei zum Symptom sozial relevanter Wahrheit (ebd., 181).

Ziel seiner Bemühungen um öffentliche Kommunikation sei „wie bei allen anderen Typen (…) *Bildung der Öffentlichkeit*" (ebd., 182; Hervorhebung im Original) oder auch „*literacy*" (ebd., Hervorhebung im Original).[69] Grundsätzlich sei er dabei optimistisch, dass die Öffentlichkeit zu einem echten Dialog hingeführt werden könne; in diesem Szenario sei der Wissenschaftler ein Interessenvertreter, der „im öffentlichen Raum mit Werten konfrontiert werde" (ebd.). Dass Wissenschaftler in der Öffentlichkeit präsent sind, bewerteten Öffentliche Wissenschaftler positiv, da

> sie außerwissenschaftliche Publika in vielfacher Hinsicht als relevant empfinden und gleichzeitig eine hohe Toleranzbereitschaft für aufmerksamkeitsorientierte Kommunikation zeigen (ebd., 184).

Nun ist schon anhand der Analysen von Rödder deutlich geworden, dass es signifikante Unterschiede zu geben scheint zwischen einer Sichtbarkeit in den Massenmedien und den Versammlungsöffentlichkeiten generell sowie ganz besonders bei Veranstaltungen für Kinder und Jugendliche. Zweitere Aktivitäten würden von den Wissenschaftlern als unproblematischer, aber auch als unbedeutender empfunden. Dieser Befund kann ohne Schwierigkeiten für Wissenschaft generell verallgemeinert werden, auch wenn die Art und Aufstellung der von Rödder ermittelten Typen sicherlich in vieler Hinsicht bereichsspezifisch sind. Die Kinderuni ist grundsätzlich konfliktfreier, da die Wissenschaftler die Kontrolle über ihre Außendarstellung nicht abgeben müssen; sie sind der Eigendynamik der Medien nicht im gleichen Maße preisgegeben. Es geht bei der Kinderuni nicht um die Generierung von Finanzen und Ressourcen. Auch die Erziehungsabsicht, vermittelt durch „Lehre", verträgt sich grundsätzlich mit mehreren Standpunkten von Wissenschaftlern in ihrem Verhältnis zur Öffentlichkeit, wie Rödder ebenfalls deutlich macht (ebd., 109, 198). Bei den Humangenomforschern gehöre jedoch die Lehre grundsätzlich nicht zur Kernrolle der Berufstätigkeit, sondern prägend sei für alle Typen der Forschungsaspekt:

> Die Rolle des Hochschullehrers erscheint im Material in ihrer Bedeutung für eine Leistungsrollenträgerin als nicht anerkennungsfähig von der Kernrolle abgegrenzt (ebd., 200).

---

[69] Man beachte hier die synonyme Verwendung von Bildung und Literacy.

Gleiches gelte für Management-Aufgaben (ebd.).

Insgesamt ist die Typologie von Rödder ein Anhaltspunkt, aber nur begrenzt für andere Bereiche der Wissenschaft gültig. Das Humangenomprojekt mit seinem außergewöhnlich hohen Budget und hoher Medienaufmerksamkeit ist kein Beispiel für die Repräsentanz der Wissenschaft, wie sie in den Kindervorlesungen stattfindet. Die Modelle der Kommunikation und die Typologie zeigen aber, und hier sind sie übertragbar auf andere Bereiche der Wissenschaft, worauf es im Umgang der Wissenschaft mit der Öffentlichkeit ankommt, was also die relevanten Themen in diesem Spannungsfeld sind. Wie im theoretischen Modell geht es um die Autonomie der Wissenschaft, hier aber hergeleitet aus den praktischen Erfahrungen mit Medien und Öffentlichkeit. Sie sind insofern wichtig, als sie zu den theoretischen Modellen eine Ergänzung darstellen. Denn Derrida plädiert zwar für eine aktive Gestaltung der öffentlichen Rolle des Wissenschaftlers, gibt aber keine Hinweise auf die praktische Umsetzung dieser Verantwortung. Rödders Studie verweist auf die differenzierte Art und Weise, wie Wissenschaftler versuchen, ihrer gesellschaftlichen Verantwortung gerecht zu werden. Sie belegt auch, dass das Modell von Nowotny et al. mit ihrem Konzept der Kontextualisierung nicht völlig aus der Luft gegriffen ist, sondern auf Wissenschaftler in bestimmten Bereichen zutrifft – wenn auch das Konzept nicht verallgemeinert werden kann. Rödders Analyse zeichnet sich vor allem durch die relative Geschlossenheit der Daten aus, da sie sich auf Wissenschaftler beschränkte, die an einem speziellen Großforschungsprojekt arbeiteten. Dennoch ist offenbar schon in diesem sehr abgegrenzten Bereich eine Fülle von Einstellungen zur Öffentlichkeitsarbeit und Motiven für den Kontakt mit der Öffentlichkeit vorhanden.

5.1.3 Deutsche Wissenschaftler und ihr Kontakt zur Öffentlichkeit

Eine Studie des Deutschen Fachjournalistenverbandes aus dem Jahr 2011 versuchte, einen umfassenderen Überblick über das Engagement von Wissenschaftlern für die Öffentlichkeitsarbeit zu erlangen. Petra Pansegrau, Niels Taubert und Peter Weingart befragten über 1.300 Wissenschaftler – meist Professoren – aller Fachrichtungen mit Hilfe eines Internet-Fragebogens, wie oft sie in den letzten zehn Jahren medial oder auf öffentlichen Vorträgen in Erscheinung getreten seien.

Dabei kam heraus, dass 28 Prozent der Befragten häufiger als sechs Mal, 17,5 Prozent häufiger als zehn Mal öffentliche Vorträge gehalten hatten; insgesamt 12 Prozent der Befragten hielten häufiger Vorträge für Kinder und Jugendliche, davon gut 5 Prozent mehr als zehn Mal (Pansegrau/Taubert/Weingart 2011, 11). Demgegenüber sei das regelmäßige Engagement in den Massenmedien (Journalistenanfragen, Beiträge in Feuilletons von Zeitungen oder Verfassen populärwissenschaftlicher Bücher) eher gering; am häufigsten würden Journalistenanfragen beantwortet (knapp 10 Prozent), in den meisten anderen Bereichen sei das Engagement verschwindend gering (deutlich unter 2 Prozent, ebd., 10). Die Zurückhaltung der Professoren und Professorinnen gegenüber der Öffentlichkeit sei also insgesamt groß, wobei öffentliche Vorträge am weitesten als Form des öffentlichen Engagements verbreitet seien. Auch Pansegrau et al. kommen wie Peters et al. und Rödder zu dem Schluss, dass ein größeres mediales Engagement vor allem in spätere Karrierephasen fällt (ebd., 12).

Für die Beteiligung an der massenmedialen Wissenschaftskommunikation zeige sich in der Gruppe der öffentlich engagierten Wissenschaftler, dass die Lebenswissenschaften zusammen mit den Geisteswissenschaften insgesamt zu den weniger präsenten Wissenschaftsbereichen gehören (GW 8,7 Prozent; LW 10,9 Prozent); dominant seien hier die Sozialwissenschaften mit 45,7 Prozent[70], gefolgt von den Naturwissenschaften mit knapp 20 Prozent (ebd., 12). In Präsenzveranstaltungen wandelt sich das Bild: Hier seien es vor allem die Naturwissenschaftler, die sich engagierten (fast 37 Prozent), gefolgt von den Ingenieurswissenschaftlern. Lebens- und Geisteswissenschaftler seien auch hier eher seltener vertreten (ebd., 14). Das große Engagement der Natur- und Ingenieurswissenschaften wird auf die Motivation der Nachwuchsgewinnung zurückgeführt (ebd.). Jedoch werde diese These durch die Befragung widerlegt: Die Mehrzahl der Befragten gibt als Motivation die moralische Verpflichtung gegenüber der Öffentlichkeit an; demgegenüber sei die Mobilisierung des Interesses für den Fachbereich zweitrangig (ebd., 18 f.). Es gibt eine besonders hohe Beteiligung weniger Forscher in den Naturwissenschaften im Bereich der Veranstaltungen für Kinder und Jugendliche, woraus die Autoren schließen, dass sich diese in institutionalisierten, regelmäßig stattfindenden Angeboten engagieren (ebd., 26), zu denen auch die Kinderuni zählt.

Insgesamt gehen die Autoren davon aus, dass sich die Naturwissenschaften besonders gut dafür eignen, im Rahmen von Veranstaltungen für Kinder und Jugendliche präsentiert zu werden, während dies für die Geisteswissenschaften aufgrund eines „nicht offensichtlichen gesellschaftlichen Bezugs" und eines höheren Abstraktionsniveaus ihrer Forschung eher nicht angenommen wird (ebd., 25).

Zwei weitere Befunde der Befragung sind im Hinblick auf das Verhältnis zwischen Wissenschaft und Öffentlichkeit hervorzuheben. Der erste bezieht sich

---

[70] Pansegrau, Taubert und Weingart verwendeten laut eigener Aussage die Fächersystematik der DFG, wobei in ihren Ausführungen abweichend von der DFG-Systematik zwischen Geisteswissenschaften einerseits und Sozialwissenschaften andererseits unterschieden wird. Friedhelm Neidhardt zeigte 2002, dass Zeitungen beispielsweise Ergebnisse aus den Wirtschaftswissenschaften bevorzugt darstellten, gefolgt von den Sozialwissenschaften (Neidhardt 2002, 35). Daher kann hier unterstellt werden, dass Pansegrau, Taubert und Weingart die Wirtschaftswissenschaften in die Kategorie „Sozialwissenschaften" integrierten.

auf die Tatsache, dass ein großer Teil der Wissenschaftler die allgemeine Öffentlichkeit als einen wichtigen oder sehr wichtigen Adressaten von Maßnahmen der Wissenschaftskommunikation angebe, das eigene Engagement aber eher gering sei. Als Grund werde am häufigsten angegeben, dass es an Gelegenheiten mangele (Naturwissenschaftler: 70 Prozent; Geisteswissenschaftler: 53 Prozent), und nicht, dass sie es generell ablehnten, sich selbst an die Öffentlichkeit zu wenden (nur 20 bis 30 Prozent lehnten dies grundsätzlich ab, ebd., 25).

Ein zweiter Grund mit ähnlich hohen Werten sei der Zeitmangel (ebd.). Zusammen mit der Tatsache, dass die Fachöffentlichkeit als ein ebenso wichtiger Adressat der Kommunikation aufgefasst wird (zwischen 65 und 74 Prozent, ebd., 27), scheint dies auf einen Konflikt hinzudeuten, der darin besteht, dass eine Verantwortung gegenüber der allgemeinen Öffentlichkeit zwar wahrgenommen wird, diese aber mit gleichwertigen Adressatengruppen bei knappen zeitlichen Ressourcen konkurriert; im Zweifel scheint die Fachöffentlichkeit der wichtigere Ansprechpartner zu sein.

Interessant ist weiterhin, dass Naturwissenschaftler häufiger den Grund der mangelnden Gelegenheit angeben als die Geisteswissenschaftler (70 zu 53 Prozent, ebd., 25). Dies entspricht nicht den Erwartungen der Autoren, dass sich Naturwissenschaften besser zur Darstellung in der Öffentlichkeit eignen als Geisteswissenschaften (ebd.). Auch sonst können aufgrund des relativ groben Befragungsrasters (auszuwählen waren sechs vorgegebene Begründungen mit Mehrfachantwort) nur Spekulationen zu den tiefer liegenden Motiven für ein Engagement oder die Zurückhaltung im Engagement für die Öffentlichkeit angestellt werden, z.B. dass verstärktes Engagement auf eine „Akzeptanzkrise" der Wissenschaft in der Bevölkerung zurückgehe (ebd., 28). Die zugrunde gelegte These, Ingenieurs- und Naturwissenschaftler seien für Öffentlichkeitsarbeit aufgeschlossener und in ihrer Professionalisierung fortgeschrittener, konnte ebenfalls nicht oder nur teilweise bestätigt werden (ebd., 15 ff.). Insgesamt stellten die Autoren fest, dass das Bewusstsein und die Akzeptanz für die Notwendigkeit von Wissenschaftskommunikation gestiegen sei, ohne dass jedoch in gleichem Maße dieses in die Tat umgesetzt werde (ebd., 31 f.). Die Ergebnisse der Studie machen darüber hinaus deutlich, dass die Hintergründe des Verhältnisses zwischen Wissenschaft und Öffentlichkeit möglicherweise komplexer oder anders geartet sind, als es sich mit den gewählten Items der Befragung ermitteln ließ.

5.2 Studien zu kognitiven Fähigkeiten von Kindern

Wesentlich für die Frage nach dem Sinn der Kinderuni ist es herauszufinden, ob die komplexen Inhalte der Wissenschaft von acht- bis zwölfjährigen Kindern überhaupt verstanden und verarbeitet werden können. Folgende Szenarien sind denkbar: Entweder enthält eine Kindervorlesung nicht die spezifischen Eigenarten der Wissenschaft (wie z.B. das Denken in Systemen und Theorien, Methoden der Analyse, thematische Einteilung in fachspezifische Probleme), sondern passt sich der kindlichen Erlebniswelt an; oder es werden die Spezifika der Wissenschaft beibehalten, dann wäre es möglich, dass die Kinder bestenfalls einige Einzelheiten erfassen, aber keinerlei Zusammenhänge zwischen einzelnen Elementen der Vorlesung herstellen können. Wenn der Erziehungswissenschaftler Hans-Ulrich Grunder in einem Interview mit dem Deutschlandfunk also davon spricht, dass die Kinder „nicht sehr viel Systematisches" lernten, sondern „vieles Einzelne, vieles woran sie sich erinnern, natürlich auch an die Show des Chemikers, wenn es knallt" (Kutzbach 2009), spricht er indirekt diese Befürchtung aus, dass die Kinder vom Wesen der Wissenschaft nichts mitbekommen. Er hält die Bezeichnung „Kinderuni" für die Veranstaltung für irreführend:

> Es geht ja nicht da drum das systematische Wissen zu vermitteln und an ein systematisches Vorwissen anzuknüpfen. Das sind wirklich punktuelle Dinge, Sachverhalte, Dinosaurier zum Beispiel. Und im Übrigen waren die Tübinger Fragen, auch die Basler Fragen, das waren „Warum"-Fragen. Es war also nicht systematisch eine Wissensvermittlung, wie das an der Uni tatsächlich stattfindet, oder stattfinden sollte. Und das ist vielleicht der Unterschied. Vielleicht dürfte man zu dem Ganzen gar nicht „Kinderuni" sagen, weil eben gerade das nicht stattfindet (ebd.).[71]

Ob die Vorlesungen tatsächlich so kaleidoskopartig gehalten werden, dass ein systematischer Zusammenhang nicht erkennbar ist, wird in der Analyse der Bonner Vorlesungen exemplarisch überprüft.

Im Folgenden wird zunächst anhand praktischer Erfahrungen und empirischer Studien erörtert, ob es sinnvoll erscheint, Kindern die komplexen Gegenstände und Fragen der Wissenschaft nahe zu bringen.

5.2.1 Jean Piagets Entwicklungsmodell und seine Kritik

Grundlegend, auch noch für die heutige Betrachtung, sind die Forschungen des Entwicklungspsychologen Jean Piaget mit seinem Entwicklungsmodell des kindlichen Denkens. Ausgehend von dem biologischen Konzept der Adaptation, also der schrittweisen Anpassung der mentalen Strukturen des Kindes an die Umwelt, teilte Piaget die Entwicklung des kindlichen Denkens in vier Stufen ein: Zunächst durchläuft das Kind die Phase Stufe der sensomotorischen Intelligenz, indem es seine Umwelt mittels der Sinneswahrnehmung und Bewegung erforscht

---

[71] Grunder verweist hier natürlich nicht auf die Inhalte der Universität, sondern auf den systematisch aufgebauten Ausbildungsgang. Dennoch ist hier offenbar beides gemeint, die einzelne Vorlesung und die universitäre Ausbildung insgesamt.

(0-2 Jahre); danach durchläuft es die Stufe des präoperationalen Denkens, das es in die Lage versetzt, symbolisch, jedoch nicht logisch zu denken (2-7 Jahre). Anschließend entwickelt sich die Kognition hin zu einem systematischeren Denken in Kategorien und Hierarchien, das aber an konkrete Sachverhalte gebunden bleibt (7-11 Jahre). Abstraktes Denken hingegen ist nach Piaget erst im Adoleszenzalter möglich. Insbesondere wissenschaftliches Denken, das mit dem Lösen von Problemen ohne Alltags- und dinglichen Bezug verbunden ist, könne also von Grundschülern nicht geleistet werden (Berk 2005, 24 ff.). Grundlage der Entwicklungsstufen waren u.a. Interviews mit drei- bis elfjährigen Kindern, in denen Piaget deren Vorstellungwelt in Bezug auf Sprache, Denken, Bewusstsein und Naturphänomene erforschte (Piaget 2005 [1926]). Als praktische Beispiele für die Unfähigkeit des abstrakten Denkens von Kindern im Grundschulalter nennt er beispielsweise die Verknüpfung von Denken mit Sinneswahrnehmung, d.h. Denken sei „im Kopf", man denke aber mit dem Mund, mit den Augen oder mit den Ohren (kindlicher Realismus); Himmelskörper und Wettererscheinungen seien mit Bewusstsein ausgestattet (kindlicher Animismus); auch das Nachdenken über Ursache und Wirkung sei geprägt vom freien Fabulieren und nicht vom logischen Denken (kindlicher Artifizialismus).

So kommt Piaget zu folgendem Schluss:

> Selbst wenn sich die Kinder angesichts der Natur und ihrer Phänomene eine Reihe geistiger Gewohnheiten aneignen, formulieren sie dennoch keine Theorie, das heißt keine verbale Erklärung im eigentlichen Sinne des Wortes (…). Das Denken des Kindes als solches ist eher bildhaft und insbesondere motorisch als begrifflich. (…) Wenn man mit dem Kind kleine physikalische Experimente durchführt (man taucht zum Beispiel Körper ins Wasser ein, um das Aufsteigen des Wassers zu beobachten), so stellt man oft fest, daß die Voraussage der Gesetzmäßigkeiten richtig ist, obwohl die verbale Erklärung, mit der das Kind seine Voraussage zu stützen vorgibt, nicht nur falsch ist, sondern sogar zu den impliziten Grundsätzen, die der Voraussage zugrunde liegen, in Widerspruch steht (…) (ebd., 310 f.).

Ebenso heißt es in Bezug auf den kindlichen Realismus:

> Das Kind ist Realist, denn es setzt voraus, daß das Denken mit seinem Objekt, die Namen mit den bezeichneten Gegenständen verbunden und die Träume äußerlich sind. Sein Realismus ist eine spontane und unmittelbare Neigung, das Zeichen mit dem bezeichneten Gegenstand, das Innen mit dem Außen und ebenso das Psychische mit dem Physischen zu vermengen (ebd., 118).

Das Piaget'sche Modell der Entwicklung des kindlichen Denkens scheint demnach grundsätzlich dem Ansinnen entgegen zu stehen, Kinder sinnvoll an Wissenschaft oder wissenschaftliches Denken heranführen zu wollen. Systematische Zusammenhänge von Begriffen zu erfassen oder experimentallogische, kausale

Verknüpfungen zu verstehen, ist für Kinder im Grundschulalter laut dieser Theorie kaum möglich. Dabei stritt Piaget nicht ab, dass Kinder unter elf Jahren einen wissenschaftlichen Forscherdrang entwickelten und Theorien über Phänomene anstellten, wohl aber, dass sie systematisch vorgingen und zu logisch begründeten Schlussfolgerungen kämen. Daher stelle „das konkret-operatorische Denken des Grundschulkindes eine strukturelle Einschränkung für das wissenschaftliche Denken" dar (Inhelder/Piaget 1958, zitiert nach Sodian/Meyer 2013, 619; vgl. auch Inhelder/Piaget 1977 [1955], 321 ff.).

In neuerer Zeit sind verschiedene Elemente von Piagets Entwicklungsmodell zumindest teilweise widerlegt worden. So stellten Alison Gopnik, Patricia Kuhl und Andrew Meltzoff die These auf, dass schon Säuglinge zu komplexen Denkprozessen in der Lage sind, wenn die Aufgaben entsprechend ihren Fähigkeiten angepasst werden; die Autoren konnten anhand von Experimenten beobachten, dass Menschen schon im Alter von wenigen Monaten intuitive Hypothesen über ihre Umwelt anstellen, diese prüfen und modifizieren, und bezeichnen diese Fähigkeit als wissenschaftliches Denken (Gopnik/ Kuhl/ Meltzoff 2003). Beate Sodian und Daniela Mayer differenzieren den Begriff des wissenschaftlichen Denkens: „Wissenschaftsverständnis beinhaltet u.a. das Verständnis der Konzepte Theorie, Hypothese, Experiment und der Ziele von Wissenschaften" (Sodian/Mayer 2013, 624). Mittels Experimenten mit Vorschul- und Grundschulkindern überprüften sie diese Elemente und zeigten, dass die Kinder in der Lage waren, Hypothesen mittels Kovariationsdaten zu prüfen und ihre Wahl logisch zu begründen. Sie wiesen also ein Verständnis für die Hypothese-Evidenz-Relation auf. Auch waren nach kurzer Instruktion schon Vier- bis Fünfjährige in der Lage, einfache Balkendiagramme zu interpretieren und als Informationsquelle zu nutzen (Bullock/Ziegler 1999; Wilkening/Sodian 2005; Koerber/Sodian/Thoermer/Nett 2005). In Bezug auf das Theorieverständnis fanden Koerber, Sodian, Kropf, Mayer und Schwippert heraus, dass dieses sich innerhalb der Grundschulzeit von einem naiven hin zu einem differenzierten Verständnis verändere (Koerber/ Sodian/ Kropf/ Mayer/ Schwippert 2011). Sodian und Mayer fassen ihre Forschungen somit wie folgt zusammen:

> Die dargestellten neueren entwicklungspsychologischen Arbeiten zeigen, dass bereits Vor- und Grundschulkinder ein beginnendes Verständnis des wissenschaftlichen Erkenntnisprozesses, der experimentellen Methode sowie der Evaluation von Daten besitzen und sich schon in diesem Alter Kompetenzzuwächse zeigen. Daher ist die Fähigkeit zum wissenschaftlichen Denken nicht notwendigerweise an die Entwicklung formal-operatorischer Fähigkeiten im Sinne von Piaget gebunden und wird nicht erst im Jugendalter erworben (Sodian/Mayer 2013, 627).

Sodian et al. zeigten darüber hinaus, dass zum einen die Fähigkeit, Kovariationsaufgaben, Hypothesenprüfung oder Variablenkontrollstrategien anzuwenden, individuell sehr unterschiedlich ausgeprägt waren (Sodian/Bullock 2008), man also von der generellen Über- oder Unterlegenheit von Erwachsenen gegenüber Kindern nicht ohne weiteres ausgehen könne (Sodian/Meyer 2013, 620). Neben den Elementen der Hypothesenprüfung und Evidenzevaluation führten Sodian et al. auch Interviews mit Viertklässlern zum allgemeinen Wissenschaftsverständnis durch (mit Fragen wie „Worum geht es in den Wissenschaften?", „Was sind Ziele von Wissenschaften?", „Wie kommen Wissenschaftler zu neuen Erkenntnissen?", „Was ist eine Hypothese?", „Was ist ein Experiment?", ebd., 624). Hier stellten sie fest, dass die Kinder zunächst ein „naives Verständnis von Wissenschaft als Sammlung faktischer Informationen oder als Aktivität (Experimente als Prozedur zur Produktion positiver Effekte)" hatten (ebd., 625). Eine „kurzzeitige Instruktion durch Einsatz eines explizit wissenschaftstheoretischen Curriculums" (ebd.) bewirke jedoch das Anheben des Verständnisniveaus und das Verständnis von „Wissenschaft als Suche nach Erklärungen und ein Verständnis von wissenschaftlichem Wissen als Ergebnis der Prüfung von Hypothesen und Theorien" (ebd.). Der Kompetenzerwerb in Bezug auf die Lösungsstrategien der Aufgaben zum wissenschaftlichen Denken zeigte nicht nur kurzfristige, sondern tendenziell nachhaltige Wirkungen, d.h. die Kinder verfügten auch nach einem Jahr noch über die während der Testphase erworbenen Strategien zur Lösung der Aufgaben. Daher gehen Sodian et al. davon aus, dass eine frühe Förderung im wissenschaftlichen Denken, sowohl operationalisiert in die von ihnen untersuchten Teilkompetenzen, als auch für ein generelles Wissenschaftsverständnis, von Nutzen sein kann:

> Eine konstruktivistische und wissenschaftstheoretische Unterrichtsintervention in der vierten Jahrgangsstufe der Grundschule hatte eine positive Wirkung sowohl auf das Wissenschaftsverständnis, im Sinne einer konstruktivistischen Vorstellung wissenschaftlicher Erkenntnis (…). Es gibt (…) Hinweise darauf, dass sich Interventionen zur Förderung des formal-wissenschaftlichen Denkens zusätzlich positiv auf den Erwerb naturwissenschaftlichen Inhaltswissens auswirken können (ebd., 627).

Zwei Anmerkungen müssen in der Gegenüberstellung von Piaget und Sodian et al. gemacht werden: Zum einen hängt die Beantwortung der Frage, ob Kinder im Grundschulalter wissenschaftliches Denken beherrschen, von der Definition dieses Begriffs ab. Piaget bzw. Piaget/Inhelder gingen offensichtlich stets von den voll ausgebildeten sprachlich-reflexiven, rationalen Fähigkeiten des Erwachsenen aus und prüften diese anhand von physikalischen Experimenten (Pendel, Schwimmen von Körpern, Fallen von Körpern, schiefe Ebene etc.) und Interviews (vgl. Piaget 2005 [1926]; Piaget 1977 [1955]). Grundlage der Interviews war nicht explizit das „Wissenschaftsverständnis", sondern das „Weltbild", also Vorstellungen von Bewusstsein und Identität, Naturphänomenen und Träumen, sowie Fähigkeiten im Bereich des formal-logischen Denkens und war insofern breit angelegt. Sodian et al. hingegen definierten das Wissenschaftsverständnis sehr viel enger, indem sie den Begriff in einzelne Teilkompetenzen zerlegten und diese experimentell an Aufgaben ausschließlich aus dem naturwissenschaftlichen Bereich prüften und damit z.b. sprachlich-reflexive Fähigkeiten nicht in gleichem Maße berücksichtigten.

Zum anderen verbanden Sodian et al. ihre Versuche teilweise mit Instruktionseinheiten: Den Kindern wurden also Lösungsmöglichkeiten dieses Aufgabentyps vorher vorgestellt; Lernzuwächse wurden verzeichnet (Bullock/Ziegler 1999; Sodian/Mayer 2013, 627). Im Zusammenhang mit den Interviews betont dagegen Piaget, dass die Kinder über die gestellten Fragen wahrscheinlich noch nie nachgedacht hatten, und man deshalb keine „ausgearbeiteten Ideen" der Kinder hervorgeholt, sondern vielmehr

> festgestellt habe[ ], wie die kindlichen Vorstellungen über die vorgelegten Fragen konstruiert, und in welche Richtung sie durch eine spontane geistige Haltung gelenkt werden (Piaget 2005 [1926], 118).

Festgehalten werden kann hier also zunächst, dass die Analysen von Piaget und Sodian et al. nicht in allen Punkten gegensätzlich sind. Relativiert wird Piagets Modell in folgenden Bereichen: Die Fähigkeit zum logischen Denken und andere Fähigkeiten für das Erfassen und Interpretieren naturwissenschaftlicher Phänomene beginnen sich bereits im Grundschulalter, teilweise im Vorschulalter zu entwickeln. Die Stufen von Piaget scheinen also nicht statisch, sondern dynamisch zu sein. Ebenso gibt es individuelle Unterschiede auch schon in diesem frühen Alter, was die Ausprägung von Teil-Fähigkeiten im „wissenschaftlichen Denken" betrifft. Sodian und Mayer lenken darüber hinaus die Aufmerksamkeit auf die Tatsache, dass Kinder aus Sicht der etablierten Wissenschaften zwar ein unvollständiges und unsystematisches Wissenschaftsverständnis haben, dieses aber auch wesentlich durch Erwachsene bzw. die Umwelt beeinflussbar erscheint.[72]

Da aber Sodian et al. nicht nur in der Prüfung von Aufgaben, sondern auch im allgemeinen Wissenschaftsverständnis von den Naturwissenschaften ausgehen, sind ihre Erkenntnisse auf die Kinderuni nur begrenzt übertragbar. Wie schon gezeigt wurde, ist das Wissenschaftsverständnis in der Kinderuni breiter angelegt; es findet außerdem keine systematische vorbereitende Instruktion statt. Daher werden im Folgenden noch zwei weitere Denkansätze vorgestellt, die eher mit einem allgemeineren wissenschaftlichen Verständnis arbeiten.

---

[72] Sodian et al. setzen ein konstruktivistisches Verständnis des Lernens voraus, so wie es z.B. Lew Vygotskij in seinem Werk „Denken und Sprechen" entwickelte (Vygotskij 1969 [1934]). Es findet derzeit Anwendung in der deutschlandweiten Initiative „Haus der kleinen Forscher", deren Ziel es ist, die Entwicklung naturwissenschaftlichen Denkens bei Kindergarten- und Vorschulkindern zu fördern (Stiftung Haus der kleinen Forscher 2011).

5.2.2 Philosophieren mit Kindern

Als „Philosophieren mit Kindern" – abgekürzt P4C – wird ein pädagogischer Ansatz bezeichnet, der Kinder ab dem Vorschulalter ermutigt, über grundlegende Fragen des Lebens (Leben nach dem Tod, Glück, Freiheit), meist in Gruppengesprächen und anhand von Texten und Geschichten, eigenständig nachdenken zu lernen und damit komplexere Denkstrukturen aufzubauen. Entwickelt wurde dieser Ansatz in den 1970er Jahren von Matthew Lipman, der ein Programm entwarf, das das logische Denken und die Auseinandersetzung mit abstrakten Begriffen wie „Wahrheit" oder „Freiheit" fördert (Lipman/Oscanyan/Sharp 1980). Entgegen der in den 1970ern herrschenden Meinung, Kinder seien in der konkreten Welt verhaftet und hätten kein Interesse an abstrakten Themen, machte er die Erfahrung, dass selbst sehr junge Kinder die Gelegenheit mit Freude wahrnehmen, über den Ursprung des Universums oder das Wesen der Zeit nachzudenken, wenn diese Fragen ihnen altersgerecht präsentiert werden (Lipman 1994, 13).

Ebenso sah er einen Zusammenhang zwischen dem allgemeinen Schulerfolg von Kindern und dem Training von abstraktem, logischem Denken und Argumentieren (ebd., 17). Auch mit dem Bildungsgedanken lässt sich dieser Ansatz verbinden: Lipman konstatiert bei Kindern einen „Hunger nach Sinn", den P4C befriedigen könne (Lipman/ Oscanyan/ Sharp 1980, 12). Mit der Verbreitung des Philosophierens mit Kindern nicht nur in den USA, sondern auch im deutschsprachigen Raum wird dem Ansatz zuerkannt, adäquate Antworten auf die Bewältigung des sozialen, wirtschaftlichen und gesellschaftlichen Wandels und der zunehmenden Technologisierung der Lebenswelt zu geben, indem er die „Spracharmut, ja Sprachlosigkeit der Kinder" auflöst und ihnen hilft, sich in einer Welt des Wandels zurecht zu finden (Camhy 1994, 25 f.). Philosophie dient also dazu, „Gedanken zu klären, Argumentationsfähigkeit (…) zu erwerben, Zusammenhänge erkennen zu lernen, Vorstellungen und Auffassungen zu hinterfragen, Lösungsmöglichkeiten und alternative Denkmodelle zu erarbeiten, Entscheidungen zu treffen und zu lernen, Verantwortung für das eigene Denken und Handeln zu übernehmen" (ebd., 28). Auch mit der Förderung von Demokratie als Bildungsziel – unter Berufung auf Deweys Idee, Demokratie sei vor allem eine „kommunikative Erfahrung" – stehe das Philosophieren mit Kindern in engem Zusammenhang (ebd.).

Aus der pädagogischen Praxis wird berichtet, dass Kinder sich z.B. auf der Argumentationsebene der Vorsokratiker bewegen könnten. So argumentiert Gareth Matthews, der ebenso wie Lipman zu den Pionieren des Philosophierens mit Kindern zählt (Matthews 1989): Wenn ein zwölfjähriges Mädchen die Existenz Gottes dadurch als bewiesen ansehe, dass Gott einen Namen hat (Piaget 2005 [1926], 72), so sei dies nicht die Verwechslung von Namen und Dingen:

Abfällig verwirft Piaget die Überlegungen des Kindes. Er hätte sie allerdings nicht verwerfen sollen. Die Überlegungen des Mädchens stehen in einer ehrwürdigen Tradition, die bis zum fünften vorchristlichen Jahrhundert zurückreicht und anhält bis zur letzten Ausgabe einer aktuellen philosophischen Zeitschrift, die einen Artikel über sogenannte ‚freie Logik' oder ‚leere Namen' enthält. Ich könnte mir vorstellen, daß Kinder auf das Problem der leeren Namen mit interessanter und verlässlicher Regelmäßigkeit reagieren. Aber die Frage stellt sich wahrscheinlich einem Entwicklungspsychologen gar nicht, der dem Rätsel der leeren Namen gleichgültig gegenübersteht (Matthews 1990, 42).

Ähnliche Erfahrungen mit dem kindlichen Sinn und der Treffsicherheit für ungelöste Rätsel menschlicher Existenz machten auch deutsche Philosophen (Martens 1982, 1999; Horster 1992). Schließlich fand der Denkansatz die Beachtung der UNESCO, die 2007 einen Bericht zum internationalen Entwicklungsstand des Philosophieunterrichts publizierte und dabei das Philosophieren mit Kindern als besonders unterstützenswert hervorhob (UNESCO 2007).

5.2.3 Forschung zum epistemologischen Verständnis von Kindern

Eine Verbindung zwischen entwicklungspsychologischer Forschung und den praktischen Erfahrungen des Philosophierens mit Kindern stellt die Studie von Florian Haerle über persönliche Wissenstheorien von Viertklässlern dar (Haerle 2006). Haerle versuchte nicht, die Vorstellungen von „Wissen" im Vorfeld zu operationalisieren. Vielmehr stellte er 98 Kindern einfache Fragen[73] und entwickelte, ähnlich wie Piaget, seine Theorie über die Wissensvorstellungen aus den Antworten der Kinder selbst. Wie auch in vorangegangenen Studien ist damit der Forschungsgegenstand nicht deckungsgleich mit einem „Wissenschaftsverständnis", wie es in Kap. 4 dargelegt wurde. Jedoch geht es in der Einschätzung der Frage, ob Kinderuni sinnvoll ist, nicht darum, ob eine Deckungsgleichheit zwischen dem Verständnis der Kinder und der Erwachsenen (bzw. Wissenschaftler) vorliegt, sondern ob das Denken von Kindern im Grundschulalter komplex genug ist, dass ihnen wissenschaftliche Inhalte mit Gewinn vermittelt werden können.

Haerle resümierte bisherige Studien zur epistemologischen Entwicklung von Kindern und stellte fest, dass für die Altersstufe bis zur Pubertät kaum Ergebnisse vorlägen (ebd., 47 ff.), neuere Studien aber den Schluss zuließen, dass

---

[73] Die Fragen lauteten: 1. Kannst Du mir sagen, was Wissen ist?, 2. Was weißt Du?, 3. Kannst Du mir sagen, woher Du weißt, wie man multipliziert (Beispiel für schulisches Wissen)?, 4. Kannst Du mir sagen, woher Du weißt, wie man reitet (Beispiel für nicht in der Schule erworbenes Wissen)?, 5. Woher kommt das Wissen?, 6. Wie kann man Wissen überprüfen?, 7. Gibt es für Dich einen Unterschied in Wissen? (zitiert nach: Haerle 2006, 60).

differenzierte Überlegungen zu diesem Thema auch schon bei Kindern im Grundschulalter aufgefunden werden können, sowie dass diese Fähigkeit u.a. vom Lernklima und der Unterrichtsgestaltung durch die Lehrperson abhängen könnten (ebd., 41 f.; 55 f.). Er konnte durch seine Interview-Studie diese Thesen stützen und Piagets These, dass Kinder erst ab einem Alter von elf Jahren zu abstraktem Denken fähig sind, weiter relativieren (ebd., 161 ff.). So zeigte er, dass die Viertklässler (die ein Altersspektrum von neun bis zwölf Jahren aufwiesen und sowohl hochbegabte als auch lernbehinderte Kinder einschlossen) ein breites Spektrum von Auffassungen vertreten und verbalisieren können.

So gaben die Kinder acht verschiedene Thesen an, woher das Wissen stamme: Es sei 1) gottgegeben, 2) biologisch vererbt, 3) aus logischen Schlussfolgerungen entstanden, 4) eine menschliche Erfindung, 5) offenbart durch sinnliche Wahrnehmung, 6) ein Ergebnis von Versuch und Irrtum, 7) stamme aus persönlicher Erfahrung, und 8) ein Ergebnis gezielter Nachforschungen (ebd., 162). Haerle fand auch heraus, dass einzelne Schülerinnen und Schüler mehrere, teils miteinander unvereinbare Annahmen nebeneinander vertraten, wobei wahrscheinlich der Konflikt zwischen den beiden Auffassungen nicht bewusst gewesen sei. Die Existenz von solchen konkurrierenden Überzeugungen nahm er als Beweis dafür, dass die Vorstellungen dieser Viertklässler bereits über ein naives, eindimensional angelegtes Verständnis hinaus gewachsen seien, und diese Weiterentwicklung sowohl bewusst als auch unbewusst erfolge (ebd., 163).[74] Als Kategorien für die Überprüfung von Wissen identifizierte er in den Antworten der Kinder folgende Möglichkeiten: 1) Sinneswahrnehmung, 2) Nachschlagen, 3) Replizieren, 4) Vergleich verschiedener Quellen, 5) Analogien ziehen, und 6) durch Korrekturen von anderen (ebd., 161). Weiterhin wären etwa zwanzig befragte Schülerinnen und Schüler in der Lage gewesen, den Ursprung des Wissens nach Schulfächern zu differenzieren (unterteilt in die Grundschulfächer Mathematik, Deutsch und Sachunterricht; ebd., 164).

Die in anderen Studien (mit Jugendlichen und Studierenden) und in dem hier dargestellten pädagogischen Ansatz des P4C zugrunde gelegte Annahme, dass ein differenziertes epistemologisches Verständnis ein Indikator für den Lernerfolg in Schule und Universität darstelle, zweifelt Haerle an: Er legte dar, dass auch lernbehinderte und von den Lehrpersonen in ihren Leistungen als unterdurchschnittlich bezeichnete Schüler zu einem differenzierten Verständnis von der Natur und dem Zustandekommen von Wissen in der Lage gewesen wären

---

[74] Ein zehnjähriger Junge gibt beispielsweise innerhalb desselben Interviews an, Wissen sei von Geburt an da, aber auch eine Erfindung des Menschen: „Wenn Kinder auf die Welt kommen, dann bekommen sie einen Segen von Gott und da ist dann Wissen drin, ein bisschen (…). Wissen kommt mit der Geburt mit, das ist [an den Körper] angewachsen. (…) Das Wissen wurde erfunden: Ein Mann und eine Frau, die haben das erfunden. (G2M 10 -); Haerle 2006, 163.

(ebd., 172). Allerdings sei ihr Wissens- bzw. Wissenschaftsverständnis enger und konkreter als das von Jugendlichen und jungen Erwachsenen.[75] Er teilte analog zu einem Modell von Barbara K. Hofer und Paul R. Pintrich (Hofer/Pintrich 1997) die meisten Kinder als „Multiplisten" ein, d.h. sie hatten ein konstruktivistisches Verständnis von Wissen und glaubten, Wissen sei ein Ergebnis des menschlichen Verstandes, von subjektiver Natur und unsicher. In vielen anderen Studien sei dies eine Entwicklungsstufe, die Jugendlichen und jungen Erwachsenen vorbehalten sei (ebd., 184 f.).[76] Aufgrund von teilweise übereinstimmenden Aussagen von Schülerinnen und Schülern zu bestimmten Themen in ein und derselben Klasse nimmt Haerle ebenso an, dass in Bezug auf die Erkenntnistheorien der Kinder der Lehrperson eine besondere Bedeutung zukomme (als Beispiele nennt er die Vorstellung der Kinder, Wissen habe mit Lernen bzw. mit Auswendiglernen zu tun, Wissen sei wichtig, um im Leben erfolgreich zu sein oder ein bestimmtes Wissen sei im Lehrplan „vorgeschrieben", ebd., 169).

5.2.4 Fazit

Haerle ist also ebenso wie Sodian und Mayer der Ansicht, dass Kinder im Grundschulalter in ihren kognitiven Fähigkeiten häufig unterschätzt werden und macht darauf aufmerksam, dass das Interesse und die Tiefgründigkeit philosophischer Überlegungen nicht notwendigerweise mit hohem schulischem Leistungsniveau einhergehen. Es gibt deutliche Unterschiede in den Wissensvorstellungen von Kindern gegenüber Erwachsenen, verkörpert in der Gestalt des forschenden Wissenschaftlers und der Institution Universität, die erst richtig hervortreten, wenn bereits operationalisierte Vorstellungen vom „wissenschaftlichen Denken" oder Scientific Literacy zugunsten einer freien Äußerung der Kinder außer Acht gelassen werden: Erwartungsgemäß ist das Spektrum an Kategorien und Interessensgebieten breiter und unsystematischer, auch wenn bei Grundschülern bereits fachspezifische Prägungen zu beobachten sind. Das Denken von Kindern ist offenbar konkreter und an Anschaulichkeit gebunden, jedoch nicht unbedingt naiv oder simplizistisch. Laut Piaget deuten Aussagen wie „Ich denke mit den Augen" oder „Ich denke mit dem Mund" auf ein niedriges Reflexionsni-

---

[75] Haerle gibt als illustrierendes Beispiel folgendes Zitat aus den Interviews an: „Man kann nicht einfach sagen, die Türe quietscht. Erst muss man sie aufgemacht haben, damit man weiss, dass sie überhaupt quietscht." (G8W, 10,33 ++); Haerle 2006, 185).
[76] Hofers und Pintrichs Modell sieht drei Typen von epistemologischen Überzeugungen vor: „Absolutisten", die Wissen als absolute Entität voraussetzen, es als in der äußeren Welt vorfindbar und objektiv nachprüfbar erachten; „Multiplisten", die annehmen, Wissen werde subjektiv und im Inneren gewonnen und sei unsicher; und „Evaluativisten", die sowohl von objektivem als auch von subjektiven Wissensquellen ausgehen, daher die Unsicherheit des Wissens anerkennen und meinen, man müsse das Wissen ständig überprüfen (Hofer/Pintrich 1997).

veau hin, auch wenn im Verlauf desselben Interviews diese durch Aussagen wie „Ich denke mit dem Kopf" oder „Ich denke mit dem Herzen" relativiert werden. Er geht davon aus, dass dann die letztere Aussage nur der unreflektierten Übernahme durch Aussagen Erwachsener geschuldet, bzw. „gelernt" sei (Piaget 2005 [1926], 51). Allerdings wäre dieser Sachverhalt auch anders zu deuten, nämlich so, dass Kinder das Denken sowohl als einen äußerlichen als auch als einen innerlichen Prozess begreifen und mehrere Überzeugungen nebeneinander bestehen können.

Die Zweifel am Sinn der Kinderuni, Wissenschaft für Kinder im Grundschulalter vermitteln zu können, speist sich möglicherweise daraus, dass es kaum Konzepte oder Vorstellungen darüber gibt, wie Kinder in diesem Alter komplexe Informationen, zumal außerhalb von Schule und in einer Vortragssituation, verarbeiten. Konzepte von Scientific Literacy oder wissenschaftlichem Denken sind stets an der höchstmöglichen Differenzierung und teils an ganz bestimmte Fähigkeiten wie logisches Denken oder Schriftlichkeit gekoppelt, was die Prozesshaftigkeit in der Entwicklung des Denkens und die Relation zwischen Abstraktionsvermögen und Anschaulichkeit bei Kindern nur unzureichend berücksichtigt.

Das „Philosophieren mit Kindern" und die entwicklungspsychologische Forschung legen nahe, dass wissenschaftliches bzw. komplexes Denken nicht nur durch rigoroses Fakten- und Methodenlehren, sondern auch durch freies Nachdenken und authentisches Erleben gefördert werden kann. Formallogisches, abstraktes Denken ist offenbar auch für Grundschulkinder möglich, muss aber sprachlich und kognitiv konkreter und anschaulicher gestaltet werden. Dies könnte für die Analyse von Kindervorlesungen relevant sein, indem untersucht wird, inwiefern die dort verwendeten anschaulichen Beispiele, Metaphern und Analogien eine die Komplexität des Denkens schwächende oder stärkende Funktion haben, also aus Sicht der Wissenschaft erklärend oder verfälschend sind: Hiermit könnte die Kategorie der „Verständlichkeit" von Wissenschaft erfasst werden.

Geht man davon aus, dass Lehrpersonen mit ihren eigenen epistemologischen Überzeugungen einen Einfluss auf die epistemologische Entwicklung von Kindern haben, spricht dies dafür, dass man die Beteiligung von Wissenschaftlern an der Erziehung und Bildung von Kindern fördern sollte, denn sie verfügen souverän über das Wissen ihres Fachgebietes und haben daher ausgezeichnete Voraussetzungen, um die geistige Entwicklung, wie punktuell auch immer, zu fördern: Je differenzierter und umfassender das Wissen der Lehrpersonen, desto mehr sind sie theoretisch in der Lage, Anlässe für eine differenzierte Auseinandersetzung mit Wissensinhalten zu schaffen (vgl. hierzu auch Bendixen/Feucht 2010, 567).

5.3 Ergebnisse und Diskussion empirischer Studien zur Kinderuni

Im Folgenden werden drei empirische Studien zum Thema Kinderuni vorgestellt[77], die den Ausgangspunkt der anschließenden Studie bilden. Hierbei sind nicht nur die Ergebnisse interessant, sondern es soll auch eine Reflexion über die eingesetzten Methoden erfolgen.

5.3.1 Die Pilot-Studie: Kinderuni Basel (2004)

Die Studie auf Initiative des Schulforschers Hans-Ulrich Grunder, der auch selbst als Dozent der Kinderuni tätig war[78], entstand zu einem recht frühen Zeitpunkt, etwa zwei Jahre nach der Entstehung der ersten Kinderuni in Tübingen. Untersuchungsgegenstand war die erste Vorlesungsreihe (insgesamt fünf Vorlesungen) an der Universität Basel, die zum Sommersemester 2004 eingerichtet wurde. Ziel der Studie war es, zum einen zu ermitteln, welchen Bildungshintergrund die Teilnehmerinnen und Teilnehmer der Kinderuni haben und aus welchem Einzugsbereich sie kommen; zum anderen sollten die Rezeption der Inhalte sowie das emotionale Erlebnis beurteilt werden (Grunder/Hegnauer/Wagner 2004, 12). Die Autoren wählten sowohl quantitative wie qualitative Verfahren, indem sie alle Vorlesungen beobachteten (vor allem im Hinblick auf emotionale Faktoren wie das „Klima" sowie den Zusammenhang zwischen Inhalten und Medieneinsatz mit dem Lärmpegel im Hörsaal) und zusätzlich zu jeder Vorlesung etwa 60 Kinder Fragebögen beantworten ließen. Hier wurden quantitative Daten zur Herkunft der Kinder erhoben sowie Fragen zum Inhalt der jeweiligen Vorlesung (multiple choice und eine offene Frage) sowie zum emotionalen Erlebnis (4-schrittige Skala zur Fragen wie „Wie hat es Dir gefallen?" oder „Hast Du Dich wohl gefühlt?").

Neben der Erkenntnis, dass die Teilnehmer ganz überwiegend Grundschüler der 2. bis 4. Klasse sind, ein hoher Anteil (mindestens 25 Prozent) von ihnen aus Familien mit mindestens einem akademisch gebildeten Elternteil kommen (ebd., 55) und die Veranstaltung sowohl inhaltlich als auch emotional sehr hohe Zustimmung auslöst (zwischen 80 und 90 Prozent, ebd., 60), lassen sich jedoch aus dieser Studie keine eindeutigen Aussagen festhalten. Beispielsweise konnte kein Zusammenhang zwischen Medieneinsatz und Lärmpegel ermittelt werden, da oft mehrere Medien gleichzeitig im Einsatz waren (ebd., 56). Auch der Grad der

---

[77] Eine weitere Studie über die Wirkung der Kinderuni ist in Arbeit, lag aber zum Zeitpunkt der Bearbeitung (September 2015) noch nicht vor (Schreiber, Pia: Nachhaltigkeit von Wissenschaftskommunikation für Kinder am Beispiel Kinderuniversitäten). Einen Forschungsüberblick über weitere Studien zum Thema Kinderuni liefert Claudia Richardt (Richardt 2008, 13 ff.).
[78] Vgl. Janßen/Steuernagel 2003, 183 ff.

Aufmerksamkeit insgesamt konnte nicht immer auf das Ansteigen oder Sinken des Lärmpegels im Hörsaal zurückgeführt werden, da dieser während der Vorlesung auch dann anstieg, wenn die Kinder aktiv beteiligt wurden, also vermutlich gerade besonders aufmerksam waren. Insgesamt wurde festgestellt, dass der Lärmpegel bei jeder Veranstaltung zum Ende anstieg, was die Autoren auf eine nachlassende Konzentration zurückführten (ebd.). Selbstkritisch merkten sie an, dass die Wissensfragen kein zuverlässiger Indikator dafür waren, die Aufnahme der Inhalte bei den Kindern zu überprüfen. Die Wissensfragen stammten von den Dozentinnen und Dozenten und entsprachen unterschiedlichen Schwierigkeitsgraden; aufgrund der unterschiedlichen Themen waren sie auch sonst nicht vergleichbar (ebd.).

Übergreifend ließ sich feststellen, dass über die Hälfte der Teilnehmerinnen und Teilnehmer die Fragen richtig beantworteten (ebd.). Da die Kinder auf die offene Frage nach dem wichtigsten Lerninhalt mit „Schlagworte[n] und knappe[n] Fakten" (ebd.) antworteten, entstand der Eindruck, sie hätten nur „kurzfristiges inhaltliches Wissen" aufgenommen (ebd.)[79], ein Befund, der, wie die Autoren selbst einräumten, auch mit der Erhebungssituation zusammen hängen kann: „(…) zur Beantwortung standen jeweils nur wenige Zeilen zur Verfügung und die Kinder füllten die Fragbögen jeweils ziemlich rasch aus" (ebd.). Dies ist umso wahrscheinlicher, als die Kinder den Fragebogen nicht einzeln in einer ruhigen Umgebung, sondern in der Gruppe ohne persönliche Betreuung ausfüllten (ebd., 14).

Im Fragebogen wurden ebenfalls zu Beginn und zum Ende der Vorlesungsreihe Daten zu den Interessen und Berufswünschen der Kinder erhoben, um herauszufinden, ob die Kinderuni möglicherweise einen Einfluss diesbezüglich ausübt; ein Zusammenhang wurde nicht festgestellt (ebd., 67). Es ist jedoch fraglich, ob hier die Möglichkeiten der Beeinflussung durch eine einzelne Bildungsmaßnahme nicht deutlich überschätzt wurden: Die thematisch heterogene Veranstaltung war kaum geeignet, vertieftes Interesse an einem speziellen Thema hervorzurufen und lässt auf ein unterkomplexes Ursache-Wirkung-Schema in der Konzeption der Befragung rückschließen. Die erhobenen Angaben zu den Berufswünschen der Kinder, die ohnehin in diesem Alter noch keine Verbindlichkeit aufweisen, tragen ebenfalls nicht zur Klärung einer Wirkung der Kinderuni bei. Über den tatsächlichen Lernzuwachs oder generell die pädagogische Bedeutung der Vorlesungen lässt sich also aus dieser Studie kein eindeutiger Befund ableiten.

Im Gegensatz zu dem Eindruck der Oberflächlichkeit der Veranstaltung stehen viele Äußerungen der Eltern, deren Meinung ebenfalls per Fragebogen

---

[79] Beispielzitate von Kindern auf die Frage nach dem wichtigsten Lerninhalt: „dass Gott überall lebt", „dass Gott in einer Kirche wohnt", „dass der indische Gott ‚Vishnu' heißt", „den Stein Kaaba", „dass die Ägypter schon sagten, dass Gott im Herzen wohnt" (Grunder/Hegnauer/Wagner 2004, 54).

ermittelt wurde. Wie bei den Kindern erfährt die Kinderuni viel Zustimmung: Vielfach berichteten die Eltern von anregenden Gesprächen im Nachgang der Vorlesung mit ihren Kindern, von „Horizonterweiterung" und Anregung „neuer Gedankengänge". Ebenso gab es Hinweise darauf, dass die Kinder das Gehörte mit schon vorhandenem Wissen aus der Schule, aber auch aus Fernsehsendungen verknüpften, dass nicht alle Vorlesungen den gleichen Zuspruch erhielten oder die Kinder enttäuscht reagierten, wenn die im Titel der Vorlesung gestellte Frage nicht beantwortet wurde (ebd., 68 ff.). Diese zum Teil recht differenzierten Angaben der Eltern wurden jedoch in der Studie nicht kommentiert und im abschließenden Fazit nur bei organisatorischen Fragen berücksichtigt.

Die Studie von Grunder, Hegnauer und Wagner war daher nicht darauf ausgelegt, die Frage nach einem Sinn der Kinderuni zu beantworten. In Bezug auf die Inhalte der Vorlesungen konnten die formulierten Hypothesen, wie z.B. „Die Kinder schätzen die Relevanz der vorgetragenen Inhalte sehr differenziert und zugleich individuell sehr unterschiedlich ein" oder „Inhaltlich bleibt eher wenig des präsentierten Stoffs hängen" (ebd., 11) weder nachgewiesen noch widerlegt werden.[80] Im Schlusswort wird auf die Ziele und Hypothesen kein Bezug mehr genommen; stattdessen werden vor allem organisatorische Verbesserungsvorschläge unterbreitet. Obwohl wichtige Ziele der Studie also offenbar nicht erreicht wurden, kommen die Autoren zu dem Schluss, die Kinderuni sei „insgesamt sehr erfolgreich" (ebd. 73). Worin aber dieser Erfolg aus pädagogischer Sicht besteht, wird nicht deutlich gemacht. So entsteht der Eindruck, die Kinderuni biete zwar ein positives emotionales Erlebnis, habe darüber hinaus aber keine Bedeutung. Dieser Befund ist möglicherweise verantwortlich für die oben durch Grunder selbst formulierte allgemeine Kritik an der Kinderuni. Angesichts der grundsätzlichen Zweifel an der Nachhaltigkeit der Kinderuni ist es überraschend, dass die Autoren die Fortführung der Basler Kinderuni dennoch befürworteten, obwohl sie den Sinn der Veranstaltung nicht benennen konnten.

5.3.2 Lernen oder Spaß? Kinderuni Münster (2006)

Methodisch differenzierter fällt die Studie von Dagmar Bergs-Winkels, Carolin Giesecke und Sandra Ludwig aus, die 2006 erschien, an der Universität Münster aber ebenfalls im akademischen Jahr 2003/2004 entstand. Auch sie verfolgte das Ziel, zu einer Optimierung der Veranstaltung beizutragen und gleichzeitig die Frage nach dem Lernzuwachs der Kinder zu beantworten, denn „dies ist das

---

[80] In einer unveröffentlichten Studie zur Kinder-Uni Tübingen unterteilten Grunder und seine Mitarbeiter die Kategorie Wissenserwerb in die Bereiche „Faktenwissen" und „Verständnis" auf. Jedoch konnten hier keine signifikanten Ergebnisse nachgewiesen werden, da eine sorgfältige Beantwortung des Fragebogens auch hier nicht sichergestellt werden konnte (Seifert 2003).

primäre Ziel der Kinderuni, den Kindern nicht nur die Universität als solche nahe zu bringen, sondern auch die Universität als Stätte des Wissenserwerbs hervorzuheben" (Bergs-Winkels/Gieseke/Ludwig 2006, 14 f.). Auch hier wurden Fragebögen an Kinder und Eltern verteilt, die sowohl offene als auch geschlossene Fragen enthielten. Methodisch verbessert wurde die Befragung durch den Einsatz von mehr Betreuungspersonal (genannt werden insgesamt etwa 50 Studierende eines pädagogischen Methoden-Seminars, ebd., 7 f.; 15) und der Förderung einer sorgfältigen Beantwortung der Fragen durch das Anbieten eines Getränks nach der Vorlesung ("Kakaostunde", ebd., 33). Die Eltern wurden als vollwertige Teilnehmer der Erhebung einbezogen und beantworteten Fragen zu Anlass und Motivation, mit den Kindern die Veranstaltung zu besuchen und zu den beobachteten Reaktionen auf ihre Kinder (ebd., 32; 85). Erstmalig wurde die Kinderuni als komplexes Geflecht von Beziehungen und Wirkungen zwischen Personen und Institutionen dargestellt und so theoretisch unterfüttert (ebd., 18). Im Vorfeld wurde beispielsweise zwischen zwei Wirkungsbereichen unterschieden, nämlich der Vorlesung und der Kinderuni als Institution (ebd., 19). Der Kinderfragebogen sollte in Bezug auf die Vorlesung die Interessen der Kinder, den Grad der Zufriedenheit, die Meinung zur methodischen und inhaltlichen Umsetzung und die Motivation und Interessensentwicklung der Kinder untersuchen (ebd., 20 f.). In Bezug auf die Wahrnehmung der Kinderuni als Institution sollten Einstellung zum Studium, Unterschiede und Gemeinsamkeiten mit Schule sowie die Identifikation als Event oder Bildung untersucht werden (ebd., 22). Ebenfalls wurden wie in der Basler Studie statistische Angaben zu Alter, Geschlecht, Wohnort, Schulform und Bildungshintergrund der Familien erhoben. Auch die Beobachtung der Kinder während der Vorlesungen wurde verfeinert: Während einer Vorlesung wurden vier Kindergruppen mit acht bis zehn Kindern unter quantitativem Aspekt beobachtet (Meldungen, Fragen stellen, Fragen beantworten, Mitschreiben). In einer zweiten Vorlesung wurden zwei Gruppen von zehn Kindern ohne standardisierte Kriterien in ihrem Verhalten beobachtet (Aufmerksamkeit, Mitarbeit). Zusätzlich entstand eine Video-Kurzdokumentation der Kinderuni, die insbesondere auf "Stimmung, Motivation, Erwartungshaltung, Teilnahme und Reaktionen der Kinder" fokussiert war (ebd., 38 f.). Ergänzend wurden Interviews mit vier Dozenten der Kinderuni im WS 2003/2004 durchgeführt. Der Leitfaden dieser Experten-Interviews enthielt Fragen zur Motivation für eine Teilnahme an der Kinderuni, zur Vorbereitung in Bezug auf das Thema und die kindgerechte Gestaltung, auf die eigene Einschätzung der Umsetzung (Spaß, Verständlichkeit, Reaktionen der Kinder), und allgemeine Anregungen und Beobachtungen (ebd., 36 f.).

Statistisch gesehen bestätigten sich einige Erkenntnisse der Basler Studie: Die Kinderuni wurde schwerpunktmäßig von jüngeren Kindern der anvisierten Zielgruppe (Acht- bis Zehnjährige) und teilweise noch jüngeren Kindern besucht (ebd., 42).[81] Noch deutlicher als in Basel ist der hohe Anteil von Kindern, die aus akademisch gebildeten Elternhäusern stammen (68 Prozent, ebd., 52). Auch hier ist die generelle Zustimmung der Kinder sehr hoch, sowohl was den Spaß als auch das Interesse angeht. Aufgrund der Tatsache, dass die Kinder häufiger die höchstmögliche Bewertung in der Kategorie „Spaß" als in der Kategorie „Interesse" angegeben haben, kommen die Autorinnen zu dem Schluss, dass der Eventcharakter „eine sehr große, womöglich größere Rolle spielt als die inhaltliche Seite der Vorlesungen" (ebd., 44). Dabei war der Anteil der Mehrfachbesuche in der Kinderuni hoch: Mindestens die Hälfte der Kinder hatte die Veranstaltung mehrfach besucht (ebd., 48). Ein direkter Einfluss der Vorlesungen auf den Studien- oder Berufswunsch konnte auch hier nicht nachgewiesen werden; jedoch wollte eine Mehrheit eventuell oder sicher ein Studium aufnehmen (ebd., 49).

Auch die Zustimmung der Eltern war hoch (ebd., 55). Wie schon in der Basler Studie ansatzweise deutlich wurde, wird die Nachhaltigkeit der Veranstaltung seitens der Eltern als hoch wahrgenommen: Fast alle Eltern (239 von insgesamt 241 Befragten) gaben an, dass sie nach der Vorlesung mit ihren Kindern über die gehörten Inhalte sprachen (hingegen nur 85 Prozent der Kinder, ebd., 54). Eltern waren eindeutig die Initiatoren für den Besuch der Kinderuni (ebd.) und erhofften sich vor allem, ihre Kinder für ein Studium zu motivieren, ihren Horizont zu erweitern, Neugierde und Lernen zu unterstützen (ebd., 52). Aus den Antworten der Eltern schlossen die Autoren ebenso, dass sie die Kinderuni als zusätzliches Freizeitangebot für ihre Kinder deshalb auswählen, weil sie der Meinung sind, sie würden in der Schule unterfordert (ebd., 53).

Dies deckt sich jedoch nicht mit der Meinung der Kinder, die die Schule im Vergleich zur Kinderuni anspruchsvoller finden (ebd., 77), und dies gilt ebenso für hochbegabte Kinder, die im zweiten Teil der Münsteraner Studie besondere Beachtung fanden. Hochbegabte Kinder bewerteten den Spaßfaktor noch höher als die normal Begabten, waren aber auch kritischer in der Bewertung und konnten differenziertere Angaben zum Inhalt machen (ebd., 75 f.). Bei der methodischen und inhaltlichen Umsetzung der Vorlesungen blieben den Kindern vor allem die Visualisierungen durch Gegenstände und Bilder sowie die gewählten Analogien für komplizierte Sachverhalte im Gedächtnis; auch Elemente der aktiven Beteiligung der Kinder wurden sehr geschätzt (ebd., 46). Die befragten Kinder wünschten sich vor allem noch mehr unbekannte Themen, bessere Erklärungen und weniger Fremdwörter, gaben aber trotzdem bei fast allen Vorlesungen an, dass sie alles oder fast alles verstanden hätten (ebd., 44; 47). Die Profes-

---

[81] In der angehängten zweiten Münsteraner Studie zu den Vorlesungen im SS 2004 war der Anteil der Grundschüler insgesamt weiterhin sehr ausgeprägt (der Altersdurchschnitt lag bei etwa 9,4 Jahren); jedoch war der Anteil der Sekundarstufenschüler deutlich höher als im WS und lag bei 13 Prozent (Bergs-Winkels/Giesecke/Ludwig 2006, 72.)

soren wurden als „nett" oder „kinderfreundlich" beschrieben; Berührungsängste gab es nicht (ebd., 47).

In den Interviews mit den beteiligten Professoren wurde deutlich, dass ein direktes Werbeinteresse (z.B. Anwerbung zukünftiger Studierender oder Steigerung der Bekanntheit des Fachgebietes oder Institutes, um bessere Bedingungen für Drittmitteleinwerbung zu erzielen) in der Motivation für eine Teilnahme keine Rolle spielte (ebd., 57). Ausschlaggebend für ein Engagement in der Kinderuni war einerseits das Bestreben, für das Fachgebiet als solches zu interessieren, und einen Einblick in die Welt der Universität zu geben, sowie ein besonderes Interesse an Kindern, resultierend entweder aus der Erfahrung eigener Elternschaft oder vorangegangenen Erfahrungen mit Veranstaltungen für Kinder (ebd., 57 f.). Wie die Kinder sahen die Dozenten den Spaßfaktor der Vorlesungen als wesentlich an und richteten die Vorstellung der Inhalte danach besonders aus: In den didaktischen Überlegungen war daher der Bezug der Inhalte zur Erfahrungswelt der Kinder, Anschaulichkeit, dramaturgische Gestaltung mit Spannungsbögen und Höhepunkt (bezeichnet als „Aha-Effekt", „Highlight") für die Vorbereitung maßgeblich (ebd., 58 f.). Überrascht waren die Dozenten über das starke Bedürfnis der Kinder nach aktiver Beteiligung und die im Vergleich zu Studierenden starken emotionalen Reaktionen auf die Vorlesung, die sich sowohl in Form von mehr Unruhe als auch Freude und Staunen zeigte. Insgesamt wurde aber die Konzentrationsfähigkeit der Kinder positiv hervorgehoben (ebd., 61). Alle Professoren hoben ihre Teilnahme an der Kinderuni als eine sehr positive Erfahrung hervor (ebd., 63).

In der abschließenden Bewertung gibt es einige Differenzierungen und Diskrepanzen, auf die die Studie nicht explizit eingeht, die aber in Bezug auf die Fragestellung dieser Arbeit interessant sind: So fällt auf, dass die Professoren auf die Frage, welche „besonders wichtigen Erfahrungen und Anregungen" sie an zukünftige Dozenten der Kinderuni weitergeben wollten, keine inhaltlichen Gestaltungshinweise gaben, sondern dass diese ausschließlich den Beziehungsaspekt zu den Kindern betrafen: In zwei Fällen wurden pädagogische bzw. intrinsische Zielsetzungen der Kinderuni angesprochen, nämlich pädagogischer Eros („erfolgreiches Lehren hat mit Liebe zu tun") und persönliche Entwicklung der Kinder („die Kinder auf etwas (...) Neues [hinweisen], um sie so in ihrer Entwicklung zu fördern", ebd., 63). Ebenso findet sich der Hinweis auf die verstärkte Notwendigkeit, Inhalte unterhaltsam darzustellen („dass man eben in den Umständen, die man dort vorfindet, eine (...) ‚Show' machen muss") und die besondere emotionale Bestätigung durch das kindliche Publikum („Am Schluss war ein (...) ein kleiner Höhepunkt für mich, als ein Mädchen fragte, ob sie ein Autogramm von mir bekommen könnte"; ebd., 63 f.).

Diese Aussagen stehen teilweise in einem Kontrast zu den inhaltlichen und methodischen Intentionen der Professoren, die für eine Teilnahme an der Kinderuni generell und speziell für die Gestaltung der Vorlesung im Vordergrund standen. Zwar fand sich auch hier ein Hinweis auf das Ziel der Vermittlung, „dass Leistung Spaß machen kann", sonst aber nannten sie „Begegnung mit einer Institution möglich machen", „die Kinder aus ihrer Selbstverständlichkeit herauszuholen (…) und sie mit etwas anderem zu konfrontieren, was sie dann auch später nutzen können", „Einsicht, dass man mit einem Stoff anders umgehen kann, als es in der Schule der Fall ist" (ebd., 57). Neben der kindgerechten und unterhaltenden Aufarbeitung der Inhalte fand sich zum Thema der Vorbereitung auf die Vorlesung auch die Überzeugung, dass es möglich sei, wissenschaftliche Inhalte, die man „absolut verstanden" hat, „in einem beliebigen Grad der Vereinfachung darstellen" zu können (ebd., 59). In der abschließenden Bewertung eines Professors zeigten sich jedoch Zweifel an diesem Ansinnen: „(…) der Sinn kann nicht darin liegen, die Kinder schon mit der Universität oder mit Methoden der Universität bekannt zu machen" (ebd., 64). So zog er eine deutliche Grenze zwischen der Welt der Wissenschaft und der Welt der Kinder: „Das wiederum ist eine Frage der Pädagogik, nicht der Historiker oder Planetologen oder Mathematiker" (ebd.). Worin jedoch die Qualität der Begegnung der Kinder mit der Universität liegt, wird dann nicht deutlich.

Hieraus ergibt sich folgende Überlegung: Überzeugend kann die Kinderuni als Konzept nur dann sein, wenn Organisatoren und Dozenten der Meinung sind, dass wissenschaftliche Inhalte Kindern authentisch vermittelt werden können und der Ort bzw. die Art der Veranstaltung einen Bezug zum Prinzip der Universität enthält. Sehen sie dies nicht als gegeben an, sind Ort, Form und Inhalt nicht zwingend, denn eine Horizonterweiterung oder eine liebevolle Hinwendung können Kinder grundsätzlich in vielen anderen Zusammenhängen erfahren. Hier zeigt sich ein möglicher Zusammenhang zwischen der Kinderuni zu dem im vorigen Kapitel diskutierten Auffassungen zu der Beziehung zwischen Wissenschaft und Gesellschaft und der darauf aufbauenden Verhältnisse in Kommunikationssituationen. Ob die beschriebene Diskrepanz zwischen der Vermittlungsabsicht und der Bewertung der gemachten Erfahrung seitens der Professoren ihnen bewusst war oder eher Ergebnis der Darstellung in der Studie ist, kann nicht zuverlässig beantwortet werden. Im abgedruckten Leitfaden für die Interviews waren Fragen zur Vermittlungsabsicht wie auch zum Erreichen dieser Absicht enthalten, nicht jedoch die Frage nach dem generellen Sinn einer Kinderuni (ebd., 36 f.). Die Aussagen der Professoren wurden nur auszugsweise zitiert; nicht alle Themenbereiche des Leitfadens wurden in der Darstellung der Ergebnisse ausgewertet, so dass dieser Zusammenhang nicht deutlich wird. In jedem Fall handelt es sich nicht um eine Vorher-Nachher-Reflexion, da alle Interviews nach der gehaltenen Vorlesung gemacht wurden (ebd., 37). Den Professoren, die namentlich in der Studie genannt werden, wurden die zitierten Passagen zudem vor dem Erscheinen zur Zustimmung vorgelegt (ebd., 38).

Wenn es sich also nicht um eine darstellungsbedingte Verzerrung ihrer Aussagen handelt, kann man daraus die These ableiten, dass trotz der insgesamt positiven Bewertung eine latente Ambivalenz der Wissenschaftler zu dieser Art von Veranstaltung dahingehend besteht, ob Wissenschaft an ein so junges Publikum vermittelt werden kann. Eine andere Möglichkeit wäre, dass in den abschließenden Bewertungen vor allem die Gedanken geäußert wurden, die die Erfahrung der Dozenten am stärksten geprägt haben. Diese hingen offensichtlich mit der sonst ungewohnten emotionalen Beteiligung des Publikums zusammen, die zu einer „intensiveren Beziehung" zwischen Dozent und Zuhörern geführt hätte; mehr als sonst üblich mussten sie spontan auf den Wunsch nach aktiver Beteiligung, Fragen oder Unruhe im Publikum reagieren (ebd., 61).

Ein Hauptanliegen der Studie, nämlich zu ermitteln, ob die Kinder etwas lernen und wenn ja, worin dieser Lernzuwachs besteht, wurde nicht erreicht. Die quantitative und qualitative Beobachtung der Kindergruppen konnte zwar Unterschiede in der Aufmerksamkeit und Konzentration der Kinder ermitteln, die sich auf den Verlauf der Vorlesung beziehen (ein Absinken der Konzentration nach der ersten Hälfte der Veranstaltung, Unruhe kurz vor dem Ende, ein höheres Maß an Aufmerksamkeit und Disziplin von Mädchen gegenüber Jungen, dokumentiert durch Lachen, Unterhalten oder Kopf auf den Tisch legen, vgl. ebd., 40). Darüber hinaus waren jedoch durch diese Form der Beobachtung nur grobe Einschätzungen über die Rezeption der Vorlesungen möglich. So waren sich die Autorinnen aufgrund der Beobachtungen sicher, dass die Kinderuni „einen bleibenden Eindruck" hinterlasse – als Hinweise darauf dienten Beobachtungen wie „Fotos machen" oder „das Halten des Studierendenausweises ohne auf den Weg zu achten" (ebd., 66) und es sei „deutlich, dass sie lernen" (ebd.). Die letztere Aussage kann jedoch nicht auf Beobachtungen, sondern nur auf die Antworten in den Fragebögen zurückgeführt werden, die wie in der Basler Studie mit den Angaben zu den unmittelbar nach der Vorlesung niedergeschriebenen Erinnerungen als identisch wiedergegeben werden. Eine theoretische Bestimmung, wie eigentlich im Zusammenhang mit der Kinderuni „Lernen" definiert werden kann, fehlt in der Studie. Implizit wird der Begriff des Lernens mit einer möglichst vollständigen Erinnerung an den präsentierten Inhalt gekoppelt. Aus den Aufzählungen der „beeindruckenden Elemente" der Vorlesungen ergibt sich wie in der Basler Studie eine Fülle von Einzeleindrücken unterschiedlicher Komplexität, wie „Immunsystem als Körperpolizei", „Einstieg über Oliver Kahn", „Tipps zur Vorbeugung von Erkältungskrankheiten" (ebd., 45). Da diese Eindrücke nicht individualisiert sind und nur punktuell erhoben wurden, sind diese Antworten nur grobe Hinweise auf mögliche Lernprozesse. Sie belegen also einstweilen nur, dass eine Wirkung der Kinderuni im Hinblick auf Inhalte vorhanden ist, wie sich diese jedoch längerfristig auswirkt oder gar zur Bildung der Kinder beitragen kann, liegt weiter im Dunkeln.

Die Münsteraner Studie arbeitete mit den Begriffen von Interesse und Spaß, wobei Interesse mit den Themen und Inhalten der Vorlesung verknüpft wurde, und Spaß mit „Event-Charakter" (ebd., 44). Die Begriffe wurden als Gegensätze verwendet; jedoch fehlte eine genaue Beschreibung dessen, was „Spaß" in einer Vorlesung ist. Im Zusammenhang mit dem Eindruck, den die Kinder von den Professoren hatten, nannten die Kinder deren „Humor" und die „guten Witze" (ebd., 45), auch fanden sich Hinweise auf die Beliebtheit von Abbildungen, wie Oberflächen von Planeten oder Marsmännchen (ebd.), die eventuell einen Genuss- oder Spaßfaktor beinhalten. Eine inhaltliche, fundierte Abgrenzung der beiden Begriffe fand aber nicht statt. Im Fragebogen wurden mit der offenen Frage 9 bzw. 10 („Was fandest Du in dieser Vorlesung am interessantesten? Was hat Dich beeindruckt?") die Begriffe des allgemeineren „Eindrucks" mit der Kategorie „Interesse" verknüpft, nicht aber mit der Kategorie „Spaß", die in der Frage 6 bzw. 7 als halb geschlossene Frage formuliert wurde („sehr viel Spaß", „Spaß", „nicht so viel Spaß", „kein Spaß"). Die Studie suggerierte also den Kindern einen Unterschied zwischen Interesse und Spaß, ohne ihnen die Möglichkeit zu geben, von sich aus den „Spaß" an der Veranstaltung näher zu definieren. Da „Eindruck" und „Interesse" miteinander verknüpft wurden, nennen die Kinder hier vor allem Inhalte der Vorlesung. Ob aber wirklich die Inhalte in der Rezeption der Kinderuni im Vordergrund standen, wurde nicht zielsicher erfasst, auch wenn aufgrund der vielen inhaltlichen Nennungen einiges dafür spricht.[82]

Insgesamt wird deutlich, dass in den Erhebungen die Erwachsenen-Perspektive vorherrscht und sich die Kinder diesen Vorannahmen in den Befragungen anpassen mussten. Ebenso zeigt insbesondere die Münsteraner Studie, dass sich auch durch eine ausgefeilte Methode der Beobachtung „Lernen" nicht als Verhalten interpretieren lässt. Dies könnte nur dann der Fall sein, wenn sich eine Person in der genau gleichen Situation unter exakt gleichen Bedingungen unterschiedlich verhält (beispielsweise wenn ein Kind in der Verkehrserziehung „gelernt" hätte, an einer roten Ampel zu warten). Diese Bedingungen sind jedoch in der Kinderuni nicht gegeben: Nicht nur wechseln mit jeder Situation die Personen, sondern auch die Veranstaltungen selbst sind nicht wiederholbar, jedenfalls nicht in Bezug auf die Inhalte.[83] Definiert man „Lernen" nicht nur als Verhaltensanpassung, sondern verknüpft den Begriff mit der Möglichkeit von „Bil-

---

[82] Seifert weist in seiner Auswertung der Kinderuni Tübingen nach, dass die Form der Erhebung maßgeblichen Einfluss darauf haben kann, wie die Evaluation der Veranstaltung ausfällt. Er ließ einige Kinder Zeichnungen von der Kinderuni anfertigen, die andere Aspekte hervorhoben, wie z.B. Enttäuschung darüber, bei der Beantwortung einer Frage nicht „drangekommen" zu sein, oder auch örtliche Besonderheiten, wie der Cola-Automat im Untergeschoss des Hörsaal-Gebäudes (Seifert 2008, 50 f.).

[83] Vorstellbar wäre z.B. die Beobachtung einer Verhaltensanpassung in Bezug auf die Rahmenbedingungen der Kinderuni: Lernen einzelne Kinder bei wiederholten Besuchen, aufmerksamer und konzentrierter zu sein? Dies jedoch wurde in bisherigen Studien nicht untersucht.

dung", steigt die Komplexität weiter an. So dürfte aus beiden Studien deutlich geworden sein, dass durch Beobachtung „Lernen" im Zusammenhang mit den Vorlesungen der Kinderuni nicht nachgewiesen werden kann. Dass jede Studie zur Kinderuni aber einen besonderen, und jedes Mal erfolglosen, Fokus auf den Lernzuwachs der Kinder durch die Veranstaltung legt, macht die spezifischen und hohen Erwartungen deutlich, die an das Format herangetragen werden. Universitäten als Stätten des Wissenserwerbs, so die Argumentation der Münsteraner Studie, sind in besonderer Weise verpflichtet, auch in ihren an die Öffentlichkeit gerichteten Maßnahmen „Wissen" und „Lernen" zu gewährleisten (ebd., 15).

5.3.3 Kinderuni als PR-Instrument: Kinderuni Braunschweig-Wolfsburg (2008)

In der Studie der TU Braunschweig stand ebenfalls die Frage nach der Wirkung der Kinderuni auf die Kinder im Vordergrund. Wie in den anderen Erhebungen wurden zusätzlich Eltern und Referenten befragt. Ziel der Studie war es aber im Gegensatz zu den vorherigen nicht, den Lernzuwachs oder die pädagogische Bedeutung der Kinderuni zu bewerten, sondern sie „als ein Instrument der Öffentlichkeitsarbeit" einzuschätzen (Richardt 2008, 24). Ausgangspunkt der Überlegungen war die Annahme, dass „Kinderuniversitäten nicht zu den Kernaufgaben von Hochschulen [gehören]" und „generell daher unter einem besonderen Legitimationsdruck [stehen]" (ebd., 23). Insbesondere sollte auch Rechenschaft gegenüber dem externen Sponsor der Veranstaltung, einer Stiftung, abgelegt werden (ebd.). Der Fokus der Untersuchung lag auf der Betrachtung der Kommunikationswege und –verläufe in die Öffentlichkeit, schloss also sowohl die Perspektive der Organisatoren als auch eine Medienresonanzanalyse ein. Den Begriff der „Wirkung" definiert Richardt als Output (Medienresonanz), Outgrowth (direkte Zielgruppenwirkung), Outcome (indirekte Zielgruppenwirkung), Outflow (betriebswirtschaftliche Wirkung). Als direkte Zielgruppe galten die Kinder, aber auch Eltern, Lehrer, und Lokaljournalisten, als indirekte Zielgruppe die Referenten (ebd., 24). Zeitraum der Befragung der Kinder und Eltern waren die Vorlesungen zwischen 2004 und 2006. Im WS 2006/2007 wurde die Medienresonanz gemessen (ebd., 27 f.). Es wurden nicht nur die Organisatoren der Braunschweiger Kinderuni, sondern auch deutschlandweit die Organisatoren aller Standorte der Kinderuni zu ihrer Einschätzung befragt (dies sind normalerweise die jeweiligen Referate für Presse- und Öffentlichkeitsarbeit).[84]

---

[84] Von 49 Standorten der Kinderuni in Deutschland nahmen 31 an der Erhebung teil (Richardt 2008, 34). In Einzelfällen werden Kinderunis im deutschsprachigen Raum auch von Vereinen organisiert, wie z.B. in Bern in der Schweiz.

Die Medienresonanzanalyse ebenso wie die Einschätzung der Organisatoren aus den Pressereferaten der Hochschulen zeigten eine hohe Effizienz der Kinderuni als Kommunikationsmaßnahme: Die lokalen, seltener die überregionalen Medien (Print und TV) berichteten häufig und regelmäßig vor und während den Veranstaltungen, und zwar neutral bis positiv (ebd., 50 f.). Die Pressereferenten waren mit der Resonanz zu 80 Prozent „zufrieden" oder „sehr zufrieden" (ebd., 53). Auch die Referenten der Kinderuni wurden dazu befragt, ob die Kinderuni zur Imageförderung und Bekanntmachung ihrer Themen beiträgt; hier lag die Zustimmung ebenfalls bei rund 80 Prozent (ebd., 56). Es wurde also von beiden Gruppen ein Zusammenhang zwischen Kinderuni und dem Ziel der Imageverbesserung gesehen; relativiert wurde dies allerdings dadurch, dass die Professoren generell ihr Image sowie das Image von Universitäten überwiegend als positiv bewerteten (ebd., 61). Auch einige Organisatoren merkten an, dass Imageverbesserung eher ein Nebeneffekt sei (ebd., 63). Für beide Personengruppen standen das Wecken von Interesse an Wissenschaft und der Abbau von Hemmschwellen im Vordergrund; jedoch zeigten sich auch kleine, aber bedeutsame Unterschiede: Während die Organisatoren besonderen Wert auf die „Öffnung der Universität nach außen" und den Erwerb von „Bildung und Wissen" legten, sahen die Professoren einen Schwerpunkt in der „Imageverbesserung" und einer „Steigerung der Bekanntheit der Universität". Bei beiden Personengruppen spielten Aspekte wie „Unterhaltung und Spaß" sowie „Ansprechen von künftigen Studenten" prozentual eine untergeordnete Rolle (ebd., 62 f.). Die Gewichtung war dennoch nicht gleich: Nur knapp 19 Prozent der Referenten gab als Ziel der Veranstaltung „Unterhaltung" an, während die Organisatoren zu etwas über 40 Prozent dieses Veranstaltungsziel nannten. „Bildung und Wissen" nahm bei den Referenten einen Anteil von fast 44 Prozent ein; für 87 Prozent spielte dieser Aspekt bei den Organisatoren eine Rolle (ebd.).

Bei näherem Hinsehen wirft dieses Ergebnis Fragen auf: Wenn es stimmt, dass das Ziel „Imageverbesserung" durch die Kinderuni nach Meinung von Organisatoren und Referenten besonders gut erfüllt wurde, beide Personengruppen aber davon ausgingen, dass dies aufgrund der guten Reputation von Universitäten eigentlich nicht nötig sei, kann das Argument als Legitimation nur begrenzt dienen (zumal die Autorin einleitend anführte, dass die Kinderuni nicht zum Kerngeschäft von Universitäten zähle und daher der Legitimationsdruck besonders hoch sei). So bleibt aus der zur Verfügung gestellten Liste von Zielen das Ziel „Interesse an Wissenschaft wecken" übrig, dem beide Personengruppen uneingeschränkt zustimmten. Dadurch wird die These untermauert, dass die Macher der Kinderuni grundsätzlich davon ausgehen, einen Einblick in Wissenschaft geben zu können (was in der Münsteraner Studie in den Aussagen der Professoren teilweise angezweifelt wurde). Ein interessanter Befund ist weiterhin, dass die Bekanntheit des Standortes den Referenten wichtiger war als eine

Öffnung der Universität (Bekanntheit: 93,8 Prozent, Öffnung: 68,8 Prozent; ebd., 62). Er legt nahe, dass die Wissenschaftler sich mehr allgemeine gesellschaftliche Zustimmung wünschten, an einem ausgeprägteren Kontakt zu außerwissenschaftlichen Gruppen jedoch nicht in gleichem Maße interessiert waren. Öffentlichkeitsarbeiter schienen im Gegensatz dazu davon auszugehen, dass eine aktive Beteiligung der Bevölkerung an den Veranstaltungen und Belangen der Universität dieser mehr nütze als eine gestiegene Bekanntheit in den Medien (ebd.). Möglicherweise ist dies absolut gesehen ein verzerrtes Bild, denn die Referenten der TU Braunschweig können nicht mit der Gesamtheit aller Referenten der Kinderunis deutschlandweit gleichgesetzt werden (während die Befragung der Kinderuni-Verantwortlichen deutschlandweit erfolgte).

Vergleicht man die Zielvorstellungen der Organisatoren und Referenten mit den vermuteten tatsächlichen Auswirkungen der Kinderuni auf die Kinder, ergibt sich ein überraschender Kontrast: Während die Organisatoren deutschlandweit zu 74 Prozent der Meinung waren, die Kinderuni vermittle „Bildung und Wissen", schätzten Organisatoren und Referenten der Kinderuni Braunschweig diesen Effekt sehr niedrig ein (0 bzw. 25 Prozent). Für die Referenten standen als tatsächliche Auswirkungen „Begeisterung", „Neugier an wissenschaftlichen Themen" sowie die „Bekanntheit der Universität" bzw. das Kennenlernen der „Universität als greifbare Einrichtung" im Vordergrund (93,8 Prozent bzw. 87,5 Prozent); diese Faktoren werden auch deutschlandweit als hoch eingeschätzt (zwischen 83,9 und 93,6 Prozent, alle Angaben ebd., 79).

Im Gegensatz dazu schätzten die Eltern, die ihre Kinder meistens zur Kinderuni begleiteten, den Bildungswert als sehr hoch ein (83,3 Prozent, gefolgt von einem deutlich niedrigeren Votum für „Begeisterung" und „Wecken von Interesse am Thema" (69,8 bzw. 67,4 Prozent, ebd., 80). Sie berichteten auch von Gesprächen über die Inhalte der Kinderuni mit ihren Kindern (67 Prozent), stellten fest, ihr Kind habe nach dem Besuch der Kinderuni mehr Spaß am Lernen (44 Prozent) und glaubten teilweise auch daran, dass die Veranstaltung positive Auswirkungen auf die Schulleistungen ihres Kindes habe (14 Prozent; alle Angaben ebd., 81). Richardt betont nach der Darstellung dieser Ergebnisse, dass die Studie hier nur die Meinungen der beteiligten Personengruppen und nicht die tatsächlichen Auswirkungen der Kinderuni zeige, vermutet aber, dass die Eltern die Wirkung auf ihre Kinder tendenziell am besten einschätzen könnten (ebd., 82). Gestützt wird diese Vermutung durch die Angaben der Kinder, die überwiegend gerne weitere Veranstaltungen besuchen wollten. Sie nahmen daran zwar auf Initiative der Eltern, aber dennoch freiwillig teil und wollten zu 50 Prozent mehr über das vorgestellte Thema erfahren und zu 40 Prozent die vorgestellten Experimente zuhause nachmachen (ebd., 74 ff.). Auch gaben die Kinder weitaus häufiger „Interesse" als Motivation für die Teilnahme an als „Spaß" (90 Prozent zu 78 Prozent, gefolgt von den Gründen, selbst ein Studium anzustreben oder etwas zu lernen, ebd., 73).

Die Analyse von Richardt legt nahe, dass die Macher der Kinderuni die Veranstaltung schwerpunktmäßig unter dem Gesichtspunkt der Öffentlichkeitsarbeit und Werbung sahen, was einer klassisch betriebswirtschaftlichen Sichtweise von PR entspricht: Öffentlichkeitsarbeit dient hier der Herstellung und Pflege von „guten Beziehungen" zwischen einer Organisation und ihren Bezugsgruppen mit dem Ziel einer „vorteilhaften Meinungsbildung" (Kotler/Bliemel 2006, 927). Werbung, insbesondere für gesellschaftliche Institutionen, ist u.a. darauf ausgerichtet, „Aufgaben und Ziele dieser Organisation den verschiedenen Zielgruppen deutlich zu machen" und „ein geeignetes Instrument, um zu informieren oder zu überzeugen" (ebd., 885). Das Publikum, und insbesondere die Eltern erwarteten jedoch vor allem Bildung und Wissen; so war die Kinderuni für sie zwar ein „Familienausflug", der jedoch keinesfalls mit rein unterhaltenden Freizeitaktivitäten vergleichbar sei und durchaus in erzieherischer Absicht erfolgte.

Die Wissenschaftler schätzten die Bedeutung ihrer öffentlichen Vorträge dennoch als hoch ein: Der Grund für eine Beteiligung an der Kinderuni war zu 75 Prozent die Wichtigkeit des Kontaktes zur Öffentlichkeit, gefolgt von „Abbau von Hemmungen vor der Uni" und „Unterhaltung und Spaß" (62,5 und 56,3 Prozent); bedeutsam ist in diesem Zusammenhang, dass es keinen Grund gab, den alle Beteiligten unterstützten (ebd., 84). Entsprechend der Auffassung, der Kontakt zur Öffentlichkeit sei wichtig, investierten die Referenten überdurchschnittlich viel Zeit in die Vorlesungen und engagierten sich auch sonst in Veranstaltungen für Kinder (ebd., 85 ff.). Das Verständnis vieler Kinder wurde, teils erwartet, teils überraschend, als hoch eingeschätzt; wie in der Münsteraner Studie war der stärkste Eindruck der Referenten das sehr positive Feedback auf die Vorlesungen, das teilweise über die Veranstaltung hinaus reichte (ebd., 86).

Interessant ist an Richardts Studie der Versuch, eine Verbindung von medial verbreiteten öffentlichen Diskussionen in der Bildungspolitik und ihren Zusammenhang mit der Durchführung der Kinderuni darzustellen. So befragte sie die Eltern, Organisatoren und Referenten ob es „im Kontext der PISA-Studie sinnvoll" sei, „Kinderunis durchzuführen", worauf 67 Prozent der Eltern zustimmten (ebd., 106). Dies könnte darauf hinweisen, dass die mediale Aufbereitung von Bildungsthemen den Besuch von Kinderunis fördert und die Erwartungen schürt. Sowohl die Organisatoren als auch die Referenten sahen einen deutlich geringeren Zusammenhang (ebd.). Auch hier bestätigte sich also die Diskrepanz in der Wahrnehmung von Machern und Eltern, wobei im Einzelnen auf beiden Seiten differenzierte und relativierende Aussagen gemacht werden (ebd., 107).

In ihrem Fazit kommt Richardt zu dem Schluss, dass die Kinderuni aufgrund der hohen Zufriedenheit aller Beteiligten als Kommunikationsmaßnahme erfolgreich sei (ebd., 114). Auch verbessere sie das Image und die Bekanntheit der Universität in der Region, da Eltern und Kinder als Multiplikatoren wirkten. Dieser Befund wird aber insofern relativiert, als Wissenschaftler und Organisatoren den Bedarf für eine Imageverbesserung als eher gering ansahen. Über die Region hinaus werde die Bekanntheit nicht gefördert, da nach dem Nachlassen des Neuigkeitseffektes überregionale Medien deutlich seltener berichteten (ebd., 113). Aufgrund der flächendeckenden Präsenz der Kinderuni in Deutschland trage diese auch nicht zu einer Profilbildung oder Differenzierung der einzelnen Universitäten bei, biete also keinen Wettbewerbsvorteil (ebd., 115). Ein Einfluss der Kinderuni auf zukünftige Studierendenzahlen sei aufgrund des jungen Alters der Kinder als fragwürdig einzuschätzen; nur in Verbindung mit weiteren Maßnahmen, die die Lücke zwischen einer Teilnahme an der Kinderuni und dem Studienbeginn füllen, könne dieses Ziel vielleicht erreicht werden, was aber auch weitere finanzielle und personelle Ressourcen binde (ebd., 114 f.). Neben der Zufriedenheit der Eltern und Kinder hebt Richardt die Bedeutung der Kinderuni als Instrument der internen Kommunikation hervor: Man könne mit der Kinderuni die Arbeitsmotivation und Identifikation der Wissenschaftler mit der Universität erhöhen; auch werde die Zusammenarbeit mit der Pressestelle intensiviert (ebd., 116). „Die Frage nach der Kinderuni als Bildungsinstrument", so Richardt weiter, „konnte nicht abschließend geklärt werden"; immerhin seien sich die Beteiligten darüber einig, dass das "Interesse für die Wissenschaft geweckt" werde (ebd.), was eine Voraussetzung für eine intensivere Beschäftigung mit einem Sachverhalt sei (ebd., 117).

Das stärkste Argument für eine Fortführung der Kinderuni ist also die Zufriedenheit der beteiligten Personen und kein direktes betriebswirtschaftliches Kalkül[85] oder politischer Legitimationszwang. Beide Ansätze, Kinderuni als

---

[85] Unter betriebswirtschaftlicher Perspektive könnte allerdings die Kinderuni einer erweiterten Öffentlichkeitsarbeit dienen, die als Corporate Social Responsibility bezeichnet wird. Hier geht es nicht mehr nur um die Beeinflussung der öffentlichen Meinung im Sinne der Organisation, sondern um eine aktive Beteiligung an gesellschaftlichen Prozessen („Verantwortungsübernahme"; vgl., Lin-Hi 2014, 661), die nicht direkt mit den Organisationsinteressen verknüpft sind, sondern das Allgemeinwohl fördern. Kotler, Kartajaya und Setiawan machen aber deutlich, dass es sich hierbei nicht um Philantropie, sondern um einen Wandel im Verständnis von Unternehmenszielen handelt. Unternehmen werden zu gesellschaftlichen Problemlösern definiert im Sinne einer Erweiterung der Kundenzufriedenheit (Kotler/Kartajaya/Setiawan 2010, 22). Die Gesellschaft wird also nicht um ihrer selbst willen weiterentwickelt, sondern um die Märkte effizienter und leistungsfähiger zu machen. Unternehmen sollen sich beispielsweise für die Gesundheit der Allgemeinheit engagieren, um das Wohlbefinden der Bevölkerung zu fördern, aber auch, um Belastungen der Wirtschaft zu vermeiden; Förderung von Bildung habe strategische Bedeutung, um fähige künftige Mitarbeiter zu erzeugen (ibid., 146 f.) Auch Lin-Hi betont, dass Corporate Social Responsibility „weniger mit Gutmenschentum zu tun [hat], sondern (...) Bestandteil eines guten Managements [ist]"; Ziel sei neben der „Verbesserung der Kundenbeziehungen" und der „Stärkung von Mitarbeitercommitment" die „Steigerung von Energie- und Ressourceneffizienz oder die Erschließung neuer Marktsegmente" (Lin-Hi 2014, 661).

Wissenserwerb und Kinderuni als PR-Instrument, werden dem Phänomen offenbar nicht in ausreichender Weise gerecht. Auch Richardt schließt nach dem Abwägen von Für und Wider daher mit den Worten: „Ob irgendwann kein Interesse der Kinder mehr besteht, oder ob irgendwann die Referenten und die Themen ausbleiben, wird sich in den nächsten Jahren zeigen. Bisher ist noch kein nachlassendes Interesse von Seiten der Kinder und ihrer Eltern bemerkbar" (ebd.).

5.4 Fazit

Eine Erklärung für die Widersprüche und Unklarheiten in den bisherigen Studien liegen zum Teil in einer nicht ausreichend operationalisierten und definierten Kategorie wie „Lernen", „Interesse" oder „Spaß"; Voraussetzungen für eine qualitative Erforschung der Kinderuni sind daher nicht in ausreichendem Maße gegeben. Ohne weitere Begründung wird beispielsweise davon ausgegangen, dass die Kinderuni entweder eine Werbeveranstaltung oder eine Art Unterricht darstellt; Referenzpunkt ist dabei implizit oder explizit die Schule oder das Studium als Ausbildungsgang, an der sich die Wirksamkeit der Kinderuni messen lassen muss. Andere Diskrepanzen geben Hinweise darauf, dass Unsicherheiten über den Sinn der Kinderuni von Seiten der Organisatoren und Referenten bestehen: Es gibt keine Einigkeit über das Ziel und die Wirkung der Veranstaltung.

Wenn jedoch weder eine ausschließliche Betrachtung der Kinderuni als Werbeveranstaltung noch als Lernerfahrung im Sinne von nachhaltigem Wissenserwerb schlüssig nachvollzogen werden kann, liegt nahe, dass die Kategorien, unter denen sie betrachtet wird, offenbar zumindest teilweise die falschen sind. Sie treffen den Sinn nicht. So können auch die eingangs erwähnten Kritikpunkte nicht bestätigt oder widerlegt werden.

Anliegen dieser Analyse ist es daher, die eingangs zitierten Urteile über die Kinderuni kritisch zu überprüfen, indem ein anderer empirischer Zugang gewählt wird, der es erlaubt, unvoreingenommener den Sinn der Kinderuni zu betrachten.

Umgekehrt sei CSR dennoch auch eine Forderung der Gesellschaft an die Unternehmen, auf die diese reagieren müssten (Kotler/Kartajaya/Setiawan 2010, 150; Lin-Hi 2014, 663): Die Menschen erwarteten, dass Unternehmen an der Lösung langfristiger gesellschaftlicher Probleme mitwirkten. Lin-Hi problematisiert diese Idee, indem er die Forderung aufstellt, die „Grenzen und Reichweiten von CSR" zu bestimmen und damit zu klären, welche gesellschaftliche Funktion Unternehmen haben sollten und in welchem Verhältnis die unternehmerische Gewinnerzielung und der Dienst an der Gesellschaft stehen (Lin-Hi 2014, 663). Im Hinblick auf öffentliche Institutionen wie Universitäten ist eine Betrachtung der Kinderuni als CSR widersprüchlich: Wie in Kap. 4 deutlich wurde, müssen Universitäten, aber auch die Wissenschaften ihre öffentliche Funktion nicht erst neu erfinden, sondern besitzen diese schon seit ihrer Entstehung. Würde man das Konzept der CSR auf sie übertragen, müsste man sie ausschließlich unter dem Aspekt der Ressourcengenerierung und gesellschaftlichen Problemlösefunktion subsumieren. Diese Sichtweise ist nicht konsensfähig (vgl. Kap.4.5), auch wenn Richardt dies in ihrer Studie nicht berücksichtigt und die betriebswirtschaftliche Sicht als sinnvoll unterstellt.

6 Empirische Studie Kinderuni Bonn

6.1 Forschungsdesign

Ausgangspunkt der Untersuchung ist die festgestellte Diskrepanz der Wahrnehmung bei Teilnehmern der Kinderuni (Kinder, Eltern, Dozenten, Organisatoren)
und Pädagogen bzw. Fachleuten für Wissenschaftskommunikation. Es besteht
trotz der Durchführung mehrerer Studien Unsicherheit in Bezug auf die Beantwortung der Frage, ob die Kinderuni sinnvoll ist und worin der Sinn dieser Maßnahme besteht. Im Einzelnen handelt es sich um folgende Aspekte:

- Wissen werde nur punktuell und nicht systematisch vermittelt, aufgrund der
  fehlenden Vertiefung wird ein nennenswerter Lerneffekt infrage gestellt.
  Die Symbolik des Ortes werde zur Hauptsache (Kutzbach 2009, Tremp
  2004).
- Die Kinderuni habe nichts mit Universität als Institution gemeinsam, da
  eine systematische Wissensvermittlung fehle (Kutzbach 2009).
- Die Kinderuni sei reine Unterhaltung und diene ausschließlich Werbezwe-
  cken; Kinder würden als Werbeträger missbraucht und durch die Medienbe-
  richterstattung verklärt, Wissenschaftler zu Popstars gemacht (Tremp 2004,
  Kutzbach 2009, Goddar 2009).
- Die Kinderuni enthalte keine pädagogisch wertvollen didaktischen Formen
  bzw. die Form der Vorlesung sei für Grundschüler nicht angemessen
  (Tremp 2004).
- Die Kinderuni sei vor allem für besonders begabte und sozial privilegierte
  Kinder konzipiert, also elitär (vgl. die fortgesetzte Debatte über eine bessere
  Beteiligung benachteiligter Kinder an der Kinderuni bzw. Wissenschafts-
  kommunikation im Forum Wissenschaftskommunikation und auf EUCU
  Net).
- Die Kinderuni erwecke den Eindruck eines gesellschaftlichen Konsenses
  über die Relevanz von Wissenschaft in der Gesellschaft, der gar nicht wirk-
  lich existiere (Tremp 2004).
- Die Kinderuni sei implizite Schulkritik, die Expertenwissen höher schätzt
  als pädagogische Arbeit (Tremp 2004).

- Es sei unklar, ob „das Ganze nur der Mode folgt, die Wissenschaft zum Maß aller Dinge zu machen, oder ob die Kinder wirklich einen Nutzen haben" (Kutzbach 2009).

Auf der theoretischen Ebene können diese Fragen nicht beantwortet werden. Das Konzept der Scientific Literacy, das als eines der wichtigsten Ziele von Wissenschaftskommunikation im Bereich der Formate für Kinder und Jugendliche gilt, beschreibt nur unerreichbare Idealzustände (vgl. Kap. 2.3), erklärt aber nicht, wie das Ziel praktisch erreicht werden kann. Die fehlende Verbindung zwischen theoretischen Konzepten und praktischen Maßnahmen führt dazu, dass über eine Wirkung der Kinderuni bisher keine eindeutigen Aussagen gemacht werden können. Hypothesen über die Wirkung verschiedener Maßnahmen werden hauptsächlich auf der Basis der vermuteten Intention, also in Form von Zuschreibungen von Interessenslagen, vorgenommen.

Indem Maßnahmen der Wissenschaftskommunikation allgemein, aber auch speziell im Fall der Kinderuni pauschal mit den Merkmalen der Werbung gleich gesetzt und damit als prinzipiell nicht vereinbar mit pädagogischen oder wissenschaftlichen Grundsätzen angesehen werden, wird von den Kritikern der Kinderuni die tatsächliche Gestaltung der Veranstaltung vor Ort entweder gar nicht in den Blick genommen, oder sie wird nicht als eigenständige Form, sondern im Kontext von Schulunterricht betrachtet und nach deren Maßstäben beurteilt.

Um die vorliegenden Zuschreibungen zu überprüfen, sollen die Sinnzuschreibung der Beteiligten (Kinder und Dozenten) und einzelne Veranstaltungen näher untersucht werden.

6.1.1 Kinder

Ausgehend von der Vermutung, in den vorherigen Studien würde die Kinderuni nach den falschen Kriterien beurteilt, entstand zunächst die Idee, das Erleben der Veranstaltung durch die Kinder in den Vordergrund der Untersuchung zu stellen und mit einer Gruppe weniger Kinder eine Vorlesungsstaffel zu besuchen. Es sollte also mehr Wert auf eine qualitative als auf eine quantitative Verfahrensweise gelegt werden, um so die Betrachtung zu verfeinern und auszuweiten. Die Verfeinerung sollte dabei insofern erreicht werden, als die Kinder sowohl beobachtet als auch einzeln interviewt werden sollten. Ausgeweitet wurde die Perspektive dadurch, dass nicht nur die Veranstaltung selbst, sondern auch die Rahmenbedingungen in den Blick kamen, die für den Besuch der Kinderuni von Bedeutung sein könnten, wie familiäre Voraussetzungen des einzelnen Kindes, unterschiedliche Altersstufen, Bezug zum Alltag und die speziellen Interessen des Kindes, individuelle Unterschiede der kognitiven Verarbeitung. Gleichzeitig sollte der Blick geöffnet werden für bisher nicht betrachtete Effekte und Elemente eines „Gesamterlebnisses Kinderuni".

Die Interviewfragen wurden zunächst in Anlehnung an die schon vorhandenen empirischen Studien zur Kinderuni entwickelt, in der Annahme, dass der Einzelfall geeigneter sein könnte, die „Nachhaltigkeit" oder „Oberflächlichkeit" der Veranstaltung zu bestätigen oder zu widerlegen (vgl. Anhang I).

Da also mit einem theoretischen Vorverständnis an die Interviewsituation herangegangen wurde, handelt es sich (in allen zu dieser Arbeit erstellten Interviews) um problemzentrierte Interviews, in denen Themenbereiche des Gesprächs vorher festgelegt werden, dennoch aber die Konzeptgenerierung durch den Befragten im Vordergrund steht (Lamnek 2010, 333).

Der Interviewleitfaden enthielt also Fragen dazu, woran sich die Kinder erinnerten und was sie besonders beeindruckt hatte, sowie Fragen zum Verständnis der Inhalte. Da für die bisherigen Studien der Referenzpunkt der Schulunterricht war, sollte nach Unterschieden und Gemeinsamkeiten der Kinderuni mit der Schule gefragt werden, wobei hier sowohl inhaltliche wie äußerliche Elemente (Gestaltung der Räumlichkeiten, Vortragssituation, Rituale etc.) angesprochen werden sollten.

Entsprechend dem Anliegen der vorliegenden Untersuchung sollten die Kinder ebenso die Frage beantworten, welchen Sinn sie der Kinderuni zuschreiben. Angeregt durch die entwicklungspsychologische Forschung zum epistemologischen Verständnis von Grundschulkindern enthielt der Leitfaden ebenso Fragen zum allgemeinen Wissenschaftsverständnis: So sollten die Kinder Vermutungen darüber anstellen, was Wissenschaftler machen und womit sie sich beschäftigen; ebenso sollte beleuchtet werden, woher die Kinder ihre Vorstellungen von Wissenschaft und Wissenschaftlern beziehen. Bei den Interviews stellte sich heraus, dass eine „Überprüfung" der behaltenen Inhalte der Vorlesungen – analog zu den vorhergehenden Studien – sich als ebenso wenig ertragreich erwies wie in diesen. Der Eindruck des Fragmentarischen, so meine Erfahrung, ergibt sich schon aus der Fragestellung. Denn auf die Frage „Was hat dich besonders beeindruckt?" werden zwangsläufig einzelne Elemente genannt; auch ein Erwachsener würde diese Frage nicht umfassend beantworten (wie etwa in dem Satz „Die Sprachgeschichte ist ein wichtiger Schlüssel für das Verständnis westeuropäischer Kultur", also auf übergreifende und abstrakte Konzepte eingehen). In jedem Fall drücken sich Kinder weniger abstrakt aus, was aber, wie wir gesehen haben, nicht notwendigerweise bedeuten muss, dass sie dahinterliegende abstrakte Konzepte nicht verstehen oder verarbeiten. Als ertragreicher stellten sich die allgemeineren Fragen heraus, die den Kindern Gelegenheit gaben, das in den Vordergrund zu stellen, was ihnen und nicht der Interviewerin wichtig war (die Wissensfragen im Sinne von „Was hast du behalten?" beantworteten die Kinder hingegen manches Mal mit Anzeichen von Ungeduld). Oft erschloss sich der mögliche Sinn einer Aussage erst im Nachhinein. Generell gelten bei Interviews mit Kindern Einschränkungen, was einen besonders sorgfältigen Umgang mit den Daten erfordert (vgl. Kap. 6.2).

6.1.2 Vorlesungen

Die Vorlesungen selbst waren bisher nicht im Fokus der empirischen Untersuchungen. Zwar wurden sie in den Feldbeobachtungen teils inhaltlich zusammengefasst, teils atmosphärisch beschrieben oder ihre Inhalte tauchten fragmentarisch in den Antworten der Fragebögen auf. Es wurde jedoch nicht systematisch untersucht, ob es eine „typische" Kindervorlesung im Rahmen der Kinderuni gibt und wenn ja, wie diese aussieht. Jedoch zeigen die Schwierigkeiten, „Wissenschaft" oder „Lernen" in Bezug auf die Veranstaltung zu definieren, dass man von einer spezifischen Wirkung nur dann sprechen kann, wenn man die Themen und die Art der Vermittlung, und bestenfalls die Aussagen und Reaktionen der Kinder auf die zuvor untersuchte Vorlesung, analysiert. Was wäre die Mindestanforderung an eine Vorlesung, wenn sie dem Anspruch genügen soll, einen authentischen Eindruck von Wissenschaft und Universität zu vermitteln? Welche Aspekte von Wissenschaft sind vor dem Hintergrund der kognitiven Leistungen von Kindern für eine Vermittlung überhaupt sinnvoll? Wo ist die Grenze zu sehen zu einem reinen Unterhaltungsformat, bei dem Wissenschaft sich auf die Aura des Ortes beschränkt? In den bisherigen Untersuchungen, besonders in der Studie von Bergs-Winkels /Giesecke/Ludwig, wurde deutlich, dass der Verwendung von illustrativen Beispielen, Metaphern und Analogien eine zentrale Bedeutung zukommt, da sich die Kinder daran am besten erinnern konnten. Zudem wäre zu fragen, ob die Themen und Inhalte der Vorlesungen sich eher an den Problemstellungen der Wissenschaft orientieren oder ob sie hauptsächlich oder ausschließlich an die Alltags- und Vorstellungswelt der Kinder angelehnt sind: Ist das Vorlesungsthema ein Problem, das auch in der Wissenschaft bearbeitet wird? Nimmt der Referent oder die Referentin Bezug auf Methoden der Forschung? Versucht er oder sie zu erklären, wie das von ihm repräsentierte Fachgebiet systematisch aufgebaut ist?

Ausgehend von den in den vorherigen Untersuchungen unklaren Kategorien „Interesse" und „Spaß" soll anhand der Vorlesungen untersucht werden, ob eine Unterscheidung eindeutig getroffen werden kann. Beispielsweise wäre es möglich, ausgehend von der These der Medialisierung von Wissenschaft nach Weingart (2001), „Spaß" mit einer „Aufmerksamkeitsorientierung" zu verknüpfen, da die Steuerung von Aufmerksamkeit zu den konstitutiven Merkmalen der Massenmedien gehört (vgl. auch Kohring 1997 und Rödder 2009): Die Massenmedien emotionalisieren wissenschaftliche Fakten durch einen Alltags- oder Gesellschaftsbezug oder durch Personalisierung und sichern damit die Aufmerksamkeit des Publikums (Drerup 1999, 43 f.). „Spaß" könnte man daher übersetzen als eine besondere (positive) emotionale Involviertheit der Kinder. Diese emotionale Qualität ist nachweislich mit einer besonderen Aufmerksamkeit gekoppelt, die auch dem Lernen förderlich sein soll (Spitzer 2006, 157 f.) Die Massenmedien arbeiten typischerweise mit einer Mischung von Absichten der „Bildung" und „Unterhaltung", also einer Verknüpfung von pädagogischen und ökonomischen Ansprüchen. Aufgrund der Erkenntnisse von Gisler über die nur sehr bedingt kompromissbereite Haltung von Wissenschaftlern gegenüber dem Wahrheitsgehalt ihrer Darstellung (Kap. 4.6.3) ist aber zu erwarten, dass sich die Präsentation in den Vorlesungen von einer massenmedialen Aufarbeitung unterscheidet.

6.1.3 Dozenten

Da der Schwerpunkt der Untersuchung, ausgehend von der Kritik an der Kinderuni, sich zunächst auf das Erleben und Erinnern der Kinder konzentrierte, wurden zu Beginn die Referenten als Untersuchungsgegenstand nicht in den Blick genommen. Dies änderte sich jedoch im Lauf der Untersuchung. Zwar gaben die Aussagen der Kinder kaum Hinweise auf die Bedeutung der personalen Beziehung zwischen Referent und Publikum; jedoch ergibt sich aus dem theoretischen Kapitel über Wissenschaft in ihrem Verhältnis zur Öffentlichkeit, dass die Haltung der Wissenschaftler als Vortragende in Bezug auf die Öffentlichkeit von entscheidender Bedeutung ist: Angesichts des insgesamt geringen Engagements von Professoren, ihr Fachgebiet regelmäßig einem außerwissenschaftlichen Publikum vorzustellen, erschien es lohnenswert, mehr über die Kinderuni-Dozenten zu erfahren, da sie offenbar in besonderer Weise Eigenschaften aufweisen, die ihre Teilnahme an öffentlichkeitswirksamen Maßnahmen der Universität begünstigen. Rödders Typologie liefert hierzu einige Anhaltspunkte. Weiterhin könnte interessant sein zu untersuchen, was Wissenschaftler dazu motiviert, sich Kindern zuzuwenden und was sie Kindern zutrauen. Ebenso sollte sich zeigen, ob die Dozenten der Kinderuni hauptsächlich durch ihr Berufsethos als Hochschullehrer zur Beteiligung an der Kinderuni motiviert werden oder in ihrer Eigenschaft als Wissenschaftsmanager. Für ersteres dürfte eine Orientierung an Wahrheit, Öffentlichkeit und Uneigennützigkeit (nach Merton 1973) ausschlaggebend sein; für letzteres (Nachwuchs-) Werbung, Legitimation oder Akzeptanzbeschaffung für die eigene Forschung. Drei Interviews mit Kinderuni-Dozenten sollten exemplarisch zu diesen Themen Auskunft geben.

6.2 Methoden

Einerseits bestand das Ziel der Untersuchung darin, den Blick auf die Kinderuni zu verändern und möglicherweise zu neuen Kategorien der Bewertung dieser Maßnahme zu kommen. Andererseits fußte die Studie auf den vorangegangenen Untersuchungen und nutzte diese als Ausgangspunkt, indem deren Erkenntnisse als Spuren und Anhaltspunkte für neue Sichtweisen erweitert und ausgebaut wurden. Besonders die Studie von Bergs-Winkels/Giesecke und Ludwig diente als Vorbild, da sie nicht nur mehrperspektivisch aufgebaut war, sondern auch mehrere empirische Verfahren nutzte, um zu Erkenntnissen zu gelangen. Jedoch blieben in ihr die einzelnen Ergebnisse weitgehend unverbunden. Die Fragestellung dieser Arbeit, nämlich den Sinn und den Bildungswert der Kinderuni zu suchen (vgl. Kap.1.3), erfordert es, eine Zusammenschau der Ergebnisse anzustreben oder die noch nicht geklärten Fragen auf systematische Art und Weise deutlich zu machen. Die qualitativ-empirische Vorgehensweise bietet sich für pädagogische Zusammenhänge laut Wolfgang Klafki ganz besonders an, da diese von Grund auf von „Meinungen, Auffassungen, Forderungen, Aussagezusammenhängen, Theorien bestimmt" seien (Klafki 1971, 127). Man treffe

> auf pädagogische Sachverhalte nicht wie auf ein neutrales Material, pädagogische Sachverhalte sind vielmehr immer von *der* Art, daß Menschen sie aus irgendeinem Interesse, mit irgendeiner Zielsetzung hervorbringen und hervorgebracht haben oder daß Menschen zu ihnen aus bestimmten Interessen heraus, mit bestimmten Zielsetzungen und Vorstellungen Stellung nehmen (ebd., Hervorhebung im Original).

Klafki identifiziert drei Anwendungsbereiche für hermeneutische Verfahren in der Erziehungswissenschaft: Sie sollen die Hypothesenbildung ermöglichen, eine Einordnung in größere Zusammenhänge stellen sowie die Normen und Ziele in der Erziehung beleuchten, wobei diese nicht nur beschrieben, sondern auch kritisch bewertet werden sollen (ebd., 130). Wesentlich ist für Klafki, die Texte nicht nur aus sich selbst heraus, sondern im Kontext ihrer Entstehung und Rezeption zu interpretieren und dabei auch das eigene Vorverständnis als Forscher nicht außer Acht zu lassen (ebd., 134 ff.). Der Analyseschritt, das Vorverständnis der Kinderuni zu klären, wurde in dieser Arbeit vor allem im theoretischen Teil mit den Begriffen Bildung, Kommunikation und Wissenschaft vollzogen. Der Kontext und die bisherige Rezeption der Veranstaltung wurden ebenso bereits untersucht. Ziel des nachfolgenden Abschnitts ist es darum, die gewonnenen Erkenntnisse anhand von neuen empirischen Materials zu überprüfen und zu erweitern.

6.2.1 Qualitative Inhaltsanalyse und Grounded Theory

Qualitativ-empirische Verfahren erscheinen am besten geeignet, da sie eine integrierende Funktion für die Daten ermöglichen können. Dieses sind zum Beispiel die Qualitative Inhaltsanalyse nach Mayring (2008) und die Grounded Theory (Glaser/Strauss 2010 [1967]). Beide Analyseverfahren sind (text-) hermeneutische Verfahren, die Erkenntnisse aus dem empirischen Material generieren. Sie erlauben ein induktives Vorgehen, indem „Kategorien direkt aus dem Material in einem Verallgemeinerungsprozeß" abgeleitet werden, „ohne sich auf vorab formulierte Theoriekonzepte zu beziehen" und streben nach „einer möglichst naturalistischen, gegenstandsnahen Abbildung des Materials ohne Verzerrungen durch Vorannahmen des Forschers, eine Erfassung des Gegenstands in der Sprache des Materials" (Mayring 2008, 75). Aus dem Material werden durch Paraphrasierung und Abstraktion Kategorien gebildet, die dann Grundlage für die Interpretation sind und im Idealfall eine eigene Theorie über den Gegenstand hervorbringen. Im Vordergrund steht dabei die genaue Betrachtung von Worten und Wendungen im Text (Mayring 2008, 76). Die so erstellten Theorien sind Theorien mittlerer Reichweite (Glaser/Strauss 2010 [1967], 50).

Es gibt jedoch auch einige entscheidende Unterschiede zwischen beiden Verfahren. Während in der Qualitativen Inhaltsanalyse Material und Fragestellung, das Ziel der Analyse und ggf. Theorieansätze, nach denen das Material durchgearbeitet wird, vorher festgelegt und möglichst auch nicht mehr geändert werden – probeweise wird die „Stimmigkeit" der Kategorien mit etwa 10 Prozent des Materials überprüft (vgl. Mayring 2008, 75, Abb. 11a) – erlaubt die Grounded Theory sowohl die Erweiterung des Materials als auch die Veränderung der Kategorien im Forschungsprozess:

> Eine Theorie auf Grundlage von Daten zu generieren, heißt, dass die meisten Theorien und Konzepte nicht nur aus den Daten stammen, sondern im Laufe der Forschung systematisch mit Bezug auf die Daten ausgearbeitet werden. *Theorie zu generieren, ist ein Prozess* (Glaser/Strauss 2010 [1967], 23, Hervorhebung im Original).

Für die Grounded Theory ist besonders wichtig, dass der Forschende sein Forschungsziel mit einer „undogmatisch-offenen Fragestellung" beginnt, und mehrmals eine analytische Triade durchläuft, die aus Kodieren des Datenmaterials, Erhebung neuer Daten, durch die jeweiligen Resultate angestoßenes theoretisches Sampling und der anschließenden systematischen Entwicklung von Theoriebausteinen wie Konzepten und Kategorien besteht (Hülst 2012a, 280 f.). Kodieren bedeutet, eine Analyse der Daten durchzuführen und ihnen einen übergeordneten Sinn zuzuschreiben. So sollen im Fortgang der Auswertung die gebildeten Kategorien nach und nach verfeinert und erweitert werden (ebd., 281). Hülst bezeichnet die Grounded Theory in der Kindheitsforschung als attraktiv, „da eine ‚große' umfassende Theorie noch nicht in Sicht oder nicht unbedingt erstrebenswert ist" (ebd., 280). Insbesondere eigne sich die Forschungsmethode für „Studien zur Erfassung der ‚Perspektive' von Kindern unterschiedlicher Altersgruppen und Sozialschichten – nicht in der Umkehrung des Blicks von Erwachsenen, sondern in sorgfältigen Untersuchungen kindlicher Welterschließung und eigensinniger ‚frames'" (ebd.). Trotz der Kritik an der im Vergleich zur Qualitativen Inhaltsanalyse subjektiveren und freieren, dadurch ggf. auch weniger systematisch erscheinenden Vorgehensweise sei die Grounded Theory

> geeignet zur Erschließung von Gegenstandsbereichen, über die erst gering entfaltetes Wissen vorliegt oder durch starke Veränderungen (Wandel, neue Faktoren, Unbekannte) geprägt sind. Sie eröffnet der Kindheitsforschung einen flexiblen Weg, wann immer erforderlich, Daten aus den unterschiedlichsten Quellen zu schöpfen (theoretical sampling) und durch eigene Kodierprozesse vermittelt Theorien zu entwerfen, die offen und beweglich genug auch auf zunächst unklar deutbare Daten reagieren. Sie ermöglicht aber auch, Verbesserungen oder Differenzierungen vorhandener Theorien auszuarbeiten (ebd., 287).

Die Qualitative Inhaltsanalyse zeichnet sich vor allem durch eine sehr stringente Durchführung der Analyse aufgrund eines vorab entwickelten Systems von Kategorien aus, die aus den Schritten der Zusammenfassung, Explikation und Strukturierung besteht. So werden Einzelfälle anhand von bestimmten Merkmalskombinationen charakterisiert und schließlich fallübergreifend generalisiert (Lamnek 2010, 473 ff.; Mayring 2008, 89 ff.).

In dieser Untersuchung liegen nun heterogene Daten vor, die methodisch unter unterschiedlichen Voraussetzungen gesammelt wurden: Die Sammlung umfasst Notizen zu 18 beobachteten Vorlesungen, 14 Interviews mit teilnehmenden Kindern, drei Interviews mit Kinderuni-Dozenten, sowie allgemeine Memos und Notizen zu vermuteten übergreifenden Zusammenhängen und Gesprächen mit Beteiligten. Methodisch zu trennen sind vor allem die Daten, die sich auf die Wahrnehmung der Kinder beziehen, und die Daten, die aus der Perspektive der Macher und Dozenten gewonnen wurden oder die Reflexionen aus der Forscherinnenperspektive beinhalten. Während die Kindersicht trotz der vorliegenden Studien als unterrepräsentiert bezeichnet werden kann, sind die neueren, durch qualitative Sozialforschung vorliegenden Ergebnisse, insbesondere in Bezug auf die Haltung von Wissenschaftlern gegenüber Medien und Öffentlichkeit, ein für diese Arbeit passendes Raster, mit dem auch die Kinderuni-Dozenten analysiert werden können. Schon aus dieser Differenzierung ergibt sich, dass keine der beiden Methoden, Grounded Theory oder Qualitative Inhaltsanalyse, in ihrer Reinform auf das gesamte Material angewendet werden kann. Es erscheint dagegen sinnvoller, die Kinder-Interviews explorativer, und

die übrigen Interviews nach einem festgelegteren Kategorienschema zu untersuchen. Die Analyse der Vorlesungen schließlich wird auf der (teilnehmenden)
Beobachtung und den direkt auf den Inhalt bezogenen Aussagen der Kinder in
den Interviews beruhen, aber auch relevante Passagen aus den Dozenten-
Interviews heranziehen.

Für alle im Zusammenhang mit dieser Arbeit erhobenen Daten gilt aber,
was übergreifend für die qualitative Sozialforschung charakteristisch ist, nämlich
das Prinzip der Offenheit, was bedeutet, dass auf vorab formulierte Hypothesen
über das Material so weit wie möglich verzichtet wird (Lamnek 2010, 19 f.),
wenn auch eine völlig neutrale Betrachtung nie ganz zu erreichen sein wird (vgl.
Kelle/Kluge 1999, 16 ff.). Ebenso wird Forschung als Kommunikation begriffen:
Davon ausgehend, dass es weder auf Seiten des Forschers noch des Beobachteten eine „theorieunabhängige Beobachtungsaussage" gibt, muss Forschung als
kommunikative Interaktion bzw. als „Prozeß des gegenseitigen Aushandelns der
Wirklichkeitsdefinitionen" verstanden werden (Lamnek 2010, 21; ähnlich auch
Udo Kelle und Susann Kluge, die davon sprechen, dass „empirische Beobachtungen und Beobachtungsmethoden stets in einen theoretischen Kontext einge-
bettet sind", Kelle/Kluge 1999, 21). Dies führt wieder zurück zu Klafkis herme-
neutischem Ansatz, bei dem es nicht um die Eliminierung von Voraussetzungen
und Vorannahmen geht, sondern um ihre Reflexion bzw. Bewusstmachung. Bei
Kelle und Kluge sind Vorwissen und theoretische Vorüberlegungen wichtige
Mittel der Strukturierung des empirischen Materials (ebd., 38 ff.).

6.2.2 Relevanz der empirischen Stichproben

Im Rahmen des theoretischen Sampling einer empirisch gezogenen Stichprobe
komme es beispielsweise nicht auf eine „Repräsentativität" an, sondern auf eine
„Vermeidung von Verzerrungen" und auf den „Einbezug von relevanten Fällen"
(Kelle/Kluge 1999, 39). Besonders bedeutsam ist dabei die Fallkontrastierung
anhand von Gegenbeispielen, die der Herausarbeitung von entscheidenden Faktoren zur Beantwortung der wissenschaftlichen Fragestellung dienen (ebd., 40).
Ziel ist es, Untersuchungseinheiten zu finden, die „eine oder mehrere interessie-
rende Kategorien gemeinsam haben und hinsichtlich theoretisch bedeutsamer
Merkmale entweder relevante Unterschiede oder große Ähnlichkeiten aufweisen"; „bestimmte Eigenschaften eines sozialen Phänomens" werden „konstant
gehalten, während andere nach bestimmten Kriterien systematisch variiert werden" (ebd., 45). Der Vergleich von relevanten Fällen und Phänomenen ist eine
Technik, die in mehreren qualitativ-empirischen Verfahren Anwendung findet
und daher ebenso als eine übergreifende Methodik bezeichnet werden kann (so
z. B. auch in der Dokumentarischen Methode, vgl. Bohnsack 2013).

Offenheit, das Verständnis des Forschens als kommunikativer Austausch-prozess, das Generieren von relevanten Stichproben und Fällen sowie der systematische Vergleich bilden also die grundlegenden Prinzipien der qualitativ-empirischen Forschung, die hier Anwendung finden. In den einzelnen Auswertungsschritten wird jeweils dargestellt, wie diese Prinzipien umgesetzt worden sind.

6.2.2.1 Zusammensetzung der Fokusgruppe Kinder

Die Auswahl ergab sich aus meinem persönlichen Umfeld: Mein Sohn besuchte im Zeitraum der Untersuchung die zweite Grundschulklasse und fiel somit in das Altersspektrum der durch die Kinderuni angesprochenen Zielgruppe; dadurch bestanden auch Kontakte zu Familien mit Kindern im Alter von sieben bis zwölf Jahren. Alle zehn Kinder der ausgewählten Fokusgruppe waren mir persönlich durch regelmäßigen, wenn auch nicht intensiven Kontakt bekannt. Sechs Kinder besuchten dieselbe zweite Klasse, ein Kind eine Parallelklasse derselben Schule. Zwei weitere Kinder besuchten andere Grundschulen der Region, ein Kind besuchte die siebte Klasse einer Gesamtschule. Die Auswahlkriterien für die Gruppe setzten sich zusammen aus der pragmatischen Überlegung, welche Familien ohne größeren organisatorischen Aufwand an dem Projekt beteiligt werden konnten, und einer möglichst großen Differenzierung. So wurden Kinder verschiedenen Alters (sieben bis zwölf Jahre) und verschiedenen Geschlechts (fünf Jungen und fünf Mädchen) berücksichtigt; außerdem wurden drei Kinder beteiligt, die Faktoren möglicher sozialer Benachteiligung aufwiesen (Migrationshintergrund, getrennt lebende Eltern, Erwerbslosigkeit der Eltern, niedriger sozioökonomischer Status der Familie). Ebenso enthielt die Fokusgruppe ein besonders begabtes Kind, das einen Teil des Unterrichts in der nächsthöheren Klasse absolvierte. Alle Familien waren als bildungsinteressiert einzustufen und versuchten, ihre Kinder mittels eigenem Engagement und ausgewählten Freizeitangeboten zu fördern. Auch wiesen fast alle Kinder mindestens ein Elternteil mit akademischer Ausbildung auf. Zwei der Kinder hatten auf meine Initiative hin schon einmal eine Kinderuni-Vorlesung besucht; jedoch hätte keines der Kinder ohne mein Zutun die Kinderuni besucht, obwohl den meisten Eltern die Kinderuni bekannt war und sie ihr gegenüber eine neutrale oder positive Einstellung hatten. Im Vergleich zu den schon existierenden empirischen Studien hat dies den Vorteil, dass das Urteil der Kinder weniger durch eine vorherige Beeinflussung durch Eltern oder andere Bezugspersonen geprägt wurde.

Alle Familien wurden im Vorfeld über das Projekt persönlich informiert und dann per Brief angeschrieben. Der Brief enthielt Informationen zu den Vorträgen der Kinderuni im Wintersemester 2012/2013, organisatorische Hinweise zur Teilnahme der Kinder und die Bitte, dass die Kinder sich zur Teilnahme von mindestens zwei Veranstaltungen verpflichten. Damit sollte die Möglichkeit eines nachhaltigen Eindrucks oder auch eines unterschiedlichen Reflexionsgrades und Verhaltens der Kinder eingeräumt werden: So ist denkbar, dass Kinder eine Vorlesung im akademischen Rahmen zunächst als befremdlich wahrnehmen oder überfordert sind, sich bei wiederholter Teilnahme aber daran gewöhnen und zu differenzierteren Aussagen fähig sind. Umgekehrt ist es möglich, dass Kinder zunächst von diesem Angebot begeistert sind, das Interesse aber bei wiederholter Teilnahme nachlässt, da es nur auf dem Reiz des Neuen beruhte. Trotz erklärter Bereitschaft zur mehrfachen Teilnahme konnte diese nicht in allen Fällen sichergestellt werden. Dafür waren vor allem Terminschwierigkeiten und andere logistische Schwierigkeiten verantwortlich.

Ziel war es, von möglichst vielen Kindern zwei Interviews zu bekommen. Dies erwies sich nur als begrenzt durchführbar, zum einen aus den oben genannten Gründen, zum anderen aber auch deshalb, weil es für mich als alleinige Interviewerin schwierig war, am Tag der Vorlesung mehr als zwei Kinder hintereinander zu interviewen, ohne die Kinder bis in den späten Abend zu beanspruchen. Die Vorlesung endete um 18 Uhr und es bestand keine Möglichkeit, die Kinder in ruhiger und entspannter Atmosphäre direkt im Anschluss vor Ort zu befragen. Daher wurden die Interviews bei mir zuhause durchgeführt. In manchen Interviews wurde die Müdigkeit der Kinder in den Interviews spürbar. Zwei Interviews wurden daher auch erst am nächsten Tag durchgeführt, zwei Interviews am selben Abend telefonisch. So wurden nur sechs Kinder mehrfach interviewt, alle anderen nur einmal. Es entstanden insgesamt 14 halbstandardisierte Interviews mit einer Länge zwischen 9 und 20 Minuten. Zusätzlich fertigte ich zu vier Gesprächen mit zwei Kindern über die Vorlesungen Notizen an. Von den Interviews wurde eines als nicht auswertbar aus der Analyse ausgeschlossen. Da hier auch soziodemografische Daten über die Kinder dargestellt werden, wurden die Namen geändert und dadurch die Daten anonymisiert.

6.2.2.2 Theoretical Sampling bei den Kindern

Die Stichprobe enthielt überdurchschnittlich viele Achtjährige, bildete nicht das gesamte Altersspektrum ab und umfasste nur zwei Neunjährige und eine Zwölfjährige, was als eine generelle Schwäche in der Konzeption gewertet werden kann und einen pragmatischen Kompromiss darstellt (der Umfang der empirischen Analyse im Gesamtkontext der Arbeit wäre sonst nicht allein und in angemessener Zeit zu bewältigen gewesen). Innerhalb der Gruppe der Achtjährigen erlaubten die Daten aber die Kontrastierung nach bestimmten Kategorien (s.u.).

Ebenso war der Vergleich zwischen den Altersstufen (z.B. acht und zwölf Jahre) möglich.

6.2.2.3 Theoretical Sampling bei den Dozenten

Die Auswahl erfolgte nach den Kriterien der Repräsentanz von Geistes- und Naturwissenschaftlern, mindestens zwei verschiedenen Typen von Vorlesungen, möglichst unterschiedlicher Gestaltung der Kommunikationssituation durch die Dozenten. Da die bisherige Forschungslage vor allem Naturwissenschaftler berücksichtigt, fiel die Auswahl hier zugunsten der Geisteswissenschaftler aus.[86] Zusätzlich unterschieden sich die Dozenten ebenso in Bezug auf die Erfahrung mit Öffentlichkeitsarbeit: Einer der Dozenten hatte als Vorstandsmitglied eines Exzellenzclusters fungiert und damit Managementerfahrung; ein anderer bezog seine Erfahrung hauptsächlich aus öffentlichen Vortragssituationen und Workshops (insbesondere im Bereich Schule), der dritte hatte viel Erfahrung in der universitären Lehre und ist außerdem Vater von zwei Kindern im für die Kinderuni relevanten Alter. Die beiden Geisteswissenschaftler unterschieden sich außerdem durch einen deutlichen Altersunterschied und eine unterschiedliche Karrierestufe (ein Professor und ein Privatdozent).

6.2.3 *Leitfadengestütztes Interview*

6.2.3.1 Interviews mit Kindern

Innerhalb dieser empirischen Studie zählten die Interviews mit den Kindern methodisch zu den komplexesten und schwierigsten Aufgaben, die es zu lösen galt, und zwar sowohl in der Durchführung als auch in der Auswertung. Eine wesentliche Schwierigkeit war beispielsweise die schon erwähnte Paradoxie in der Anlage der Interviews, die gleichzeitig vorher durchgeführte Studien ergänzen und völlig neue Aspekte zutage fördern sollte. Die beiden Forschungsanliegen ließen sich nur schwer miteinander kombinieren, da sie eine unterschiedliche Kommunikationshaltung der Interviewerin erforderten.

Das Abfragen von Wissen etablierte eine hierarchische Differenz zwischen den Gesprächspartnern, auch dann, wenn es, wie hier, den Kindern überlassen

---

[86] Rödder verweist in ihrer Studie darauf, dass die Auffassung von Natur- und Geisteswissenschaftlern in Bezug auf ihr Berufsverständnis und den Umgang mit der Öffentlichkeit unterschiedlich sein könnte und daher ein Forschungsdesiderat darstellt: „Interessant wäre hier ein Vergleich sichtbarer Humangenomforscher, bei denen die Expertenfunktion im Vordergrund steht, mit sichtbaren Vertretern einer Disziplin wie der Soziologie, die sich eher als öffentliche Intellektuelle sehen" (Rödder 2009, 240).

blieb, Impulse zu setzen, und das Nachfragen darauf abzielte, diesen Impuls weiter zu entwickeln. Die Perspektive der Kinder als eine eigenständige zu erforschen setzte dagegen eine weitest mögliche Aufhebung der Hierarchie zwischen befragtem Kind und durchführendem Erwachsenen voraus, ebenso die konzeptionelle Ablösung eines Erwachsenen-Anspruchs, der ja die Diskussion um die Kinderuni beherrscht. Erkennt man an, dass „die Welt der Kinder grundsätzlich von der Erwachsenenwelt verschieden ist" und eine eigene Subkultur begründet (Fuhs 2012; Hülst 2012b), dient das Erkenntnisinteresse der „kulturanalytische[n] Beschreibungen ‚von innen heraus'" und der Erfassung der „Bedeutung der Lebenswelt für die Kinder selbst" (Fuhs 2012, 81).[87] Dies lässt sich aber mit einem normativen Anspruch der Kinderuni kaum vereinbaren. Die Widersprüchlichkeit musste in den Interviews verarbeitet werden, und zwar derart, dass die normative Forschungsfrage nicht dazu führen sollte, die Sicht der Kinder nicht wahrnehmen zu können (vgl. ebd., 84). Insbesondere das Wiederholungsinterview mit demselben Kind bot sich dazu an, nicht wieder Wissensfragen anzusprechen, sondern die Erfahrung Kinderuni insgesamt gemeinsam zu reflektieren.

Ein weiteres wichtiges Thema ist das der unterschiedlichen sprachlichen Fähigkeiten von Kindern und Erwachsenen. Kinder im Grundschulalter sind sprachlich noch in einer Entwicklungsphase und drücken sich anders aus als Erwachsene. Umso mehr gilt dies in Bezug auf die Veranstaltung Kinderuni, in der es um komplexe Inhalte geht. Methodisch wird dazu geraten, das kindliche Erinnerungsvermögen durch Bilder oder Fotos zu stimulieren oder die Kinder zeichnen oder spielen zu lassen, um ihre Ausdrucksfähigkeit zu erweitern (Fuhs 2012, 88; Lamnek 2010, 647 f.). Beides war in der Erhebungssituation jedoch nicht möglich, da die Kinder direkt im Anschluss an die Veranstaltung interviewt wurden. Auch wenn es nicht unmöglich gewesen wäre, vorab Bildmaterial aus der jeweiligen Vorlesung zu bekommen, hätte dies eine enge Zusammenarbeit mit den Organisatoren und Dozenten der Bonner Kinderuni erfordert, und die Neutralität der Beobachtung insgesamt eingeschränkt. Der Einsatz ergänzender Methoden wie Spielen und Zeichnen wäre zusätzlich dadurch erschwert gewe-

---

[87] Burkhard Fuhs unterscheidet in diesem Zusammenhang zwischen einer schulpädagogischen und einer sozialwissenschaftlich-ethnografischen Sichtweise: Er kritisiert bei dem Unterrichtsforscher Thomas Trautmann dessen Erwachsenenperspektive im Umgang mit Kinderinterviews, die er als zu stark wertend empfindet und kommt zu dem Schluss: „Die Balance zu halten zwischen dem (verständlichen) Wunsch von Pädagogen nach Sicherheit im Handeln gegenüber Kindern durch professionelles, gesichertes Expertenwissen und der Notwendigkeit, im qualitativen Forschungsprozess Unsicherheiten, Offenheiten und Nicht-Wissen als Grundeinstellung forschenden Denkens und Handelns zuzulassen ist eine zentrale und immer wieder schwierige Aufgabe" (Fuhs 2012, 84). Weitere Zusammenhänge zwischen einem theoretischen Vorverständnis von „Kind" und „Kindheit" und der kommunikativen Gestaltung der Forschungssituation finden sich bei Hülst 2012b, 55 ff. sowie bei Bayer 2011.

sen, dass es sich bei dem Forschungsgegenstand gerade nicht um den Alltag und im Spiel darstellbare Situationen handelt. Innerhalb der hier untersuchten Gruppe von Kindern waren die sprachlichen Fähigkeiten sehr unterschiedlich ausgeprägt; einige Kinder konnten sehr präzise ihre Erfahrungen beschreiben, andere hatten große Schwierigkeiten, was sich natürlich auf die Qualität der Interviews auswirkte, und in einem Fall dazu führte, dass dieses Material nicht in die Untersuchung einbezogen werden konnte (s.o.). Dadurch reduzierte sich auch die Anzahl der Kinder in der Stichprobe und umfasste nur neun statt zehn Kinder.

Weiterhin musste darauf geachtet werden, Fragen kurz und präzise zu formulieren und Beeinflussungen möglichst zu vermeiden. Zu den Problemen mit Kinderinterviews zählt Thomas Trautmann (2010) in diesem Zusammenhang: die „Tendenz [der Kinder] zum Ja-Sagen, unabhängig vom Inhalt, Neigung zur raschen Antwort zu Beginn des Interviews, Antworten im Sinne der sozialen Erwünschtheit sowie Meinungs- und Antriebslosigkeit" (zit. nach Lamnek 2010, 649; vgl. auch Trautmann 2010, 98 f. und Mayall 1994). Als wichtig wird in diesem Zusammenhang angesehen, dass die äußeren Bedingungen des Interviews eine vertrauensvolle Atmosphäre fördern sollten: So sollte das Gespräch an einem vertrauten Ort stattfinden (Lamnek 2010, 649) und es sollte eine wertschätzende Kommunikationshaltung vorherrschen (Heinzel 2012, 28 f.). Hier wurden die Kinder bei mir zu Hause interviewt, ein Ort, der allen Kindern durch Spielverabredungen vorher bekannt war. Generell stehen Kinder Interviewsituationen positiv gegenüber und sind sehr kooperativ (Lamnek 2010, 649; Haerle 2006, 63), was auch für diese Untersuchung zutrifft.

Die spezifischen Herausforderungen, wie sie sich in dieser Studie stellten und bearbeitet werden mussten, beschrieb Jean Piaget schon 1926 in seinem methodischen Vorgehen des klinischen Interviews eindrücklich:

> Schwierig ist es vor allem, selbst nicht zuviel zu reden, wenn man einem Kind Fragen stellt, insbesondere für einen Pädagogen! Und schwierig ist es, das Kind nicht zu beeinflussen! Schwierig ist es vor allem auch, den Mittelweg zwischen einer Systematisierung, die auf vorgefaßte Ideen zurückzuführen wäre, und einer Inkohärenz, die auf das Fehlen jeder Leithypothese zurückginge, zu finden! Ein guter Experimentator muß zwei oft unverträgliche Eigenschaften in sich vereinigen: Er muß beobachten, das Kind sprechen lassen können, er darf den Redefluss nicht bremsen, nicht in eine falsche Richtung bringen, und er muß gleichzeitig ein Sensorium dafür haben, etwas Genaues herauszuholen, er muß jederzeit eine Arbeitshypothese, eine Theorie, ob richtig oder falsch, zur Hand haben, die er überprüfen kann (…) Anfänger suggerieren dem Kind, was sie finden möchten, oder aber sie suggerieren überhaupt nicht, weil sie nichts suchen, und dann finden sie auch nichts (Piaget 2005 [1926], 21 f.).

Aus dieser Schwierigkeit ergibt sich, dass das gesammelte Material sehr sorgfältig geprüft werden musste, bevor es Eingang in die Interpretation fand. Auch ergibt sich hieraus, dass die Gefahr einer Fragmentarisierung der Erkenntnisse bestand, was eine stringente Anwendung von qualitativen Methoden wie der theoretisch anspruchsvollen Grounded Theory erschwerte.

Im weiteren Verlauf wurden die Kinder-Interviews vollständig transkribiert, nicht sinntragende Füllwörter oder Phrasen wurden eliminiert, um die Lesbarkeit zu erhöhen (wie „äh", „also halt", „und so"), nonverbale Elemente wurden in Klammern deutlich gemacht, wenn sie für die Kommunikationshaltung des Sprechenden wichtig waren (Lachen, Zögern, Lautstärke, Zeigen und andere Körperbewegungen, undeutliches Sprechen, besondere Betonungen etc.).

6.2.3.2 Das Experten-Interview: Dozenten

Diese, ebenfalls leitfadengestützte Interview-Form erwies sich für die Studie als unproblematisch. Die Dozenten der Kinderuni sind eindeutig Experten für diese Art der Veranstaltung, da sie als selbst Beteiligte über „einen privilegierten Zugang zu Informationen über Personengruppen oder Entscheidungsprozesse" verfügen (Meuser/Nagel 1991, 443). Ziel des Experten-Interviews ist die „Erfassung von praxisgesättigtem Expertenwissen, des know how derjenigen, die die Gesetzmäßigkeiten und Routinen, nach denen sich ein soziales System reproduziert, enaktieren und unter Umständen abändern" (Meuser/Nagel 2010, 457 f.). Als Angehörige des Wissenschaftssystems in der Institution Universität sind sie zugleich Experten und Repräsentanten des Systems für die Öffentlichkeit. Es ist zu unterstellen, dass sich die Referenten bewusst sind, dass sie nicht nur ihr Themengebiet, sondern auch ihre Rolle als Hochschul-Dozent enaktieren.

Die Kooperation und Motivation der Dozenten für das Interview war hoch: Nach einer persönlichen Kontaktaufnahme via Email und Skizzierung des Forschungsinteresses waren alle drei Dozenten bereit, sich als Experten für das Projekt zur Verfügung zu stellen. In allen Fällen entstand eine Gesprächssituation, die der Entfaltung der Expertensicht dienlich war. Die drei Gespräche dauerten jeweils 40 Minuten, etwas über eine Stunde und 2,5 Stunden. Den Anfang des Gespräches bildeten ein Vorstellen des Forschungsprojektes meinerseits sowie eine kurze Erläuterung zum methodischen Vorgehen (anzusprechende Themen nach einem Leitfaden, Tonbandaufnahme). Mein Status als Doktorandin sowie Expertin für das Thema wurden akzeptiert; der Hierarchie- und Altersunterschied erwies sich nicht als Nachteil, sondern eher als Vorteil, da die Bereitschaft, eine Nachwuchswissenschaftlerin zu unterstützen, schon institutionell gegeben war.

Die Auswertung erfolgte nach dem Grundsatz der Offenheit in der Sozialforschung (s.o.), jedoch zielgerichteter als in den Kinder-Interviews. Wie erwähnt sollten die Fallbeispiele an den Typen und Thesen von Rödder überprüft werden, um festzustellen, ob die veränderten Bedingungen einer Wissenschaft im Zeitalter der Medialisierung sich auch in der Kinderuni ausdrücken und wie dies die Sinnzuschreibung der Kinderuni aus Sicht der Dozenten beeinflusst. Die Interviews wurden vollständig transkribiert und zur besseren Lesbarkeit in Bezug auf Satzstruktur, Wiederholungen und Füllwörter vorsichtig „geglättet".

6.2.4 Teilnehmende Beobachtung: Vorlesungen

Vom SS 2011 bis zum SS 2013 wurden die Kinderuni-Vorlesungen regelmäßig besucht und in Beobachtungsprotokollen festgehalten. Insgesamt entstanden Aufzeichnungen zu 18 Vorlesungen.

In der Forschung wird zwischen nicht teilnehmender und teilnehmender Beobachtung unterschieden (Lamnek 2010, 511 f.). Das Konzept der teilnehmenden Beobachtung stammt aus der Ethnographie und setzt normalerweise voraus, dass der Forschende sich in ihm fremde bzw. zu untersuchende „Alltagspraxis und Lebenswelten" einfügt, darin „möglichst längerfristig" eine soziale Rolle übernimmt und dadurch die Regeln, Werte und die Struktur dieser Lebenswelt erfasst (Lüders 2008, 384). Das „natürliche" Verhalten von Personen im untersuchten Feld wird dabei abgegrenzt von der „künstlichen" Situation der Befragung oder der eines Labor-Experimentes (Scholz 2012, 118). Die teilnehmende Beobachtung enthält laut Christian Lüders einen Rollenkonflikt, der jedoch wesentlich ist für die Effektivität der Beobachtung, nämlich einerseits die Unvoreingenommenheit und andererseits die persönliche Beteiligung (Lüders 2008, 386).

In diesem Fall ist nicht ganz eindeutig, ob es sich hier um eine „echte" teilnehmende Beobachtung handelt. Zunächst stellt sich die Frage, ob die Kinderuni als Teil einer Subkultur definiert werden kann, die eine „natürliche" Alltagsumgebung darstellt. Sicherlich ist die Kinderuni als Umwelt weniger umfassend als beispielsweise die Schule, in denen Kinder wesentlich mehr Zeit verbringen und in denen Sozialbeziehungen komplexer sind. Jedoch wird in dieser Studie die Kinderuni nicht isoliert als Veranstaltung betrachtet, sondern in ihrem Kontext von Wissenschaft und Öffentlichkeit. Sie ist damit ein Ort, an dem sich diese Abstraktion konkretisiert und an dem sich die Beteiligten gemäß ihrer sozialen Rollen verhalten. Folglich bestimmt methodisch der Kontext, was als eine „natürliche Umgebung" definiert werden kann (Scholz 2012, 118 f.).

Außerdem hatte ich keinen aktiven Anteil an der Veranstaltung, da ich weder zum direkten Adressatenkreis gehörte, noch Durchführende war. Andererseits ist es in der Bonner Kinderuni durchaus üblich, dass auch Eltern oder Großeltern sowie andere Erwachsene bei ausreichender Verfügbarkeit von Sitzplätzen an der Vorlesung als Zuhörer teilnehmen. Mehrere Erwachsene dienen außerdem offiziell als Saalordner (kenntlich durch einen Anstecker), eine Funktion, die auch ich in einem Fall übernahm. Graduelle Unterschiede werden methodisch der teilnehmenden Beobachtung durchaus zugestanden (Lamnek 2010, 516). Zudem nahm mein Sohn an der Studie zur Kinderuni teil, so dass ich zu der indirekten Adressatengruppe „Eltern" gehörte, deren Einfluss in den vorherigen Studien mit erfasst wurde. Die Gruppe der erwachsenen Begleitpersonen stellt die Erweiterung der spezifischeren Adressatengruppe „Kinder" dar; zusammen mit dem anwesenden Fotograf und manchmal anwesenden Journalisten repräsentieren sie eine erweiterte „Öffentlichkeit". Obwohl meine Perspektive als „Eltern" bzw. „Öffentlichkeit" in dieser Studie nicht gesondert erfasst wird, hat sie natürlich in der Studie Relevanz, da sie mit subjektiven Eindrücken unmittelbar in die Auswertung einfließt (vgl. Scholz 2012, 124 f.). Zu den Vorannahmen und Vorurteilen der Rolle als „Eltern" oder „erwachsenen Begleitern" gehört, wie die vorangegangenen Studien zeigen, eine generell positive Grundeinstellung zur Wissenschaft und zur Veranstaltung der Kinderuni sowie die Annahme, dass es sinnvoll ist, Kinder an die Wissenschaft heranzuführen. Eine skeptische bzw. neutralere Haltung im Sinne der Wissenschaftlichkeit konnte nur nachträglich durch das Einbeziehen und Prüfen der hier bereits dargestellten Kritik erfolgen (Scholz spricht in diesem Zusammenhang von einer „bewussten Konstruktion", ebd., 126). Wie aus den allgemeinen Ausführungen zur qualitativen Sozialforschung deutlich wurde, geht es vor allem darum, diese Vorannahmen bewusst wahrzunehmen und als solche zu berücksichtigen, nicht, sie zu eliminieren, was laut Gerold Scholz auch für die teilnehmende Beobachtung gilt (ebd., 125).[88]

Wesentlich ist also für die teilnehmende Beobachtung das Feld zu beobachten als

> jene Art von Kommunikation zwischen Menschen, mit denen sie sich versichern, was die Handlungen bedeuten, die sie gerade durchführen (…). Sie kann nur von demjenigen verstanden werden, der an der Situation teilnimmt und zwar leiblich. Dies ist die Bedeutung des Forschers als „key instrument". Alles was er sonst noch an Daten sammeln mag – Interviews, Gespräche, Fotos, Videoaufzeichnungen, Tonbandmitschnitte – bleibt in diesem Sinne „sinnlos", wenn ein Wissen über die Rahmung der Situation fehlt, in der die Dokumente erhoben wurden (ebd., 132).

Damit kommt der teilnehmenden Beobachtung eine Schlüsselrolle in der Beurteilung der Kinderuni zu. Sie dient u.a. dazu, die in den Interviews herausgearbeiteten Argumente und Interpretationen auf ihre Stimmigkeit zu überprüfen.

---

[88] Wie Scholz selbst ausführt, steht seine Definition von „Wahrnehmung" in der teilnehmenden Beobachtung im Widerspruch zu anderen Auffassungen bezüglich der teilnehmenden Beobachtung (Scholz 2012, 125).

6.3 Analyse Kinderinterviews

6.3.1 Aufmerksamkeit

Eine besonders große Rolle spielt in der Wahrnehmung der Kinder die Konzen-tration. Die Vorlesungen, zumal für die jüngeren Kinder, sind eine gewaltige Anstrengung, was sich sowohl auf der körperlichen wie auf der geistigen Ebene bemerkbar macht. Da die Kinderuni in Bonn an einem Wochentag um 17 Uhr stattfindet, hatten die meisten Kinder schon einen langen Tag mit Schule, Haus-aufgaben und AGs innerhalb der OGS (Offene Ganztagsschule bzw. Ganztags-schule) hinter sich. Während und nach der Veranstaltung spürten die Kinder Hunger, Durst und Müdigkeit (Marcus, 11:28; Sebastian 8:50); einigen Kindern, nicht nur den jüngeren, fiel das lange Stillsitzen schwer. So erzählt Helena (zwölf Jahre) von ihrer Erfahrung:

> Also – ich hätte noch länger zuhören können, aber ich bräuchte zwischendurch mal ein bisschen Bewegung (Helena_1, 3:6a);
> Es war schwer für mich, so lange sitzen zu bleiben (Helena_1, 3:6b).

Lea (neun Jahre) sieht dieses Problem ebenfalls und leitet daraus eine bestimmte Haltung ab, die für die Teilnahme der Kinderuni wesentlich sei:

> S.K.: Meinst Du, das ist was für alle Kinder – sollten da alle Kinder hingehen? Oder nur ganz bestimmte Kinder hingehen?
> L.: Manche Kinder können ja halt nicht so lange still sitzen – denen würde ich's dann eher nicht empfehlen, weil das ist eine Sache wo man zuhören muss und Ge-duld haben muss. (Lea_2, 8:131)

Marcus relativiert diese Sicht, indem er die Möglichkeit einer Entwicklung auf-zeigt. Er gehört zu den beiden Kindern der Studie, die schon im vorherigen Jahr einmal an der Kinderuni teilgenommen haben (er war zu diesem Zeitpunkt sie-ben Jahre alt). Auf die Frage, wie er denn die Kinderuni beurteile, sagt er: „Am Anfang fand ich die doof – aber jetzt find ich die irgendwie cool" (Marcus, 11:27). Zu den „doofen" Aspekten gehörte, dass es „immer so lange gedauert" habe (Marcus, 11:28 a), sowie die schon erwähnte Müdigkeit, Hunger und Durst. Auf die Frage, warum denn jetzt die Kinderuni „cool" sei, antwortet er:

> M.: Weil ich jetzt ein bisschen älter bin.
> S.K.: Meinst Du? – Dass es deswegen ist?
> M.: (gleichzeitig) Weil – Nein...das auch, aber noch was anderes – dass ich jetzt mehr durchhalten kann. (Marcus, 11:29)

Er erwähnt also zwei Aspekte, die zu einer besseren Beurteilung der Veranstaltung geführt haben, nämlich sowohl das Alter als auch eine Anpassung an die notwendigen Voraussetzungen, die für eine gewinnbringende Teilnahme erbracht werden müssen, möglicherweise durch die wiederholte Teilnahme. „Still sitzen" und „Zuhören" sind insofern altersunabhängig zu sehen – wie die Aussage der zwölfjährigen Helena zeigt –, als dass sie Ausdruck einer Disposition zur individuellen Aufnahmefähigkeit durch Hören sein können. Helena gibt auf die Frage, wie ihr die Vorlesung gefallen habe, an, generell Schwierigkeiten zu haben, über eine lange Dauer zuzuhören:

> Es war gut, aber ein bisschen viel auf einmal – also ich kann mir das nicht so gut merken – so ne Stunde lang (Helena_1, 1:1).

In einem zweiten Interview sprachen wir über die Kinderuni im Vergleich zu anderen Formen der Wissenschaftskommunikation für Kinder und Jugendliche, wie z.B. dem Odysseum (Köln), das für sie das „einzige" Museum sei, „was mir bis jetzt Spaß gemacht hat" (Helena_2, 5:143):

> S.K.: Und ist das was, was Dich mehr interessiert als so ne Kinderuni-Vorlesung – sind ja auch zwei ganz verschiedene Arten von Veranstaltungen.
> H.: Ja – ich find einfacher sich was zu merken, wenn man's selber ausprobieren kann, als zuzuhören. (Helena_2, 4:16)

Die letzte, zusammenfassende Aussage von Helena trifft jedoch nicht auf alle Kinder der Stichprobe zu. Für einen Vergleich eignet sich zum Beispiel die Reaktion auf eine Vorlesung, in der der Dozent etwa fünfzehn Minuten lang aus zwei isländischen Sagas vorlas. Während Jette (acht Jahre) dieses Element der Vorlesung besonders auffiel („der hat richtig lange Texte vorgelesen", Jette, 6:60a), es aber „ein bisschen lang" gewesen sei (ebd., 6:60 b), schien Lea (neun Jahre) das Zuhören über diesen langen Zeitraum nicht schwergefallen zu sein:

> S.K.: ... der hat ja ziemlich viel vorgelesen und so, ne?
> L.: Mh-hm.
> S.K.: War das ok?
> L.: Ja.
> S.K.: Ja? – Hast Du da zuhören können?
> L.: Ja! (Lea_1, 12:73)

Lea konnte nach der Vorlesung wesentliche Elemente der ersten Geschichte, in der es um Wiedergänger ging, wiedergeben:

> L.: Und dann ging's darum – um solche...die halt... also wenn die schon tot sind, sich noch bewegen – und dann solche...

S.K.: Was machen die denn?

L.: Um sich beißen und alles aufessen und so – zum Beispiel Pferde oder so – wenn man jetzt… manchmal … gräbt man so einen Hügel –

S.K.: Mh-hm –

L.: Und dann tut man da Pferde und so rein…dann muss der Tote sich auf den Stuhl setzen – und dann, oder im Schlaf, ich weiß es jetzt nicht mehr so genau – dann ist der aufgestanden und hat den Hund, das Pferd und irgendwie so einen Aufpasser da auch aufgegessen – ja.

S.K.: Mh-hm – heftig, ne.

L.: Mh-hm.

S.K.: Hmm – und was muss man dann machen?

L.: Mmmh – man muss vorsichtig sein mit der Asche. Denn zum Beispiel ein Kaninchen kann das fressen und – ja.

S.K.: Was für eine Asche denn?

L.: Also – die wurden dann auch verbrannt, um sicher zu gehen – und dann wird noch der Kopf abgemacht – um sicher zu gehen, dass der auch wirklich nicht mehr aufsteht und um sich beißt. (Lea_1, 1:144)

Auch für Marcus (acht Jahre) schien das lange Vorlesen, ohne begleitende Bilder und sonstige mediale Effekte, keine zu große Herausforderung zu sein. In einem durch Notizen festgehaltenen Gespräch nach der Vorlesung konnte er detailliert Einzelheiten aus beiden Geschichten nennen (beispielsweise, dass es sich bei den Hauptpersonen um Blutsbrüder gehandelt habe, was genau der Wiedergänger alles auffraß, wie man Wiedergänger „richtig tot machen" müsse, dass es sich bei der zweiten Saga um eine Geschichte in der Geschichte handelte mit einer Verlobten als Erzählerin etc.); zudem konnte er die Definitionen von „Troll", „Berserker" und „Wiedergänger" korrekt nennen; vgl. Notiz v. 28.1.13). Daraus kann man schließen, dass, auch wenn eine Vorlesung für alle Kinder eine körperliche und geistige Herausforderung darstellt, die Fähigkeit und Neigung zur Aufmerksamkeit für diese Art der Veranstaltung individuell verschieden ist.

6.3.1.1 Fokussieren

Ein anderes Problem mit der Aufmerksamkeit ist die Fokussierung auf den Vortrag, die nicht immer leicht fällt, entweder, weil die räumlichen Gegebenheiten ablenken, wie zum Beispiel herumstehende Versuchsaufbauten und Geräte im Hörsaal, die nicht zum Vortrag gehörten:

S.K.: War das was anderes, du wolltest doch auch noch ne Frage stellen zum Schluss –

H.: Ja –

S.K.: Was wolltest du denn eigentlich fragen?

H.: Wofür der Rest war – der noch nicht vorgeführt war. (Henri_1, 3:98)

oder weil die Inhalte zu schnell und zu kompakt präsentiert werden („Also das auf der Landkarte, das war ein bisschen schwierig – da hat er ganz schnell gemacht – hat er immer alles eingekreist und so und hat erzählt, wo die [Wikinger, S.K.] dann hingefahren sind – also das konnte ich mir nicht so gut merken.", Jette, 7:61). Weitere einzelne Elemente können störend für die Aufmerksamkeit sein, wie undeutliches Sprechen des Vortragenden (Helena_1, 4:7) oder Dialektfärbung in der Sprache: In einer Vorlesung mutmaßten die Kinder, es sei „badisch" gewesen (Marcus, 6:20), der Vortragende sei „Amerikaner" oder „Franzose" (Sebastian, 5:43).

Was aber ist für die Kinder wirklich wesentlich für eine kontinuierliche Fokussierung auf den Vortrag? Tatsächlich ist die Fragmentarisierung der aufgenommenen Informationen ein Problem, das nicht von der Hand zu weisen ist. So gibt Helena bei einer Vorlesung an, nur Einzelheiten behalten zu haben:

S.K.: Ok – gibt's noch ein paar Sachen, die dir besonders in Erinnerung geblieben sind?
H.: Eigentlich überhaupt nicht wirklich. Also so einzelne Sachen, aber so den Zusammenhang dann – (Helena_1, 1:3)

Auch Emilia (neun Jahre) bemerkt, manches nicht verstanden zu haben:

(...) nur, also manche Sachen hab ich nicht so verstanden, also...nicht – von der Stimme her, sondern ein bisschen wegen dem Erklären, also es war ein bisschen...ja, unausführlich erklärt, also undeutlich. (Emilia, 10:142).

Kann also die Kindervorlesung kein zusammenhängendes Wissen vermitteln und keinen nachhaltigen Eindruck hinterlassen? Um dieser Frage näher zu kommen, sollen hier einmal zwei Kinder miteinander verglichen werden, die unterschiedliche Voraussetzungen für eine Teilnahme mitbringen.

6.3.1.2 Fallvergleich

Fall 1: Timon (acht Jahre)

Darüber hab ich schon ganz viel gehört. (Timon_1, 2:76)

Timon wurde absichtlich als Sonderfall für diese Studie ausgewählt, weil er aufgrund einer besonderen mathematischen Begabung den Mathematikunterricht der nächsthöheren Klasse besuchte und auch sonst laut den Einschätzungen der Lehrerin, der Eltern und einigen anderen Kindern in der Klasse zu den besten

Schülern gehörte. Beide Eltern besitzen einen akademischen Abschluss. Es lagen zwei Interviews zur Auswertung vor.

Auffällig ist, dass das Thema „Konzentration", welches bei den meisten Kindern einen großen Raum einnahm, bei ihm keine Rolle spielte. In der Feldbeobachtung zeigte er keine Ermüdungserscheinungen, saß durchweg in einer gespannten Körperhaltung, mit nach vorn geneigtem Oberkörper, sein Blick ging nach vorn in Richtung des Redners. Unabhängig von seinem Urteil über die einzelne Vorlesung (eine der insgesamt drei besuchten Vorlesungen gefiel ihm nicht) konnte er spezifische Angaben zum Inhalt machen.

In den Interviews nahm er häufig Bezug auf Vorkenntnisse zu den Themen der Vorlesung, entweder, weil er sie selbst erlebt hatte („also mit dem Melken, das wusste ich schon, weil ich das ganz oft gesehen habe", Timon_1, 2:76) oder weil er viele Bücher liest („also Robustrinder waren mir ganz bekannt (…) Ich hab nur Sachbücher, fast nur Sachbücher", Timon_1, 3:77; „Aber ich hab ja ein ‚Was ist was?'-Buch über Brücken, deswegen.", Timon_1, 9:93) und ebenso durch Filme („Ich seh ja ganz viele Sachfilme – ich hab mal so einen Film geguckt, da wurde was über Wissenschaftler, was die so herausfinden und so gefilmt", Timon_1, 6:89). Er weist in manchen Themen Expertenwissen auf („(…) das mit dem Komodowaran hab ich echt vergessen, woher das ist. Das weiß ich seit ganz langem, dass das die größte Echse ist.", Timon_2, 3:120) und wusste, warum Geckos nicht von der Wand fallen:

> Ja die haben ja diese Haare wo die Anziehung dran ist (…), ich glaube da wirkt eine Kraft drauf oder so. (Timon_2, 1,2: 145).

Timon zieht auch Verbindungen vom Gehörten zum Alltag, der ihn umgibt:

> S.K.: (…) Was war denn noch toll an der Vorlesung?
> T.: Och – mmh, ja wie die Menschen früher die Brücken gebaut haben – früher hatten Menschen ja auch Brücken gebaut, die so aus Seilen bestanden – die nur aus Seilen bestanden, so – nein – wie heißen diese – die an Bäumen so hängen – diese – die aussehen wie Seile, wo man drauf sich hin und her schwingen kann – Lianen oder so – daraus haben die früher Brücken gebaut – oder aus so Seilen, wo man sich festhalten konnte – Kennst du den (…) Spielplatz, der an der Prinzengarde-Halle?
> S.K.: Nein –
> T: Nein – da gibt's so ne ganz kleine, die nur aus Seilen besteht – unten ein Seil wo man drauf geht und dann zweigen die so hoch ab (zeigt den Verlauf der Seile) und da kann man sich festhalten. (Timon_1, 8:92)

Fall 2: Henri (acht Jahre)

Da muss mein Gehirn ein paar Sachen löschen. (Henri_2, 7:113 a)

Auch Henri wurde bewusst als Kontrastfall ausgewählt, da er mehrere Merkmale sozialer Benachteiligung aufweist. Seine deutsche Mutter ist alleinerziehend und war zum Zeitpunkt der Erhebung Hartz IV-Empfängerin; der Vater lebt in den USA und ist lateinamerikanischer Herkunft. Der Mutter, der Lehrerin und einigen Kindern zufolge ist er ein durchschnittlicher bis guter Schüler. An der Kinderuni zeigte er sich sehr interessiert, nahm ebenfalls an drei Vorlesungen teil. Die Eltern haben keinen akademischen Abschluss. Es liegen zwei Interviews vor.

In der Feldbeobachtung zeigte Henri unterschiedliche Aufmerksamkeit: Während er zu Beginn und zwischendurch mit gespannter Körperhaltung saß und den Kopf oben behielt, zeigte in er in allen Vorlesungen auch immer wieder Zeichen der Ermüdung und Unaufmerksamkeit: Er legte den Kopf auf der Tischplatte oder auf den Armen ab. Er meldete sich während der Vorlesung aber auch mehrfach und ausdauernd, wollte also offenbar aktiv teilnehmen.

Das Thema der Konzentration tauchte bei ihm schon in der Erhebungsphase auf. Auf dem Rückweg nach einer Vorlesung erzählte Henri, er sei „eingeschlafen". Nachdem die Ermüdungszeichen (Kopf ablegen, Kopf auf die Arme legen) auch in der nächsten Vorlesung vorkamen, versuchte ich, Henri genauer zu beobachten. Mir fiel auf, dass Henris Aufmerksamkeit nach etwa zehn Minuten abzunehmen begann, er dann zunächst den Kopf aufstützte und dann ganz ablegte. Ein paar Minuten später richtete er sich wieder auf. Da ich von meinem Platz nicht sehen konnte, ob Henri wirklich schlief, fragte ich die neunjährige Lea aus der Fokusgruppe, die in der Vorlesung neben ihm saß. Sie verneinte dies und erläuterte das Verhalten von Henri wie folgt:

Der hat sich halt immer wieder auf die Bank…halt so vorne auf die Bretter gelegt – manchmal hat er auch die Augen zu gemacht, aber wirklich geschlafen hat er nicht (Lea_1, 13:74).

In einer dritten Vorlesung konnte ich einen ähnlichen Ablauf beobachten: Schon nach fünf Minuten gähnte Henri und legte den Kopf auf die Arme, schaute auch nicht mehr nach vorn. Zwölf Minuten später schien etwas seine Aufmerksamkeit wieder geweckt zu haben (etwa zeitgleich wurde eine Abbildung des Planetensystems gezeigt, auf dem der Halley'sche Komet eingezeichnet war), denn er richtete sich auf und hob den Arm, um sich zu melden. Diese Meldung erhielt er während der ganzen restlichen Vorlesung aufrecht, also etwa über zwanzig bis dreißig Minuten, saß aufgerichtet und mit Blick zum Redner.

Im darauf folgenden Interview vermutete ich zunächst, seine mangelnde Aufmerksamkeit sei auf Langeweile zurück zu führen:

> S.K.: Du hast mir gesagt, an manchen Stellen fandest du es langweilig –
> H.: Neee – ich hab gesagt, an manchen Stellen bin ich so – eingeschlafen.
> S.K.: Warum bist du eingeschlafen?
> H.: Weiß ich nicht. Weil ich ein paar Mal gegähnt habe.
> S.K.: Weil du einfach müde warst?
> H.: M-hm (zustimmend).
> S.K.: Und wann bist Du wieder aufgewacht?
> H.: (Pause)
> S.K.: An welcher Stelle?
> H.: Nach zwei oder drei Minuten –
> S.K.: Ja – musstest du dich zwischendurch irgendwie – ein bisschen ausruhen?
> H.: M-hm (zustimmend).
> S.K.: Einfach weil du müde warst?
> H.: Nur dass mein Gehirn – nur alles gelöscht hat – außer das eine mit der NASA – mit diesem englischen Astronom – und dass ich eingeschlafen [bin]. (Henri_2, 1:113)

Aus Henris Worten wird deutlich, dass er das „Einschlafen" nicht wörtlich meint. Vielmehr scheint es eine Metapher zu sein für ein temporäres „Abschalten" der Aufmerksamkeit, das nicht mit Desinteresse gleichzusetzen ist, sondern mit der Unfähigkeit, weitere Informationen zu verarbeiten. Die Gründe dafür werden nicht ganz deutlich. Als ich nochmals nachfragte, erklärte Henri wieder: „Da muss mein Gehirn ein paar Sachen löschen" (Henri_2, 7:113 a). Daraufhin entstand folgender Dialog:

> S.K.: Da muss man im Gehirn ein paar Sachen löschen? Kannst du dich nicht so drauf konzentrieren, weil dir die ganzen anderen Sachen im Kopf rumgehen?
> H.: Ja – die laufen die ganze Zeit rum und sagen mir Namen –
> S.K.: Wer sagt seinen Namen?
> H.: (leise): Ja, die Wörter.
> S.K.: Welche Wörter – was ging dir denn im Kopf rum heute?
> H.: (unterbricht, ungeduldig): Ja, die Wörter die mir durch den Kopf fliegen!
> S.K.: Ja, welche fliegen dir denn durch den Kopf?
> H. (undeutlich): Ja, die der Mann gesagt hat, und wie der – die der –
> S.K. (unterbricht) – die der Mann gesagt hat? Ja?
> H.: – die der Galaxienpolizist gesagt hat.
> S.K.: M-mh. Was zum Beispiel? Kannst du dich noch an Wörter erinnern, die dich da..
> H.: (gleichzeitig): Mh…eigentlich nicht mehr.
> S.K.: Nee? Die gehen dann einfach wieder weg?

H.: M-mh (zustimmend). (Denkt nach, zögernd): Weil mir sonst – mir sind schon neue Wörter in den Kopf gekommen, wie zum Beispiel Hui Buh oder so. (Henri_2, 7: 119)

Die Passage befindet sich am Schluss des Gesprächs, in dem Henri anzumerken ist, dass er es gerne beenden möchte. Trautmann (2010) und Piaget (2005[1926]) zufolge könnte man diesen Ausschnitt in der Analyse nicht verwenden, da es sich hier möglicherweise um Suggestion handelt (Piaget spricht in diesem Zusammenhang von „Fabulieren").[89] Da er jedoch den einzigen Hinweis auf die Gründe für Henris mangelnde Konzentration darstellt, soll er dennoch unter Vorbehalt einbezogen werden. Nimmt man Henris Äußerungen ernst, so dokumentiert sich hier offenbar eine Reizüberflutung. Es scheint nicht mehr möglich, den gehörten Inhalt zu strukturieren, Inhalte aus dem Vortrag und andere Inhalte konkurrieren miteinander und lösen Sinnstrukturen auf. Aus Henris Äußerungen ist nicht zu entnehmen, ob das Vortragstempo zu schnell war, oder ob etwas nicht deutlich genug erklärt wurde. Das Problem scheint allgemeinerer Natur zu sein, da es ja nicht nur in dieser Vorlesung, sondern auch in den beiden anderen auftauchte. Der gleichaltrige Marcus, der dieselbe Vorlesung besuchte, berichtete von Schwierigkeiten dieser Art nicht. Offenbar geht es hier um das Fokussieren der Aufmerksamkeit, die aufgrund einer mangelnden Strukturierung nicht aufrechterhalten werden kann: Die Wörter „fliegen durch den Kopf", können nicht festgehalten werden.

Die Validität dieser Deutung kann mit anderen Passagen aus dem Interview überprüft werden, in denen es um die Inhalte von zwei Vorlesungen geht. Zwar wurden die Inhalte der Vorlesungen nicht systematisch abgefragt, aber man kann erkennen, wie detailliert erinnerte Inhalte beschrieben werden, ob sie mit anderem Wissen verknüpft werden, wie viele unterschiedliche Elemente der Vorlesung Erwähnung finden. Am besten zu vergleichen sind die Aussagen von Timon und Henri zu einer gemeinsam besuchten Vorlesung, in der es um Brücken ging. Henri erinnerte sich vor allem an die visuellen Elemente der Vorlesung und konnte unterschiedliche Brücken-Typen auseinanderhalten (zwei der drei genannten Brücken mit korrekter Bezeichnung):

H.: Da waren einmal – aber da war auch…diese Kettenbrücke oder wie das auch heißt…
S.K.: Da gab es verschiedene Brücken, oder?
H.: Mh…und da gab's auch das eine mit diesem Korb –
S.K.: Korb, genau – sah aus wie ein Korb

---

[89] Piaget unterscheidet zwischen einer „ausgelösten Überzeugung" und dem „Fabulieren", wobei letzteres zu dem zählt, „was man beim normalen Erwachsenen ‚Bluffen' nennen könnte. […] Das Kind fabuliert, um sich über den Psychologen zu mokieren und um vor allem nicht über eine Frage nachdenken zu müssen, die es langweilt und ermüdet" (Piaget 2005 [1926], 28).

H.: (gleichzeitig): und –
S.K.: Und da gab's noch andere Typen, ne?
H.: Mh…Mmh…
S.K. Weißt du noch, welche anderen es da gab?
H.: Da war noch etwas wovon ich nicht mehr den Namen – wovon ich nicht mehr den Namen weiß – das da das war das erste vor den zwei –
S.K.: Wie sah die denn aus?
H.: Die sah so aus ffff (zeigt mit dem Finger einen Bogen in die Luft) – (Henri_1, 1:146)

S.K.: Und woran kannst du dich sonst noch erinnern?
H.: Mhh…..an diese komische Brücke, die so wffff (zeigt Brücke in die Luft) war – die so war: fffff –
S.K.: Ah, die so nur an einer Seite einen Pfeiler hatte?
H.: Die aussah wie eine Geige –
S.K.: Ja, stimmt. Mh-h. Genau. Die war auch lustig, ne?
H.: Mh-h.
S.K.: Gab's noch was, was dich interessiert hat?
H.: Diese China-Brücke, die lange Brücke, die so weit war. (Henri_1, 3:147)

Ebenso konnte er – ähnlich wie Timon – einen Bezug zu realen Brücken in seiner Lebenswelt herstellen:

S.K.: Eine von den Bogenbrücken hat dich beeindruckt – von einem Foto, oder ein Modell?
H.: Eigentlich habe ich da so eine Korbbrücke gesehn wo ich schon mal rübergegangen bin –
S.K.: Ja?
H.: Das hat mich beeindruckt.
S.K.: Ach, wo du selber mal über eine Brücke gegangen bist?
H.: Ja –
S.K.: Wo war das denn?
H.: Hier. Wo wir eben mit der Bahn drüber gefahren sind. (Henri_1, 2: 148)

Zu der Annahme einer visuellen Verarbeitung der Vorlesung passt auch, dass die experimentellen Geräte im Hörsaal, die zum festen Inventar gehörten und nicht mit dem Vortrag in Verbindung standen, in Henris Erinnerung ebenfalls einen großen Eindruck hinterließen:

H.: Dieses Experimentglas –
S.K.: Das hab ich nicht gesehen, was war denn das für ein Glas – was war denn da drin?
H.: Da drinnen war unten – weil das geht so wfffff (zeigt Kurven mit dem Finger), da war – war hier, in dem Bereich, da war so grüne Flüssigkeit und in dem Bereich, da am Ende, da war ganz normales Wasser.

S.K.: Mh – aha. Da hat der gar nichts zu erzählt, oder? Mh.
H.: Aber ich hab gefragt, wofür das ist, und der hat gesagt, bei den anderen Sachen werden die Sachen vorgeführt.
S.K.: Ach so – das gehört zu einem anderen Thema, oder?
H.: Ich glaube das war so wie das Blut ins Herz fließt –
S.K.: Ah – du meinst das wird dann vorgeführt –
H.: Das – das kommt dann wenn ffffff (zeigt einen Bogen mit dem Finger) –
S.K.: Ah, die grüne Flüssigkeit, meinst du?
H.: Mh-h (bejahend) – wenn man da reinpustet, kommt das Wasser. (Henri_1, 4,5: 149)

Der Eindruck des Fragmentarischen lässt sich in diesem Beispiel nicht leugnen; klar wird auch, dass dieser erste Besuch einer Kindervorlesung in anderer Weise als unmittelbar beabsichtigt wahrgenommen wurde: Die räumliche und visuelle Erfahrung nimmt einen großen Stellenwert ein. Ein tiefer gehendes Verständnis der Inhalte schien hier nicht vorhanden zu sein, und die zwischendurch absinkende Aufmerksamkeit deutet auf eine Überforderung hin. Andererseits bewies Henri Neugier und Eigeninitiative, indem er sich nach der Vorlesung bei dem Dozenten nach den experimentellen Aufbauten erkundigte. Auch sank in der Folge die Motivation, die Kinderuni zu besuchen, nicht ab. Im zweiten Interview, in dem Henri seine Konzentrationsschwierigkeiten schilderte, nannte er ebenfalls einzelne Fakten aus dem Vortrag über Kometen (wobei er allerdings Kometen mit Asteroiden verwechselte), beispielsweise, woraus sie bestehen, „dass der Asteroid so ein bisschen giftig ist", dies aber nicht gefährlich sei (Henri_2, 2:116), dass es die Befürchtung gebe, dass ein Komet „die Erde zu Stücken reißt" (Henri_2, 6:117), und wie diese Ängste der Bevölkerung vor dem Gift der Kometen in einer „Witzpostkarte" verarbeitet wurden (Henri_2, 6:118). Die NASA, die der Dozent in der Funktion einer „Weltraumpolizei" vorstellte, hinterließ ebenfalls einen bleibenden Eindruck (Henri_2, 2:115). Auch hier führten die punktuelle Überforderung und das zeitweise Absinken der Konzentration nicht zu einer Resignation.

Der Unterschied in der Verarbeitung der Veranstaltung zu Timon ist dennoch deutlich. Insgesamt konnte Timon sich nicht nur sprachlich besser ausdrücken, sondern sich auch detaillierter und präziser an Fakten erinnern. Er nannte teilweise die exakten Längen von Brücken (Timon_1, 8:150) oder Brückenabschnitten:

T.: Ja – nein, nicht die in China, die war nicht über Wasser, die war auf dem Land – ich frag mich, wie das so war – also wie man die bauen konnte und ob die Flughafenbrücke, die da angebunden war, mit zählte zu den 42 Kilometern. (Timon_1, 7:151)

Auch an die genauen Standorte der vorgestellten Brücken konnte er sich teilweise erinnern (Timon_1, 8,9:152). Er stellte ebenso Zusammenhänge her, die in dem Vortrag thematisiert wurden:

> S.K.: Ja – was ist denn da passiert mit den Brücken?
> T.: Da waren die noch nicht so gut gebaut – da sind die manchmal eingestürzt – die Holzbrücken waren nicht sehr stabil und früher hatte man Brücken noch nicht so gut gebaut und noch nicht so viele Materialien wie heute. (Timon_1, 7: 153).

> T.: Also ich war beeindruckt von den Rekorden – ich fand das irgendwie ein bisschen komisch, warum die so lange Brücken über Land bauen können...oder wie hoch die Stützen sein können – und ich fand komisch, warum früher die Seile noch nicht so stabil waren. (Timon_1, 6:154)

Der Versuch, die Unterschiede zwischen Henri und Timon aus dem Interview-Material zu erklären, führt zu den Hinweisen auf die Vorkenntnisse, die die Kinder im Zusammenhang mit einzelnen Vorträgen mitbringen. Während Henri keine zusätzlichen Wissensquellen zu einem Thema nannte, fällt Timon dadurch auf, dass er immer wieder Bezüge herstellte zu Wissensbeständen, die er sich schon vorher – außerhalb der Schule – angeeignet hatte (s.o.). Im Fall des Vortrages über Geckos war zuvor sogar Expertenwissen vorhanden. Auch andere Kinder erwähnen thematische Bezüge zu TV-Sendungen wie „Pur Plus" oder „Willi will's wissen" (Sebastian, 3:42), zu „Was ist was?"-Büchern oder Kassetten (Leonie, 5:37). Eine Hypothese für die unterschiedliche Rezeption wäre also, dass inhaltliche Vorkenntnisse den Zugang zur Kinderuni insofern erleichtern, als sie als „Anker" für die Wahrnehmung der Vorlesung dienen: Sie sind Strukturierungshilfen, die insbesondere das Erinnern übergreifender Zusammenhänge möglich machen. Dies ist auch insofern einsichtig, als beispielsweise „Was ist was?"-Bücher auf einer wissenschaftlichen Systematik beruhen, die Darstellungen von Aufbau und Inhalt von Büchern und Vorlesungen also Ähnlichkeiten aufweisen. (Die „Brücken"-Vorlesung wurde als Wunschthema der Kinder angekündigt und vielleicht ist es also auch kein Zufall, dass die „Was ist was?"-Reihe ein Buch über Brücken enthält). Fehlen die Vorkenntnisse, kommt es vermehrt zur Fragmentarisierung in der Erinnerung des Inhaltes.

Mit Blick auf die sozio-ökonomischen Hintergründe der beiden Fokusgruppen-Teilnehmer erscheint es plausibel, dass Familien, die in der Lage sind, ihren Kindern viele anregungsreiche Erlebnisse sowie auf wissenschaftliche Themen abgestimmte Bücher und Filme anzubieten, diese indirekt auf ein angestrebtes Ziel („Lernen") der Kinderuni vorbereiten. Je weniger Kinder in dieser Form vorbereitet sind, desto eher lassen sie sich von räumlichen und visuellen Gegebenheiten „ablenken". Kurzfristig scheint sich dies nicht durch eine wiederholte Teilnahme an der Kinderuni wesentlich zu verändern, auch wenn es Henri bei der dritten besuchten Vorlesung trotz Konzentrationsschwierigkeiten gelang, sich konkreter an Einzelheiten aus dem Vortrag zu erinnern und visuelle Eindrücke nicht mehr in gleicher Weise im Vordergrund standen. Nicht überraschend ist, dass der Zusammenhang zwischen der Fähigkeit, sich über einen längeren Zeitraum zu konzentrieren und sich an Inhalte besser zu erinnern, auch individuell unterschiedlich ist. Inwiefern dies auf Anlage oder Umwelt der Kinder, insbesondere auf das sozio-ökonomische Umfeld zurückgeführt werden kann, kann aufgrund dieses Vergleichs jedoch nicht eindeutig beantwortet werden, aber die Indizien legen einen Zusammenhang zumindest nahe.

6.3.2 Identifikation/Abgrenzung

Auf der Suche nach weiteren Bedingungen für die Konzentration auf die Vorlesungen der Kinderuni ergab sich aus den Gesprächen mit den Kindern eine weitere wichtige Kategorie, nämlich eine Auseinandersetzung mit der Frage, ob die Kinderuni „etwas für mich ist". Sehr auffällig ist dieser Zusammenhang zum Beispiel bei Helena (zwölf Jahre), die angab, dass ihr die Konzentration schwergefallen sei. Auf mehreren Ebenen ist in den beiden Interviews eine Bewegung der Abgrenzung zu bemerken. Zunächst bezieht sie sich dabei auf das Thema der Vorlesung:

> H.: Es...es war eigentlich spannend, aber es war halt...es hat jetzt irgendwie grad nicht so wirklich gepasst, dieses Thema. – Also mich, also m...
> S.K.: (überschneidend) Das Thema hat Dich nicht so interessiert.
> H.: Also mich hat's schon interessiert, aber es ist jetzt halt nicht so mein Ding.
> S.K.: Das...also jetzt Medizin an sich, oder –
> H.: Ja. Ganz genau. (lacht) (Helena_1, 3:8)

Helena scheint hier einen Zwiespalt zu dokumentieren zwischen der Tatsache, dass etwas generell interessant sein kann, sie sich selbst aber damit nicht beschäftigen möchte (Medizin „ist nicht mein Ding"). Auf die Frage, welche Themen denn besser geeignet wären, ihr Interesse zu wecken, antwortet sie: „Über Sport könnte ich viel zuhören" (Helena_1, 8:13a), zum Beispiel darüber, „wie viele Umdrehungen ein Breakdancer auf dem Kopf kann" (Helena_1, 8:13b), „oder wie schnell jemand laufen kann – oder – welche Muskeln dabei angespannt werden" (Helena_1, 8:13c). Abgesehen von spezifischen thematischen Interessen bezieht sich die Abgrenzung aber auch auf die Art der Veranstaltung selbst, die Helena für alle Altersstufen außer ihrer eigenen empfiehlt:

> S.K.: Mh-hm – und wenn Du jetzt so sagen würdest...wem würdest Du die Kinderuni empfehlen – welche Kinder sollten da hingehen?

H.: Kinder, die gerne zur Schule gehen.

S.K.: (lacht) Kinder, die gerne zur Schule gehen – ok –

H.: (lacht)

S.K.: Und so von der Altersgruppe her – würdest Du sagen: „Ja, ist für Zwölfjährige interessant." – oder würdest Du sagen – „Ja – eher eine andere Altersgruppe".

H.: Also weil ja die meisten eher jetzt glaube ich so denken, aus meiner Klasse, wie ich jetzt – also vom Alter, vom Wissen her, schon ab zwölf – aber ob es die halt interessiert von dem Alter her –

S.K.: Mh-hm.

H.: Da eher nicht so – vielleicht...

S.K.: Warum meinst Du, dass sich die meisten mit zwölf nicht mehr dafür interessieren würden?

H.: Also doch, dann später vielleicht wieder – aber ich glaub mit zwölf, dreizehn oder so hat man eher andere Interessen. (Helena_2, 3:17a)

S.K.: Ok – meinst Du, da ist man einfach schon dann mit anderen Dingen beschäftigt – also wenn Du jetzt eine Empfehlung abgeben müsstest, für wen würdest Du das empfehlen – für welche Altersstufe?

H.: Ehmm – erstmal fünf bis elf – und dann vielleicht...

S.K.: (überlappend) Mh-hm – Fünfjährige – würdest Du schon denken, dass die das verstehen?

H.: Mh – Ja.

S.K.: Ok.

H.: Und dann...oder so fünfeinhalb, sechs Jahre – und dann vielleicht noch mal so von vierzehn oder fünfzehn bis halt...was weiß ich – bis 99. (Helena_2, 4:15)

Trotz des durch die Gesprächsführung bedingten thematischen „Kreisens" um die optimale Altersstufe für die Kinderuni zeigt Helena, dass es eigentlich um eine – vielleicht altersbedingte – Verschiebung der Interessen geht. Sie sieht eine Interessensüberschneidung von Schule und Kinderuni („Kinder, die gern zur Schule gehen", sollten die Kinderuni besuchen), wovon sie sich selbst, wie auch ihre Klassenkameraden, abgrenzt, und kommt zu dem Schluss: „Jetzt so als Hobby würde ich nicht hingehen" (Helena_2, 5:17). Es ist aufgrund dieser Aussagen naheliegend, dass Helenas Voraussetzungen für eine Konzentration auf den Inhalt der Vorlesungen daher von Anfang an nicht sehr günstig sind. Das Lernen von klassischem Bildungswissen wie auch die dargebotene Form der eher passiven Informationsaufnahme passt zu ihren Interessen offenbar nicht: Außer Sport nennt sie auf Nachfrage politische Themen wie Kinderarbeit in Afrika (Helena_2, 6:18).

Ganz anders sieht es bei Timon aus. Die sehr gute Konzentrationsfähigkeit geht einher mit einer starken Identifizierung mit den Inhalten der Kinderuni:

T.: Eigentlich...irgendwie find ich's komisch, warum der Hörsaal nie voll ist.
(…)

S.K.: Findest du es komisch, dass er so voll ist oder dass er so leer ist?
T.: Dass er so leer ist.
S.K.: Dass er so leer ist?
T.: Ja. – So...so wenige Kinder – irgendwie kann ich mir das gar nicht vorstellen – es gibt doch ganz viele Kinder, die sich für Geckos oder so interessieren würden.
S.K.: Mh-hm – was meinst du, warum das so ist – warum nicht alle Kinder zur Kinderuni gehen?
(…)
T.: Keine Ahnung.
S.K.: Mh-hm – hat das was mit den Kindern zu tun?
T.: Es hat was mit dem Interesse an den Themen zu tun. (Timon_2, 7:123)

Die Übereinstimmung zwischen den Themen, mit denen sich Timon in seiner Freizeit beschäftigt und den Themen der Kinderuni wurde schon festgestellt und trägt sehr wahrscheinlich zu seiner guten Verarbeitung der Veranstaltung bei. Dass er sich außerdem auch mit dem Konzept „Wissenschaft" bzw. „Wissenschaftler" auseinandersetzt, zeigt sein Interesse an Dokumentarfilmen über Wissenschaftler und ihre Forschung:

T.: Ich... ich sehe ja ganz viele Sachfilme – ich hab mal so einen Film geguckt, da wurde was über Wissenschaftler, was die so herausfinden und so gefilmt.
S.K.: Mh-hm – War das so ein Kinderprogramm, oder was sind das für Filme, die du da guckst?
T.: (überschneidend) Nein, ich gucke meistens eher so was für Lehrer oder Erwachsene – so Filme – also so Sachfilme. (Timon_1, 6:89)

Dazu passt ein beobachtetes Detail aus Timons Umfeld: Auf der Klassentür seiner Grundschule klebten zum Zeitpunkt der Erhebung kleine Plakate aller Kinder mit einem Foto und einem selbst verfassten Berufswunsch. Unter sein Foto hatte Timon – abweichend von allen anderen – den Berufswunsch „Polarforscher" geschrieben.

Auch Henri suchte eine Annäherung an den Wissenschaftler als Identifikationsobjekt, wenn auch in etwas anderer Weise als Timon. Als er in der Fragerunde am Schluss der Vorlesung über Kometen das Saalmikrofon erhielt, nahm er Bezug auf den im Vortrag vorgestellten amerikanisch-britischen Astronomen Brian Marsden und sagte: „Ich wollte nur mal sagen: Ich komme aus Amerika!" (Beobachtungsprotokoll „Kometen", 3.6.13) und erwähnte ihn auch im Interview als jemanden, der „aus meinem Land" kommt (Henri_2, 1:114). Im Unterschied zu Timon, der die Identifikation hauptsächlich über Themen und Interessensgebiete herstellte, weisen Henris Aussagen auf ein Bedürfnis der sozialen Zugehörigkeit und einer Identifikation mit Wissenschaftlern als Vorbild hin.

Ein weiteres Beispiel für eine thematische Identifikation von Freizeitinteressen und Vortragsthema ist Emilia (neun Jahre), die eine Vorlesung zum The-

ma Literatur besuchte und gute Voraussetzungen dafür mitbrachte, den dargestellten Begriff der „Fiktionalität" zu verstehen:

> Aber ich lese so viel – und dann auch – dann vergesse ich einfach alles um mich
> herum und setze mich in die Geschichte rein und manchmal ist das für mich wie, als
> ob es das wirklich gibt und dann – also manchmal setze ich mich auch in einzelne
> Personen, quasi – dass ich dann so tue, als wäre ich die und...ja. (Emilia, 2:133)

Zum Thema der Identifikation und Abgrenzung gehört außerdem ein Phänomen,
das nur bei den Jungen der Fokusgruppe zu beobachten war, die auch sonst in
Schule und Spielsituationen häufig zusammen waren: Sebastian, Marcus, Timon
und Henri (alle acht Jahre alt). Die Studie schuf in der Durchführung eine Grup-
pensituation, in der die Kinderuni ein Element der sozialen Distinktion darstellte.
Die Jungen interessierten sich dafür, wer wie oft die Vorlesungen besuchte (Ti-
mon_2, 6:122), und die Kinderuni war Gesprächsthema in der Schule: So hatte
Marcus den anderen erzählt, wie die Vorlesung im Chor „angezählt" wird (Sebastian, 5:44; Timon_1, 3:79), und der Lehrerin wurde berichtet, Henri sei in der
Veranstaltung „eingeschlafen". Als „Kenner" der Kinderuni wurde in den Gesprächen häufig auf Marcus Bezug genommen („Ich wusste gar nicht wie das so
läuft – und der Marcus hatte ja Recht, als der gesagt hat: ‚Jetzt wird's laut.' – bei
dem zehn, neun, acht,...", Timon_1, 3:79; „Da hab ich jetzt gedacht, der Marcus,
der lügt so 'n bisschen – ", Sebastian, 5:44; „Das nächste Mal, kannst du dem
Marcus schon sagen, dass ich bereit bin.", Henri_1, 9:112). Zweifellos war der
gemeinsame Besuch der Kinderuni ein aufregendes Erlebnis: Vor und nach dem
Besuch, und auch auf dem Weg dorthin wurde getobt, gerannt und gespielt, und
dies galt sowohl für die Jungen als auch die Mädchen mit Ausnahme der zwölfjährigen Helena. Kamen vor einer Vorlesung Kinder zusammen, die einander
vorher nicht oder nur flüchtig kannten, entwickelte sich ein harmonisches Grup-
penerlebnis ähnlich dem eines gelungenen Klassenausflugs.

6.3.3 Bewertungen oder: Was macht die Kinderuni aus?

Auch wenn fast alle Kinder spontan auf die Frage „ Wie hat es Dir gefallen?" mit
„Gut!" antworteten, gibt es doch eine Bandbreite an Reaktionen, die von „spannend" (Jette, 10:55; Henri_1, 6:101, Sebastian, 1:40), über „gruselig" (Jette,
1:54), „ein bisschen komisch" (Sebastian, 5:44), „sehr witzig" (Emilia, 5:135)
bis hin zu „langweilig" (Sebastian, 1:39; Marcus, 1:21) reichen. Da in vorherigen
Studien die große allgemeine Zustimmung der Kinder schon mehrfach dokumentiert wurde, soll hier dargestellt werden, warum in den Augen der Kinder
manchmal die Erwartungen nicht erfüllt wurden. Ein Schlüssel zum Verständnis
ist dabei der Titel der Vorlesungen. Die Kinder nehmen diesen als ein Verspre-

chen auf den Inhalt wahr, der unbedingt erfüllt werden muss, und zwar wörtlich. Über einen Vortrag mit dem Titel „Vom Auerochs zur Turbokuh" merkt Marcus an:

> S.K.: Was war denn das, was Dich nicht so interessiert hat?
> M.: Das war – das mit diesen Mittelalter und so.
> S.K.: Mh-hm –
> M.: Das war total langweilig.
> S.K.: Mh-hm – warum war das langweilig?
> M.: Weil die beim Mittelalter gar nicht so viel über die Kühe geredet haben.
> S.K.: Mh-hm –
> M.: Der hat – der hat fast nie über den Auerochsen erzählt!
> S.K.: Ja – stimmt.
> M.: Und die Turbokuh hat er erst gar nicht erwähnt!
> S.K.: Mh-hm. Hast Du was anderes erwartet? – Was dachtest Du denn, worüber der erzählen würde?
> M.: Ehm – dass der Auerochse Turbokuh wird. Also,...dass dann die nächsten Kühe...Turbokühe sind. – Das hab ich erwartet. (Marcus, 5:22)

Elemente des Vortrages wurden also deswegen als „langweilig" empfunden, weil sie laut Ankündigung im Titel nicht zum Thema gehörten. Ähnlich äußert sich auch Sebastian und fügt hinzu:

> S.: Ich fand da einfach langweilig die Dinge, die ich schon wusste. (...) Zum Beispiel das mit dem Menschen fand ich jetzt nicht so wirklich... weil, das hab ich jetzt schon gekannt.
> S.K.: Ok – wie die Menschen früher gelebt haben?
> S.: In der Steinzeit. (Sebastian, 3,4:41)

Als „spannend" hingegen bezeichnete Sebastian Informationen aus der Vorlesung, die er vorher nicht kannte:

> S.: Aber – dass es eine neue Kuhsorte gab, fand ich auch gut. Und ich wusste nicht, dass es – ich dachte, jede Kuh produziert Milch, aber jetzt hab ich gehört – Fleischkühe – da brauchen wir gar keine Milch von denen.
> S.K.: Ja.
> S.: Das war jetzt – das fand ich jetzt schon auch spannend. (Sebastian, 1:40)

Auch als Frage formulierte Vorlesungstitel müssen eindeutig und direkt beantwortet werden. Wenn dies für die Kinder nicht in ausreichendem Maße geschieht, wird die Frage in der abschließenden Fragerunde vom Publikum wieder aufgegriffen (z.B. in der Vorlesung „Woher kommt die Bibel?", Beobachtungsprotokoll vom 6.6.2011).

Die Kategorie „bekannt" oder „unbekannt" spielt generell bei der Kinderuni offenbar eine große Rolle. Als „sehr gut" bewertete Emilia eine Vorlesung, in der sie „vieles erfahren [hat], was ich vorher nicht wusste" (Emilia, 1:155). Diese Aussage lässt sich verallgemeinern für das, was die Kinder als typisch oder wesentlich für die Kinderuni ansehen. Auf die Frage, warum es die Kinderuni überhaupt gebe, geben die Kinder mehrfach an, dass hier Themen behandelt werden, zu denen sie sonst – auch in der Schule – keinen Zugang erhalten, wie Timon erklärt:

S.K.: Mh-hm, ok – und was meinst Du denn, warum es eine Kinderuni überhaupt gibt?
T.: Ach – damit Kinder auch schon was...wenn sie jung sind, erfahren.
S.K.: Ja – reicht da nicht die Schule aus?
T.: Nein, das sind ja verschiedene Themen – man hat ja, wenn man in der Grundschule ist – hat man ja nicht unbedingt schon Technik, Physik, Chemie...
S.K.: Mh-hm –
T.: ...Biologie –
S.K.: Mh-hm – das stimmt.
T.: Und Geschichte. (Timon_1, 4:82)

Ähnlich äußert sich auch Henri:

S.K.: [...] Und warum gibt's die Kinderuni überhaupt?
H.: Damit die Kinder über Sachen lernen, worüber man nicht in der Schule lernt. Was man nirgendwo außer da lernt. (Henri_1, 9:102)

Lea sieht die Kinderuni als eine Erweiterung und Ergänzung der Schule:

S.K.: (...) wenn du jetzt die Kinderuni so beurteilst – was sagst du – welche Kinder sollten da hingehen?
L.: Also die Kinder, die halt die Schule gerne mögen – also die meisten Kinder mögen ja die Schule und da kann man dann noch mal hin gehen und vielleicht das lernen, was sie selbst in der Schule – wenn sie jetzt zum Beispiel das Thema Bücher und so gehabt haben – können sie vielleicht noch dadurch was lernen, was sie in der Schule noch nicht gewusst haben. (Lea_2, 5:128)

Emilia präzisiert diesen Gedanken, indem sie Vertiefung und Interesse miteinander verknüpft:

S.K.: Mh-hm – Was wäre jetzt der Unterschied zur Schule, wenn man da einen Vortrag hört?
E.: Mmmh – also das ist nicht so ausführlich und das sind auch nicht solche Themen, also das sind andere.
S.K.: Andere Themen, ne – genau.

E.: Mhm, genau.

S.K.: Ok.

E.: Also – ja, das ist weil...das sind wirklich Fragen, die Kinder interessieren und die man auch nicht so leicht zu beantworten bekommt. (Emilia, 9,10:141)

Es fasziniert aber nicht nur das Neue und Unbekannte, sondern auch das Komplexe und Unbeantwortete sowie die Hoffnung auf Antworten zu Fragen, die für Kinder offenbar relevant sind:

S.K.: (...) Was meinst Du denn, warum es so eine Kinderuni gibt?

E.: Mmmh – also es gibt ja viele neugierige Kinder und ich glaub so was ist auch für Kinder sehr interessant, – für mich war es auch jetzt sehr schön, weil wenn man das einfach schon früh beibringt und solche Fragen werden ja manchmal nie beantwortet...

S.K.: (überschneidend) Welche Fragen?

E.: Also wie diese jetzt zum Beispiel: „Was ist eigentlich Literatur?" oder „Was liest Du da?" –

S.K.: Mh-hm.

E.: Und – also wenn das Sommersemester anfängt, kommt ja die Lesung „Woher weiß das Navi eigentlich, wohin wir fahren?"

S.K.: Mh-hm.

E.: Und das wüsste mein Vater nicht, meine Mutter nicht, da könnte ich ewig Leute fragen.

S.K.: (lacht)

E.: Und dann gibt's halt Experten, die sich darüber – also die damit arbeiten, mit diesem Thema –

S.K.: Mhm.

E.: Und – ja, das dann halt den Kindern erklären und das ist sehr schön. (Emilia, 6:137)

Aus Emilias Worten spricht auch, dass die Kinderuni ein Akt der Wertschätzung sein kann, weil man in ihr den Kindern genügend geistige Fähigkeiten („Neugier") zutraut, um sich von „Experten" komplexe Sachverhalte erklären zu lassen.

Der Vergleich der Kinderuni mit der Schule in den Interviews war beabsichtigt, gab also eine Differenzierung der Kinder zwischen Schule und Kinderuni schon vor; dennoch wird dieser Vergleich zuweilen auch spontan gezogen (Lea). Ganz deutlich ist in den Interviews, dass es um Lernen und um Wissen geht. Einen Gegensatz zwischen Lernen und Spaß, wie ihn die vorherigen Studien nahe legen, erwähnen die Kinder nicht. Der Begriff des „Lernens" wird aber sehr weit gefasst, und die Kinder unterscheiden das Lernen in der Schule mit dem Lernen in der Kinderuni insofern, als Schule mit „Arbeit" zu tun hat („ein Lehrer würde uns auch was zu Arbeiten geben", Helena_1, 3:5; „Also man kriegt was vorgelesen – man weiß dann mehr, kriegt dann das gelehrt, aber man muss nicht dazu arbeiten oder so", Emilia, 5,6:135) und in ihr übergreifende Kultur-techniken gelehrt werden („Weil die Kinderuni was anderes ist als Schule – da lernt man auch was, aber da lernt man nicht zu Schreiben und zu Rechnen und zu Lesen", Marcus, 7:23). Explizit danach gefragt, ob Unterhaltung oder Lernen bei der Kinderuni im Vordergrund stehe, entscheidet sich Lea für das Lernen:

> S.K.: Mh-hm – was meinst Du denn was am wichtigsten ist wenn man dahin geht – dass man sich gut unterhält – oder dass man...
> L.: (überschneidend) Nein – also dass man aufpasst und vielleicht ein paar Notizen macht – zum Beispiel von den wichtigen Dingen. (Lea_2, 7:129)

Emilia differenziert, indem sie erläutert, dass sich Lernen und Spaß nicht gegen-seitig ausschließen und trotzdem die Frage selbst im Vordergrund stehe:

> E.: Ja – also es ist ja schon toll, wenn das witzig gemacht ist, also – aber – dass wir was wissen und das lernen ist ja auch toll. Weil solche Fragen, die kriegt man ei-gentlich nicht so leicht zu beantworten. (Emilia, 11:142)

Es gibt aus der Sicht der Kinder aber auch spezifische Gemeinsamkeiten der Kinderuni mit der Schule. Es bestehe thematisch eine Nähe zum Sach- oder Naturwissenschaftsunterricht („S.K.: Mh-hm – und wem würdest Du es empfeh-len? Wer sollte da hingehen? T.: Kindern, die sich für Sachunterricht interessie-ren", Timon_2, 5:121; „S.K.: (...) Ist die Kinderuni so wie Schule, oder ist die was anderes? S.: (Pause) So wie Sachunterricht in der Schule", Sebastian, 6:45; „S.K: Hast Du denn irgendwas aus der Vorlesung schon mal woanders gehört und gelesen? H.: Öhm – ja, so ein bisschen im NW-Unterricht", Helena_1, 2:4). Aber auch die Lehrmethoden weisen Ähnlichkeiten auf („Also da hat der manchmal so vorgelesen und so – das macht Frau L. auch manchmal [...]. Und dann hat er ja Fragen gestellt und das macht sie auch immer", Jette, 5:57). Dieses dialogische Element, das an den Schulunterricht erinnert, fiel besonders bei einer Vorlesung über Literatur auf, die Lea als „kindgerecht" beschreibt:

> S.K.: Wie hat er das denn gemacht – für Kinder?
> L.: (überschneidend) Also er hat zwischendurch auch mal gefragt: „Ist das so rich-tig?" – als er uns am Anfang die Bücher gezeigt hat.
> S.K.: Mh-hm.
> L.: Da hat er zuerst so ein Telefonbuch oder so gezeigt und da hat er gefragt: Das ist doch auch ein Buch, da ist sogar ein Wort drinne – ist doch auch ein Buch! – Und da konnten die Kinder sagen, was sie dazu meinen.
> S.K.: Mh-hm – und ist das nicht manchmal in der Schule auch so?
> L.: Ähm ja (lacht) – ja, das ist manchmal auch so.
> S.K.: Ja –

L.: Zum Beispiel – die Lehrerin zeigt – sagt dann irgendwie – fünf plus drei sind acht, aber fünf mal drei – ist das das Gleiche? – Und dann sagen wir das dann...dann können wir halt auch sagen was wir dazu meinen. (Lea_2, 3:126,127)

Als einen Unterschied zum Lehrervortrag in der Schule sieht Emilia das ausgeprägtere Expertentum der Wissenschaftler, die „alles genau erklär[en], so dass man es wirklich total versteht" und deutlich macht, „warum die Sachen so sind" (Emilia, 9:140).

Wie es schon in anderen Studien deutlich wurde, schätzen die Kinder die aktive Beteiligung an der Vorlesung mit der Fragerunde am Ende und der Möglichkeit, im Anschluss mit den Dozenten ins Gespräch zu kommen („dass man nachher noch Fragen stellen konnte", Emilia, 5:134); „dass man am Schluss noch Fragen stellen kann", Lea_1, 9:68).

Zum Verständnis der Kinderuni als Lernveranstaltung gehört auch, dass einige Kinder, in dieser Fokusgruppe ausschließlich die Mädchen, Notizen anfertigen. Auf die Frage, warum sie etwas aufschreiben, geben die Mädchen zunächst an, manche Dinge seien besonders interessant oder wichtig gewesen („Sachen waren auch so interessant, da wollte ich mal mitschreiben", Jette, 6:59a; „dass man [...] ein paar Notizen macht – zum Beispiel von den wichtigen Dingen", Lea_2, 7:129). Jedoch tun dies die Kinder nicht aus eigenem Antrieb, sondern folgen dabei der Anregung oder Anweisung der Eltern („Die [Mama] hat auch gesagt: „Nimm was mit.", Jette, 6:59b; „Ja – ich bin gar nicht auf die Idee gekommen, aber die Mama hat mir ein Notizbuch gegeben", Emilia, 9:139a). Ähnlich wie beim „Peers"-Gruppenverhalten der Jungen üben die Mädchen hier das Mitschreiben als ein soziales Ritual und orientieren sich dabei an den Erwachsenen. Das Mitschreiben an sich scheint jedoch zum Beispiel für die Drittklässlerin Emilia auch in der Schule eine Gewohnheit zu sein:

S.K.: Mh-hm, hast du so was schon mal gemacht? Wenn du was gehört hast, dass du dir das Wichtigste aufgeschrieben hast?
E.: Wir machen das in der Schule oft. Ja, solche Sachen... (Emilia, 9:139)

6.3.4 Verständnis von Wissenschaft und Wissenschaftlern

Ein Anliegen dieser Studie war es, etwas über die Vorstellungen der Kinder in Bezug auf Wissenschaft und Wissenschaftler zu erfahren. Das Vorhandensein oder das Fehlen dieser Vorstellungen kann, ähnlich wie thematisch vorhandene Vorkenntnisse, das Erlebnis Kinderuni beeinflussen. Deutlich wurde dies bei Timon, der sich aktiv mit dem Berufsbild des Wissenschaftlers auseinandersetzte. Innerhalb der hier untersuchten Fokusgruppe bildete Timon jedoch einen Sonderfall, der nicht verallgemeinert werden kann. Haben auch die anderen Kin-

der eine Vorstellung davon, was Wissenschaft ist und was das Forschen ausmacht, und wenn ja, inwiefern beziehen sie dies auf ihren Besuch in der Kinderuni? Wie viel wissen die Kinder über die Hintergründe der eigens für sie insze-
nierten Erfahrung, z.B. was eine Universität ist und wofür es sie gibt? Anders als
ein Naturkundemuseum, in dem die Phänomene und Naturerscheinungen als
solche im Vordergrund stehen, hat die Kinderuni den Anspruch, auch Einblick in
das Zustandekommen wissenschaftlicher Erkenntnis zu geben bzw. ein Abbild
von akademischen Abläufen (Lehrveranstaltung) innerhalb der Organisation zu
sein.

Tatsächlich wusste die Mehrheit der Teilnehmer aus der Fokusgruppe nicht,
was eine Universität ist, und zwar unabhängig davon, ob die Eltern eine akademische Ausbildung absolviert hatten oder nicht. Nur zwei Kinder, Timon und
Emilia, konnten „Universität" mit „Studieren" in Zusammenhang bringen, wobei
beide den Aspekt der Berufsausbildung erwähnten (Emilia, 7:138: „man lernt
auch eher ein Fach für den Beruf, den man dann erlernen will"; Timon_1, 5:85:
„Dass man sich für den Beruf ausbildet, den man machen will"). Für Timon, der
sich als zukünftigen Wissenschaftler sieht, ist daher der Sinn der Kinderuni der,
dass „die Kinder sich vielleicht ein bisschen mehr darauf vorbereiten können,
wenn sie zum Beispiel in der richtigen Uni sind" (Timon_1, 5:84). Bei allen
anderen Teilnehmern der Studie findet der Aspekt der Berufsvorbereitung im
Zusammenhang mit Kinderuni keine Erwähnung.

Persönlich hatte keines der Kinder vor ihrem Besuch in der Kinderuni schon
einmal einen Wissenschaftler oder eine Wissenschaftlerin in seiner oder ihrer
Berufsrolle getroffen, was im Hinblick auf das junge Alter nicht überraschend
ist. Im Vorfeld entstand die Vermutung, die Kinder könnten durch Geschichten
oder Filme auf die Figur des Wissenschaftlers gestoßen sein und aus dieser Quelle Vorstellungen über Wissenschaft und das Forschen beziehen.[90] In den Interviews wurde aber kein direkter Bezug auf konkrete fiktionale Quellen genommen, und zwar auch dann nicht, wenn explizit danach gefragt wurde (dass wiederum Timon sich über Dokumentarfilme nicht nur über bestimmte Themen informiert, sondern ihm auch die an den Erkenntnissen beteiligten Wissenschaftler
aufgefallen sind, wurde schon erwähnt, – dabei handelt es sich aber, wie er selbst
erzählt, nicht um Filme für Kinder). Daraus kann man schließen, dass Wissenschaftler generell in fiktionalen Stoffen für Acht- bis Zwölfjährige keine große
Rolle spielen.

---

[90] Bei der Durchsicht von Büchern, Hörspielen und Filmen für Grundschulkinder in Buchgeschäften
und der lokalen Stadtbibliothek stieß ich immer wieder auf den Wissenschaftler als Nebenfigur, sei es
in einem Kinderbuchklassiker wie „Robbi, Tobbi und das Fliewatüüt" (1967), neuerer Kinderliteratur
wie „Doktor Proktors Pupspulver" (2008), bei der Hörspielserie „Die drei ???" (in Deutschland ab
1979), im Filmklassiker wie „Der rote Korsar" (1952), im aktuellen Zeichentrickfilm „Epic" (2013)
oder sogar in Pixi-Büchern, wie in „Nicks Wasserabenteuer" (2005).

6.3.4.1 Wissenschaftler als Detektive

Dennoch gibt es im Hinblick auf die Definition eines Wissenschaftlers bestimmte Assoziationen, die nicht zufällig erscheinen, da sie von mehreren Kindern genannt werden. Jette und Sebastian – beide acht Jahre alt – ziehen, gefragt nach Wissenschaftlern in Geschichten, eine Verbindung zwischen Forschern und Detektiven:

> S.K.: (…) oder hast Du schon mal in Geschichten oder im Film einen gesehen?
> S.: (flüstert nachdenkend vor sich hin) Geschichten...
> S.K.: Wo kommen denn Wissenschaftler her?
> S.: (gleichzeitig) Über Detektive. (Sebastian, 6:46)

> S.K.: Ok. Hast Du denn schon mal welche in Geschichten oder Filmen oder so gesehen?
> J.: Das Buch hab ich bei den „Drei Fragezeichen" gesehen – da steht auch manchmal drin, wer die Diebe gefasst hat und so.
> S.K.: Ja – aber die „Drei Fragezeichen" sind doch – sind das Wissenschaftler?
> J.: Äähh – nein – das sind so Jungs, die erleben immer Abenteuer und manchmal spielen da auch Detektive mit und so.
> S.K.: Mh-hm – also sind denn Detektive und Wissenschaftler – ist das das Gleiche?
> J.: Mmmh – so in der Art glaub ich mal. (Jette, 10:64)

Die beiden eher unspezifischen Referenzen zu fiktionalen Quellen weisen darauf hin, dass die Figur des Wissenschaftlers indirekt verarbeitet wird, auch wenn sie offenbar nicht so präsent ist, dass die Kinder sich an bestimmte Figuren aus Geschichten erinnern. Andere Aussagen der Kinder zeigen, woher die Assoziation rührt. So beschäftigten sich Wissenschaftler ihrer Meinung nach mit „Dingen, die manchen halt unerratebar erscheinen" (Lea_1, 10:70); sie „graben", „zum Beispiel in den Bergen, oder in der Wüste (…) nach Spuren und Skeletten" (Timon_1, 5:88, ähnlich auch Henri: „(…) wenn man was ausgegraben hat und nicht weiß was das ist, dann kann man doch gucken, ob da vielleicht ein Name steht", Henri, 7:106), nach „römischen Sachen" und „alten Gefäßen" (Lea_1, 11:71); generell suchen sie „nach Beweisen" (Lea_1, 11:71), und „untersuchen Sachen" (Timon_1, 5:87). Andere verbinden den Vorgang des Suchens auch mit der Kriminalistik: Jette glaubt, dass Wissenschaftler sich mit „Fußspuren" von „Tieren, manchmal auch von Menschen" beschäftigen, und dass sie wie polizeiliche Ermittler nach Fingerabdrücken suchen: „Falls mal bei irgendjemand eingebrochen wurde, gucken die dann bestimmt auf den Fingerabdruck und gucken vielleicht – ich weiß es nicht – von wem die also wären", Jette, 9:63). Auch Helena verbindet Wissenschaft mit der Kriminalistik, so wie sie im Fernsehen präsentiert wird: Im „Tatort" werde „auch meistens dann von Wissenschaftlern (…) auch manchmal die Leichen oder so untersucht" (Helena_1, 6:10). Die Deckungsgleichheit zwischen polizeilichen Ermittlern und Wissenschaftlern taucht jedoch nur in diesen beiden Fällen auf. Die anderen Aussagen in diesem Zusammenhang machen deutlich, dass die assoziativen Verbindungen vor allem durch bestimmte Tätigkeiten und Begriffe wie „Suchen", „Spuren", „Beweise" oder „Rätsel lösen" zustande kommen.[91] Wissenschaftler sind also Menschen, die Ereignisse und Sachverhalte aus der Vergangenheit zusammentragen und bewerten, wie der häufige Verweis auf Fußabdrücke, Knochen oder Vasen in der Erde zeigt.

6.3.4.2 Wissenschaftler als Verwandte von Entdeckern und Erfindern

Das zweithäufigste Charakteristikum von Wissenschaftlern in den Aussagen der Kinder ist, dass sie durch ihre Tätigkeit etwas Neues finden oder erschaffen. Sie „erforschen Dinge, die noch niemand erforscht hat" (Henri_1, 8:108), und „versuchen, neue Dinge heraus zu finden" (Helena_1, 5:9). Auch Sebastian nennt den Vorgang des Entdeckens („Die wollen rausfinden, ob es zum Beispiel noch Tiere gibt, die noch nie gesichtet wurden", Sebastian, 7:47), und kommt dann auf die Astrophysik zu sprechen, mit der er sich gut auskennt:

> S.: Wie zum Beispiel, ob es auf dem Mars mal früher Leben gab. Das ist jetzt eigentlich schon ziemlich klar, ne. Weil da waren mal Flüsse.
> S.K.: Und das haben Wissenschaftler rausgefunden.
> S.: Ja.
> S.K.: Und wie finden die das raus? Woher wissen die denn, dass das stimmt, was die rausfinden?
> S.: Ehm, weil die einen Roboter auf den Mars geschickt haben – die Russen. (Sebastian, 7:48)

Er erklärt anschließend, wie Satelliten durch das Weltall fliegen und genaue Aufnahmen von Planeten machen, und meint abschließend:

> S.: Ich soll... ich wollte mal Erfinder – Raumschifferfinder werden.
> S.K.: Mhm – aber das ist dann Erfinder, oder ist das auch ein Wissenschaftler?
> S.: Erfinder.
> S.K.: Mhm –
> S.: Ich will halt erfinden... neue Raumschiffe, – und mein Cousin, der will ja die dreifache Lichtgeschwindigkeit erfinden. (Sebastian, 7:49)

---

[91] In einer Geschichtsvorlesung nahm der Dozent genau auf diese Assoziationen Bezug, indem der die Methodik der Geschichtswissenschaft als das Sammeln und die Analyse von Indizien an einem Schauplatz vorstellte (Beobachtungsprotokoll „Römer und Germanen" vom 21.5.2012).

Trotz der Abgrenzung von Wissenschaftlern und Erfindern, die Sebastian auf Nachfrage vornimmt, ist die Assoziation von Innovation und Wissenschaft deutlich: Wissenschaftler und Erfinder beschäftigen sich zumindest mit den gleichen Themengebieten. Henri bezieht das Erfinden in die wissenschaftliche Tätigkeit mit ein: „Ein Wissenschaftler forscht Sachen, also, erfindet so Sachen" (Henri_1, 7:105). Jedoch geht es hier weniger um das Erfinden im Sinne von Sebastians anwendungsorientierten Maschinen und Antriebssystemen, sondern um Konzepte und Erkenntnisse, denen Wissenschaftler eine Präsenz verleihen, indem sie sie definieren und ihnen Namen geben:

> H.: Mh. Man kann auch rausfinden, wenn man einfach so einen Namen ausdenkt.
> S.K.: Wenn man sich selber was ausdenkt?
> H.: Mh (zustimmend). Den Namen.
> S.K.: Also wenn man was erfindet, das machen auch Forscher, ne? Die erfinden was?
> H.: Mh (zustimmend).
> S.K.: Was erfinden die denn?
> H.: Mh..die erfinden zum Beispiel Wassergas....(Pause)...und die erfinden den Namen für das Wort Universum... (Henri_1, 8:108)

Zu der Vorstellung von Wissenschaftlern als Entdeckern gehört schließlich für Helena, dass sie die Ersten sein wollen, und dass sie sich dabei in Konkurrenz zu anderen Forschern befinden, weil „die dann auch irgendwas Neues entdecken wollen, was dann aber irgendwie...was ein anderer zuerst entdecken will" (Helena_1, 7:11). Als Konsequenz schreibt sie ihnen eine gewisse Rücksichtslosigkeit zu. Wissenschaftler suchten Erkenntnisse nicht zur Verbesserung der Welt, sondern für sich selbst: „Aber es ist halt auch manchmal so, dass die [Wissenschaftler] anderen Leuten manchmal damit schaden – mit ihren Experimenten"; „Ich glaub, denen ist das so ziemlich egal – Hauptsache, sie finden es raus" (Helena_1, 7:12).

6.3.4.3 Verarbeitung von Stereotypen und eigenen Erfahrungen

So wenig Wissenschaftler in eigens für Kinder produzierten Medien in den Vorstellungen der Kinder präsent sind, so deutlich treten sie dennoch als Stereotype der öffentlichen Darstellung in den visuellen Medien hervor. Dies ergibt sich aus dem Vergleich der Kindercharakterisierungen in den Interviews mit allgemeinen Untersuchungen zur visuellen Darstellung von Wissenschaft in der Populärkultur, so wie sie Joachim Schummer und Tami Spector (2009) für das Internet, Petra Pansegrau (2009) für den Spielfilm und Peter Weingart (2009) für den Comic nachgewiesen haben.

Schummer und Spector dokumentieren beispielsweise die Dominanz der Naturwissenschaften und insbesondere der Chemie in Cliparts aus dem Internet. Nach der Chemie sind visuelle Darstellungen vor allem in den Disziplinen Physik/Astronomie, Biomedizin/Anatomie und der sog. Rocket Science, also der Weltraumforschung, zu wesentlich geringeren Anteilen auch die Archäologie und Geologie zu finden (Schummer/Spector 2009, 345 f.). Zwar wird in den Aussagen der Kinder die Chemie nicht genannt, wohl aber Astronomie, Archäologie und auch die Medizin: Helena fällt auf die Frage „Was macht ein Wissenschaftler?" sofort ein biomedizinisches Beispiel ein („Ein Wissenschaftler – der findet zum Beispiel raus, wie das kommt…wie unser Gehirn funktioniert", Helena_1, 5:9). Weiterhin werde Wissenschaft im Internet vor allem mittels experimentellen Geräten wie Reagenzglas und Mikroskop dargestellt (ebd., 347 f.), und auch diese Vorstellung der Wissenschaft als Erforschung der Natur durch Experimente findet sich überdurchschnittlich oft in den Aussagen der Kinder wieder: Fünf von neun Kindern erwähnen sowohl den Begriff der „Natur" als auch Methoden wie das „Messen" (Marcus, 7:26) oder „Experimentieren" (Leonie, 5:36) und das Erforschen „durch Geräte, durch Testen…bei Menschen durch Experimente" (Helena_1, 5:9). Die Natur umfasst allerdings so verschiedene Dinge wie die Marsoberfläche (Sebastian, 7:48: „Der hat da die Natur erforscht") und Kühe als Nutztiere (Timon_1, 5:87: „Sachen herausfinden über Tiere, über alte Tiere – über die Altzeit – mh, wo das früher war, mit den Kühen und so").

Pansegrau suchte in einer Studie über 220 Spielfilme aus dem 20. Jahrhundert nach Stereotypen und fand als dominantes Deutungsmuster die Figur des Mad Scientist in verschiedenen Schattierungen (den schrulligen Wissenschaftler, den Wissenschaftler als Held oder Abenteurer, den professionellen Wissenschaftler, den besessenen „Mad Scientist", den „Mad Scientist wider Willen" und den utopischen Herrscher, vgl. ebd., 376 ff.). Die Verwandtschaft des Wissenschaftlers mit dem Abenteurer und Helden kann man leicht bei Sebastians Traum vom Raumschifferfinder lokalisieren, wie auch den besessenen Mad Scientist bei Helena, der mit gefährlichen Experimenten Dinge auch zum Schaden der Bevölkerung herausfinden will. Vorstellungen aus Filmen wie „Indiana Jones", „Jurassic Park", „Star Trek" oder auch, wie bei Helena, der „Tatort", scheinen also deutlich präsenter zu sein als die Nebenfiguren aus gängigen Buch- und Hörspielbearbeitungen für Kinder.

Bei Sebastian kann man eine assoziative Verschmelzung von Grundlagenforschung (Erforschung der Marsoberfläche) mit der Ingenieurswissenschaft (Erfinden von Raumschiffen und dreifacher Lichtgeschwindigkeit) beobachten, wie sie von George Basalla für die amerikanische Popkultur und von Weingart in der Analyse von Superhero-Comics festgestellt werden (Basalla 1976, 271 f.; Weingart 2009, 392). Die Verbindung von Wissenschaft und Kriminalistik scheint auch Teil der Popkultur aus Comics zu sein, wie sie z.B. bei Batman auftaucht, der sein Expertenwissen zur Verbrechensbekämpfung nutzt (Weingart 2009, 394 f.). Ebenso lassen sich Comic-Spuren bei Leonies Vorstellung von Wissenschaftlern erkennen, wenn sie vermutet, dass Wissenschaftler einen „Roboter" erfinden, „der alles für den Haushalt macht" (Leonie, 5:159), ein Stereotyp, das sich als Karikatur in der Figur des Daniel Düsentrieb findet (vgl. ebd., 401), und ihre Assoziation des Wissenschaftlers mit einem Menschen, der „irgendsowelche Tränke" zusammenbraut (Leonie 3;4:160), welches einem der ältesten Stereotypen von Wissenschaftlern in der Figur des Alchemisten entspricht (Weingart 2009, 390).

Die Populärkultur in den visuellen Medien (Comic, Film, Internet) hält also ein eigenes Bild von Wissenschaft und Wissenschaftlern vor, das vom Selbstbild der Wissenschaftler, transportiert durch Veranstaltungen wie der Kinderuni, deutlich verschieden ist und Wissenschaftler entweder als machtbesessene Tyrannen oder Erlöser der Menschheit mithilfe einer ultimativen Waffe zur Abwehr des Bösen charakterisiert (vgl. ebd., 396).

Da die Teilnehmer der Fokusgruppe kaum auf konkrete fiktionale Quellen eingehen, kann über die genauen Ursprünge solcher Vorstellungen nur spekuliert werden; die Übereinstimmungen der Aussagen mit den Analysen von Schummer/Spector, Pansegrau und Weingart legt jedoch nahe, dass populäre Mythen über Wissenschaft und Wissenschaftler eine so tiefe kulturelle Verankerung haben, dass sie schon bei Grundschülern vorhanden sind.

Darüber hinaus nennen die Kinder aber auch Vorstellungen über Wissenschaftler, die sie direkt aus ihren besuchten Veranstaltungen beziehen, und die teilweise den hier beschriebenen Stereotypen widersprechen. Marcus und Lea beziehen die Interessensgebiete von Wissenschaftlern auf ihre Erfahrungen mit der Kinderuni:

S.K.: Was machen denn Wissenschaftler?
M.: Wissenschaftler interessieren sich für Tiere – manche für Brücken (lacht) – wie der Wissenschaftler von letztem Montag –
S.K.: Mh-hm – Und womit beschäftigte sich heute der Wissenschaftler?
M.: Mit der Natur und den Tieren. (Marcus, 7:25)

L.: Also der beschäftigt sich damit, was wir Kinder lesen. (Lea_2, 4:156)

Interessant zu beobachten ist die Reaktion von Kindern auf Vorlesungen aus den Geisteswissenschaften, bei denen auf Stereotype nicht zurückgegriffen werden kann. Jette, die die Vorlesung über isländische Sagen besuchte, beschreibt wissenschaftliche Tätigkeit wie folgt:

Also der beschäftigt sich mit früher – was die Leute alles gemacht haben und so – und vielleicht erklärt alle Sachen (...); der liest sich alles durch bestimmt (...) Und übt es dann ein bisschen und dann liest er es noch mal vor. (Jette, 8:62)

Statt dem Experimentieren rückt das Forschen als „Lesen" in den Vordergrund, genauso wie das Vortragen vor einem Publikum; auch hat Forschung hier nichts mit Innovation zu tun, sondern mit einer Erklärung und Darstellung der Vergangenheit. Ebenso sieht dies Lea, die dieselbe Vorlesung besuchte:

Der macht sich halt ein Bild davon, wo die Wikinger damals lang gefahren sind (...). Oder wie das alles damals ausgesehen hat. (Lea_1, 10:69)

Das Bewahren und Erklären der (kulturellen) Vergangenheit gehört auch in dieser Aussage zur Vorstellung von Wissenschaft. Jedoch fallen die Beschreibungen weniger konkret aus als bei den Vorstellungen, die auf naturwissenschaftlichen Disziplinen beruhen; Emilia, die wissenschaftliche Tätigkeit bezogen auf Literaturwissenschaften definieren sollte, hatte Schwierigkeiten, eine genaue Beschreibung zu geben:

S.K.: Und die Literaturwissenschaftler, wie finden die das raus, was meinst du?
E.: Mmmh, vielleicht auch durch andere Leute, also – und deren Meinung so mal zu hören. (...)
S.K.: Mhm. Und wenn du jetzt sagst: Gut, alle lesen ja irgendwie Literatur, ne. Aber was unterscheidet denn die normalen Leser von einem Wissenschaftler, der sich damit beschäftigt?
E.: Jaa, also ich weiß eigentlich gar nicht richtig, was Wissenschaftler so machen. (Emilia, 8: 157)

Ähnliche Schwierigkeiten hatte auch Lea, die versuchte, aus der Vorlesung das Vorgehen der vergleichenden Literaturwissenschaft zu beschreiben, und in vordergründigen Details stecken blieb:

L.: Oder zum Beispiel – mmh – ob der Mensch jetzt aus dem Land kommt aber trotzdem Deutsch schreibt. (...)
S.K.: Ja, und womit beschäftigt der sich dann – was untersucht der dann in den Büchern – ob das alles richtig geschrieben ist, oder –
L.: Nein – also nicht ob die richtig geschrieben haben, sondern ob die – ob die halt – das weiß ich nicht. (Lea_2, 5:158)

Offensichtlich fehlt es in den Geisteswissenschaften an populären Bildern und Stereotypen, die die Erfahrungen der Kinder in den Vorlesungen vorstrukturieren und eine leichte Identifizierbarkeit oder Definition ermöglichen.

Jedoch sind diese Vorstellungen bei keinem der Kinder systematisiert, ergeben also kein widerspruchsfreies Ganzes. Vielmehr zeigen die Aussagen der

Kinder, das mehrere Vorstellungen von Wissenschaft vorhanden sind. Während Helena und Sebastian sich bei ihrer Charakterisierung von Wissenschaft und Wissenschaftlern nicht auf den gehörten Vortrag, sondern vorwiegend auf mediale Stereotype beziehen, deduzieren Marcus und Jette ihre Vorstellungen aus den Vorträgen selbst. Bei Leonie existieren die allgemeinen Vorstellungen über Wissenschaftler und die aus der Vorlesung deduzierten Informationen unverbunden nebeneinander:

> S.K.: Was machen denn Professoren – was machen denn Wissenschaftler – weißt du das?
> L.: Also die experimentieren so rum –
> S.K.: Mh-hm – warum machen die das?
> L.: Damit sie irgendwelche Stoffe...das ist zum Beispiel... Naja...mehr...also so Roboter, die alles für das Haus machen und – oder man macht irgendsowelche Tränke
> –
> S.K.: Und was meinst du womit sich der Wissenschaftler beschäftigt? Der heute den Vortrag gehalten hat?
> L.: Mit Kühen. (Leonie, 3;4:160)

Woher die allgemeine Vorstellung vom Wissenschaftler als einem nach Spuren suchenden Detektiv stammt, konnte nicht zweifelsfrei festgestellt werden. Dass auch diese Assoziation möglicherweise aus der Darstellung in den Medien stammt, ist nicht abwegig, zumal sich Timon explizit darauf bezieht: Dokumentarfilme über wissenschaftliche Entdeckungen bedienen sich häufig der erzählerischen Konstruktion einer abenteuerlichen Queste, was Kinder möglicherweise mit den in diesem Alter sehr beliebten Detektivgeschichten verbinden.

6.3.5 Fazit

Das Interviewmaterial enthält sowohl explorativ ermittelte Kategorien, wie „Aufmerksamkeit", „Identität/Abgrenzung" oder „Unbekannte Themen" als Hauptcharakteristika der Kinderuni, wie auch leitfadengestützte Kategorien wie der „Unterschied zwischen Schule und Kinderuni" und die „Vorstellungen über Wissenschaft und Wissenschaftler". Als zentrales Kriterium für die Kategorie „Aufmerksamkeit" stellte sich dabei die Rolle der Vorkenntnisse heraus. Dass dies vielleicht auch für die Vorstellungen über Wissenschaft und Wissenschaftler gilt, kann man in mehrfacher Hinsicht darstellen.

Zum einen bestätigt sich, dass die vorwiegend durch die Naturwissenschaften geprägten populärwissenschaftlichen Stereotypen auch in den Aussagen der Kinder vorhanden sind, und es demzufolge konkretere Beschreibungen zu naturwissenschaftlichen Disziplinen gibt als zu geisteswissenschaftlichen. Zum anderen fällt auf, dass die Verarbeitung von Stereotypen und die Bereitschaft, diese durch die besuchten Vorlesungen anzupassen, unterschiedlich ausgeprägt sind. Helena und Sebastian, die beide durch eine starke Beeinflussung durch mediale Stereotype auffallen, stehen der Kinderuni eher kritisch gegenüber[92] und grenzen sich gegenüber der Wissenschaft und Wissenschaftlern eher ab (Helena nennt die Skrupellosigkeit von Wissenschaftlern, Sebastian möchte eher Erfinder als Wissenschaftler sein). Die von ihnen angegebenen Charakterisierungen beziehen sich nicht auf die besuchten Vorlesungen. Die meisten anderen Kinder versuchen aber, aus dem Gehörten auf die Tätigkeit und die Themengebiete von Wissenschaftlern zu schließen (Marcus, Jette, Emilia, Lea, Timon, Henri), und beziehen sich häufiger auf die Inhalte der Vorlesungen. Nicht immer gelingt eine sinnvolle Zuschreibung dessen, was wissenschaftliche Tätigkeit bezogen auf das vorgestellte Themengebiet bedeutet (was sicher auch der Tatsache geschuldet ist, dass die Dozenten dies in den Vorlesungen nicht immer thematisieren). Die Bereitschaft, das Gehörte zu einer Vorstellung über Wissenschaft und Wissenschaftler zu verarbeiten, scheint aber die unvoreingenommene Aufnahme der Veranstaltung zu begünstigen. Es gibt also keine allgemein festzustellende allumfassende Dominanz der Stereotype aus den visuellen Medien, die die Erfahrungen aus der Kinderuni überlagern, wohl aber eine deutliche Verschiedenheit der Vorstellungswelten aus der durch die Medien transportierten Popkultur und der präsentierten Wissenschaft in den Vorlesungen. Zum Teil versuchen die Kinder offenbar, aus beiden Vorstellungen das Gemeinsame zu synthetisieren (Wissenschaftler als Detektiv, beschäftigt mit Spurensuche), zum Teil sind die verschiedenen Vorstellungswelten deutlich getrennt und können aufgrund ihrer Verschiedenheit nicht zu einer übergreifenden Theorie verschmolzen werden. Zu unterscheiden sind außerdem fiktionale und nicht-fiktionale Quellen: Populäre Mythen wie der „Mad Scientist" oder die Verschmelzung von Ingenieur und Wissenschaftler aus Spielfilm und Comic werden mit den in den Vorlesungen gemachten Erfahrungen nicht verbunden (Helena, Sebastian, Leonie), wohl aber Porträtierungen von Wissenschaftlern und Wissensinhalte aus dokumentarischen Formaten (Timons „Sachfilme" und „Was ist was?"-Bücher; Sebastians Kindersendungen „Willi will's wissen" und „Pur Plus").

Dies weist darauf hin, dass die zentrale Kategorie für die Kinderuni aus Sicht der Kinder die der „Identifikation und Abgrenzung" ist. Sie leitet sowohl die Aufmerksamkeit als auch die Vorstellungen über Wissenschaft und die allgemeine Bewertung der Veranstaltung. Identifikation begünstigt das Aufrechterhalten der Konzentration (oder ihre Wiederaufnahme) und motiviert zur weite-

---

[92] Sebastian bilanziert seine Erfahrung mit der Kinderuni wie folgt: „S.K.: (…) Würdest Du denn noch mal mitkommen zur Kinderuni? Oder hat Dir das so gereicht, jetzt erstmal. S.: Erstmal gereicht" (Sebastian, 8:52).

ren Teilnahme an den Vorlesungen. Identifikation bezieht sich sowohl auf Themen (wie bei Timon) als auch auf Personen (wie bei Henri). Helena dagegen, die wenig konzentriert war und in der Beschreibung von Wissenschaft und Wissenschaftlern nicht auf die Vorlesung einging, grenzte sich sowohl von den Themen als auch von der Figur des Wissenschaftlers ab. Die Identifikation oder Abgrenzung korreliert jedoch nicht mit sozio-ökonomischen Merkmalen wie Bildungshintergrund der Familie, Migration oder finanziellen Verhältnissen: So wiesen sowohl Helena (schwache Identifikation) als auch Henri (starke Identifikation) einen Migrationshintergrund und einen sozio-ökonomisch eher schwachen Status auf; ebenso waren akademischer Bildungshintergrund und starker sozio-ökonomischer Status der Familien von Timon (starke Identifikation) und Sebastian (schwache Identifikation) vergleichbar. Sozio-ökonomische Faktoren, so zeigt der Vergleich zwischen Timon und Henri, korrelieren jedoch mit der Fähigkeit zur Konzentration, die wiederum von spezifischen Vorkenntnissen zu den Themen der Veranstaltungen abhängig sind. So ist zu erklären, dass Henri trotz hoher Identifikation mit Konzentrationsschwierigkeiten zu kämpfen hat. Vorkenntnisse beziehen sich dabei sowohl auf den Inhalt der Vorlesungen wie auch auf die räumliche und visuelle Gestaltung von Vortragssituationen, die eine besondere Form der Konzentration voraussetzen bzw. „gewohnt" oder „ungewohnt", und daher ablenkend sind. In diesem Zusammenhang ist interessant, dass Henri zwar Probleme mit der Vortragssituation hatte, dennoch in der Beschreibung von Wissenschaft und Wissenschaftlern nicht auf mediale Stereotype zurückgriff, sondern beispielsweise das Erfinden von theoretischen Konzepten durch Namensgebung („Universum") nannte. Spuren von popkulturellen Mythen der Wissenschaft aus Film oder Comic finden sich bei ihm nicht.

Eine Vorstellung der Kinderuni als Unterhaltungsformat werden in den Äußerungen der Kinder nicht sichtbar, wohl aber ein weiter gefasster Begriff des „Lernens" als der des korrekten und nachprüfbaren Erinnerns von Inhalten (oder auch des schulischen Lernens), wie dies die vorangegangenen Studien suggerierten. Eine Gegenüberstellung von „Spaß" und „Lernen" ist nicht festzustellen, sondern eher eine Verbindung von beidem. „Spaß" in der Kinderuni kann nach den Aussagen der Kinder definiert werden als die Erfahrung von etwas Neuem, Unbekannten, und der Beantwortung von als relevant empfundenen Fragen und Themen, die nirgendwo anders erfahren werden können und auch dann spannend sind, wenn ihre Beantwortung nicht ganz verstanden werden konnte. Ebenso kann man „Spaß" als Erfahrung einer Wertschätzung von Seiten der Wissenschaftler charakterisieren (Emilia), die Kindern zutrauen, komplexe Themen zu verstehen. Anzeichen eines Personenkultes, in dem Wissenschaftler der Kinderuni zu „Popstars" werden, finden sich kaum. Nur Henri bezog seine starke Identifikation mit der Kinderuni teilweise aus einer Bewunderung für einen im Vortrag vorgestellten Wissenschaftler („der ist aus meinem Land") – aber nicht für den Vortragenden selbst. Für die allermeisten Kinder der Studie waren nicht die vortragenden Personen, sondern die Themen und deren Ausgestaltung entscheidend. Generell ist die Beurteilung der Dozenten und der Veranstaltung recht differenziert und gelegentlich auch kritisch: Undeutliches Sprechen, mangelnde Logik im Aufbau des Vortrages (Titel bzw. Titelfrage) oder mangelnde Berücksichtigung des Erfahrungshintergrundes der Kinder werden deutlich artikuliert. Aus der Erwachsenensicht mangelnde didaktische Aufbereitung hingegen – wie beispielsweise langes Vorlesen ohne weitere Aufbereitung – wird eher verziehen: Offenbar war der Inhalt zumindest für einige Kinder spannend genug.

6.4 Analyse Vorlesungen

6.4.1 Aufmerksamkeits- und Wahrheitsorientierung

Da die Kinderuni an über 50 Standorten in Deutschland regelmäßig durchgeführt wird, ist anzunehmen, dass die Vielfalt der Darstellungsformen sehr groß ist. Die Diskrepanzen in der Wahrnehmung der Kinderuni, die in der Studie von Richardt zwischen dem Standort Braunschweig und der bundesweiten allgemeinen Stellungnahme zu beobachten waren, lässt ebenso vermuten, dass es übergreifende institutionelle Einflussfaktoren geben könnte (zum Beispiel Tradition und Selbstverständnis der Hochschule, unterschiedliche Konzepte der Organisatoren oder das vorhandene Fächerspektrum an der Hochschule). Daher kann innerhalb dieser Arbeit, die nur den Standort Bonn berücksichtigt, keine Repräsentativität erreicht werden. Beabsichtigt wurde aber, eine breitere Evidenzbasis zu schaffen, um zumindest Ansätze für die Beurteilung von Vorlesungen in der Kinderuni zu ermöglichen. Dazu wurden zwischen 2011 und 2013 am Standort Bonn insgesamt 18 Veranstaltungen beobachtet und in Feldnotizen dokumentiert. Die Beobachtung erstreckte sich vor allem auf den Inhalt bzw. die konzeptionelle Verarbeitung der gewählten Themen, bezog aber auch Reaktionen aus dem Publikum (Ruhe/Unruhe, Zurufe, Fragen der Kinder am Schluss der Vorlesung) und eine direkt im Anschluss verfasste summarische Einschätzung über die kommunikative und konzeptionelle Gestaltung der Vorlesungen durch die Dozenten ein. Besondere Berücksichtigung fanden in der Dokumentation und Analyse Elemente einer aufmerksamkeitsorientierten (an mediale Präsentationsformen anschließenden) bzw. wahrheitsorientierten (wissenschaftsnahen) Kommunikation.

6.4.1.1 Aufmerksamkeitsorientierung

Das Merkmal „Aufmerksamkeitsorientierung" stellt eine Weiterentwicklung des unbestimmten Elementes „Spaß" der Münsteraner Studie dar. Es zeichnet sich – in Anlehnung an die massenmediale Präsentation von Wissenschaft z.B. im Fernsehen – durch eine besondere Berücksichtigung von Alltag und Erfahrungsraum von Kindern aus. Ein Blick in die ARD-Leitlinien 2013/14 zeigt exemplarisch, wie Wissenschaft im Fernsehen verarbeitet wird: Unter der Rubrik „Bildung, Wissen und Beratung" ist Wissenschaft im öffentlich-rechtlichen Fernsehen kein eigener Oberbegriff, sondern ein Teilbereich eines allgemeinen Begriffs von „Wissen". Sendungen wie „W wie Wissen", „Wissen vor 8" im Hauptprogramm der ARD, „Planet Wissen" oder „Quarks & Co." in den dritten Programmen sollen „breite Zuschauerschichten für Wissensthemen gewinnen und ein Grundverständnis dafür schaffen, wie spannend Wissenschaft sein kann und was sie zur Lösung der Probleme in unserer Welt beiträgt" (Programmdirektion Erstes Deutsches Fernsehen 2012, 53). Zwar stimmen einige Kriterien der Behandlung von Wissenschaft mit denen der Kinderuni überein, wie etwa „thematische Vielfalt", „Wecken von Interesse für Bildungsinhalte" oder „anschauliche Vermittlung komplexer Themen"; jedoch stehen diese gleichberechtigt neben Kriterien wie „Alltagsbezug", „Vermittlung von Medienkompetenz", „Innovative Darstellungsformen" oder „Beratung" (ebd., 51). Aufmerksamkeitsorientierung bedeutet im Rahmen einer Vorlesung die Verwendung von Show- oder Theaterelementen, entweder als Vorführung von Experimenten oder als inszenierter Dialog oder Gesang, ebenso eine besondere Betonung von Visualisierungen (Bilder, Filme). Schließlich zählen auch Formen der Handlungsbeteiligung des Publikums dazu, sofern sie über die Beantwortung von Fragen hinausgehen (z.B. das Einbeziehen des Publikums in die Vorführung von Experimenten und Phänomenen).

6.4.1.2 Wahrheitsorientierung

Wahrheitsorientierung bedeutet eine Orientierung an innerwissenschaftlichen Kriterien. Zu diesen gehört, dass Themen nach der Art ihrer wissenschaftlichen Behandlung ausgewählt und/oder dargestellt werden. Fachbegriffe werden nicht in alltagsnahe Sprache übersetzt, sondern beibehalten und erklärt. Die Systematik des Fachs wird anhand der Darstellung des Themas entweder implizit über Definitionen und Fachbegriffe deutlich oder die Struktur des Vortrages orientiert sich an der Systematik des Fachs (z.B. Gattungseinteilungen). Explizit wird die Wahrheitsorientierung dann, wenn Dozenten ihr Fachgebiet als solches dem Publikum vorstellen (also z.B. erklären, wie sich das vorgestellte Thema in das von ihm vertretene Fachgebiet einordnen lässt) oder wenn die wissenschaftlichen Methoden des Fachgebiets genannt werden.

6.4.2 Typen von Vorlesungen

Die 18 beobachteten Vorlesungen lassen sich unter Berücksichtigung des Ausmaßes ihrer Aufmerksamkeits- oder Wahrheitsorientierung in vier Grundtypen einteilen:

A. Impressionistischer Ansatz
B. Enzyklopädischer Ansatz („Was ist was")
C. Pädagogischer Ansatz (gleiche Anteile Adressatenbezogenheit und Inhaltsbezogenheit)
D. Puristischer Ansatz (Wissenschaft im Vordergrund)

Abbildung 2: Analyseschema für die Vorlesungen

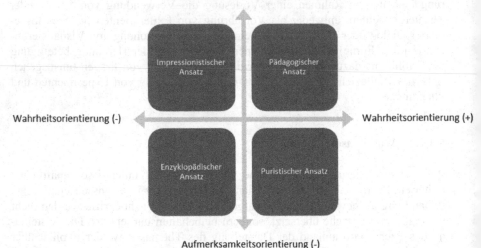

Quelle: eigene Darstellung

A. Impressionistischer Ansatz

Der impressionistische Ansatz zeichnet sich aus durch eine starke Aufmerksamkeitsorientierung und eine schwache Wahrheitsorientierung. Das Thema weist eine enge thematische und inhaltliche Begrenzung auf, ein Bezug zur Behandlung des Themas in einem bestimmten Wissenschaftszweig wird nicht hergestellt. Fachbegriffe werden nicht verwendet, es herrscht ein Alltagsbezug vor. Einbeziehung und emotionale Beteiligung des Publikums sowie Visualisierungen spielen eine dominante Rolle. Ziel des Vortrages ist es, atmosphärische Eindrücke zu vermitteln, sei es vom Fachgebiet selbst, von wissenschaftlicher Tätigkeit innerhalb des Fachgebietes oder von seinem gesellschaftlichen Bezug. Wenn möglich werden spektakuläre Fakten oder wissenschaftliche Durchbrüche präsentiert. Dieser Ansatz weist die größten Übereinstimmungen mit der massenmedialen Aufbereitung auf.

B. Enzyklopädischer Ansatz

Hier stehen Aufmerksamkeitsorientierung und Wahrheitsorientierung in einem ausgewogenen Verhältnis, sind jedoch beide eher schwach ausgeprägt. Das Interesse von Kindern steht im Vordergrund, ohne dass dies bedeutet, Systematisierungen auszusparen. Typisch für diese Form sind Vorlesungen, die auf Kinderwünschen basieren und eher eine schwache Verbindung zu wissenschaftlichen Themen aufweisen („Gold" oder „Brücken"), aber nicht notwendigerweise stark im Alltag verankert sind („Geckos", „Dinosaurier"). Ebenso häufig sind Vorlesungen über Tiere, da es bei diesen Themen eine Überschneidung von kindlichem und wissenschaftlichem Interesse gibt. Die Behandlung des Themas schließt die Nennung und Erklärung von Fachbegriffen ein; Ziel ist es, ein Thema umfassend in seinen wichtigsten Elementen und überblicksartig darzustellen. Dabei wird sowohl der gesellschaftliche Bezug als auch die wissenschaftliche Dimension des Themas behandelt. Vorbild dieser Vorlesungen sind Enzyklopädien bzw. die Behandlung von Themen nach der Art der „Was ist was"-Bücher.

C. Pädagogischer Ansatz

Vorlesungen dieser Art werden charakterisiert durch einen Anspruch im Interesse der Wissenschaft. Das Thema der Vorlesung und die dargestellten Elemente orientieren sich am Fachgebiet und meist auch am Forschungsinteresse des Dozenten/der Dozentin. Implizit oder explizit werden die Systematik des Faches und die Methoden thematisiert. Es werden Fachbegriffe vorgestellt und erläutert. In der Umsetzung wird der Erfahrungshorizont der Kinder berücksichtigt, wobei es das Ziel ist, ihnen einen Zugang zur wissenschaftlichen Beschäftigung mit dem Thema zu ermöglichen. Visualisierungen und Beteiligung des Publikums (Aufmerksamkeitsorientierung) sind der Wahrheitsorientierung untergeordnet.

D. Puristischer Ansatz

Der puristische Ansatz enthält die größte Wahrheitsorientierung und die schwächste Aufmerksamkeitsorientierung. Nicht nur weist das Thema der Vorlesung einen direkten Bezug zur Systematik des Fachs auf oder ist dem Forschungsgebiet des Dozenten/der Dozentin entlehnt, sondern auch in der Präsentation werden nur wenige Kompromisse an das kindliche Publikum eingegangen. Ein Alltagsbezug wird nicht hergestellt, bestimmte Kenntnisse und Kulturtechniken werden vorausgesetzt (z.B. die kunsthistorische Behandlung von Motiven aus der Bibel, das „Lesen" von Landkarten), die Visualisierung hat einen eher geringen Stellenwert und orientiert sich an einem erwachsenen Publikum (hohe Textanteile von Präsentationen). Die Anpassung an die Kinder findet statt über eine Reduktion von Komplexität (wenige Fachbegriffe); die Faktendichte ist dennoch hoch. Ziel des Vortrags ist die Vermittlung von „grundlegendem" Wissen in Bezug auf die wissenschaftliche Disziplin.

Diese vier Typen stellen Idealtypen dar: In mehreren Vorlesungen finden sich Elemente von zwei Idealtypen. Überschneidungen ergeben sich zum Beispiel zwischen den Typen des impressionistischen und des enzyklopädischen Ansatzes oder zwischen dem pädagogischen und dem puristischen Ansatz. Die nachfolgende Tabelle 1 zeigt eine Einschätzung nach dem Typus, dessen Elemente am dominantesten erscheinen.

Die Verteilung der beobachteten Vorlesungen (Typ A: 3; Typ B: 6; Typ C: 5; Typ D: 4) zeigt, dass alle Typen regelmäßig auftauchen, jedoch fast zwei Drittel der Veranstaltungen (Typen B und C) sich durch ein Bemühen auszeichnen, Aufmerksamkeitsorientierung und Wahrheitsorientierung in ein ausgewogenes Verhältnis zu bringen.

6.4.3 Merkmale der Wissenschaftskommunikation in den Vorlesungen

Insgesamt wenden die Dozenten unterschiedliche Strategien an, um Wissenschaft für Kinder interessant zu machen. Einige davon sollen im Folgenden skizziert werden.

Tabelle 1: Beobachtete Vorlesungen der Kinderuni Bonn, SS 2011–SS 2013

Nr.	Titel	Fachgebiet[93]	Datum	Typ	Kurz-bez.
1	Bienen: Kleine Tiere, große Wirkung! Was wäre die Welt ohne Bienen?	Zoologie	10.05.11	A	Bienen
2	Magische Kristalle	Chemie	23.05.11	C	Kristalle
3	Woher kommt die Bibel?	Theologie	06.06.11	D	Bibel
4	Wie findet man Gold?	Mineralogie	20.06.11	B	Gold
5	Drache und Einhorn, Prinzessin und Ritter? Kinder im Mittelalter*	Kunstgeschichte	16.01.12	B	Mittelalter
6	Insekten sind…alt, essbar, giftig? Vielfalt der Insekten	Geologie, Mineralogie, Paläontologie	23.01.12	B	Insekten
7	Wie kommt das Pferd auf die Geige? Traditionelle mongolische Musik, gesungen und gespielt	Ostasienwissenschaften	30.01.12	A	Mongolen
8	Wie war das mit dem „Duft" der Pharaonin?	Pharmazie	23.04.12	A	Pharaonin
9	Warum ist der Niederrhein oben und warum kann Oma Platt sprechen?*	Germanistik	30.04.12	D	Dialekte

* Vorlesungsthemen, die auf Kinderwünschen basieren

---

[93] Die Fachbezeichnungen wurden zwecks größerer Übersichtlichkeit verallgemeinert.

Tabelle 1: Fortsetzung

Nr.	Titel	Fachgebiet[94]	Datum	Typ	Kurz-bez.
10	Zahlen und Zauberei	Mathematik	14.05.12	C	Zahlen
11	Als Bonn noch „Bonna" hieß – Römer und Germanen am Rhein	Geschichts-wissen-schaft	21.05.12	C	Römer
12	Brücken – Kühne Bauwerke über Flüsse, Schluchten, Meere*	Physik	07.01.13	B	Brücken
13	Vom Auerochs zur Turbo-kuh?	Agrarwis-senschaften	14.01.13	B	Kühe
14	Krampfadern und Co. – Wie kommt das Blut aus den Beinen zum Herzen?	Medizin	21.01.13	C	Krampf adern
15	Von Berserkern, Trollen und Draugen: Unheimliches aus isländischen Sagas	Skandina-vistik	28.01.13	D	Sagas
16	Warum Geckos nicht von der Wand fallen und andere seltsame Eigenschaften der Echsen*	Zoologie	04.02.13	B	Geckos
17	Was liest Du da? Die Lite-raturwissenschaft und die Bücher	Romanistik	18.02.13	C	Literatur
18	Himmlische Boten auf dem Weg zu uns – Die Kometen	Physik	03.06.13	C	Kome-ten

* Vorlesungsthemen, die auf Kinderwünschen basieren

Quelle: eigene Darstellung

---

[94] Die Fachbezeichnungen wurden zwecks größerer Übersichtlichkeit verallgemeinert.

Ähnlichkeiten zur Darstellung in den Massenmedien

Zwei naturwissenschaftliche Vorlesungen (Pharaonin, Kometen) weisen Übereinstimmungen mit der Präsentation von Wissenschaft in den Massenmedien auf. Bei der Vorlesung „Wie war das mit dem ‚Duft' der Pharaonin?" stellte der Dozent nicht sein Fachgebiet, die Pharmazie, vor, sondern berichtete über ein interdisziplinäres Forschungsprojekt mit dem Archäologischen Museum der Universität. Dabei ging es um die Bestimmung des Inhaltes einer kleinen Flasche aus Ton, die als Grabbeigabe der Pharaonin Hatschepsut gefunden worden war und deren Funktion nicht bestimmt werden konnte.

Durch die chemische Analyse fand der Wissenschaftler mit seinem Forschungsteam heraus, dass es sich nicht wie vermutet um ein ‚Parfum', sondern um eine Arznei gehandelt hatte, der auch eine krebsauslösende Substanz beigemischt war. Da die Pharaonin tatsächlich an Krebs gestorben war, bot diese Entdeckung Anlass für weiterführende Forschungen über Hatschepsut und ihre Regierungszeit. Der Höhepunkt dieser Vorlesung war ein kurzer Film über den Moment, in dem die Flasche in einem OP-Saal geöffnet wurde: Nachdem zunächst die besonderen Zangen und andere Geräte vorgestellt wurden, mit denen man in das Innere der Flasche vordringen kann, sah man, wie eine winzige Kamera in das Fläschchen eingeführt wurde. Danach wurden die Forscher in Kitteln und Mundschutz gezeigt, wie sie eine ölige Substanz daraus hervorholten. Der Dozent erklärte, dass es nach diesem Vorgang noch zwei Jahre gedauert habe, bis die Substanz eindeutig bestimmt werden konnte. Nicht nur die Verwendung eines Filmes an sich stellt eine Anlehnung an die Medialisierung von Wissenschaft dar, sondern auch die narrative Struktur eines „Forschungsprozesses", wie sie häufig auch im Fernsehen inszeniert wird: Es gibt Wissenschaftler als Protagonisten, die etwas vor laufender Kamera entdecken oder mit Schwierigkeiten kämpfen, um etwas herauszufinden.[95] Die eigentliche wissenschaftliche Arbeit,

---

[95] Die Redakteurin und CvD der Sendereihe „Abenteuer Wissen" im ZDF, Christiane Götz-Sobel, beschreibt diese Strategie, Wissenschaft zu „erzählen", wie folgt: „In einem Teil der Sendung steht die Sorge im Mittelpunkt, die Forscher könnten ihr neues Tauchgerät am Grund des Mittelmeers verlieren. Dieser Filmteil lässt die Zuschauer miterleben, mit welchen Strategien das Forscherteam dieses Problem schließlich löst. (...) Die Wirklichkeit eines Forscherlebens birgt eben manche Überraschung. Das zu zeigen, macht den Forscher als Menschen interessant und weckt Neugier auf das, was er tut. Selbst dort, wo man als Laie vielleicht gar nicht mehr versteht, was genau der Wissenschaftler tut, kann das Mitfiebern, ob er denn schließlich Erfolg haben wird, eine besondere Bindung an einen Protagonisten schaffen und darüber schließlich Interesse für seine Arbeit und deren Bedeutung bewirken" (Götz-Sobel 2008, 76). Dabei geht sie davon aus, dass die Fernsehzuschauer meist weder „ein spezifisches Interesse an Wissenschaftsthemen" haben noch ihre „Sehmotivation" eine „bewusste Entscheidung" sei, sondern sich „binnen Sekunden" entscheiden, ob sie die Sendung spannend genug finden, um sie weiter zu verfolgen (ibid., 74). Das Fernsehen sei daher kein „Lehrmedium", sondern „kann neugierig machen, Interesse wecken" (ibid., 77). Zwar zählt das Wecken von Interesse auch zu den Zielen der Kinderuni; dennoch sind die Bedingungen für eine Teilnahme nicht dieselben wie im Fernsehen. Daher sind massenmediale Formate und Veranstaltungen der

nämlich die chemische Analyse, stand nicht im Vordergrund der Erzählung, sondern fand eher nebenbei Erwähnung. Der Vortrag löste viele Nachfragen der Kinder aus. Neben Fragen zum geschichtlichen Zusammenhang der Entdeckung des Giftes (Wer hat das Gift hergestellt? Kann es sein, dass die Ärzte die Pharaonin umbringen wollten? Wer hat danach die Regierung in Ägypten angetreten? Warum hat sie nicht gemerkt, dass sie vergiftet wurde?) stellten die Kinder auch Nachfragen zu den wissenschaftlichen Methoden, mit denen die Entdeckung gemacht wurde, sowie weiterführende Fragen zu Medizin und Arzneien (Wie hat man herausgefunden, dass es ein Giftstoff war? Wie heißt der Giftstoff? Wie hat man ihn hergestellt? Bei welcher Dosis wirkt es tödlich? Gibt es auch Gifte, die man nicht nachweisen kann? Wie viele verschiedene Arten von Medizin gibt es?; Beobachtungsprotokoll vom 23.04.2012). Der Dozent ging darauf nur ansatzweise ein und zögerte, die Fachbezeichnung des Giftstoffes zu nennen oder die chemischen Verfahren zu erläutern, die bei der Analyse eingesetzt wurden. So blieb der Fokus der Vorlesung auf den Implikationen der Entdeckung für die Archäologie. Über Pharmazie erfuhren die Kinder wenig.

In der Vorlesung „Himmlische Boten auf dem Weg zu uns – die Kometen" verwendete der Dozent die Metapher der „Kometenpolizei" für die Astronomen, die sich in ihrer Forschung mit Kometen befassen; Observatorien der Universitäten seien „Kometenpolizeiwachen", die die Astronomen, die sich mit der Erforschung von Kometen befassen, demgemäß „Kometenkommissare", und ein führender Astronom der NASA ein „Chief Inspector". Diese Metapher, die den Kindern meiner Fokusgruppe in lebhafter Erinnerung blieb, ist die Folge einer Kontextualisierung der Kometenforschung, die eine hohe Ähnlichkeit aufweist zu dem Grundsatz der Massenmedien, Wissenschaft vor allem in ihrer gesellschaftlichen Bedeutung darzustellen. Als Einstieg in die Vorlesung diente die Frage, ob von Kometen eine Gefahr für die Erde ausgehe; auch die mediale Verarbeitung einer „Kometenangst" in Zeitungen und Postkarten des 19. Jahrhunderts fand ausführliche Erwähnung. Zwar relativierte der Dozent diese Deutung des Kometen als einer Gefahr für die Erde als übertrieben; dennoch blieb bei einigen Kindern der Eindruck bestehen, dass es Anliegen und Ziel der Astronomie sei, Gefahren durch Himmelskörper für die Erde abzuschätzen und ggf. abzuwenden, ähnlich wie dies Polizisten in der Verbrechensbekämpfung tun. Dieser insgesamt sehr faktenreiche Vortrag nutzte also die Mittel der Personifizierung und der Kontextualisierung, um die emotionale Beteiligung des Publikums zu sichern; hier kam es zu einem Kompromiss in der Wahrheitsorientierung, der zugunsten der Aufmerksamkeitsorientierung ausfiel. Dieser Kompromiss betrifft den Sinn und das Ziel von wissenschaftlicher Forschung in der

Universität nur bedingt vergleichbar, auch wenn sich beide an ein Publikum ohne fachspezifische Vorkenntnisse richten.

Astronomie, nicht aber die Darstellung von Fakten und Methoden. Bedenkenswert ist aber die Tatsache, dass mehrere Kinder der Fokusgruppe nach dem Vortrag davon ausgingen, dass eine „Kometenpolizei" tatsächlich existiert.

6.4.3.1 Explizite Verdeutlichung des „Wissenschaftlichen"

In einer anderen Vorlesung behandelte der Dozent ausführlich die Systematik seines Fachgebietes und die Methoden wissenschaftlichen Arbeitens. Bevor er auf sein Thema „Römer und Germanen am Rhein" einging, stellte er sich als Professor für Alte Geschichte vor, erklärte die Einteilung des Fachs in Alte, Neuere und Neueste Geschichte und versuchte dazulegen, mit welchen Zeitabschnitten er sich beschäftigt. Er führte den Begriff der „Quelle" ein und legte anhand eines Vergleichs dar, wie sich Historiker der Vergangenheit nähern: So sollten sich die Kinder ein Zimmer vorstellen, in dem verschiedene Gegenstände und ein Text herumliegen, aus denen der Wissenschaftler wie ein Detektiv die Zusammenhänge interpretieren muss. Diese Technik der Rekonstruktion mache es nötig, dass die Interpretationen der Quellen mit anderen Forschern diskutiert werden müssten. Zwei Kinder der Fokusgruppe, die ich im Anschluss über diesen Abschnitt der Vorlesung befragte, nahmen dieses Anliegen unterschiedlich auf: Während der zu diesem Zeitpunkt 7-jährige Marcus sich zwar an die Einzelheiten der „Zimmerbeschreibung" erinnerte, blieb ihm der Sinn dieser Darstellung verschlossen; die fast 9-jährige Lea jedoch hatte den Zusammenhang zur Geschichtsforschung erfasst.[96]

6.4.3.2 Berücksichtigung eines heterogenen Publikums

Die Vorlesung „Magische Kristalle" fiel dadurch auf, dass sie Elemente von allen vier Vorlesungstypen in sich vereinte. So wies der Supraleiterversuch einen Showcharakter auf, der die Eigenschaft eines Kristalls effektvoll in Szene setzte; dafür nahm der Dozent, wie aus dem Interview bekannt ist (vgl. Kap. 6.5.3.1), in Kauf, dass die Bedeutung des Experimentes nicht voll verstanden wurde (Zuordnung A). Enzyklopädischen Charakter erhielt die Veranstaltung durch die systematische Darstellung der einzelnen Merkmale von Kristallen sowie ihrer Anwendung in der Technik (Zuordnung B). Das pädagogische Anliegen, „Wissenschaftlichkeit" verständlich zu machen, zeigte sich in der Erläuterung von Fachbegriffen der Eigenschaften von Kristallen (Vorführen des Effektes der Doppel-

---

[96] Dieser Befund stimmt mit den Erkenntnissen von Koerber et al. überein, die eine bedeutende Entwicklung im Theorieverständnis von Kindern der 2. bis zur 4. Klasse feststellten (Koerber/ Sodian/ Kropf/ Mayer/ Schwippert 2011).

brechung, Einführung eines Molekülmodells mit der kindgerechten Umschreibung einer „Superlupe"; Zuordnung C). Zum puristischen Typ gehörten Elemente wie Beibehaltung von authentischen Formeln und komplexen Abbildungen, die nicht oder nicht vollständig erklärt wurden (Zuordnung D). Dies könnte eine Strategie sein, der Heterogenität des Publikums zu begegnen. Das Interview mit dem Dozenten weist auf eine solche Absicht hin.

6.4.3.3 Kinderfragen als Indikatoren für Verständniskonflikte

Fester Bestandteil der Kinderuni-Vorlesungen in Bonn ist eine abschließende Fragerunde des Publikums. Hier werden nicht nur Verständnisfragen zum Inhalt geklärt, sondern manchmal verraten die Fragen, dass die Kinder das vom Dozenten gewählte Thema unter einem anderen Blickwinkel betrachten als dies in der Wissenschaft üblich ist. Nach einer Vorlesung über Dialekte im deutschsprachigen Raum tauchte mehrfach die Frage auf, warum es überhaupt Dialekte gibt und warum sie heute aussterben. Aus Sicht der Wissenschaft konnte die Dozentin diese Frage nicht beantworten, weil sie offenbar in der Germanistik so nicht gestellt wird und wohl auch nicht eindeutig zu beantworten wäre. Die Dozentin ließ die Frage offen, indem sie darauf hinwies, dass es Aufgabe der Linguistik sei, zu beschreiben, wie Sprachen aufgebaut sind. Die Verfolgung der Kinderfrage hätte hier bedeutet, sich auf ein Philosophieren über Sprache einzulassen, wie man es bei der Literatur-Vorlesung beobachten konnte. Der Titel des Vortrages („Warum kann Oma Platt sprechen?") lud dazu ein, über die Gründe für linguistische Phänomene nachzudenken. Die Dozentin entschied sich dennoch dagegen, die Grenze des wissenschaftlich Erforschbaren im Dialog mit den Kindern zu überschreiten. Eine ähnliche Herausforderung zeigte sich in der Vorlesung „Mittelalter" aus dem Fachgebiet der Kunstgeschichte. Ziel des Vortrages war es offensichtlich, gängige Vorstellungen über das Mittelalter zu relativieren und die Lebensbedingungen von Kindern zu dieser Zeit anhand von kunsthistorischen Zeugnissen zu erläutern. So wird zu Beginn das Einhorn und der Drache als „nicht real" entmystifiziert. Die Nachfragen der Kinder am Ende der Veranstaltung, beispielsweise über die Erbfolge in Familien (Warum durfte der Zweitgeborene nicht das Erbe übernehmen?) oder über Berufe und Handwerk (Lernten auch Mädchen das Handwerk des Vaters? Welcher Beruf war der häufigste im Mittelalter?) zeigen, dass dieses Anliegen auch verstanden wurde. Dennoch stellten die Kinder in ihren Fragen auch immer wieder einen Bezug zwischen Märchen und Mittelalter her (In welchem Land werden die meisten Märchen vorgelesen? Gibt es Einhörner wirklich nicht? In welchem Land wurden die Märchen erfunden?; Beobachtungsprotokoll vom 16.01.2012). Einige Kinder hätten also ausgehend vom Titel der Veranstaltung gerne etwas zu den Hintergründen von Mythen und Legenden des Mittelalters sowie über Ritter, Prinzessinnen und Fabelwesen als Figuren in Märchen gehört und waren nicht dazu bereit, diese als nicht real und daher als irrelevant zu akzeptieren.

6.4.3.4 Kommunikationsprobleme von Wissenschaftlern mit Kindern

Dass Kinder immer noch zu einem eher ungewohnten Zielpublikum für die Repräsentation von Wissenschaft in der Öffentlichkeit gehören, beweist eine Reihe von Beobachtungen aus verschiedenen Vorlesungen. Im Kontrast zu den teilweise detaillierten und kenntnisreichen Nachfragen der Kinder stehen Versuche von Dozenten, ihre Vorlesungen als Erzählungen zu verkleiden und so aus dem Kontext von Wissenschaft zu lösen („Wir entführen Euch heute, meine lieben Zuhörer, in das ferne Land X"; Beobachtungsprotokoll vom 30.01.2012; „Es war einmal vor 3.500 Jahren..."; Beobachtungsprotokoll vom 23.04.2012). Es fällt nicht immer leicht, Fachbegriffe kindgerecht zu übersetzen und dennoch ihren wissenschaftlichen Sinn aufrecht zu erhalten: So erklärt ein Dozent den Begriff des Philologen mit Menschen, „die die Wörter lieb haben" (Beobachtungsprotokoll vom 16.01.2012), was den tieferen Sinn des Wortes nicht erschließt. In einem anderen Vortrag wurde die Parthenogenese (Nachkommenschaft aus unbefruchteten Eiern) mit der „Jungfrauengeburt" verglichen und dabei die biologische mit der theologischen Bedeutung vermischt, was im Auditorium prompt zu Nachfragen führte (Beobachtungsprotokoll vom 04.02.2013). Dieses Problem ist keineswegs trivial, sondern offenbart im Detail, wie schwierig es ist, zugleich treffende und verständliche Übersetzungen wissenschaftlicher Begriffe und Phänomene zu finden.[97] Auch das Beispiel der „Kometenpolizei" gehört in diese Problemkategorie. Ein anderer Wissenschaftler thematisiert die Schwierigkeit, sein Fachgebiet für Kinder verständlich aufzubereiten, offen zu Beginn des Vortrages. Sein Versuch, den Blutkreislauf mit dem Wasserkreislauf zu vergleichen, zeugt von einer echten Reflexion darüber, was in beiden Phänomenen miteinander verglichen werden kann: So sei das Herz für das Blut wie die Sonne für das Wasser, und die Analogien werden auf mehreren Abbildungen deutlich gemacht. Ausführlich thematisiert wird die Vergleichbarkeit von wissenschaftlicher Methode und Detektivarbeit (Interpretation von und Theoriegewinnung aus Indizien) auch in der Erläuterung der Arbeitsweise von Geschichtswissenschaftlern.

---

[97] Man trifft auf dieses Problem auch in anderen Kontexten, zum Beispiel in allgemeinen Nachschlagewerken. Während im 24-bändigen Brockhaus von 1996 zwar beide Bedeutungsebenen (Biologie und Theologie) aufgeführt werden, wird die biologische Bezeichnung mit „Jungfernzeugung" angegeben (Brockhaus 1996, Band 16, 602). In der Brockhaus-Ausgabe von 1972 findet sich unter dem Stichwort folgende Erklärung: „die Entstehung von Nachkommen aus unbefruchteten Eiern (,Jungfernzeugung'). Als männliche P. kann die Androgenese oder Merogamie angesehen werden" (Brockhaus 1972, Band 14, 266). Ähnlich auch in Meyers Enzyklopädischem Lexikon 1976, Band 18, 254).

6.4.3.5 Fazit

Aus der Analyse der Detailbeobachtungen in den Vorlesungen kann die Erkenntnis gewonnen werden, dass nicht alle Wissenschaftler ihre Teilnahme an der Kinderuni ausführlich reflektieren. Der Aufwand, der für die Planung der Vorlesung betrieben wird, scheint unterschiedlich zu sein, was sich in der Sorgfalt der Kommunikation widerspiegelt: Der Titel des Vortrages, seine Strukturierung und die Wahl und Ausarbeitung von Vergleichen und Metaphern sind dafür Indikatoren. Aus den Fragen der Kinder wird ersichtlich, wie sensibel und treffsicher sie auf Ungenauigkeiten und Brüche in der Konzeption der Vorlesungen reagieren.

Nicht alle Wissenschaftler nehmen ihr kindliches Publikum so ernst, dass sie auf Stilmittel des reinen „Geschichten-Erzählens" verzichten und schmälern so manchmal die Authentizität ihrer vorgestellten Wissenschaft. Dies betrifft sowohl die Ebene einer allgemeinen Ansprache des Publikums als auch die Inszenierung von Wissenschaft als einer spannenden Erzählung. Die Aufmerksamkeitsorientierung von Vorlesungen durch Emotionalisierung und Personalisierung von Wissenschaft und Forschung und auch durch die Verwendung von Show-Elementen erweist sich als wirkungsvoll. Die Nachfragen der Kinder am Standort Bonn zeigen aber, dass zumindest teilweise ein tiefer gehendes Interesse an Wissenschaft und die Bereitschaft, sich auf unbekanntes und komplexes Terrain zu begeben, vorhanden ist. Zwar weisen nicht alle Reaktionen des Publikums auf die gleiche Reflexionsfähigkeit und Aufnahmebereitschaft hin (vgl. emotionale Äußerungen der Kinder wie „Mein Opa hatte auch Lungenkrebs"; Beobachtungsprotokoll vom 23.04.2012). Dozenten gehen mit der Heterogenität des Publikums jedoch unterschiedlich um: Während die meisten Wissenschaftler versuchen, ihr Fachgebiet auch in der dem Publikum eher fremden Systematik und Methodik vorzustellen, sich also in der Komplexität eher „nach oben" orientieren, begnügen sich andere mit einer atmosphärischen Anmutung ihres Fachgebietes, die vermutlich von allen Kindern verstanden werden kann. Jedoch ist letztlich nicht die Verwendung von aufmerksamkeitsorientierten Elementen ausschlaggebend für eine Verminderung des wissenschaftlichen Anspruchs, sondern das Verhältnis von Aufmerksamkeitsorientierung zu Wahrheitsorientierung. Das Beispiel der Vorlesung über Kristalle zeigt, dass es möglich ist, mehrere Verständnisebenen mit unterschiedlichen Mitteln anzusprechen, ohne die Wahrheitsorientierung, die für die authentische Repräsentation von Wissenschaft wesentlich ist, aufzugeben. Im Beispiel der Vorlesung „Pharaonin" gelang es in hohem Maße, das Interesse der Kinder zu wecken, indem die Geschichte eines wissenschaftlichen Durchbruchs erzählt wurde. Die filmische Inszenierung legte dabei den Akzent nicht auf die erst Jahre später gewonnene wissenschaftliche Erkenntnis, sondern auf den – hier auf ein singuläres Ereignis reduzierten – Prozess des Forschens. Die Fragen der Kinder demonstrieren, dass es darüber hinaus möglich ist, auch tiefer gehende Informationen zu vermitteln, was jedoch, wie in diesem Fall, nicht immer aufgegriffen wird.

Wenngleich manche Dozenten die Präsentationsweise der medialen Darstellungen von Wissenschaft nachahmen, gibt es genügend Beispiele für Kommunikationsansätze, die auf eine eigenständige Verarbeitung von Aufmerksamkeits- und Wahrheitsorientierung aus Sicht der Wissenschaft hinweisen. Wissenschaft wird nur selten, wie in den Massenmedien, als mit der Lösung gesellschaftlicher Probleme verknüpft dargestellt; wenn dies geschieht, gibt es, wie in den Agrarwissenschaften, einen schon im Fach selbst angelegten gesellschaftlichen Bezug. Auch wird in den meisten Fällen Wert darauf gelegt, gemäß einer Wahrheitsorientierung auf Methoden und Systematik des repräsentierten Fachgebietes einzugehen. Eine besondere Herausforderung an die Dozenten stellen die Vorlesungen dar, die auf Wünschen von Kindern beruhen. Hier muss ein wissenschaftlicher Bezug erst nachträglich hergestellt werden (wie beim Thema „Brücken").

Die Unterschiedlichkeit der konzeptionellen Ansätze und kommunikativen Mittel weist darauf hin, dass sich die Kinderuni auch nach zehn Jahren noch in einer Phase des Experimentierens befindet. Ein einheitliches Muster nach der Art der medialen Darstellungen lässt sich nicht feststellen. Tendenziell kann man beobachten, dass Naturwissenschaftler für Elemente der Aufmerksamkeitsorientierung aufgeschlossener zu sein scheinen als Geisteswissenschaftler, und dass sie sie zugleich bewusster einsetzen. Geisteswissenschaftler sind offenbar weniger bereit, nach einer sinnvollen Balance zwischen Wahrheitsorientierung und Aufmerksamkeitsorientierung zu suchen. Dies kann darin münden, entweder die Wahrheitsorientierung der Inhalte kaum an das kindliche Publikum anzupassen (Bibel, Sagas) oder sie fast völlig aufzugeben und sich auf atmosphärische Schilderungen und Erlebnisse zu beschränken (Mongolen).

6.5 Analyse Dozenteninterviews

6.5.1 Kurzcharakterisierungen der Dozenten und ihrer Kinderuni-Vorlesungen

6.5.1.1 Prof. Dr. Zierer[98]: Magische Kristalle

Prof. Zierer ist Arbeitsgruppenleiter für Anorganische Chemie mit dem Schwerpunkt der Festkörperchemie bzw. der Erforschung von Kristallen. Neben seiner Forschung engagiert er sich seit vielen Jahren in der Lehrerausbildung für sein Fachgebiet und ist Vorstand des Lehrerausbildungszentrums der Universität. Ebenso organisiert er regelmäßig Workshops für Oberstufenschülerinnen und Oberstufenschüler zur Vorbereitung auf die internationale Chemieolympiade.

Zu Anfang raten die Kinder anhand von Abbildungen (Glas, Holz, Eis, Wasser etc.), ob ein Stoff ein Kristall ist oder nicht. Sodann werden wesentliche Eigenschaften von Kristallen definiert, die mit bloßem Auge erkennbar sind. Diese Eigenschaften präzisiert Zierer anhand von wissenschaftlichen Untersuchungsmethoden (Mikroskopie, Röntgenbild) und führt wissenschaftliche Bezeichnungen bzw. Modelle ein (Modell des chemischen Aufbaus eines Kristalls, Beugungsbild). Er stellt weitere besondere Eigenschaften von Kristallen vor, wie Färbung, Doppelbrechung, Fluoreszenz, Magnetismus. Anschließend wird die Verwendung von Kristallen in Gegenständen des täglichen Lebens (Diamanten als Bohrköpfe, Fluoreszenz in Geldscheinen, verschiedene Bauteile des Mobiltelefons) vorgestellt. Höhepunkt der Vorlesung ist die Demonstration eines Versuchs, der die unbeschränkte elektrische Leitfähigkeit eines künstlich hergestellten Kristalls zeigt (Supraleitung). Zierer erklärt die Bedeutung dieser wissenschaftlichen Entdeckung, die mit einem Nobelpreis prämiert wurde, und erläutert, wie man Kristalle herstellen kann. Die Vorlesung endet mit einer Zusammenfassung der wichtigsten Eigenschaften von Kristallen.

Kennzeichen: Show, Wissensvermittlung

6.5.1.2 Prof. Dr. Kaemmerling: Woher kommt die Bibel?

Prof. Kaemmerling ist Theologe mit dem Schwerpunkt Altes Testament. Er ist Lehrstuhlinhaber und beteiligt sich aktiv in Führungs- und Verwaltungspositionen der Universität und in anderen wissenschaftlichen Organisationen. Unter anderem war bzw. ist er Institutsdirektor, Dekan, Mitglied des Vorstandes eines

---

[98] Im Zuge einer einheitlichen Vorgehensweise in der empirischen Analyse wurden die Namen der Dozenten geändert.

Exzellenzclusters und Mitglied der Akademie der Wissenschaften. In der Lehre hat er es hauptsächlich mit fortgeschrittenen Studierenden zu tun.

Den Einstieg in seine Vorlesung bilden vier kunsthistorische Darstellungen von Bibelszenen, deren Motiv die Kinder erraten sollen. Sodann stellt er die Herkunft des Wortes „Bibel" vor und benennt zusammen mit den Kindern die einzelnen Bestandteile („Bücher") der Bibel. Nach einer Bestimmung, wie alt die ältesten überlieferten Texte der Bibel sind, erzählt er die Geschichte von der Entdeckung der Rollen von Qumran. Im weiteren Verlauf der Vorlesung geht es um die Herkunft und Entwicklung der Schrift, um die Materialien wie Ton und Papyrus sowie um den Beruf des Schreibers und seine Funktion für die schriftliche Überlieferung der Bibeltexte sowie um deren Autoren. Den Abschluss bildet die Überlegung, dass die Bedeutung der Bibel nicht in der konkreten geschichtlichen Dokumentation, sondern in der symbolischen Bedeutung als religiöser Text liegt (beispielhaft wird auf die Weihnachtsgeschichte eingegangen).

Kennzeichen der Vorlesung: Erziehung, Wissensvermittlung

6.5.1.3 PD Dr. Weiß: Was liest du da? Die Literaturwissenschaft und die Bücher

Dr. Weiß ist Literaturwissenschaftler mit dem Schwerpunkt Romanistik. Neben anderen Forschungsgebieten gilt laut eigener Aussage ein besonderes Augenmerk der Kinderliteratur. Er unterrichtet viel und hält auch Einführungsvorlesungen für Erstsemester. Er hat zwei Kinder, die die Kinderuni besuchen bzw. besucht haben.

Er beginnt seine Vorlesung mit der Frage, was als Literatur gelten kann. Anhand von Bildern (Abbildung eines Telefonbuchs, einer Gebrauchsanweisung, eines Comics etc.) und unter Mitwirkung der Kinder wird diskutiert, warum ein Text Literatur sein kann. Auch die Herkunft des Wortes „Literatur" wird vorgestellt. Anschließend stellt Weiß die Frage, wie es dazu kommt, dass etwas als Kunst bezeichnet wird und erläutert die Bedeutung der Literatur als Kunstform mit Hilfe von Abbildungen des „Pissoirs" und der Mona Lisa mit Schnurrbart von Marcel Duchamp. Nun erörtert er gemeinsam mit dem Auditorium, wer dazu berechtigt ist, etwas als Literatur zu bezeichnen. Impulse geben ein Foto von Angela Merkel, ein Foto des Rektors der Universität und weitere gesellschaftliche Funktionsträger. Die Kinder erarbeiten im Plenum, wer als Literaturkritiker in Frage kommt. Sodann stellt Weiß die Auswertung einer vorab organisierten Email-Umfrage zu den beliebtesten Kinderbüchern des Publikums vor. Anhand der Liste von Kinderbüchern zeigt Weiß durch farbliche Markierungen unterschiedliche literaturwissenschaftliche Ansätze, wie man diese analysieren kann

(Gattungstheorie, Adaptionen in Film und Theater, Cross-reading, internationale Rezeption von Texten). Den Abschluss bildet die Herleitung und Erläuterung des wissenschaftlichen Begriffs „Fiktionalität".

Kennzeichen: Forum, Dialog

6.5.2 Gemeinsamkeiten der Kinderuni-Dozenten

Bei aller Unterschiedlichkeit der Fachrichtungen und Motivationen für eine Mitwirkung an der Kinderuni ist es auffallend, dass sich alle drei Dozenten, befragt nach ihrem Verständnis zur Rolle von Wissenschaft in der Öffentlichkeit, dem Typ „Anwalt des Wissens" nach Rödder zuordnen lassen. Dies gilt selbst unter Berücksichtigung der Tatsache, dass es in ihrer Studie um den Einfluss der Medienberichterstattung und um ein begrenztes Forschungsgebiet mit besonders hoher Medienaufmerksamkeit geht. Anwälte des Wissens zeichnen sich vor allem dadurch aus, dass sie aus verschiedenen Gründen die Darstellung der Wissenschaft in der Öffentlichkeit als notwendig erachten und sich dessen bewusst sind, dass die Adressierung außerwissenschaftlicher Publika mit der Begrenzung des „Modus wahrheitsorientierter Kommunikation" (Rödder 2009, 177) verbunden ist. Anwälte sind dennoch wertkonservativ, was bedeutet, dass die Sachinformation im Vordergrund steht, der Wissenschaftler immer als Experte auftritt und sich nicht als Person inszeniert (ebd.). Die Ambivalenzen und Kompromisse, die die Einbeziehung der Öffentlichkeit mit sich bringen, versucht der Anwalt möglichst unter Beibehaltung wissenschaftlicher Werte zu lösen; er ist nur bedingt anpassungsbereit und tritt als Verteidiger seiner Ideale auf. Öffentlichkeitsmaßnahmen dienen letztlich dem Schutz und der Abgrenzung wissenschaftlicher Kommunikation (ebd., 180).

Besonders klar drückt Prof. Zierer die Notwendigkeit einer gezielten Kontaktpflege mit der Öffentlichkeit aus: „Ich denke, die allermeisten Dozenten sind sich schon darüber im Klaren, dass das [die Kinderuni, S.K.] eine PR-Veranstaltung ist und dass man das auch mittlerweile braucht" (Zierer, 2:3). Aber auch Prof. Kaemmerling sieht die Veranstaltung als ein Sammeln „wichtige[r] Bonuspunkte in der gesellschaftlichen Auseinandersetzung" an (Kaemmerling, 7:78); Dr. Weiß betont vor allem die Notwendigkeit einer Sichtbarkeit als Ergänzung zu gängigen Stereotypen und möchte „ein manchmal etwas einseitiges Bild (…) korrigieren, als sei Wissenschaft nur Naturwissenschaft" (Weiß, 3:108). Allen dreien ist weiterhin gemeinsam, dass sie Maßnahmen der Öffentlichkeitsarbeit generell die Funktion einer gesellschaftlichen Legitimation zuschreiben: Die Öffentlichkeit als Finanziererin der Wissenschaften habe ein Recht darauf zu erfahren, womit sich Wissenschaftler und die Wissenschaften beschäftigten (Zierer, 3:9; Kaemmerling, 8:85b; Weiß, 1:97). Dass es notwendig ist, sich auf das kindliche Publikum einzustellen, ist allen drei Dozenten bewusst. So erläutert Zierer:

> Natürlich werden sie in so einer Vorlesung immer irgendwelche Highlights drin haben, die dann vielleicht besser im Gedächtnis bleiben. Ich kann mich da vor zehn- oder acht- bis zwölfjährige Kinder nicht hinstellen und eine Dreiviertelstunde ohne Anschauungen in irgendeiner Form dozieren. (Zierer, 4:13)

Auch Kaemmerling spricht von der Notwendigkeit der „Visualisierungen" und einer zeitlichen Begrenzung (1:55), Weiß geht auf die Begrenzung des wissenschaftlichen Inhaltes der Vorlesung ein („Ich habe natürlich dann in einer Vorlesungsstunde für Erwachsene oder für junge Erwachsene ... Da kommt man natürlich weiter. Man führt auch mehr wissenschaftliche Begriffe ein. Ich habe mich hier auf einen beschränkt, den Begriff Fiktionalität einzuführen", 2:105). Dennoch steht die Wahrheitsorientierung der Kommunikation im Vordergrund; die Glaubwürdigkeit der Wissenschaft ist oberstes Ziel. Angesichts einer Tradition von Experimentalvorlesungen in der Chemie, die manchmal Show-Charakter annehmen könne, betont Zierer, dass man wegkomme „von dieser reinen Effekthascherei" (Zierer, 4:13), denn wenn Chemie zu sehr als „Klamauk" präsentiert werde, hätten die Kinder später eine falsche Vorstellung, wenn sie sich selbst einmal ernsthaft mit dem Fach auseinandersetzen wollten, was unbedingt vermieden werden solle (ebd., 3:7). So sei es legitim, „so etwas wie eine didaktische Reduktion [zu] machen", aber dürfe „es (...) dadurch nicht verkehrt werden" (5:17). Die beiden Geisteswissenschaftler stellen den Wahrheitsgehalt ihrer Präsentation erst gar nicht in Frage (Kaemmerling: „Ich will doch Wissen vermitteln", 7:81; Weiß: „Das Eingehen auf Kinder heißt ja nicht, dass man dann auch selber in ihrer Welt bleibt. Man sollte schon auch zeigen, dass man was anderes macht, aber ihnen das so vermitteln, dass sie überhaupt einen Zugang dazu kriegen.", 8:127).

Eine Öffentlichkeitsarbeit als reine Werbeveranstaltung für die Institution Universität oder für das Fachgebiet wird abgelehnt; auch als „Pop-Stars" sehen sich die Wissenschaftler nicht (Zierer: „Aber ich würde nie so weit gehen, dass ich mich da als Popstar gefühlt hätte", 6:21; Kaemmerling: „(...) also, dass sie [die Kinder, S.K.] Werbeträger sind, würde ich ablehnen", 7:79; „Ich bin doch nicht Werbeträger für die Idee oder für Kirche oder für Theologie (...) Ansonsten bin ich auch kein Popstar", 7:81; Weiß: „(...) man sollte Kinder weder für die Werbung überhaupt noch für die Werbung für die eigene Institution missbrauchen", 6:121). Dass die Kinderuni etwas mit Werbung und PR – für die Institution Universität und für das Fachgebiet – zu tun hat, wird nicht pauschal verurteilt, sondern ist zumindest, wie auch schon bei Zierer deutlich wurde, ein erstrebenswerter Nebeneffekt („Klappern gehört wohl zum Geschäft", Weiß,

6:122; „Also die Motivation ist immer, Chemie zu präsentieren, Kinder an die Uni zu holen. Das gehört einfach dazu.", Zierer, 3:8; „Das hat so Züge, aber das sind Einzelzüge", Kaemmerling, 7:82).

Einen Konflikt sehen die Dozenten in der Ambivalenz der Veranstaltung nicht. Die Zuversicht der Wissenschaftler, dass die Kinderuni eine geeignete Bühne darstellt, um Wissenschaft zu präsentieren, ist hoch, was nicht zuletzt daran liegt, dass das Vertrauen in die Organisatoren der Kinderuni sehr groß ist. So meint Kaemmerling:

> Ich habe nicht den Eindruck, dass das eine gewollte Inszenierung aus Propaganda und Publicity ist, um Universität im gesellschaftlichen Raum zu mehr Geld zu verhelfen oder so. Habe ich nicht den Eindruck. Hätte ich den Eindruck, würde ich es nie machen. (Kaemmerling, 7:80)

> Das hat aber auch Frau X [Organisatorin der Kinderuni, S.K.] gesagt, (...) dass es um Wissensvermittlung geht. (Kaemmerling, 7:83; ähnlich auch Weiß, 6:122)

PR-Arbeiter von Hochschulen werden, und dies stimmt mit der Studie von Peters et. al. überein, als Unterstützer und Verteidiger wissenschaftlicher Werte und Grundsätze verstanden, was die Akzeptanz zur Teilnahme als Dozent gewährleistet. Weiß findet es daher normal, dass PR-Arbeiter über eine Ethik verfügen sollten (7:125).

6.5.2.1 Verhältnis Wissenschaft und Öffentlichkeit

Auf einer allgemeinen Ebene des Verhältnisses von Wissenschaft und Öffentlichkeit sind alle drei Dozenten Verfechter einer Autonomie von Wissenschaft, ganz besonders gegenüber der Politik. Wenn auch keiner das Modell des Elfenbeinturms befürwortet, sind doch alle der Meinung, Wissenschaft solle nicht direkt in den Dienst der Gesellschaft gestellt werden. Diese Position wird mal mehr, mal weniger deutlich formuliert: Während Kaemmerling sich vorstellen kann, dass Wissenschaft und Politik „sich zum Teil auf gleichem Terrain" bewegten und sich dann „begegnen", jedoch kein „gemeinsames Interesse" wünschenswert sei (8:86), lehnt Weiß eine direkte Verbindung kategorisch ab, da die Politik für das Ethos und die Arbeitsweise der Wissenschaft keinerlei Respekt habe: „Politik und Wissenschaft sind ja nicht etwas, was naturgemäß zusammengehört" (Weiß, 9:135), denn „aus zahlreichen Äußerungen von Politikern" spreche die „völlige Missachtung" und „Verachtung" der Wissenschaft (Weiß, 9:137). Mit Blick auf die Plagiatsfälle in Doktorarbeiten führender Politiker hält Weiß die Werte in beiden Bereichen für unvereinbar („das zeigt eigentlich, dass man redliches Arbeiten in der Wissenschaft für etwas sehr Seltsames hält und auch so tut, als ob Kriterien von Wissenschaftlichkeit irgendwie in der Wissenschaft selber strittig seien", Weiß, 9:136). Kaemmerling ist etwas optimistischer, was die Vereinbarkeit gesellschaftlicher und wissenschaftlicher Relevanzen angeht. Angesprochen auf seine Tätigkeit innerhalb eines von der Politik geförderten Exzellenzclusters sieht er die Verbindung beider Bereiche in Einzelfällen durchaus als gelungen an. Diese Projekte bildeten die legitimatorische Grundlage dafür, dass auch weniger gesellschaftlich relevante Projekte mit gefördert werden können, die dennoch wissenschaftlich bedeutsam seien:

> (...) das war ja auch sehr gut gemacht (...). Man muss natürlich ein großes Netz haben. (...) Und Politik und Religion waren natürlich sowieso durch die Anschläge präsent und das war natürlich auch drin. Die Assmann-These: Machen monotheistische Religionen aggressiver usw. Das ist ein Thema, das zieht immer. Das ist auch wichtig (...). Aber das ist natürlich so ein Topthema, das auch nicht immer repräsentativ ist. Da gibt es auch sehr viele Einzelprojekte, die gar nicht so gesellschaftlich spannend sind wie dieses da, aber unter dem Heading läuft das natürlich gut. (...) Und dass da unter dem Heading viele Einzelprojekte laufen, die wichtig sind, ja, aber nicht so verkaufbar sind, ist auch klar. (Kaemmerling, 8:89)

Auch Zierer weist die Meinung zurück, die Wissenschaft sei „ein verlängerter Arm der Bundesregierung" (Zierer, 14:40) – eine Gefahr, die er dadurch als gegeben ansieht, dass „heutzutage bei jeder politischen Partei ein entsprechendes Institut oder eine Stiftung [zu] finden [ist], die erstaunlicherweise immer wissenschaftliche Ergebnisse produziert, die genau dem Weltbild dieser Parteien entsprechen" (ebd., 14:41). Die Auffassung von Wissenschaft als gesellschaftlicher Problemlöserin sei jedoch mit ihrem wahren Charakter nicht vereinbar: Zwar gebe es Sachverhalte, die „so komplex [sind], (...) dass man im Sinne einer wissenschaftlichen Durchdringung tatsächlich sehr unterschiedliche Aspekte betrachten kann" (ebd.). Nicht nur in politischer Hinsicht, sondern auch aus wissenschaftlicher Perspektive könne man also durchaus zu verschiedenen Bewertungen desselben Sachverhaltes kommen. Jedoch „sollte man natürlich nicht so tun, als wäre man derjenige, der die Weisheit in einem bestimmten Bereich dann mit Löffeln gefressen hätte" (ebd.). Kaemmerling erläutert diese Auffassung weiter, indem er Komplexität als das Eigentümliche von Wissenschaft darstellt:

> Die Komplexität ist Wissenschaft. (...) Je mehr Zeit und mehr Energie Sie haben und aktivieren, um gut zu schauen und immer differenzierter zu schauen, wird alles immer komplexer. (...) Ich glaube, das ist eine Verzeichnung, wenn man sagt, „Die haben dann bald eine Lösung". (...) Die haben zwar eine Lösung, aber dann, wenn man weiter fragt, und wenn man richtig fragt oder auch fragen lässt von Experten, und dann sieht: Ja, die Lösung ist auch nur die halbe Lösung, nicht wahr? (...) Jede Lösung birgt also wieder 1000 neue Fragen. Und das, glaube ich, ist, was Universität ausmacht. (Kaemmerling, 10:90)

Auch Kaemmerling bringt wie Zierer die Haltung der Neutralität und Komplexität von Wissenschaft (klassische wissenschaftliche Werte nach Merton) mit Universität in Verbindung. Es sei die Pflicht des Wissenschaftlers, „der Öffentlichkeit immer wieder weiter [zu] sagen (...), dass man da die Grenzen hat, die man eben auch noch nicht oder vielleicht auch gar nicht wissen kann" (ebd., 10:91). Dies gelte laut Weiß auch dann, wenn, wie in den Geisteswissenschaften, gesellschaftskritische Theorien wissenschaftlich verarbeitet werden:

> Natürlich gibt es Verbindungen zwischen dem, was man Öffentlichkeit nennen kann, und Wissenschaft. Die sind ganz natürlicher Art, weil Wissenschaft sich ja nun auch nicht in einem Elfenbeinturm abspielt. Andererseits hat die Wissenschaft unterschiedliche Aufgaben. (...) Wir beschäftigen uns nicht mit Texten in der Literaturwissenschaft, um sie aus einer ideologischen Warte heraus zurechtzubiegen, bis sie in ein ideologisches Konzept passen, mit dem man die Gesellschaft beglücken möchte. Das gilt mutatis mutandis für alle Wissenschaften. (Weiß, 10:139)

Es bestätigt sich also bei allen der befragten Wissenschaftler die in Kap. 4 vorgestellte Auffassung von einer Zweckfreiheit der Wissenschaft. Als Ideal formulieren die Dozenten ein Verhältnis der indirekten Beeinflussung von Wissenschaft und Gesellschaft, bei der die thematische Expertise von Wissenschaftlern als Grundlage politischer Entscheidungen und gesellschaftlicher Veränderungen dient, ohne selbst in diese Prozesse einbezogen zu sein: Zierer vermutet, die historische Motivation des Staates zur Gründung von Universitäten habe in der Beschaffung von „bestmöglicher Information" gelegen (Zierer, 14:146), die nur dadurch zu erreichen gewesen sei,

> dass wirklich sehr frei über Probleme nachgedacht wurde. Und dass am Ende dann Schlussfolgerungen gezogen wurden unter Berücksichtigung aller Aspekte, die insgesamt dem Staat dann irgendwie dienen, welche Interessen der auch verfolgt hat. (ebd., 15:42)

Die Universität institutionalisiert also die Wissenschaften als einen Ort des kollektiven Nachdenkens, der gesellschaftlichen Nutzen auf einer übergeordneten Ebene produziert:

> Natürlich ist die Beschäftigung mit unserer Kultur – und nichts anderes macht die Literaturwissenschaft auch – enorm wichtig für die Gesellschaft und wenn man nicht mehr weiß, woher man kommt, kann man auch nicht wissen, wohin man will. (Weiß, 10:139)

In diesem Sinne gebe es eine Verpflichtung des Wissenschaftlers, „zu den Sachen, zu denen man wirklich fundiert etwas sagen kann, dann auch gegebenenfalls dazu Stellung [zu] nehmen", und zwar wiederum unter Wahrung der Neutralität: „(...) und das hat nichts damit zu tun, ob das jetzt der Regierungsstandpunkt ist oder nicht, sondern man ist damit wirklich nur der Wissenschaft verpflichtet" (ebd., 15:43).

Der aktuelle Trend zu einer Betrachtung von Wissenschaft und Forschung unter der Vorgabe von Effizienz oder unmittelbarem Nutzen wird vor allem von den Geisteswissenschaftlern kritisch beurteilt:

> Wenn Wissensvermittlung noch weiter monetarisiert wird, wenn es nur noch darauf ankommt, was kostet du, was bringst du, welche Drittmittel hast du, wenn da an allem eine Preiskarte dran ist, ja, dann können wir nicht mehr mitspielen. Also, wer gibt mir denn für meine Sache da öffentliches Geld? (...) Ob das Jesaja-Buch jetzt so oder so strukturiert ist (...) Oder in den Literaturwissenschaften: Ob die Briefe von soundso an die Frau soundso von dem und dem (...) beeinflusst worden sind ... Da kann ich das Geld besser für die Hochwasseropfer ausgeben. (Kaemmerling, 9:88)

Unabhängig von unmittelbaren Interessen sei es Aufgabe des Staates, die Vielfalt der Wissenschaften zu fördern: „Ja, ich glaube, dass Gesellschaften, und da bin ich sehr sicher, (...) diese Kulturräume pflegen müssen." (ebd.).

6.5.2.2 Ziel der Kinderuni als Maßnahme der Öffentlichkeitsarbeit

Bezogen auf die Kinderuni bedeutet dies, dass es ein wesentliches Ziel und ein „Vorteil" dieser öffentlichkeitswirksamen Maßnahme sei, „ein ganz breites Spektrum an Wissenschaft" zu präsentieren (Zierer, 21:46). Dem Konzept einer stärker thematisch eingeschränkten Kinderuni wie beispielsweise in Kiel stehen die Dozenten kritisch gegenüber. So vermutet Zierer, dass die thematische Konzentration dazu führe, dass es „grundsätzlich nur eine sehr kleine Anzahl von Schülern gebe (...), die das überhaupt wahrnehmen können" (ebd., 22:47), also das Prinzip der Öffentlichkeit zu stark eingeschränkt werde. Kaemmerling hegt Zweifel an der Generalisierbarkeit dieser Konzeptidee, da sie dem Ziel, die Institution Universität vorzustellen, zuwiderlaufe:

> Aber das gefällt mir gar nicht, und nicht nur, weil ich jetzt dann raus wäre oder so, sondern das ist nicht *universitas*. Das ist nicht das *ad unum vertere*, das die Vielfalt doch in einen akademischen Nachdenkprozess zu überführen ist. (...) Ja, dann braucht man sich nicht mehr Universität nennen. Dann soll man sich nennen: Institut für Meeresforschung. (Kaemmerling, 8:87)

Auch Weiß hält es angesichts des „kleiner Ausschnitt[s], den man dann präsentieren kann" für besser, diesen „möglichst vielfältig" zu halten (Weiß, 11:141).

Aus den genannten Einschätzungen lässt sich ein übergeordnetes Ziel der Kinderuni ableiten, nämlich jenseits von der Vorstellung bestimmter Fachgebiete eine bestimmte Haltung zu Wissen und Wissenschaft zu fördern: Dies reicht von dem schon diskutierten Ziel, „Begeisterung zu wecken" und „einen Impuls zu geben: (...) ‚Ach, das ist ja irgendwie spannend, damit könnte ich mich beschäftigen'"(Zierer, 24:48), über „Interesse an Wissen zu erzeugen" (ebd., 30:50) und „Kinder dazu [zu] aktivier[en] (...), Fragende zu werden" (Kaemmerling, 10:92) bis hin zur Etablierung von „eine[r] Kommunikation zwischen Wissenschaft und der Öffentlichkeit und hier der jungen Öffentlichkeit" (Weiß, 6:122) und dem Wecken von „Verständnis für Wissenschaft" (ebd., 11:142). Neben der Absicht, Begeisterung für die Vielfalt an Themen zu wecken, die wissenschaftlich bearbeitet werden, soll ein Gespür dafür vermittelt werden, dass Wissenschaft damit zu tun hat, immer weiter zu fragen und immer komplexere Gedanken zu entwickeln.

Diese Einigkeit der Dozenten in ihrer Definition des Verhältnisses zwischen Wissenschaft und Öffentlichkeit und der Rolle, die der Kinderuni als Kommunikationsmaßnahme zugesprochen wird, zeigt die gemeinsame Überzeugung, die Kinderuni sei eine angemessene Form, Wissenschaft darzustellen. Die Notwendigkeit eines Kompromisses zwischen wahrheitsorientierter und aufmerksamkeitsorientierter Kommunikation in der Veranstaltung wird nicht als Konflikt erlebt. Alle drei Dozenten zeigen sich zuversichtlich, dass Inhalte erfolgreich vermittelt und zugleich ein Verständnis für das Eigentümliche des wissenschaftlichen Denkens geweckt werden könnten. Ebenso garantiert das Konzept der Kinderuni, die Vielfalt von Fächern und Themen abzubilden, eine Übereinstimmung mit wissenschaftlichen Werten wie Kommunalismus und Interessefreiheit/Neutralität: Die Dozenten sind nicht an der Inszenierung ihrer selbst als „Stars", sondern an der Repräsentation ihres Fachgebietes interessiert. Insbesondere verstehen sie sich als Angehörige der Institution Universität, der sie eine wichtige Rolle im öffentlichen Leben zuschreiben. Sie agieren nicht, wie es Forscher in Projekten mit hohem öffentlichem Förderbedarf tun, als Bewerber für Ressourcengenerierung, sondern u.a. aus dem Interesse heraus, die Idee von Wissenschaft oder den Wert des Wissens in die Öffentlichkeit zu vermitteln.

6.5.3 Einzelfalldarstellungen

Als Einzelfälle wurden die drei Dozenten der Kinderuni aufgrund der unterschiedlichen Gestaltung der Vorlesungen ausgewählt; diese Unterschiede bezogen sich auf die Auswahl der Inhalte und die Kommunikationssituation im Hörsaal, die auf unterschiedliche Erwartungen und Haltungen schließen ließen.

6.5.3.1 Prof. Zierer (Chemie)

> Also die Motivation ist immer, Chemie zu präsentieren, Kinder an die Uni zu holen.
> Das gehört einfach dazu. (3:8)

> Es geht nicht darum, wissenschaftliche Sachverhalte zu vermitteln, damit Kinder
> diese Sachverhalte kennen. Es geht darum, Interesse an Wissen zu erzeugen und das
> bedeutet nicht notwendigerweise Interesse an Wissenschaft. (30:50)

Erstes Motiv für Zierer, sich an der Kinderuni zu beteiligen, ist die Nachwuchsgewinnung für die Bonner Universität als Standort: „Das ist einfach ein Angebot an Kinder, an die Uni zu kommen, die Uni kennenzulernen und damit eine Anbindung an die Uni zu erreichen, die Kinder frühzeitig an die Uni Bonn zu ziehen" (1:1). Je früher eine solche Kontaktaufnahme erfolge, desto besser, so seine Vermutung, werde dies gelingen:

> Die Schüler können, ja mit acht oder zehn den ersten Kontakt zur Uni bekommen
> und je nachdem, wofür sie sich interessieren, was sie machen, können die bis zum
> Abitur kontinuierlich Kontakt zur Uni halten, lernen ganz unterschiedliche Bereiche
> kennen. Viele kennen dann vielleicht auch schon Dozenten. Die haben auch eine
> viel, viel niedrigere Eingewöhnungsschwelle, als das bei uns war. (6:24)

Den Grund dafür, dass „solche Veranstaltungen eigentlich erst seit zehn Jahren ungefähr hier an der Uni Bonn überhaupt intensiver betrieben werden", liegt seiner Meinung nach an der zeitgleichen Einstellung der Lehrerausbildung an der Universität und der Notwendigkeit des Aufbaus von „Alternativen", ohne die „diese Schulkontakte komplett weg[brechen]" (2:4). Persönlichen Kontakten schreibt Zierer eine große Rolle zu, wenn es um die Wahl des späteren Studienortes und Studienfaches geht („Das hat einzig und allein damit zu tun, mündliche Anbindung halt.", 2:5). Auf der gesellschaftlichen Ebene hält er das Ziel für legitim, „eine gewisse Menge an naturwissenschaftlich Interessierten, technisch Interessierten in unserer Gesellschaft [zu] haben, die für die bestimmten entsprechenden Berufsfelder zur Verfügung stehen", ohne die diese nicht auskommt („Wenn wir das nicht haben, dann können wir das Buch zu machen.", 19/20:45). Diese funktionale Betrachtung der Universität als Ausbilderin für staatliche Interessen kommt auch in der Äußerung zutage, dass die Universität Bonn in der Region „erster Ansprechpartner für eine berufliche Weiterentwicklung" sein sollte (29:53).

In einem gewissen Gegensatz zu der Perspektive der Universität als Ausbildungsinstitution und der Kinderuni als PR-Instrument für die Nachwuchsgewinnung steht ein starkes persönliches Interesse an der universitären Lehre („das ist der Grund, warum ich das hier mache.", 9:30). Zierer betont mehrfach die „Freude" an der „Resonanz" in der Kinderuni, die „man (...) ganz sicherlich bei normalen Studenten (…) häufig nicht [hat]" (6:22). Bezogen auf sein Engagement in Veranstaltungen für Schülerinnen und Schüler kommt sein pädagogisches Interesse besonders deutlich zum Ausdruck:

> Und wenn Sie die schon als Schüler kennengelernt haben, durch das ganze Studium immer wieder Lehrveranstaltungen gehabt haben und dann die eine oder der andere am Ende auch bei mir in der Arbeitsgruppe promoviert haben. (…) Das ist wirklich ein befriedigendes Gefühl. (9:31)

Die tatsächliche Effizienz der Kinderuni als Maßnahme der Nachwuchsgewinnung sieht er für die Altersgruppe dieser Kinder nicht als gegeben an („Aber ich könnte jetzt nicht sagen, dass danach jetzt irgendeiner von diesen Schülern bei uns im Triple-F-Programm[99] oder so aufgeschlagen ist", 8:27). Das positive emotionale Erlebnis der Kinderuni-Vorlesungen lässt Effizienzbetrachtungen jedoch in den Hintergrund treten: „Ich wäre ziemlich sicher, dass mir das Freude macht. Ich wäre außerdem ziemlich sicher, dass Schüler davon angesprochen werden, aber ich hätte keinen Bedarf, dass jetzt für mich unbedingt zu quantifizieren" (8:28). Auch das Wecken von Interesse für sein Fachgebiet gehört nicht zu den vorherrschenden Motiven („Mir ist das auch egal, ob die dann Chemie, Physik, Mathematik, Biologie oder was auch immer machen", 9:29).

Zierer trennt deutlich zwischen einem Verständnis von Wissenschaft als Forschung und der Öffentlichkeitsarbeit für Wissenschaft im Rahmen der Kinderuni. Er hält es nicht für möglich, dass Kindern im Grundschulalter wissenschaftliche Forschung in den Naturwissenschaften nahe gebracht werden könne („da brauchen sie dann schon (…) etwas ältere Schüler. Also wenn die mal in der Oberstufe sind und ein bisschen mehr von der Wissenschaft verstehen. Und dann kann man da auch einen Bogen schlagen zu dem: Was treiben wir hier eigentlich?", 4:12), so dass seine eigene Forschung nicht als direkte Grundlage für die Vorlesung diente („Also, das hat nichts mit meiner Forschung zu tun. Meine Expertise, die ich aus meiner Forschung meinetwegen ziehe, die können Sie als Grundlage dafür ansehen, diese Thematik irgendwie zu präsentieren.", 4:11).

Was aber kann dann ein sinnvoller Inhalt der Kinderuni-Vorlesung in der Chemie sein, wenn einerseits die Präsentation von „Klamauk" vermieden, andererseits aber authentische Forschung nicht vorgestellt werden kann? Hier zeigt sich, dass die Frage nach einer Verbindung von wahrheits- und aufmerksamkeitsorientierter Kommunikation in diesem Kontext nicht so einfach gelöst werden kann, wie es die generellen Ausführungen der Dozenten vermuten ließen.

Zierer stellt in der Vorbereitung seiner Vorlesung detaillierte didaktische Überlegungen an. Er geht davon aus, dass er ein „heterogenes Auditorium" mit einer „breiten Streuung im Alter" vor sich hat, „mit unterschiedlicher Reife" und

---

[99] Förderprogramm für Gymnasialschülerinnen und -schüler an der Universität

„unterschiedlichen Erfahrungen", was insbesondere auch die Vorkenntnisse in den Naturwissenschaften betreffe, die nur bei den älteren Kindern zu vermuten seien (7:34a). Er hält es daher für sinnlos, „da dran[zu]gehen mit der Vorstellung: Alles, was ich denen erzähle, das können die auch verstehen" (7:34b). Ausgangsüberlegung für die Vorlesung war es daher „überhaupt erst mal klarzumachen: (…) Was sind Mineralien? Was ist ein Kristall?" (4:14). Schon diese Definition charakterisiert Zierer als „schwierig" vermittelbar, da dies nicht mit bloßem Auge erkennbar sei:

> Der entscheidende Punkt ist, dass in diesem Feststoff die Anordnung der Atome in Kristall hoch regelmäßig ist, während sie in Fensterglas ziemlich willkürlich ungeordnet ist. Und das können Sie aber nicht sehen. Da brauchen Sie irgendwelche komplizierten Experimente. Das zu vermitteln, ist dann nicht mehr ganz einfach. Ich habe das versucht, weil mir das wirklich wichtig war. (4:53)

Die weiteren Überlegungen sind davon geprägt, Alltagserfahrungen wie „Kristalle sind schön" schrittweise zu systematisieren und zur weiteren Beschäftigung anzuregen:

> Und dann ging's weiter zu sagen, okay, die sind schön. In vielen Fällen ist es aber so, dass die richtig was können. Also sprich: irgendwelche physikalischen Eigenschaften, die auch technisch interessant sind. Dann also einen ganz weiten Bogen schlagen von Mineralien, Kristallen, die man anguckt, weil sie einfach nur schön sind, über ungewöhnliche physikalische Effekte, vielleicht Farbigkeit, bis hin zu einer Anwendung. (...) Und letzten Endes, dass das irgendwie faszinierend ist und dass man sich vielleicht damit ein bisschen intensiver beschäftigen könnte. (4:15)

Das vorgeführte Experiment mit der Supraleitung bedarf ebenso einer Analyse und Planung, insbesondere, was die Steuerung der Aufmerksamkeit angeht:

> Sie müssen versuchen, die Beobachtungen in einen vernünftigen Rahmen zu stellen, dass die Kinder das, was da zu beobachten ist, auch wirklich erfassen, was manchmal auch schon kompliziert ist. Das ist ja jetzt nicht einfach zwei Reagenzgläser und Sie schütten das zusammen und zwei Farblösungen ergeben eine blaue. Sondern da gibt es Messgeräte, dann gibt es darum herum auch relativ viel, was vielleicht ablenkt. Sodass die Effekte schon wahrgenommen werden. Das Verstehen der Effekte ist was ganz anderes. (7:25)

Es geht also nicht primär um das vollständige Verstehen eines Phänomens, sondern um die Vorführung des Phänomens selbst. Dabei handelt es sich um ein nicht vollständig vorhersehbares Aushandeln von Bedeutung zwischen der Absicht des Dozenten und dem Verständnis des Publikums:

Ich hatte mir das so vorgestellt: Die Kinder haben schon irgendwie eine Vorstellung, was elektrischer Strom ist und dass man das veranschaulichen kann. Und es hat mich ehrlich gesagt sogar ein bisschen überrascht, wie fasziniert die Schüler einfach davon waren, dass plötzlich der elektrische Strom da völlig verschwunden war, dass man das darstellen konnte. Das setzt natürlich voraus, dass das die Kinder da beobachten können. Und natürlich versucht man das schon so ein bisschen vorzugeben, worauf achten sie, was nehmen sie wahr. Aber ich glaube, das haben die schon kapiert, dass da bei einer bestimmten Temperatur plötzlich irgendwas ziemlich Gravierendes passiert. Auch wenn man das nicht wirklich verstehen kann. (8:26)

Dass Zierer seine Vorlesung als erfolgreich beschreibt, obwohl er ein umfassendes Verständnis weder für seine Forschung noch für die vorgestellten Inhalte erwartet, hat für ihn mit dem Alter und der Heterogenität des Publikums zu tun, aber auch mit spezifischen Eigenschaften seines Fachgebietes:

Da muss man sicherlich sagen, gut, man kann das nicht alles mitnehmen. Ich habe aber auch kein Problem damit. Wenn ich selbst so rückblickend meine Chemieausbildung betrachte, also jetzt speziell die universitäre Ausbildung, dann ist das eigentlich so gewesen, dass ich anhand von wissenschaftlichen Publikationen meinen eigenen Ausbildungsfortschritt sehen konnte. Die ersten Originalpublikationen, die ich dann in der Ausbildung lesen musste, da habe ich vielleicht den Syntheseteil verstanden, also was wirklich an Laborarbeit beschrieben wurde, und den vielleicht noch nicht vollständig. Und das hat schon ein bisschen gedauert, bis ich zumindest die meisten wissenschaftlichen Publikationen aus meinem Arbeitsgebiet, aus dem erweiterten Arbeitsgebiet, lesen konnte oder nur noch überfliegen, um zu erfassen, was haben die eigentlich gemacht. (11:35)

Zierer geht also davon aus, dass die wissenschaftliche Beschäftigung mit Chemie einer langen Vorbereitungszeit bedarf, bevor Effekte und Phänomene wirklich verstanden werden können. Statt aber Kindern im Alter von acht bis zwölf Jahren generell die Fähigkeit abzusprechen, sich altersgemäß mit dem Gegenstand in einer Vorlesung auseinanderzusetzen und dies auf einen späteren Zeitpunkt zu verschieben, bietet er eine Reihe von Anreizen an, die den Anfang eines Verstehens beinhalten können. Er definiert für sich eine Art Mindestanspruch des Verständnisses („Was ist ein Kristall? – wichtigste Eigenschaften), der seinem Ermessen nach von allen Kindern verstanden und behalten werden kann. Darüber hinaus führt er im Experiment das Beobachten als Grundelement naturwissenschaftlicher Erkenntnis vor, nimmt aber in Kauf, dass für die Kinder das dargestellte Phänomen in einigen Aspekten weiterhin „rätselhaft" bleibt, was sich auch darin zeigt, dass er in der Visualisierung Formeln und Modelle abbildet, die nicht primär aufmerksamkeitsorientiert aufbereitet sind, sondern „authentisch", also wahrheitsorientiert bleiben (Molekülmodelle, Formeln).

Die Voraussetzungen für Kinder im Grundschulalter, komplexe Zusammenhänge zu verstehen und Sachinformationen zu verarbeiten, sieht er grundsätzlich als gegeben an: Zum einen liege das am Standort, da „man hier in Bonn natürlich ein Umfeld hat, wo Sie einen sehr hohen Ausbildungsstand bei den Eltern von potenziellen Schülern für eine Schüleruni haben" (17:44a); zum anderen weiß er aus persönlicher Erfahrung, dass Kinder

> in dem Alter fast alle irgendein Thema gehabt [haben], da haben die sich unglaublich für interessiert. (...) Die saugen ja alle Informationen auf wie ein Schwamm und schaffen es natürlich, wenn man ihnen Informationen auch in der Menge zur Verfügung stellt, in sehr engem Bereich ein Faktenwissen anzuhäufen. Da brauchen Sie dann schon jemanden, der auf diesem Gebiet wirklich extrem gut Bescheid weiß, damit der als Bestandteil seiner Gesamtausbildung da überhaupt mithalten kann. (5,6:20)

Es gebe also genügend Berührungspunkte, wie Wissbegierde und möglicherweise schon vorhandenes (und durch die Eltern vermitteltes) Fachwissen, um die Kinderuni zu einer erfolgreichen Veranstaltung zu machen.[100] Schwieriger werde es, „Kinder anzusprechen, bei denen es auch von zu Hause keinerlei Fundament gibt", so dass bei solchen Kindern „ein ganz anderes Konzept [ge]wähl[t] werden müsste; jedoch „nicht als Alternative, sondern zusätzlich": „Dann müsste man vielleicht sowas machen, dass man mit kleineren Gruppen von qualifizierten, fortgeschrittenen Studenten dann in die Kindergärten geht" (17:44b).

Zierer sieht es grundsätzlich als sinnvoll an, Kindern wissenschaftliche Sachverhalte näher zu bringen „weil das, was man da lernen kann, ist so vielfältig, dass Sie es einfach nur über die Schulen nicht abdecken können" (28:49). Die Vorlesung als Form schätzt er dabei pragmatisch ein als eine unter mehreren, die sowohl Vor- als auch Nachteile habe; den entscheidenden Vorteil sieht Zierer darin, dass „Sie (...) natürlich ein sehr viel größeres Auditorium ansprechen [können]", der Nachteil bestehe in der Unmöglichkeit, „individuelle Ansprüche, Anforderungen, Bedürfnisse" zu berücksichtigen (11:36). Die Interaktion mit dem Publikum wird teilweise insofern als Gespräch gestaltet, als Zierer Fragen stellt und auf Antworten eingeht („Und dann gerade bei denen das nicht als

---

[100] Dass die Kinder Spaß daran haben können, ihre Dozenten in der Kinderuni auf die Probe zu stellen, berichtet Zierer in folgender Anekdote: „Speziell bei dem Kinderunivortrag hier, da kam vor Beginn der Vorlesung ein Mädel. Also, die war vielleicht sieben. Also, die war sicherlich an der unteren Grenze. Kam an und meinte: ‚Du, Professor Zierer, ich habe hier auch meine Kristalle mitgebracht.' (...) Das hätte zum Desaster werden können. Sie stellt ihre Tasche auf den Tisch, greift da rein, holt den ersten raus und grinst mich wirklich leicht schäbig an und meint: ‚Kennst du den?' Und sie hat, ich glaube, fünf oder sechs verschiedene gehabt und vier konnte ich zuordnen und sie wusste auch, dass das richtig war. (...) Da hätte für das Mädel diese Veranstaltung am Ende sein können, wenn der Doofkopp da vorne nicht weiß, über was er eigentlich redet, weil ... der ist nicht qualifiziert ... Das war schön." (Zierer, 5:19)

Pseudofrage formuliere, sondern dass ich dann auch wirklich warte, kommt da irgendwas.", 10:32). Dennoch ist die Kommunikation nicht dialogisch, denn die Redebeiträge der Kinder versteht er „nicht als Input für meine Vorlesung, aber es unterbricht einfach diesen einseitigen Redefluss von meiner Seite aus" (10:33a). Erst bei älteren Schülerinnen und Schülern stelle er Fragen, „um herauszufinden, was verstehen die eigentlich" (10:33b).

6.5.3.2   Prof. Kaemmerling (Theologie)

> Also glaube ich, da ist die Kinderuni völlig ein anderer, ein geschützter und auch ein richtiger Raum, wo Vermittlung, Wissensvermittlung für Kinder, tatsächlich statt-findet. (6:75)

> Ich finde ihn sehr gut den Rahmen, dass die auch sehen: Was ist eine Uni? Wie geht das? (8:84)

Prof. Kaemmerlings Anspruch in der Kommunikation mit der Öffentlichkeit, somit auch in der Kinderuni, ist die „Wissensvermittlung". Anders als Zierer ist er optimistisch, dass es möglich ist, Theologie als Wissenschaft Kindern vorzu-stellen und begreifbar zu machen. Ziel seiner Vorlesung sei es gewesen, „Grund-lagen der Wissenskultur" bzw. „Basisgrundlagen von theologischen Texten" zu vermitteln (4:68). Im Vordergrund steht dabei das Fachgebiet selbst, das er mit einer „Erziehungsabsicht", nicht jedoch mit einer „Konversionsabsicht" (2:58) verbindet. Er grenzt damit seine Tätigkeit in der Kinderuni bewusst von einer Religionsvermittlung, wie sie in der Schule stattfindet, ab. Während der Religi-onsunterricht sich schwerpunktmäßig dem Vorstellen „religiöse[r] Werte" (4:69) widme und Texte ausschließlich zur Einführung in die kulturelle Praxis des Glaubens verwendet würden, sei es sein Anliegen gewesen, „wirkliches Wissen" über die Geschichte und Entstehung der Bibel darzustellen, was seiner Meinung nach in der Öffentlichkeit „sehr oft, gerade bei Kindern, noch nicht vorhanden ist" (2:59). Den Grund dafür sieht Kaemmerling in einer unzureichenden theolo-gischen Qualifikation von Lehrerinnen und Lehrern der Primarstufe, denen teil-weise die „Basics fehlten" und die sich darauf beschränkten, im Unterricht „so ein bisschen von Gott erzählen" zu wollen (6:75). Die Kinderuni biete im Ge-gensatz dazu die Chance, ein Informationsdefizit der Öffentlichkeit auszuglei-chen: „Also glaube ich, da ist die Kinderuni völlig ein anderer und auch ein ge-schützter und auch ein richtiger Raum, wo Vermittlung, Wissensvermittlung für Kinder tatsächlich stattfindet" (6:75). Die Theologie als Wissenschaft zeichne sich dadurch aus, dass sie einen „neutraleren Zugang als die Vermittlung in der Schule" (5:70) biete.

Die Frage, wie die Bibel entstanden ist, ist für ihn als „Alttestamentler" Ausgangspunkt seiner Forschung: „Ich denke, es gibt kaum etwas Grundlegenderes in meinem Fach als die Frage: Wie ist das entstanden?" (1:56). Zugleich ist dies seiner Einschätzung nach ein guter Ansatz für eine Vorlesung in der Kinderuni: „Wie entstehen Gebirge oder wie entsteht etwas oder wie wirkt etwas (…) das, glaube ich, ist eine fundamentale Frage, die auch (…) kindergerecht und überhaupt wissensgerecht dargeboten werden kann" (2:57). Anders als Zierer geht er nicht von der Heterogenität, sondern eher von einheitlichen Voraussetzungen seines Publikums aus, das sich auch vom Niveau Erwachsener, z.B. Studierender der Theologie, nicht wesentlich unterscheide („der Wissensunterschied von diesen Leuten, den Guten in der Kinderuni mit den weniger guten Anfängern, glaube ich, ist gar nicht so groß", 6:74). Voraussetzung für das Verständnis seines Vortrages ist die Vertrautheit mit bestimmten Fakten über die Antike: „Die sollten wissen, wann das Römische Reich anfängt (…), nicht wahr? Und die Griechen und die Perser (…)" (6:73). Da „Theologie mit Texten zu tun [hat]" (5:71), ist seine Überlegung, die „Bausteine, damit so etwas überhaupt entstehen kann", vorzustellen (ebd.):

> Wo kommen die Texte her und wenn sie da sind, wie alt sind sie und wenn man sagt, wie alt, hat man Verfasserkreise, und wenn man Verfasser hat, dann muss man Schrift haben. Und wenn man Schrift hat, wann fängt die Schrift denn an? (…) Und dass die Kinder sehen, mit welcher Präzision Menschen über Monate, Jahre, beruflich diese Texte abgeschrieben haben. Wie kopiert man Texte? Nur weil die Texte kopiert sind, gelesen sind, haben wir heute auch diese toten, aber doch noch lebenden Texte, weil Menschen, immer noch eine Milliarde Menschen, sich damit beschäftigen. (ebd.)

Die „induktive" Methode der „Spurensuche" (ebd.) ist ein Kennzeichen seines historisch ausgerichteten Forschungszweiges, die er den Kindern nahe zu bringen sucht. Eine Anpassung an das kindliche Publikum findet über die Visualisierungen der Inhalte statt, was eine Vorgabe der Organisatoren der Kinderuni darstellte, und besonders in der Einstiegsphase genutzt wurde: So dienten Bilder aus der Kunstgeschichte zu biblischen Themen, gestaltet als eine Art Quiz, als Einstieg in die Vorlesung. Kaemmerling war sich dabei bewusst, dass auch dies Vorkenntnisse über die Bibel, möglicherweise auch über die Darstellung bestimmter Szenen, voraussetzt („Dass sie also mit dem Thema Bibel (…) hereingeführt werden durch das, was sie von der Bibel kennen (…) Also wenn Sie etwas kennen. Voraussetzung ist das natürlich", 3,4:65). Er nutzte diese Phase als einen Test, um festzustellen, wie verbreitet die Kenntnisse bei Kindern sind und war von der Resonanz positiv überrascht: „Ja, also durchweg immer ein Treffer. (…) und da war ein Bild, was war das? David vor Saul, glaube ich. Selbst das, wo ich dachte: ‚Mal gucken, ob das auch noch klappt.' Das klappte auch" (4:66). Wie Zierer machte Kaemmerling die Erfahrung, dass es im Auditorium Spezialisten gab[101], und schließt daher auf die Zusammensetzung des Publikums als überwiegend „dieses klassische Bürgertum, (…) Kinder von Akademikern" (4:67b).

Wahrheitsorientierte Kommunikation ist eindeutig der gewählte Schwerpunkt dieser Kinderuni-Vorlesung: Sowohl das Thema als auch seine Umsetzung sind bestimmt durch die wissenschaftliche Struktur des Fachgebietes. Der Anspruch an das kindliche Publikum ist hoch, und zwar nicht nur auf fachlicher Ebene, sondern auch auf der Ebene der Disziplin. Diese wird von Kaemmerling eingefordert, wie er selbst berichtet:

> Da war also das Geburtstagskind da, ein Mädchen, so zehn oder zwölf Jahre, schon ein bisschen größer. Und dann hatten sie natürlich ihre Schokolade mitgenommen und schon mal verteilt und die hingen (…) wie in den Fernsehsesseln, so ein bisschen: Mal gucken, was jetzt da passiert. Und da habe ich gesagt: ‚Pass auf, so, ab jetzt ist Vorlesung. Und jetzt wird auch nicht mehr gegessen.' Da guckten sie. Und ich sagte: ‚Nein, Geburtstag ist prima. Ist auch sehr sehr schön, aber jetzt ist Vorlesung. Also jetzt ist nicht essen.' – Ah ja, okay. War dann auch gut. (3:63)[102]

Neben einer Wissensvermittlung ist ihm wichtig, dass in der Kinderuni eine bestimmte Haltung eingeübt wird, die er mit einer akademischen Sozialisierung verknüpft. Diese Sozialisierung umfasst zum einen den Aspekt der Konzentration und Aufmerksamkeit, aber auch das Erlebnis einer Vorlesung als Form des Unterrichts, sowie das Erlebnis der Universität als eines vielgestaltigen Zusammenspiels von „Räumen" und „Themen":

> Ich finde ihn sehr gut den Rahmen, dass die auch sehen: Was ist eine Uni? Wie geht das? Und das ist was anderes als Schule, aber doch was ähnliches, also jemand erzählt was und dann gibt es noch Fragen und so. Ich hätte mir das damals gewünscht. Das ist ja vielfach und auch bei mir war das so, dass man zum Studium das erste Mal in die Universität kam: Was ist das überhaupt? Ja, das ist ein großes Ding und da sind viele Räume. Da muss man sehen, dass man den richtigen trifft, den richtigen Raum. Doch die Aufmachung, auch die Themen, die variieren. Also, ich fand das spannend (8:84).

So ist für Kaemmerling die Erfahrung Kinderuni vergleichbar mit der, die Erstsemester in der Universität machen. Er differenziert also nicht wie Zierer grundsätzlich zwischen der Kinderuni als PR-Maßnahme und dem „echten" Universitätsleben bzw. der Präsentation von Wissenschaft in normalen Lehrveranstaltun-

---

[101] „Da war einer, da sagte ich: ‚Du bist ein richtiger kleiner Professor.' Also, der wusste unglaublich viel. Der hat direkt darauf gewartet, (lacht) auf die nächste Frage. Das fällt natürlich schon auf dann, ja." (Kaemmerling, 4:67a)
[102] Diese Form eines Aufrufes zur Disziplin war auch mehrfach in der beobachteten Vorlesung zu erleben, vgl. Beobachtungsprotokoll vom 06.06.2011.

gen: Kaemmerling glaubt, sowohl in sozialisatorischer als auch in inhaltlicher Hinsicht Universität in der Kinderuni authentisch abbilden zu können.

Ob eine Vorlesung der Kinderuni nachhaltig auf die Kinder einwirkt und wirklich etwas verstanden wurde, hält er für möglich, äußert aber auch Zweifel („Das ist natürlich so eine Frage, was bleibt", 2:60; „dass sie dann genau so sind wie alle anderen Kinder auch, (…) und sagen: ‚Na ja, gut, was war das?' Verstanden ist das noch nicht.", 7:77a). Nachträglich reflektiert er darüber, wie eine bessere didaktische Anpassung an das Publikum möglich wäre:

> Kinder haben auch sicherlich noch kein Verständnis für Zeit, also in diesen Zeiträumen. Also, was sind 2000 Jahre, was sind 3000 Jahre. Sicherlich älter als Opa und Oma, aber ja. Wie alt ist der Kölner Dom oder so. Wie alt ist das älteste Haus, das du kennst oder so. Also, wenn ich das nochmal mache, müsste ich gucken, welche Zeiträume [man] sieht. (...) Sicherlich auch müsste ich in den Geschichtswissenschaften nachschauen: Welche Studien gibt es dafür, wann, in welchem Alter können Kinder oder Jugendliche überhaupt das einordnen? (6:72)

Grundsätzlich hält er die Kinderuni jedoch für eine „unglaubliche und eine richtige Sache, und die soll man auch fortsetzen ... Also, ich wüsste nicht ein Argument, wo ich sagte, damit zu stoppen" (6:76).

Öffentlichkeitsarbeit ist für Kaemmerling mit der Berufsrolle des Professors untrennbar verbunden. Als Wissenschaftler sieht er sich der Öffentlichkeit nicht nur aus legitimatorischen Gründen verpflichtet:

> Das ist ja auch ein Ziel. Mit den Akademien der Wissenschaften in Düsseldorf und solchen Sachen. Also das ist Teil und ich bin auch ein paar Jahre in Holland gewesen, an der Uni dort in [Name einer niederländischen Stadt]. Da war sogar im Arbeitsvolumen zehn Prozent Verwaltung oder zwanzig Prozent Verwaltung und da war im Arbeitsvolumen, das festgelegt ist, ein Prozentsatz für Öffentlichkeitsarbeit. Das ist Teil des Berufs. (…) Also (…) wenn ich angefragt werde für Vorträge oder sonst etwas, ist das Teil ... Die fragen mich nicht als Privatperson an, sondern als Uni-Prof und das mache ich auch nicht als Privatperson. Das finde ich eine wichtige, ganz wichtige Aufgabe. Und gehört, finde ich, zum Selbstverständnis. (8:85a)

Die Beteiligung an einer Repräsentation der Universität als öffentlicher Redner ist ein der Forschung nachgeordneter, aber dennoch fester Bestandteil seines Berufes, der weder an Ressourcengewinnung noch an Nachwuchsförderung gebunden ist, also nicht einem unmittelbaren Nutzen dient. Die Zusammenarbeit mit der Pressestelle der Universität ist Routine:

> Normalerweise, was ich gehört habe, ist das [bei der Auswahl von Dozenten für die Kinderuni, S.K.] so: Man sieht sich die Fachbereiche an, so, wer war schon mal dran und wer war lange nicht mehr dran, oder noch gar nicht dran. Und dann guckt man: Wer könnte etwas aus dem Fachbereich vortragen, der bekannt ist. (1:54)

Das von Kaemmerling vertretene Kommunikationsmodell zwischen Wissenschaft und Öffentlichkeit erinnert an das klassische Defizitmodell nach PUS (Hierarchiegefälle zwischen Wissenschaftler und Öffentlichkeit) und enthält eine klare Erziehungsabsicht. Diese ist nicht gebunden an ein Interesse an persönlichen Kontakten zum Publikum, sondern richtet sich vor allem nach den Kriterien der Wissenschaftlichkeit. Die Botschaft von der Bedeutung der Wissenschaft wird offensiv vermittelt, der Respekt der Öffentlichkeit, sei es das kindliche Publikum oder der Staat, wird eingefordert. Diese Charakteristika weisen Kaemmerling, bezogen auf sein Fachgebiet, als den Typus des „Missionars" aus (Rödder 2009, 171).

Offenbar gibt es in diesem Fall zwei Betrachtungsweisen von der Rolle der Öffentlichkeitsarbeit innerhalb des wissenschaftlichen Systems, in der Kaemmerling zwei verschiedene Rollen einnimmt: Bezogen auf seine Tätigkeiten als Wissenschaftsmanager (wie als Vorstand eines Exzellenzclusters) ist er eher ein Anwalt des Wissens, der gesellschaftliche Relevanzen für die Wissenschaft anerkennt (vgl. Kap. 6.5.2.1); als Repräsentant seines eigenen Fachgebietes für eine allgemeine Öffentlichkeit, wie sie die Kinderuni darstellt, neigt er mehr zur Rolle eines Missionars, der Distanz wahrt und in dem ein Dialog nicht angestrebt wird.

6.5.3.3   PD Dr. Weiß (Romanistik)

> Es geht tatsächlich um eine Kommunikation zwischen Wissenschaft und der Öffentlichkeit und hier der jungen Öffentlichkeit; und wenn man das ernst nimmt, muss man etwas für die Kinder tun wollen und sie andererseits natürlich auch für die Institution Universität interessieren dürfen (…). (6,122)

> (…) wenn man mal darüber nachdenkt, (…) dann [kommt man] auch darauf, (…) dass man die Grundlagen der Literaturwissenschaft immer wieder neu diskutieren und verhandeln muss. Damit fängt die wissenschaftliche Beschäftigung mit dem Thema an. Und das ist etwas, was Kinder genauso verstehen wie Ältere. (2:100, 101)

Weiß unterscheidet sich von den beiden anderen Fällen dadurch, dass er selbst die Initiative ergriff, eine Kindervorlesung zu halten. Die große Motivation für ein Engagement in der Öffentlichkeitsarbeit resultiert aus dem Aufeinandertreffen mehrerer Faktoren. Wie schon im allgemeinen Teil der Analyse erwähnt, möchte Weiß das Stereotyp relativieren, dass Wissenschaft mit Naturwissenschaften gleichzusetzen sei („Ich (…) wollte nach dem Abschluss meiner Habilitation hier auch möglichst bald etwas anbieten, auch aus der Motivation heraus, nicht nur die Naturwissenschaften dort präsent zu halten", 1:93).

Zweites Motiv ist der persönliche Zugang über die eigenen Kinder, die die Kinderuni besuchten und ihn vom Konzept überzeugten („Ich wollte das nutzen, weil ich es für ein gutes Konzept halte, und die persönliche Beziehung, Kinder in dem Alter zu haben, ist dann natürlich auch eine große Motivation.", 1:94). Es liegt für ihn nahe, Kinder an Literaturwissenschaft heranzuführen, da „Literatur (…) etwas [ist], was Kinder ja auch von Anfang an begleitet" (1:95a), also einen starken Alltagsbezug aufweise; ein zusätzliches Motiv ergebe sich daraus, dass Kinder- und Jugendliteratur „einer meiner Forschungsschwerpunkte ist" (1:95b).

Ein ebenso vorhandenes, aber etwas untergeordnetes Motiv bestehe auch in der Nachwuchswerbung („Das steckt implizit natürlich auch immer da drin, wenn man für sein eigenes Fach spricht (…), dass (…) die Kinder (…) das auch möglichst studieren", 3:106). Dieses starke Interesse an einer Darstellung seines Fachs in der allgemeinen Öffentlichkeit stehe dabei durchaus im Gegensatz zur Auffassung „viele[r] Kollegen, die mit so etwas nichts zu tun haben" (5:119). Gegen ein starkes öffentliches Engagement spricht ebenso, dass „in die Karriere-planung (…) so etwas eigentlich nicht besonders [passt]" (6:120); für diese wäre das Adressieren einer Fachöffentlichkeit besser („Dann müsste man auf (…) Kongressen tanzen, wie das so üblich ist", 6:144).

Wissenschaft und Öffentlichkeit sind für Weiß zwar getrennte Bereiche; sie wiesen aber in seinem Fach starke Verbindungen auf, da nicht die Literaturtheo-rie, sondern literarische Texte die Grundlage dieser Wissenschaft seien:

> Wenn ich jetzt irgendeine abgehobene Literaturtheorie da präsentiere, (…) das ist natürlich nichts, was da möglich ist. Das geht nicht. Weil die Voraussetzungen feh-len. Andererseits ist das auch nicht das, was die Literaturwissenschaft nur ausmacht, denn eigentlich beschäftigen wir uns nach wie vor mit den Texten, mit Büchern. Das klarzumachen, finde ich schon wichtig. Man kann ja sehr weit weg kommen von den Texten. Das passiert vielen Theoretikern. Aber eigentlich sind das Grundlagen. Da gibt's bestimmt auch andere Literaturwissenschaftler … Nicht umsonst machen die auch nicht alle da mit. (5:118)

Diese Sichtweise des eigenen Fachgebietes ist entscheidend nicht nur für die Motivation einer Teilnahme an der Kinderuni, sondern auch für die Darstellung von Literaturwissenschaft in der Kindervorlesung: Es gehe letztlich um „Grund-fragen", die „man von Anfang an stellen kann, wie in der Philosophie auch" (5:117). Daher sei es möglich, Wissenschaft Kindern authentisch zu vermitteln:

> Das ist auf jeden Fall Wissenschaft, ja klar. (…) Weil ich mich da mit genau dersel-ben Frage beschäftige wie die Studierenden am Anfang ihres Studiums und eigent-lich das ganze Studium. Eigentlich ist jede Art von Literaturtheorie ja auch immer wieder Beschäftigung mit der Frage: Was ist Literatur? Ja, und insofern ist das eine Grundsatzdiskussion, an die man Kinder heranführen sollte. (2:103)

Da Weiß eine große Nähe dieser „Grundfragen" zur Erfahrungswelt von Kindern unterstellt, ist sein didaktischer Zugang ein dialogischer:

> Also, ich wollte an den Interessen ansetzen unbedingt der Kinder, aber ich muss natürlich auch irgendwie versuchen, mein Fachgebiet ein bisschen vorzustellen. (2:99a)

Die Interessen der Kinder erscheinen hier gleichberechtigt neben der Darstellung des Fachgebietes, was sich auch dadurch ausdrückt, dass sich Weiß im Vorfeld die Titel der Lieblingsbücher seines Auditoriums per Email zusenden lässt und diese in seinen Vortrag einbaut. Ausgangspunkt seiner Überlegungen ist das, was Kinder in der kurzen Zeit der Vorlesung verstehen und verarbeiten können:

> Man sollte seine Wissenschaft so präsentieren, in einem Ausschnitt, auch zeitlich begrenzten Ausschnitt, dass sie Kindern verständlich ist. (4:112)

Eine aktive Beteiligung des Publikums ist erwünscht und auch notwendig, um die Aufmerksamkeit zu fesseln und Denkprozesse auszulösen:

> Man muss die Leute fragen und wecken. Das ist nicht ein Ort, wo man sitzt und mitschreibt, wenn überhaupt. Das ist zu passiv. Da passiert nicht genug. Man muss also selber mitdenken, selber mitreden können auch und das machen Kinder ja gerne. (8:129a)

Die Erörterung von Wissenschaft wird als Dialog inszeniert, verarbeitet also die Beiträge der Kinder im Vorfeld und während der Veranstaltung, unter anderem auch mit dem Ziel, Kinder zur Beschäftigung mit Literatur und Literaturwissenschaft zu ermutigen:

> Also, ich habe ja ein reiches Feedback bekommen und mit den Titeln habe ich auch gearbeitet. Ich habe genau nur diese Titel auf Folie dann gezogen und immer verschiedene Untergruppen herausgezogen und farblich markiert, einfach auch, um den Kindern zeigen: Das, was ihr lest und was ihr mir schreibt, das ist wertvoll. Damit kann man auch wissenschaftlich arbeiten. (...) Das ist vor allen Dingen erst mal ein Ernstnehmen der Lektüre und dann ein Aufbauen auf diesem Kanon, diesem Kinderkanon, mit dem kann man nämlich zum Beispiel einen der Grundbegriffe der Literaturwissenschaft, Fiktionalität, auch klären. (3:110)

Dass diese Vorgehensweise mit einer Reduktion von Komplexität in der Darstellung von Wissenschaft verbunden ist, ist Weiß bewusst. Der Kompromiss zwischen wahrheits- und aufmerksamkeitsorientierter Kommunikation soll dadurch gelöst werden, sich auf sehr wenige Elemente zu beschränken, in der Überzeugung, dass diese dann auch wirklich verstanden werden:

Das ist aber nicht wesentlich weniger, sondern was man dann konzentriert rüber bringt, das bleibt auch drin oder ist überhaupt erst angekommen. (...) es ist, denke ich, obwohl der Begriff ja erst am Ende gefallen ist, allen klar geworden, dass Fiktionalität ein zentraler und wichtiger Begriff geworden ist. (8:132)[103]

Genauso wichtig wie das Verstehen von Grundbegriffen scheint Weiß aber auch das relativ freie Nachdenken mittels Bildimpulsen über Grundfragen von Literatur zu sein („Man konnte auf diese Beiträge eingehen und die Diskussion weiterspinnen bei den Kindern.", 2:101), eine Form, die eher an ein Seminar oder ein Unterrichtsgespräch erinnert und die Weiß auch in seinen regulären Vorlesungen einsetzt („muss man die (...) was ich sowieso in allen Vorlesungen mache – manchmal auch zum Missvergnügen meiner Studierenden – dialogisch gestalten.", 8:129b).

Umgekehrt biete die Kindervorlesung aufgrund des spezifischen Forschungsinteresses „Kinderliteratur" für Weiß die Möglichkeit eines echten Austausches:

(...) da war für mich sehr interessant, jetzt die Frage zum Beispiel, welche romanischen Titel (...) sind hier bekannt, werden also freiwillig gelesen. Das ist dieser Transfer von einem Land zum anderen. Was passiert da? Der internationale Buchmarkt. Das sind halt auch Fragestellungen in der Kinder- und Jugendliteratur. (3:109)

Ähnlich wie Zierer freut sich Weiß über das „sehr positiv[e]" Feedback:

Also nach der Vorlesung kamen sofort sehr viele Kinder und wollten noch was nachfragen oder wollten auch nur sagen, dass es Ihnen gefallen hat und so. (...) Das ist ganz im Gegensatz zu dem, was man manchmal in Lehrveranstaltungen für Studierende erlebt. (4:111)

Auch er bestätigt den Eindruck der beiden anderen Dozenten der Kinderuni, dass das junge Publikum überwiegend aus Kindern bestehe, deren Familien auf ein reichhaltiges Bildungsangebot Wert legen, auch wenn es „schade [wäre], wenn tatsächlich nur die Kinder kämen, deren Eltern sowieso motiviert und informiert sind" (5:116). Eine „elitäre Absicht" (11:144) unterstellt er dabei dem Format

---

[103] Emilia, die die Literaturvorlesung besuchte, beschreibt im Anschluss, was sie unter „Fiktionalität" versteht: „S.K.: Was ist denn Fiktionalität? Hast Du das verstanden? E.: (überlappend) Mh-hm (bejahend), dass Bücher so tun, als ob – also...das ist alles nur ausgedacht – es kann beispielsweise sein, dass das Buch in Berlin spielt, aber es ist alles eigentlich nur ausgedacht. Also die Personen – und die Geschichte. Es gibt Sachen, die entspringen auch ein bisschen der Wirklichkeit – solche Bücher gibt's auch – wo das aber einfach in andere Figuren gesteckt wurde und in andere Orte und so. S.K.: Mh-hm – die Wirklichkeit wird in andere Figuren gesteckt? Oder was meinst Du? E.: (überschneidend) Mh-hm, ja genau. Also es wird auch nur ein Teil davon genommen und einfach der Rest ausgedacht." (Emilia, 1,2:132)

Kinderuni nicht, wohl aber sieht er, dass schon aus organisatorischen Gründen „diejenigen, die dorthin kommen, von vornherein auch eine Hilfe haben, solche Angebote wahrzunehmen" (4:114), da die Kinder nicht allein zur Universität kommen können. Eine Verpflichtung aller Kinder auf die Teilnahme, z.B. im Rahmen einer Schulveranstaltung habe jedoch den Nachteil eines „Motivations- und auch ein[es] Disziplinproblem[s], was bei solchen freien Veranstaltungen überhaupt nicht der Fall ist" (11:145); dennoch hätten „die Schulen eine gewisse Verantwortung, als Multiplikatoren aufzutreten" (11:144).

Die Frage, ob die Kinderuni zu einer Scientific Literacy der Besucherinnen und Besucher beiträgt, lässt Weiß offen: Im „größeren Zusammenhang (…) mit anderen Aktivitäten der Universitäten" könne das „ein Baustein sein", aber es sei nicht „meine primäre Motivation". Sein persönliches Ziel sei es, „den Dialog mit jungem Publikum und Wissenschaft anzustoßen und immer wieder zu ermögli- chen" (11:143) und darüber hinaus „die eigene Arbeit darzustellen und damit auch natürlich von vornherein ein Verständnis für Wissenschaft zu wecken" (11:142). Dass man dabei Wissenschaft als etwas präsentiere „was Spaß macht", sei dabei „nichts Verkehrtes" (6:121), da es nicht darum gehe, werbewirksame „niedliche Fotos" (6:122) von Kindern in der Universität zu bekommen, sondern um das „Eingehen auf die Kinder, ein Eingehen auf ihren Entwicklungsstand, auf ihre Interessen" (7:126).

Weiß entwirft damit eine ideale Kommunikationssituation, in der Wissen- schaft weitgehend kontextualisiert ist: Es gehe darum, mit möglichst vielen ge- sellschaftlichen Gruppen in einen „kritischen Dialog" (9:133) einzutreten. Er hält es grundsätzlich für möglich und wünschenswert, dass jeder sich an den Grund- fragen der Literaturwissenschaft beteiligt und dabei der Gewinn auf beiden Sei- ten liegt. In diesem Sinne soll die Kinderuni als Werbung dienen, sich mit dem Fachgebiet weiter zu beschäftigen. Diese Einstellung findet man bei Rödder unter dem Typ des „öffentlichen Wissenschaftlers", der „Debatten aktiv gestal- ten" will und der Meinung ist, dass „eine informierte Öffentlichkeit in Entschei- dungsprozesse miteinbezogen werden soll" (Rödder 2009, 182). Sie steht im Gegensatz zu der vorher geäußerten Haltung, Literaturwissenschaft solle sich nicht in den Dienst gesellschaftskritischer Theorien stellen lassen (vgl. Weiß in Kap. 6.5.2). Möglicherweise handelt es sich hier um eine Differenzierung von politisch-ideologischer Einflussnahme einerseits und der aktiven Beteiligung bzw. kritischen Auseinandersetzung jedes einzelnen Bürgers andererseits. Für die Kinderuni stellt dieser Gegensatz keinen Konflikt dar, da Kinder sich ver- mutlich in diesem Alter noch weitgehend individuell mit Literatur auseinander- setzen und ihre eigenen Leseerlebnisse verarbeiten.

6.5.4 Fazit

Die Analyse zeigt, dass alle drei Wissenschaftler das Autonomie-Modell von Wissenschaft bevorzugen. Ein Marktmodell mit Transaktionszonen, so wie es im Kontextualisierungsmodell vorgestellt wurde, und in dem der Gesellschaft ein weitreichendes Mitspracherecht an Ziel und Gestaltung von Wissenschaft eingeräumt wird, erachten sie nicht als wünschenswert: Die Kinderuni untergräbt ihrer Meinung nach nicht den Geltungsanspruch der Wissenschaft. In unterschiedlicher Weise stellen sich die Kinderuni-Dozenten aber auf ihr kindliches Publikum ein. Charakteristisch ist die Reduktion auf wenige grundlegende Phänomene oder Begriffe, die vor allem bei Zierer und Weiß möglichst interaktiv gestaltet werden.

Alle drei Kinderuni-Dozenten lassen sich überwiegend als Anwälte des Wissens in die Typologie nach Rödder einteilen, wobei sie aber verschiedene, fachspezifische Anliegen haben. Zierer möchte einen Einstieg in ein Wissensgebiet ermöglichen, das Kindern in diesem Alter noch weitgehend unbekannt ist und setzt neben solider Information auf spektakuläre Effekte. Kaemmerling sieht vor allem die Chance auf eine Korrektur von verbreiteten naiven Vorstellungen über die Bibel. Weiß sucht aktiv nach Möglichkeiten, die eher weltabgewandte Literaturwissenschaft mit den Erfahrungen der Kinder zu verknüpfen, möchte die Geisteswissenschaften in der öffentlichen Wahrnehmung stärker verankern und öffentliche Debatten über sein Fachgebiet fördern.

Zierer kann als Naturwissenschaftler (und besonders als Chemiker) an eine lange Tradition von Experimentalvorlesungen anschließen. Werbung für sein Fach zu machen ist für ihn selbstverständlich und beinhaltet insofern keinen Widerspruch zur Autonomievorstellung von Wissenschaft, als er die Kinderuni deutlich von einer wissenschaftlichen Beschäftigung mit dem Gegenstand trennt und sich an eine Effizienz seiner Veranstaltungen nicht gebunden sieht.

Den beiden Geisteswissenschaftlern ist anzumerken, dass sie weniger routiniert an eine Kindervorlesung herangehen: Kaemmerling orientiert sich vor allem am Ziel der Wissensvermittlung, weniger am kindlichen Publikum, kann sich daher aber nicht sicher sein, ob seine Vorlesung das angestrebte Ziel auch erreichen kann; Weiß reduziert Elemente der Wissensvermittlung bewusst, um Raum für Interaktion mit dem Publikum zu schaffen – diese Vorgehensweise weist ihn aber als Pionier und Experimentator in seinem Fachgebiet aus. Die unmittelbare Resonanz auf den Vortrag ist positiv; dennoch fehlt beiden Wissenschaftlern eine fundierte Einschätzung, was mit Maßnahmen wie der Kinderuni in Bezug auf die aufgestellten Ziele erreichbar ist. Die Erwartungen sind hoch, sowohl was die Authentizität einer Präsentation von Wissenschaft betrifft (Kaemmerling) als auch die Befähigung der Kinder, sich auf wissenschaftlichem Niveau an einer Fachdiskussion zu beteiligen (Weiß). Offenbar gehen die beiden

Geisteswissenschaftler davon aus, dass Kinder in diesen Domänen einiges an Vorwissen schon mitbringen.

Die These von Pansegrau et al., dass Naturwissenschaftler es leichter hätten, ihre Disziplin einem außerwissenschaftlichen Publikum zu präsentieren oder es Geisteswissenschaftlern an Gelegenheiten für öffentliche Vorträge mangele, kann durch diese Beispiele widerlegt werden: Zierer hält zwar die chemischen Zusammenhänge für zu kompliziert, als dass sie von der Mehrheit des Publikums verstanden werden können, jedoch hält ihn dies nicht davon ab, es dennoch zu versuchen. Weiß zeigt, dass es prinzipiell möglich ist, auch abstrakte geisteswissenschaftliche Themen anschaulich zu gestalten, wenn auch die Fachkultur wenig auf einen Kontakt mit der Öffentlichkeit ausgerichtet ist.

Neben dem Ziel der Wissensvermittlung legt Kaemmerling Wert auf die Tatsache, dass die Kinderuni eine Einführung in die akademische Kultur beinhaltet.

Die Vorstellungen vom Verhältnis zwischen Wissenschaft und Öffentlichkeit sowie die Beurteilung der Kinderuni weisen, trotz einer weitgehenden Übereinstimmung in ihrem wissenschaftlichen Ethos, bei allen drei Wissenschaftlern Widersprüche auf: Erwartungen und Realität können nicht vollständig in Einklang gebracht werden; im Zweifelsfall sind emotionale Aspekte, wie bei Zierer und Weiß, ausschlaggebend für eine positive Gesamtbilanz.

7 Schlusswort

Lernen Kinder in der Kinderuni? Und wenn ja, wie kann man dieses Lernen beschreiben? Kann sie darüber hinaus zu einer Erhöhung der Scientific Literacy beitragen und bildungsfördernd wirken? Diese Fragen können nun als Ergebnis der Untersuchung sowohl auf einer theoretischen als auch empirischen Ebene beantwortet werden.

Zunächst ist durch die empirische Analyse der Bonner Kinderuni, aber auch durch die Studien in Basel und Münster belegt worden, dass die Kinder neues Wissen erwerben, indem sie die Inhalte aufnehmen. Die Intensität und Nachhaltigkeit des Lernens als Wissenserwerb ist, so zeigte die Bonner Fokusgruppe, individuell unterschiedlich und hängt unter anderem davon ab, mit welchen Vorkenntnissen die Kinder die jeweilige Vorlesung besuchen und ob sie Verknüpfungen zu bereits vorhandenem Wissen und Erfahrungen ziehen können. Diese ergeben sich sowohl aus einer genauen Beobachtung der Umwelt (Brücken in der Vorlesung und Brücken im Alltag, moderne Viehhaltung auf Bauernhöfen) als auch aus der Kindersachbuchliteratur und TV-Wissenssendungen. Vorkenntnisse waren bei den Bonner Kindern der Fokusgruppe vorhanden bei Vorlesungen über Tiere (Geckos), über die Lebensweise der Menschen in der Steinzeit, das Zeitalter der Römer oder Geschichten aus der Bibel. Besonders detailreich erinnerten sich die Kinder ebenso an emotional besetzte Themen wie die schaurigen isländischen Sagen und besonders prägnante Analogien wie die „Weltraumkommissare". Auch die Begleitpersonen, insbesondere die Eltern, tragen in dreifacher Weise zu einer Nachhaltigkeit des Wissenserwerbs bei: Die Ergebnisse der Elternbefragungen aus Basel, Münster und Braunschweig weisen darauf hin, dass diese die Veranstaltungen in Gesprächen nachbereiten, die Kinder zum Nachmachen von Experimenten anstiften und die Kinderuni gezielt als Lernanlass auswählen. Weitere Einflussfaktoren für den Wissenserwerb, so zeigte die Analyse der Bonner Kinderinterviews, sind die Identifikation mit Wissenschaft und die Konzentrationsfähigkeit. Während die Identifikation keine klare Zuordnung zu sozioökonomischen Faktoren zuließ, weisen die beiden ausgewählten Fälle Timon und Henri darauf hin, dass es bei der Konzentrationsfähigkeit möglicherweise einen Zusammenhang zu einer sozialen Benachteiligung gibt. Die Deutlichkeit, mit der das Phänomen auftritt, lässt eine weitere Erforschung der Zusammenhänge lohnenswert erscheinen. In Einzelfällen, wie hier bei Timon und in den Aussagen der Kinderuni-Dozenten, weisen die Kinder Expertenwissen zu einem Thema auf.

Interesse am Lernen als Wissenserwerb in der Kinderuni zeigen die Kinder der Bonner Studie unabhängig von „Expertenstatus" oder sozioökonomischen Faktoren. Dieser Befund wird gestützt durch die Erkenntnisse von Haerles epistemologischen Untersuchungen von Grundschülerinnen und Grundschülern, in denen auch schulisch als leistungsschwach eingestufte Kinder zu komplexen Denkleistungen in der Lage waren. Auch die Studien von Sodian et al. und die Erfahrungen im Zusammenhang mit Philosophieren mit Kindern weisen darauf hin, dass formal-logisches Denken für Kinder im Grundschulalter möglich ist, wenn die Inhalte anschaulich genug präsentiert werden. Die Kinder der Bonner Fokusgruppe identifizierten die Neuheit der Themen als einen der wichtigsten Motivationsfaktoren für eine Teilnahme. Hieraus kann geschlossen werden, dass die Kinderuni weder didaktisch noch inhaltlich eine generelle Überforderung der Kinder darstellt.

Lernen findet auch auf anderen Ebenen statt. Viele Kinder, so machte die Bonner Studie deutlich, verfügen bereits über rudimentäre Vorstellungen von wissenschaftlichen Methoden wie Experimentieren oder Interpretation von Beobachtungen und Artefakten. Darüber hinaus erfassen sie durch die Vorlesungen Methoden wie das Studieren von historischen Texten und Karten oder das Klassifizieren nach Gattungen (naturwissenschaftlich: Tiervorlesungen, geisteswissenschaftlich: Literaturvorlesung). Dieses prozedurale Wissen im Vergleich zum Lernen als Wissenserwerb ist schwächer ausgeprägt, was daran liegen könnte, dass die meisten Kinderuni-Dozenten darauf nur wenig eingehen oder sich die Form der Vorlesung für die Aneignung prozeduralen Wissens weniger eignet. Selbst Experimentalvorlesungen, so zeigt das Beispiel der Vorlesung über Kristalle, können nur den Effekt, nicht aber den Aufbau und die Herleitung des Experimentes deutlich machen. Der Befund von Koerber, dass das Theorieverständnis sich während der Grundschulzeit entscheidend weiterentwickelt, konnte, wenn auch nur ansatzweise, bestätigt werden (Kap. 6.4.3).

Als bedeutsam stellte sich das Erfahrungslernen im pädagogisch-philosophischen Sinne heraus: Die Kinderuni ist eine leiblich-sinnliche Erfahrung, in der, wie Prof. Kaemmerling in der Bonner Studie es ausdrückt, ungewöhnliche Räume mit ungewöhnlichen Themen verknüpft werden. Besonders deutlich wird das bei Henri, der bei seinem ersten Kinderuni-Besuch von den experimentalen Aufbauten im Hörsaal ebenso beeindruckt war wie vom Inhalt der Vorlesung. Der persönliche Kontakt zu Wissenschaftlern in den Vorlesungen beeinflusst nachweislich das Bild, das sich Kinder von Wissenschaft generell, von einzelnen Wissenschaften und vom Beruf des Wissenschaftlers oder der Wissenschaftlerin machen. Bereits vorhandene Vorstellungen können bestätigt, relativiert oder, wie bei vielen Geisteswissenschaften, überhaupt erst grundgelegt werden. Dieses Lernen findet implizit statt; es trat in dieser Untersuchung nur zutage, weil direkt danach gefragt wurde. Auch in akademische Rituale und Verfahren führt die Kinderuni ein, wie zum Beispiel das akademische Viertel, das Klopfen auf die Tische zum Dank für den Vortrag, das Zuhören über einen längeren Zeitraum, die abschließende Fragerunde. Das kulturelle Erlebnis der Vorlesung als einer für Wissenschaft – zumindest in Deutschland – sinnbildlichen Form gehört ebenfalls zu den Möglichkeiten des Erfahrungslernens. Auch dieses findet implizit statt und teilt sich mit durch den Aufbau des Inhaltes, durch den Stil der Ansprache des Publikums, und das Anliegen der Dozenten, „Grundlegendes" über ihr Fach darzustellen.

So finden sich in der Kinderuni verschiedene Elemente, die für das Erreichen von Scientific Literacy definiert worden sind (Kap. 2.4): Diese sind, neben dem Erwerb von Faktenwissen, vor allem ein Wissenszuwachs über die kulturelle und gesellschaftliche Bedeutung der Wissenschaften und ihre Wertschätzung. In den vielfach von Organisatoren und Dozenten der Kinderuni genannten Zielen des „Abbaus von Hemmschwellen" oder dem „Wecken des Interesses" kann die Aufforderung an die Kinder gesehen werden, sich selbsttätig mit Wissenschaft auseinanderzusetzen oder Wissenserwerb als erstrebenswert für das eigene Leben anzuerkennen. Dieser Beitrag auf das Erreichen einer Scientific Literacy kann bisher nicht zweifelsfrei auf die Kinderuni allein zurückgeführt werden. Der Faktor Identifikation mit Wissenschaft wird jedoch offensichtlich gestärkt. Positiv wird man die Kinderuni dann einschätzen können, wenn man von einer umfassenden Vorstellung von Scientific Literacy abrückt und sie als Prozess akzeptiert. Die Kinderuni ist dann ein Baustein unter anderen, ein ganzheitlicher Anspruch ist weder von den Organisatoren noch von den Dozenten beabsichtigt. Ganz unmittelbar erfüllt aber die Kinderuni den Aspekt der im Literacy-Begriff enthaltenen Teilhabe am gesellschaftlichen Diskurs über Wissenschaft (Kap. 2.5).

Ob darüber hinaus die Kinderuni einen Bildungswert hat, kann auf einer individuellen wie kollektiven Ebene beurteilt werden. Auf der individuellen Ebene ist bekannt, dass eine frühe Beschäftigung mit und Kontaktaufnahme zur Wissenschaft für das Leben mancher zukünftigen Forscherpersönlichkeit von entscheidender Bedeutung sein kann.[104] Seit der Aufklärung werden zudem Wissenschaft und Bildung in einem Zusammenhang gesehen, insofern, als Wissenschaft

---

[104] Der Psychologe Jean Piaget erhielt mit der Unterstützung des lokalen Naturfreundevereins bereits im Alter von zehn Jahren die Gelegenheit, einen ersten wissenschaftlichen Aufsatz zu publizieren (Kesselring 1988, 18); für die Ameisenforscher Bert Hölldobler und Edward Wilson erwies sich der frühe Zugang zu speziellem Wissen über ihre Kindheitshobbies als prägend für ihren Werdegang: Während Hölldobler von seinem Vater, einem Zoologen, schon als Siebenjähriger in seinen Interessen gefördert wurde, bekam der zehnjährige Wilson entscheidende Impulse durch das Washingtoner National Museum of Natural History und traf als Siebzehnjähriger seinen ersten wissenschaftlichen Mentor an der University of Alabama (Hölldobler/Wilson 1994, 16 ff.).

als Mittel zur sachlichen und sittlichen Auseinandersetzung mit Selbst und Welt besonders geeignet erscheint. Traditionell war damit jedoch die Vorstellung verbunden, dass Bildung durch Wissenschaft nur wenigen Auserwählten zuteil werden könne (Kap. 2.2.2). Innerhalb dieser Denktradition müsste man die Kinderuni als Förderinstrument für eine geistige Elite verstehen. Wird die Beschäftigung mit Wissenschaft jedoch als kollektive Forderung aufgestellt, gewinnt sie eine deutlich größere gesellschaftliche Bedeutung: Der Wissenschaft wird zugetraut, als Königsweg zu einem menschenwürdigen Leben für alle dienen zu können. Insofern ist die Kritik von Kutzbach, die Kinderuni leiste der „Mode" Vorschub, „Wissenschaft zum Maß aller Dinge zu machen" (Kutzbach 2009), nicht unberechtigt. Wie der Rückblick auf die Begriffsgeschichte von Bildung und Wissenschaft zeigt, sind die Bemühungen, Wissenschaft an ein außerwissenschaftliches und auch an ein junges Publikum heranzutragen aber keine kurzlebige Mode. Die Wertschätzung und daraus resultierende Popularisierung der Wissenschaft ist vielmehr in Deutschland und im westlichen Sprach- und Kulturraum historisch tief verankert. Sie lässt sich zurückführen auf die Zeit der Aufklärung und insbesondere auf Kant, der die öffentliche Bedeutung der Wissenschaft für die Befreiung des Individuums aus der Unmündigkeit hervorhob und Universitäten als den Ort der öffentlichen Erprobung von Vernunft ansah (Kap. 2.2.1, Kap. 3.2). Der nachhaltige Erfolg einer informellen und freiwilligen Veranstaltung wie der Kinderuni hat daher nicht zum Ziel, „vordergründiges Einverständnis zu erzeugen" (Tremp 2004), sondern er zeugt im Gegenteil von einem echten gesellschaftlichen Konsens.

Entscheidend für einen Bildungswert der Kinderuni als Teil einer öffentlichen Kommunikation ist ihre Ausrichtung und Gestaltung. Pädagogisches Handeln, so wurde es in der systematischen Analyse deutlich (Kap. 3.4), kann nicht unter politischem Handeln subsumiert werden, es muss immer zukunftsoffen bleiben und über die unmittelbaren gesellschaftlichen Bedürfnisse hinaus gedacht werden. Eine einseitige Politisierung der Kinderuni im Hinblick auf zu erreichende gesellschaftliche Ziele (wie Nachwuchswerbung für MINT-Fächer oder Vermeidung eines weiteren „Pisa-Schocks") mindert daher den Bildungswert der Veranstaltung. Wäre die Politik Initiatorin der Kinderuni, könnte man diese als Teil eines Issues Management mit dem Ziel einer vordergründigen Konsensherstellung bezeichnen. Dass die Kinderuni unter dem Oberbegriff Wissenschaftskommunikation geführt wird, leistet dieser Denkrichtung Vorschub: Der Terminus verschmilzt die Tradition der Popularisierung von Wissenschaft als Aufklärung mit politischen und ökonomischen Ansprüchen wie der personellen und finanziellen Ressourcengewinnung.

Theoretisch wie empirisch konnte aber nachgewiesen werden, dass die Kinderuni als Mittel zur direkten Ressourcenbeschaffung kaum geeignet ist. Sie trägt zwar zu einer positiven Verankerung der Universitäten in der Bevölkerung bei, erwirtschaftet aber keine finanziellen Ressourcen. Ein Zusammenhang mit Nachwuchsrekrutierung ist ebenfalls kaum festzustellen und bildet nicht das Hauptmotiv der Durchführenden (Kap. 5.3 und 6.5.3). Bei der Zielgruppe der Acht- bis Zwölfjährigen, so ergibt sich aus den Kinderinterviews der Bonner Studie, steht die berufliche Zukunftsperspektive im Zusammenhang mit Wissenschaft nicht im Fokus (Kap. 6.3.4). Spuren einer Vermischung von pädagogischen und ökonomischen Zielen lassen sich dennoch z.B. in der Studie zur Kinderuni an der TU Braunschweig erkennen. Richardt stellte fest, dass für deren Organisatoren die Steigerung der Bekanntheit der Universität und die positive Resonanz eine große Rolle spielen, nicht jedoch der Erwerb von Wissen oder Bildung. Diese Auffassung korrespondiert mit einem im Vergleich zur deutschlandweiten Befragung ebenfalls niedrigen Wert bei den Referenten in der Einschätzung der Kinderuni als Vermittlerin von Bildung (Kap. 5.3.3). Möglicherweise ist dies ein Hinweis darauf, dass die Pressestellen der Universitäten einen Einfluss darauf ausüben, wie die Referenten Ziel und Wirkung der Veranstaltung einschätzen und daraufhin ihre Vorlesungen gestalten. Um das Beziehungsgeflecht von Pressestellen, Referenten der Kinderuni und ihrem Publikum eindeutig zu klären, wären genauere Forschungen erforderlich. Da dieses Ergebnis aber nicht mit der deutschlandweiten Befragung über den Sinn der Kinderuni übereinstimmt, kann die These aufgestellt werden, dass die Position der Braunschweiger Kinderuni eine Mindermeinung darstellt.

Vielmehr kann man mit Derrida die Kinderuni als Maßnahme betrachten, wissenschaftliche Normen und die Vorstellung von Universitäten als Orten öffentlicher Reflexion im Bewusstsein des Publikums zu verankern (Kap. 4.4.1). Es ist dabei wichtig zu unterscheiden, ob die ethische Fundierung der Kinderuni aus der staatlich gelenkten Öffentlichkeitsarbeit (Regierungskommunikation) entspringt oder durch sie beeinflusst wird, oder ob sie von der Institution der Universitäten autonom festgelegt wird. Dies bedingt einen entscheidenden Unterschied in der Präsentation von Wissenschaft: Die politisch aufgeladene Wissenschaftskommunikation neigt zu einer Schwerpunktsetzung in Bereichen gesellschaftlich relevanter Forschung, was mit einer Lenkung von staatlichen Ressourcen in diese Bereiche korrespondiert. Eine ethische Fundierung erhält dieses staatliche Handeln z. B. durch Kitchers Modell einer „well-ordered science", bei der sich die Wissenschaft darauf einlässt, eine von gesellschaftlichen Interessengruppen aufgestellte „collective wish list" von Forschungsthemen zu bearbeiten (Kitcher 2001). Diese Übereinstimmung lässt sich konzeptionell an der Kieler Kinderuni beobachten, die im Rahmen der Exzellenzinitiative unter den thematischen Schwerpunkt der Meeresforschung und einem dazu gehörigen Programm der Nutzung und Bewahrung dieses Ökosystems stattfindet. Auch mit dem Kontextualisierungsmodell von Nowotny et al. ist die Politisierung von Wissenschaft in der Kinderuni vereinbar.

Die Bonner Kinderuni verfolgt im Gegensatz dazu das Ziel, Wissenschaft in ihrer Vielfalt darzustellen und setzt die Schwerpunkte in der Vermittlung autonom. Gesellschaftsrelevante Themen aus dem Bereich der Umweltforschung stehen gleichberechtigt neben der Sprach- oder Mittelalterforschung. Die befragten Dozenten grenzen sich deutlich gegen politische Ansprüche ab und verfolgen jeweils eigene fachspezifische Anliegen (Kap. 6.5.2, 6.5.4). Da die Stichprobe der Dozenten sehr klein ist, kann zunächst nur festgehalten werden, dass diese beiden Zielrichtungen der Kinderuni in Deutschland bzw. im deutschen Sprachraum existieren; wie weit verbreitet jeweils jedes dieser beiden Modelle ist, wäre noch zu untersuchen. Bemerkenswert ist jedenfalls die fachübergreifende Einigkeit der drei Bonner Dozenten über die Bedeutung von Autonomie und Vielfalt in der Darstellung von Wissenschaft in der Öffentlichkeit (auch hier kann man, wie in dem Interview mit Prof. Kaemmerling deutlich wurde, die Übereinstimmung mit der Auffassung der Organisatoren belegen, vgl. Kap. 6.5.2). Die Bonner Kinderuni ist somit nicht Teil der politisch und ökonomisch aufgeladenen Wissenschaftskommunikation, sondern lässt sich mit dem Konzept der Popularisierung verbinden. Zusätzlich vertritt sie die Perspektive der Universität selbst, nämlich die einer von politischen und ökonomischen Zielsetzungen freien Institution. Gesellschaftsrelevante Fragen finden in ihrem Programm ihren Platz in der Außendarstellung, zugleich repräsentiert sie aber ein breites Wissenschaftsverständnis, bei dem diese nicht nur Innovationsförderin und gesellschaftliche Problemlöserin ist, sondern auch als kulturelles Gedächtnis dient (Kap. 4.1). Demnach werden alle Fachbereiche in der Kinderuni repräsentiert. Diese Form der Gestaltung ist insofern bildungsrelevant, als dass sie Kindern vielfältige Anregungen bietet, ohne den Blickwinkel schon in diesem Alter im Hinblick auf gesellschaftliche Nutzenüberlegungen einzuschränken. In den Dozenteninterviews der Bonner Studie finden sich außerdem deutliche Absagen an eine frühe fachspezifische Bindung der Kinder (Zierer) oder gar an eine „Missionierung" (Kaemmerling). Diese Offenheit stellt zugleich eine zentrale wissenschaftliche Norm – Neutralität der Erkenntnis – wie auch ein Freiheitsgarant für die Verarbeitung des Erlebnisses Kinderuni dar.

Zur Gestaltung der Kinderuni als öffentlicher Kommunikation gehört, wie in Kap. 3.3.2 und 3.3.3 gezeigt wurde, dass sie sich nicht nur in der Konzeption, sondern auch in ihrem Kommunikationsverhalten und in der Beziehungsgestaltung mit ihrem Publikum nach ethischen Kriterien richtet. Maßgeblich ist das normative Modell einer allgemeinen Öffentlichkeit nach Kant und Habermas und somit z.B. die Ankündigung der Veranstaltungen in frei und allgemein zugänglichen Medien wie der Zeitung, die prinzipiell nicht nur von einen bestimmten Adressatenkreis wahrgenommen wird (im Unterschied zur Platzierung der Informationen ausschließlich auf der Internetseite der Universität oder auf einschlägigen Internetseiten zur Förderung von hochbegabten Kindern). Zudem ist die Veranstaltung prinzipiell für alle offen (d.h. auch für die Begleitpersonen, denen ein Einblick gewährt werden muss). Zentral ist ebenso die Einlösung des Authentizitätsanspruchs des Publikums gegenüber der Institution Universität: Die Kinder-Interviews in der Bonner Studie genauso wie die Elternaussagen der Münsteraner und Braunschweiger Studie formulieren einen Anspruch der Kinderuni als Lernveranstaltung, nicht als Unterhaltung (Kap. 6.3.3, Kap. 5.3.2, 5.3.3). Sie erwarten also die Einlösung ihrer Erwartungen im Hinblick auf den von Gisler erwähnten „pacte autobiographique" zwischen Wissenschaftlern und der Öffentlichkeit, zu dem ein pädagogischer Anspruch des Lernens und der Bildung sowie der Anspruch auf Wahrheit gehören. Ein zu starkes Abweichen in die Richtung einer Ressourcenorientierung oder dem vordergründigen Aufbau eines guten Images würde die Erwartungen und das Vertrauen des Publikums an die Institution Universität schädigen: Der Erfolg der Kinderuni zeigt ja gerade, dass das Publikum von der Gemeinwohlorientierung dieser öffentlichen Institution überzeugt ist. Wahrheitsorientierung ist der „Markenkern" von Wissenschaft und erlegt jedem seiner Vertreterinnen und Vertreter im Kontakt mit der Öffentlichkeit eine normative Grundhaltung auf, wie sie Derrida formuliert hat.

Die Erwartungen des Publikums, das zeigte die Analyse der Vorlesungen an der Bonner Kinderuni, werden durchaus unterschiedlich eingelöst (Kap. 6.4.2). Zwischen den Polen einer Aufmerksamkeits- und Wahrheitsorientierung gibt es z.B. impressionistische Vorlesungen, die sich mit der These der Medialisierung von Wissenschaft in Verbindung bringen lassen. Rödder spricht in Bezug auf medialisierte Wissenschaft von einer „symbolischen Forschung", wenn die massenmediale Darstellung von Forschung auf klischeehafte Symbole (Reagenzgläser oder die „PR-Version des Genoms") zurückgreifen (Rödder 2009, 227). In den meisten Vorlesungen kann jedoch die Medialisierung von Wissenschaft nicht gestützt werden. Die Wissenschaftler knüpfen zum Teil an medialisierte Darstellungen von wissenschaftlichem Wissen an, setzen aber eigene Akzente, die direkt aus ihrer beruflichen Erfahrung mit dem Gegenstand stammen. Diesen Unterschied herauszustellen ist bedeutsam in Bezug auf die Einschätzung der Kinderuni als öffentliche Kommunikation. Die Wissenschaft hat in der Öffentlichkeit eine eigene Stimme, die offenbar weder mit der Mediendarstellung übereinstimmt noch mit politischen oder ökonomischen Zweckbestimmungen.

Die in dieser Arbeit im Interview vorgestellten Dozenten, so wurde in Anlehnung an Rödders Klassifizierung deutlich, sehen sich als Anwälte des Wissens. Sie gestalten ihre öffentliche Rolle aktiv, wobei sie fachspezifisch unterschiedliche Zielsetzungen in der Kommunikation mit der Öffentlichkeit verfolgen. Diese Rolle lässt sich mit der von Kant und Derrida formulierten Vorstellung von Wissenschaftlern als öffentlichen Meinungsführern vereinbaren: Sie erproben mit der und für die Öffentlichkeit die Vernunft und stiften ihr Publikum zur Mündigkeit an. Die Beschränkung auf ihr jeweiliges Fachgebiet, die starke

Bindung an wahrheitsorientierte Kommunikation und das Anliegen, grundlegendes und nicht umstrittenes Wissen darzulegen verhindert eine mit pädagogischen Grundsätzen unvereinbare politische oder ökonomische Ideologisierung. Zugleich versuchen die Dozenten und Organisatoren der Kinderuni, der politischen und medialen Schwerpunktsetzung in der öffentlichen Wahrnehmung von Wissenschaft entgegen zu wirken. Sie reagieren damit auf den Trend der staatlich gelenkten Wissenschaftskommunikation und darauf, dass Regierungshandeln im Bildungs- und Wissenschaftssektor zunehmend als Moderation und Aushandlungsprozess verschiedener gesellschaftlicher Interessen gestaltet wird. Entsprechend ist das Modell einer einheitlichen, normativen und mit pädagogischem Anspruch ausgestatteten Öffentlichkeit unter Druck geraten. Unter der Prämisse einer Aufspaltung von Öffentlichkeit auf themenbezogene Teilöffentlichkeiten können Universitäten heute nicht mehr davon ausgehen, dass der Staat als normierende Kraft die Interessen der Wissenschaft vertritt. Sie sind vielmehr aufgefordert, ihre Position selbst zu vertreten und sowohl in Interessengruppen als auch gegenüber einem allgemeinen Publikum anzusprechen, um ein Bewusstsein für die als wesentlich erkannten Bedingungen ihrer Existenz zu festigen. Die Universitäten treten dabei nicht nur im Eigeninteresse auf, sondern pflegen auch ein traditionelles Modell öffentlicher Kultur.

Freilich kann man sich fragen, ob nicht die bloße Existenz der Kinderuni und ihre große öffentliche Resonanz eine Ideologisierung eigener Art darstellt. Schließlich trägt Wissenschaft nicht per se zu einer Verwirklichung menschenwürdigen Daseins bei, sie begründet nicht ein sittliches Verhältnis zur Welt und ist somit nicht gleichbedeutend mit Bildung (vgl. Ladenthin 2011, 101). Letztlich ist und bleibt die Kinderuni ein gesellschaftliches Anliegen an das Kind und steht damit im Widerspruch zu einer traditionellen pädagogischen Auffassung, die die Kindheit als Schutzraum vor gesellschaftlichen Ansprüchen versteht: „Der Satz Rousseaus, der Heranwachsende solle erst ganz Mensch sein, bevor er zum Bürger mit seinen Abhängigkeiten und Konventionen werde, fundiert als Maxime diese Auffassung" (Baacke 1998, 238). Schaller setzt dagegen, dass jegliche Kommunikation zwischen den Generationen implizit gesellschaftliche Ansprüche transportiert und aus einem Aushandlungsprozess besteht, der schon in der frühen Kindheit beginnt (Kap. 3.5.3). Er versteht den intergenerationellen Austausch und auch die Vermittlung des gesellschaftlichen „Kommuniqués" an Kinder als ein frühes Training, Symmetrie in der Kommunikation zu erproben und zu ermöglichen, eigene Standpunkte zu entwickeln. Die Gesellschaft kann somit nicht aus pädagogischem Handeln eliminiert werden, sondern es ist der angemessene Umgang mit gesellschaftlichen Ansprüchen, der im Verhältnis der Generationen bestimmt werden muss (ebd.). Solange die „Horizonterweiterung" und nicht bloße Anpassung an gesellschaftliche Verhältnisse wesentlicher Gedanke der Kinderuni bleibt, kann sie zur persönlichen Entwicklung von Kindern einen pädagogisch relevanten Beitrag leisten.

Für eine Weiterentwicklung der Kinderuni können abschließend folgende Thesen formuliert werden:

- Das Problem eines (pädagogischen) Sinns der Kinderuni berührt auch die Frage danach, ob Universitäten neben ihrem unmittelbaren Forschungs- und Ausbildungsauftrag eine Funktion als Orte der Popularisierung von Wissenschaft erfüllen sollten. Als Vorbild könnten die naturkundlichen Forschungsmuseen dienen, die seit ihrer Entstehung im 19. Jahrhundert wesentlich zu einer Popularisierung wissenschaftlichen Wissens beitragen. Da an vielen Universitäten schon jetzt verschiedene einzelne Angebote und Veranstaltungen für die Öffentlichkeit existieren, könnten diese stärker koordiniert und konzeptionell ausgebaut werden.
- Wissenschaftliche Themen und Fragestellungen stoßen grundsätzlich bei Kindern auf großes Interesse; darüber hinaus ist Scientific Literacy ein anerkanntes Ziel von formeller und informeller Bildung. Es erscheint daher sinnvoll, die Kinderuni stärker an Schulen und Träger informeller Bildungsangebote anzubinden. Da die Themen der Kinderuni nicht unmittelbar an das Curriculum von Schulen anschließen, könnte ein Anschluss an Nachmittagsangebote wie AGs sinnvoll sein, in denen die Inhalte vor- und nachbereitet werden.
- Angesichts eines vermuteten Zusammenhangs zwischen sozialer Benachteiligung und Konzentrationsfähigkeit wäre systematisch zu erforschen, welche Erfahrungen Organisatoren von Kinderunis mit verschiedenen Formaten der Wissenschaftsvermittlung machen. Da es z.B. schon jetzt Varianten der klassischen Vorlesung wie Workshops und Ferienprogramme gibt, könnte herausgearbeitet werden, was nötig ist, um akademisch „ungeübtere" Kinder am Angebot der Kinderuni zu beteiligen und welche Aspekte einer Scientific Literacy (Faktenwissen, prozedurales Wissen, Teilnahme am Diskurs über die Bedeutung der Wissenschaft) mit welchen Formaten am besten angesprochen werden können. Nach dem derzeitigen Kenntnisstand wird es nicht ausreichen, sozial benachteiligten Kindern nur den Zugang zur Kinderuni zu ermöglichen. Es ist zu vermuten, dass es begleitender Maßnahmen bedarf, wenn sie die Veranstaltung mit Gewinn besuchen sollen.
- Kinderunis sollten nicht nur an die Pressestellen der Universitäten, sondern gleichfalls – wenn vorhanden – an die erziehungswissenschaftlichen Fachbereiche angegliedert sein. Hier könnte begleitend erforscht werden, wie eine Steuerung von aufmerksamkeits- und wahrheitsorientierter Kommunikation mit didaktischen Mitteln sinnvoll gestaltet und die „Kunstform" der öffentlichen Vorlesung weiterentwickelt werden kann. Die bereits an vielen

Universitäten existierenden Fortbildungen für Wissenschaftler und Wissenschaftlerinnen könnten an die wissenschaftliche Erforschung angeschlossen werden. Hierbei sollten auch spielerische Formen, wie z.B. der Science Slam, mit einbezogen werden.

- Die Wirkungsforschung von Kinderunis sollte sich auch auf die Vermittlung der Idee der Universität als öffentlicher Institution beziehen, z.B. im Hinblick darauf, ob es gelingt, den medialen und politischen Fokus von Wissenschaftskommunikation zugunsten einer vielfältigeren Wahrnehmung wissenschaftlicher Disziplinen zu verschieben. Besonders Geisteswissenschaftler sind gefordert, ihre Tätigkeitsbereiche verstärkt vorzustellen.

Die Kinderuni als Zustandsbeschreibung einer gesellschaftlichen Kommunikation zwischen Wissenschaft und Öffentlichkeit verdeutlicht den Kompromiss zwischen einer Autonomie und der Kontextualisierung von Wissenschaft. Während die Autonomie von Wissenschaft im Hinblick auf die Deutungshoheit über das Wissen („Wahrheit") weiterhin stabil bleibt, nähert sie sich in ihrem Kommunikationsverhalten an den gesellschaftlichen Kontext an: Wissenschaftler sind dabei, die Interessen der Öffentlichkeit an ihren Themen zu verarbeiten und können dabei auf ein großes Vertrauen in ihre Bedeutung für das gesellschaftliche Allgemeinwohl zurückgreifen. Ob die Kinderuni auch weiterhin dem pädagogischen Ethos verpflichtet sein wird, bleibt abzuwarten.

8 Literatur

Adorno, Theodor W. (1972): Theorie der Halbbildung. In: Ders. (Hrsg.): Gesammelte Schriften: Soziologische Schriften I. Frankfurt am Main: Suhrkamp. 93-121.

Altmeppen, Klaus-Dieter/Röttger, Ulrike/Bentele, Günter (2004) (Hrsg.): Schwierige Verhältnisse. Interdependenzen zwischen Journalismus und PR. Wiesbaden: VS.

Apel, Hans Jürgen (1999): Die Vorlesung. Einführung in eine akademische Lehrform. Köln, Weimar, Wien: Böhlau.

Apel, Karl-Otto (1973): Transformation der Philosophie. Das Apriori der Kommunikationsgemeinschaft. Frankfurt am Main: Suhrkamp.

Artelt, Cordula/Stanat, Petra/Schneider, Wolfgang/Schiefele, Ulrich (2001): Lesekompetenz: Testkonzeption und Ergebnisse. In: Deutsches PISA-Konsortium (Hrsg.): PISA 2000. Basiskompetenzen von Schülerinnen und Schülern im internationalen Vergleich. Opladen: Leske + Budrich. 69-137.

Assmann, Aleida (1993): Arbeit am nationalen Gedächtnis. Eine kurze Geschichte der deutschen Bildungsidee. Frankfurt am Main: Campus.

Augsberg, Ino (2012): Subjektive und objektive Dimensionen der Wissenschaftsfreiheit. In: Voigt, Friedemann (Hrsg.): Freiheit der Wissenschaft. Beiträge zu ihrer Bedeutung, Normativität und Funktion. Berlin, Boston: de Gruyter. 69-89.

Baacke, Dieter (1998): Politische Kommunikation – Pädagogische Perspektiven. In: Jarren, Otfried/Sarcinelli, Ulrich/Saxer, Ulrich (Hrsg.): Politische Kommunikation in der demokratischen Gesellschaft. Ein Handbuch. Opladen: Westdeutscher Verlag. 236-250.

Basalla, George (1976): Pop science: The depiction of science in popular culture. In: Holten, Gerald/Blanpied, William A. (Hrsg.): Science and its Public: The Changing Relationship. Dordrecht, Boston: Reidel. 261-278.

Baumert, Jürgen/Schümer, Gundel (2001): Familiäre Lebensverhältnisse, Bildungsbeteiligung und Kompetenzerwerb. In: Deutsches PISA-Konsortium (Hrsg.): PISA 2000. Basiskompetenzen von Schülerinnen und Schülern im internationalen Vergleich. Opladen: Leske + Budrich. 323-407.

Baumert, Jürgen/Stanat, Petra/Demmrich, Anke (2001): PISA 2000: Untersuchungsgegenstand, theoretische Grundlagen und Durchführung der Studie, in: Deutsches PISA-Konsortium (Hrsg.): PISA 2000. Basiskompetenzen von Schülerinnen und Schülern im internationalen Vergleich. Opladen: Leske + Budrich. 15-68.

Baumgart, Franzjörg (2001) (Hrsg.): Entwicklungs- und Lerntheorien. Bad Heilbrunn: Klinkhardt.

Bayer, Michael (2011): Das kompetente Kind. Anmerkungen zu einem Konstrukt aus soziologischer Sicht. In: Wittmann, Svendy./Rauschenbach, Thomas/Leu, Hans Rudolf (2011): Kinder in Deutschland. Eine Bilanz empirischer Studien. Weinheim und München: Juventa. 219-233.

Becker, Nicole (2009): Lernen [Art.]. In: Andresen, Sabine/Casale, Rita/Gabriel, Thomas/Horlacher, Rebekka/Larcher Klee, Sabina/Oelkers, Jürgen: Handwörterbuch Erziehungswissenschaft. Weinheim, Basel: Beltz. 577-591.

Bendixen, Lisa D./Feucht, Florian C. (2010): What does research and theory tell us? In: Dies. (Hrsg.): Personal Epistemology in the Classroom: Theory, Research, and Implications for Practice. Cambridge: Cambridge University Press. 555-586.

Benner, Dietrich (1990): Wilhelm von Humboldts Bildungstheorie. Eine problemgeschichtliche Studie zum Begründungszusammenhang neuzeitlicher Bildungsreform. Weinheim, München: Juventa.

Benner, Dietrich (1999): „Der Andere" und „Das Andere" als Problem und Aufgabe von Erziehung und Bildung. Zeitschrift für Pädagogik 45 (3). 315-328.

Benner, Dietrich (2012): Warum öffentliche Erziehung in Demokratien nicht politisch legitimiert werden kann. In: Ders.: Bildung und Kompetenz. Studien zur Bildungstheorie, systematischer Didaktik und Bildungsforschung. Paderborn: Schöningh. 13-29.

Benner, Dietrich/Brüggen, Friedhelm (2004): Bildsamkeit/Bildung [Art.]. In: Benner, Dietrich/Oelkers, Jürgen (Hrsg.): Historisches Wörterbuch der Pädagogik. Weinheim, Basel: Beltz. 174-215.

Bentele, Günter (2013): Öffentliches Vertrauen [Art.], in: Bentele, Günter/Brosius, Hans-Bernd/Jarren, Otfried (Hrsg.): Lexikon Kommunikations- und Medienwissenschaft. Wiesbaden: Springer VS. 250 f.

Bentele, Günter/Brosius, Hans-Bernd/Jarren, Otfried (2003) (Hrsg.): Öffentliche Kommunikation. Handbuch Kommunikations- und Medienwissenschaft. Wiesbaden: Westdeutscher Verlag.

Bentele, Günter/Fröhlich, Romy/Szyszka, Peter (2008) (Hrsg.): Handbuch der Public Relations. Wissenschaftliche Grundlagen und berufliches Handeln. Wiesbaden: VS.

Bentele, Günter/Seidenglanz, René (2008): Vertrauen und Glaubwürdigkeit. In: Bentele, Günter/Fröhlich, Romy/Szyszka, Peter (Hrsg.): Handbuch der Public Relations. Wissenschaftliche Grundlagen und berufliches Handeln. Wiesbaden: VS. 346-361.

Bergs-Winkels, Dagmar/Gieseke, Carolin/Ludwig, Sandra (2006): Die Uni in der Kinderuni. Eine Begleitstudie zur Münsteraner Kinderuni. Berlin: LIT-Verlag.

Berk, Laura E. (2005): Entwicklungspsychologie. München: Pearson.

Bernd Hüppauf/Peter Weingart (2009) (Hrsg.): Frosch und Frankenstein. Bilder als Medium der Popularisierung von Wissenschaft. Bielefeld: transcript.

Bock, Irmgard (1978): Kommunikation und Erziehung. Darmstadt: Wissenschaftliche Buchgesellschaft.

Böhm, Winfried (2005): Wörterbuch der Pädagogik. 16. vollst. überarb. Aufl. unter Mitarbeit von Frithjof Grell. Stuttgart: Kröner.

Bohnsack, Ralf (2013): Typenbildung, Generalisierung und komparative Analyse: Grundprinzipien der dokumentarischen Methode. In: Bohnsack, Ralf/Nentwig-Gesemann, Iris/Nohl, Arnd-Michael (Hrsg.): Die dokumentarische Methode und ihre Forschungspraxis. Grundlagen qualitativer Sozialforschung. Wiesbaden: Springer VS. 241-270.

Bollenbeck, Georg (1994): Bildung und Kultur. Glanz und Elend eines deutschen Deutungsmusters. Frankfurt am Main: Insel.

Bollweg, Petra (2008): Lernen zwischen Formalität und Informalität. Zur Deformalisierung von Bildung. Wiesbaden: VS.

Bora, Alfons/Kaldewey, David (2012): Die Wissenschaftsfreiheit im Spiegel der Öffentlichkeit. In: Voigt, Friedemann (Hrsg.): Freiheit der Wissenschaft. Beiträge zu ihrer Bedeutung, Normativität und Funktion. Berlin, Boston: de Gruyter. 9-36.

Borgmann, Melanie (2005): Evaluation Synthesis zu Angeboten der Wissenschaftskommunikation im Rahmen des „Jahrs der Technik 2004". Köln: Univation.

Bovet, Gislinde/Huwendiek, Volker (2014) (Hrsg.): Leitfaden Schulpraxis. Pädagogik und Psychologie für den Lehrberuf. Berlin: Cornelsen.

Brockhaus Enzyklopädie in 20 Bänden (1972): Parthenogenese [Art.]. Band 14. Wiesbaden: Brockhaus. 267.

Brockhaus Enzyklopädie in 24 Bänden (1996): Parthenogenese [Art.]. Band 16. Mannheim, Leipzig: Brockhaus. 602.

Brockman, John (1995): The Third Culture. Beyond the Scientific Revolution. New York: Simon & Schuster.

Brockmeier, Jens/Olson, David R. (2009): The Literacy Episteme: From Innis to Derrida. In: Olson, David R./Torrance, Nancy (Hrsg.): The Cambridge Handbook of Literacy. Cambridge: Cambridge University Press. 3-21.

Bronstein, Carolyn (2006): Responsible Advocacy for Nonprofit Organizations. In: Fitzpatrick, Kathy/Bronstein, Carolyn (Hrsg.): Ethics in Public Relations. Responsible Advocacy. London: Sage. 71-87.

Bruford, Walter Horace (1975): The German Tradition of Self-Cultivation. 'Bildung' from Humboldt to Thomas Mann. Cambridge: Cambridge University Press.

Bruner, Jerome (2002): Making Stories. Law, Literature, Life. Cambridge/Mass., London: Harvard University Press.

Buber, Martin (1994 [1974]): Ich und Du. Gerlingen: Lambert Schneider.

Bullock, Merry /Ziegler, Albert (1999): Scientific Reasoning: Developmental and individual differences. In: Weinert, Franz E./Schneider, Wolfgang (Hrsg.): Individual development from 3 to 12. Findings from the Munich Longitudinal Study. Cambridge: Cambridge University Press. 38-60.

Burns, Terry W./O'Connor, D. John/Stocklmayer, Sue M. (2003): Science communication: A comtemporary definition. In: Public Understanding of Science 12 (2), 183-201.

Busch-Janser, Sandra/Köhler, Miriam M. (2006): Staatliche Öffentlichkeitsarbeit – eine Gratwanderung. In: Köhler, Miriam. M./Schuster, Christian (Hrsg.): Handbuch Regierungs-PR. Wiesbaden: VS. 169-182.

Bush, Vannevar (1945): Science – The Endless Frontier. A Report to the President by Vannevar Bush, Director of the Office of Scientific Research and Development. Washington D.C.: U.S. Government.

Bybee, Rodger W. (2002): Scientific Literacy – Mythos oder Realität? In: Gräber, Wolfgang/Nentwig, Peter/Koballa, Thomas/Evans, Robert (Hrsg.), Scientific Literacy. Der Beitrag der Naturwissenschaften zur Allgemeinen Bildung. Opladen: Leske + Budrich. 21-43.

Camhy, Daniela G. (1994): Philosophie und die verlorene Dimension der Bildung. In: Dies. (Hrsg.): Das philosophische Denken von Kindern. Kongreßband des 5. Internationalen Kongresses für Kinderphilosophie, Graz 1992. Sankt Augustin: Academia. 25-29.

Carrier, Martin (2009): Wissenschaft [Art.]. In: Jordan, Stefan/Nimtz, Christian (Hrsg.): Lexikon Philosophie. Hundert Grundbegriffe. Stuttgart: Reclam. 312-315.

Clifford Geertz (1973): The Impact of the Concept of Culture on the Concept of Man. In: Ders., The Interpretation of Cultures. Selected Essays. New York: Basic Books. 35-54.

Cooper, Anthony Ashley, Earl of Shaftesbury: (1978 [1711]): Characteristics of Men, Manners, Opinions, Times. Vol II, Hildesheim: Olms.

Crummenerl, Rainer (2004): Eiszeiten. Nürnberg: Tessloff.

Czerwick, Edwin (1998): Verwaltungskommunikation. In: Jarren, Otfried/Sarcinelli, Ulrich/Saxer, Ulrich (Hrsg.): Politische Kommunikation in der demokratischen Gesellschaft. Ein Handbuch. Opladen: Westdeutscher Verlag. 489-495.

Dale, Roger (2010): Globalization and Curriculum. In: Peterson, Penelope/Baker, Eva/McGaw, Barry (Hrsg.): International Encyclopedia of Education, Amsterdam: Elsevier. 312-317.

Daum, Andreas W. (1998): Wissenschaftspopularisierung im 19. Jahrhundert. Bürgerliche Kultur, naturwissenschaftliche Bildung und die deutsche Öffentlichkeit, 1848-1914. München: Oldenbourg.

Dernbach, Beatrice (2002): Public Relations als Funktionssystem. In: Scholl, Armin (Hrsg.): Systemtheorie und Konstruktivismus in der Kommunikationswissenschaft. Konstanz: UVK. 129-145.

Dernbach, Beatrice/Kleinert, Christian/Münder, Herbert (2012): Einleitung: Die drei Ebenen der Wissenschaftskommunikation. In: Dies. (Hrsg.): Handbuch Wissenschaftskommunikation. Wiesbaden: Springer VS. 1-16.

Derrida, Jacques (2001): Die Unbedingte Universität. Frankfurt am Main: Suhrkamp.

Dierkes, Meinolf/von Grote, Claudia (2000) (Hrsg.): Between Understanding and Trust. The Public, Science and Technology. Amsterdam: Harwood.

Dietrich, Fabian/Heinrich, Martin/Thieme, Nina (2011) (Hrsg.): Neue Steuerung – alte Ungleichheiten? Steuerung und Entwicklung im Bildungssystem. Münster: Waxmann.

Drerup, Heiner (1999): Popularisierung wissenschaftlichen Wissens – Zur Kritik kanonisierter Sichtweisen. In: Drerup, Heiner/Keiner, Edwin (Hrsg.): Popularisierung wissenschaftlichen Wissens in pädagogischen Feldern. Weinheim: Deutscher Studienverlag. 27-50.

Durant, John/Bauer, Martin/Gaskell, George/Midden, Cees/Liakopoulos, Miltos/Scholten, Lisbeth (2000): Two Cultures of Public Understanding of Science and Technology in Europe. In: Dierkes, Meinolf/von Grote, Claudia (2000) (Hrsg.): Between Understanding and Trust. The Public, Science and Technology. Amsterdam: Harwood.

Eberhard-Metzger, Claudia (2001): Die Gene. Nürnberg: Tessloff.

Erhardt, Manfred (1999): PUSH – den Dialog fördern. In: Stifterverband für die deutsche Wissenschaft (Hrsg.): Dialog Wissenschaft und Gesellschaft. Symposium Public Understanding of the Sciences and the Humanities – International and German Perspectives, 27.5.1999. Essen: Stifterverband für die deutsche Wissenschaft. 4-7.

Etzkowitz, Henry/Leydesdorff, Loet (2000): The dynamics of innovation: from National Systems and "Mode 2" to a Triple Helix of university–industry–government relations. In: Research Policy 29. 109–123.

Evans, Robert H./Koballa, Thomas R. (2002): Umsetzung der Theorie in die Praxis. In: Gräber, Wolfgang/Nentwig, Peter/Koballa, Thomas/Evans, Robert (Hrsg.): Scientific Literacy. Der Beitrag der Naturwissenschaften zur Allgemeinen Bildung. Opladen: Leske + Budrich. 121-134.

Fabel-Lamla, Melanie/Welter, Nicole (2012): Vertrauen als pädagogische Grundkategorie. Einführung in den Thementeil. In: Zeitschrift für Pädagogik 58 (6). 769-771.

Filipović, Alexander (2007): Öffentliche Kommunikation in der Wissensgesellschaft. Sozialethische Analysen. Bielefeld: Bertelsmann.

Fitzpatrick, Kathy/Bronstein, Carolyn (2006): Ethics in Public Relations. Responsible Advocacy. London: Sage.

Fleck, Ludwik (1980 [1935]): Entstehung und Entwicklung einer wissenschaftlichen Tatsache: Einführung in die Lehre vom Denkstil und Denkkollektiv. Mit einer Einleitung hrsg. von Lothar Schäfer und Thomas Schnelle. Frankfurt am Main: Suhrkamp.

Flick, Uwe/Kardorff, Ernst von/Steinke, Ines (2008): Qualitative Forschung. Ein Handbuch. Reinbek bei Hamburg: Rowohlt.

Förg, Birgit (2004): Moral und Ethik der PR. Grundlagen – Theoretische und empirische Analysen – Perspektiven. Wiesbaden: VS.

Fuchs, Hans-Werner (2003): Auf dem Weg zu einem Weltcurriculum? In: Zeitschrift für Pädagogik 49 (2). 161-179.

Fuhs, Burkhard (2012): Kinder im qualitativen Interview – Zur Erforschung subjektiver kindlicher Lebenswelten. In: Heinzel, Friedcrike (Hrsg.): Methoden der Kindheitsforschung. Ein Überblick über Forschungszugänge zur kindlichen Perspektive. Weinheim und Basel: Beltz Juventa. 80-103.

Gadamer, Hans-Georg (1975): Wahrheit und Methode. Tübingen: J.C.B. Mohr (Paul Siebeck).

Galison, Peter (1997): Image and Logic: A Material Culture of Microphysics. Chicago: University of Chicago Press.

Gebauer, Klaus-Eckhart (1998): Regierungskommunikation. In: Jarren, Otfried/Sarcinelli, Ulrich/Saxer, Ulrich (Hrsg.): Politische Kommunikation in der demokratischen Gesellschaft. Ein Handbuch. Opladen: Westdeutscher Verlag. 464-472.

Gerhards, Jürgen/Neidhardt, Friedhelm (1991): Strukturen und Funktionen moderner Öffentlichkeit: Fragestellungen und Ansätze. In: Müller-Doohm, Stefan/Neumann-Braun, Klaus (Hrsg.): Öffentlichkeit, Kultur, Massenkommunikation. Beiträge zur Medien- und Kommunikationssoziologie. Oldenburg: Bibliotheks- und Informationssystem der Universität Oldenburg. 31-89.

Gethmann, Carl F. (1996a): Wissenschaftsforschung [Art.]. In: Mittelstraß, Jürgen et al. (Hrsg.): Enzyklopädie Philosophie und Wissenschaftstheorie. Band 4. Stuttgart, Weimar: Metzler. 726-727.

Gethmann, Carl F. (1996b): Wissenschaftssoziologic [Art.]. In: Mittelstraß, Jürgen et al. (Hrsg.): Enzyklopädie Philosophie und Wissenschaftstheorie. Band 4. Stuttgart, Weimar: Metzler. 733-737.

Gibbons, Michael/Limoges, Camille/Nowotny, Helga/Schwartzman, Simon/Scott, Peter/Trow, Peter (1994): The New Production of Knowledge. The Dynamics of Science and Research in Contemporary Societies. London: Sage.

Gisler, Priska (2004): Den Faden der Wissenschaft weiterspinnen...oder Geschichten der Wissenschaft für die Öffentlichkeit und für sich selbst. In: Müller, Christian (Hrsg.): SciencePop. Wissenschaftsjournalismus zwischen PR und Forschungskritik. Wien, Graz: Nausner & Nausner. 205-218.

Glaser, Barney G./Strauss, Anselm L. (2010 [1967]): Grounded Theory. Bern: Huber.

Gabler Wirtschaftslexikon (2014): Globalisierung [Art.]. Band G-Kn. 18. aktualisierte und erweiterte Auflage. Wiesbaden: Springer Gabler. 1370.

Gabler Wirtschaftslexikon (2014): Corporate Identity [Art.]. Band C-F. 18. aktualisierte und erweiterte Auflage. Wiesbaden: Springer Gabler 660.

Goddar, Jeannette (2009): Nicht nur Zischen und Knallen! Kooperationsprojekte zwischen Schule und Wissenschaft als Instrument der Wissenschaftskommunikation auf kommunaler und regionaler Ebene. In: Wissenschaft im Dialog gGmbH: 2. Forum Wissenschaftskommunikation. Dokumentation. Berlin. 24-27.

Godin, Benoît (1998): Writing performative history: the new 'new Atlantis?' In: Social Studies of Science 28. 465–483.

Godin, Benoît (2006): The Linear Model of Innovation. The Historical Construction of an Analytical Framework. In: Science, Technology & Human Values 31 (6). 639-667.

Göhlich, Michael/Zirfas, Jörg (2007): Lernen. Ein pädagogischer Grundbegriff. Stuttgart: Kohlhammer.

Gopnik, Alison/Kuhl, Patricia/Meltzoff, Andrew (2003): Forschergeist in Windeln. Wie Ihr Kind die Welt begreift. München, Zürich: Piper.

Götz-Sobel, Christiane (2008): Wenn die Bilder laufen. Wissenschaft im Fernsehen. In: Hermannstädter, Anita/ Sonnabend, Michael/ Weber, Cornelia (Hrsg.): Wissenschaft kommunizieren. Die Rolle der Universitäten. Stifterverband für die Deutsche Wissenschaft: Essen. 74-77.

Grunig, James E./Hunt, Todd (1984): Managing Public Relations. New York [u.a.]: Holt, Rinehart and Winston.

Habermas, Jürgen (1971): Vorbereitende Bemerkungen zu einer Theorie der kommunikativen Kompetenz. In: Habermas, Jürgen/Luhmann, Niklas: Theorie der Gesellschaft oder Sozialtechnologie – Was leistet die Systemforschung? Frankfurt am Main: Suhrkamp. 101-141.

Habermas, Jürgen (1981): Theorien des kommunikativen Handelns. Frankfurt am Main: Suhrkamp.

Habermas, Jürgen (1990): Strukturwandel der Öffentlichkeit. Untersuchungen zu einer Kategorie der bürgerlichen Gesellschaft. Frankfurt am Main: Suhrkamp.

Haerle, Florian C. (2006): Personal Epistemologies of 4th Graders. Their Beliefs about Knowledge and Knowing. Oldenburg: Didaktisches Zentrum.

Hahnemann, Andy/Oels, David (2008): Einleitung. In: Dies. (Hrsg.): Sachbuch und populäres Wissen im 20. Jahrhundert. Frankfurt am Main: Peter Lang. 7-25.

Hegarty, Seamus (2010): International Organisations in Education. In: Peterson, Penelope/Baker, Eva/ McGaw, Barry (Hrsg.): International Encyclopedia of Education, Amsterdam: Elsevier. 669-675.

Hegel, Georg Wilhelm Friedrich (1834): Rede zum Schuljahrabschluss am 2. September 1811. In: Ders.: Vermischte Schriften. Hrsg. von Friedrich Förster und Ludwig Boumann. Erster Band. Berlin: Duncker und Humblot. 166-182.

Heinrich, Martin/Altrichter, Herbert/Soukup-Altrichter, Katharina (2011): Neue Ungleichheiten durch Schulprofilierung? Autonomie, Wettbewerb und Selektion in profilorientierten Schulentwicklungsprozessen. In: Dietrich, Fabian/Heinrich, Martin/Thieme, Nina (Hrsg.): Neue Steuerung – alte Ungleichheiten? Steuerung und Entwicklung im Bildungssystem. Münster: Waxmann. 271-290.

Heinzel, Friederike (2012): Qualitative Methoden der Kindheitsforschung. Ein Überblick. In: Dies. (Hrsg.): Methoden der Kindheitsforschung. Ein Überblick über Forschungszugänge aus kindlicher Perspektive. Weinheim, Basel: Beltz Juventa. 22-35.

Herger, Nikodemus (2004): Organisationskommunikation. Beobachtung und Steuerung eines organisationalen Risikos. Wiesbaden: VS.

Herger, Nikodemus (2006): Vertrauen und Organisationskommunikation. Wiesbaden: VS.

Hermannstädter, Anita/Sonnabend, Michael/ Weber, Cornelia (Hrsg.): Wissenschaft kommunizieren. Die Rolle der Universitäten. Stifterverband für die Deutsche Wissenschaft: Essen 2008.

Hessels, Laurens/Van Lente, Harro (2008): Re-thinking new knowledge production. A literature review and a research agenda. Innovation Studies Utrecht, ISU Working Paper #08.03. In: Research Policy 37. 740-760.

Hofer, Barbara K./Pintrich, Paul R. (1997): The development of epistemological theories: Beliefs about knowlegde and knowing and their relation to learning. In: Review of Educational Research 67. 88-140.

Hoffjann, Olaf (2007): Journalismus und Public Relations. Ein Theorieentwurf der Intersystembeziehungen in sozialen Konflikten. Wiesbaden: VS.

Hölldobler, Bert/Wilson, Edward O. (1994): Journey to the Ants. A Story of Scientific Exploration. Cambridge, Mass., London: The Belknap Press of Harvard University Press.

Hölscher, Lucian (1978): Öffentlichkeit [Art.]. In: Brunner, Otto/Conze, Werner/Koselleck, Reinhart (Hrsg.): Geschichtliche Grundbegriffe. Historisches Lexikon zur politisch-sozialen Sprache in Deutschland. Band 4. Stuttgart: Klett-Cotta. 413-467.

Horkheimer, Max (1953): Fragen des Hochschulunterrichts. Rede gehalten auf der Rektorenkonferenz in Kiel Juli 1952. In: Ders.: Gegenwärtige Probleme der Universität. Frankfurter Universitätsreden Heft 8. Frankfurt am Main: Klostermann. 24-40.

Horster, Detlef (1992): Philosopieren mit Kindern. Opladen: Leske + Budrich.

Hülst, D. (2012b): Das wissenschaftliche Verstehen von Kindern. In: Heinzel, Friederike (Hrsg.): Methoden der Kindheitsforschung. Ein Überblick über Forschungszugänge zur kindlichen Perspektive. Weinheim, Basel: Beltz Juventa. 52-77.

Hülst, Dirk (2012a): Grounded Theory Methodology. In: Heinzel, Friederike (Hrsg.): Methoden der Kindheitsforschung. Ein Überblick über Forschungszugänge zur kindlichen Perspektive. Weinheim, Basel: Beltz Juventa. 278-291.

Humboldt, Wilhelm von (1960 [1789]): Über Religion, in: Ders.: Werke in fünf Bänden. Band I. Hrsg. von Andreas Flitner und Klaus Giel. Darmstadt: Wissenschaftliche Buchgesellschaft. 21-38.

Humboldt, Wilhelm von (1964 [1810]): Ueber die innere und äussere Organisation der höheren wissenschaftlichen Anstalten in Berlin. In: Ders.: Werke in fünf Bänden. Band IV. Hrsg. von Andreas Flitner und Klaus Giel. Darmstadt: Wissenschaftliche Buchgesellschaft. 255-266.

Humboldt, Wilhelm von (1960 [1793]): Theorie der Bildung des Menschen. Bruchstück. In: Ders.: Werke in fünf Bänden. Band I. Hrsg. von Andreas Flitner und Klaus Giel. Darmstadt: Wissenschaftliche Buchgesellschaft. 234-240.

Huss, Nikolaus (2006): Issues Management in der Regierungskommunikation. Von Defiziten, Möglichkeiten und Grenzen. In: Köhler, Miriam M./Schuster Christian H. (Hrsg.): Handbuch Regierungs-PR. Öffentlichkeitsarbeit von Bundesregierungen und deren Beratern. Wiesbaden: VS. 301-312.

Imhof, Kurt (2003): Öffentlichkeitstheorien. In: Bentele, Günter/Brosius, Hans-Bernd/Jarren, Otfried (Hrsg.): Öffentliche Kommunikation. Handbuch Kommunikations- und Medienwissenschaft. Wiesbaden: Westdeutscher Verlag. 193-209.

Inhelder, Bärbel/Piaget, Jean (1977 [1955]): Von der Logik des Kindes zur Logik des Heranwachsenden. Essay über die Ausformung der formalen operativen Strukturen. Olten: Walter.

Isensee, Josef (1986): Verfassung als Erziehungsprogramm? In: Regenbrecht, Aloysius (Hrsg.): Bildungstheorie und Schulstruktur. Historische und systematische Untersuchungen zum Verhältnis von Pädagogik und Politik. Münster: Aschendorff. 190-207.

Jäckel, Michael (2008): Medienwirkungen. Ein Studienbuch zur Einführung. Wiesbaden: VS.

Janßen, Ulrich/Steuernagel, Ulla (2003): Die Kinderuni. Forscher erklären die Rätsel der Welt. München: dtv.

Jarren, Otfried/Donges, Patrick (2011): Politische Kommunikation in der Mediengesellschaft: Eine Einführung. Wiesbaden: VS.

Kambartel, Friedrich (1996): Wissenschaft [Art.], in: Mittelstraß, Jürgen et al. (Hrsg.), Enzyklopädie Philosophie und Wissenschaftstheorie. Band. 4. Stuttgart, Weimar: Metzler. 719-721.

Kant, Immanuel (1959 [1798]): Der Streit der Fakultäten. Hrsg. von Klaus Reich. Hamburg: Felix Meiner.

Kant, Immanuel (1964 [1786]): Mutmaßlicher Anfang der Menschengeschichte. In: Ders.: Werke in 6 Bänden. Band 6. Hrsg. von Wilhelm Weischedel. Frankfurt am Main: Insel. 83-102.

Kant, Immanuel (1964 [1803]): Über Pädagogik. In: Ders.: Werke in 6 Bänden. Band 6. Hrsg. von Wilhelm Weischedel. Frankfurt am Main: Insel. 691-761.

Kant, Immanuel (1977 [1783]): Beantwortung der Frage: Was ist Aufklärung? In: Ders.: Schriften zur Anthropologie, Geschichtsphilosophie, Politik und Pädagogik 1. Werkausgabe Band XI. Hrsg. von Wilhelm Weischedel. Frankfurt am Main: Suhrkamp. 53-61.

Kant, Immanuel (1977 [1785]): Idee zu einer allgemeinen Geschichte in weltbürgerlicher Absicht. In: Ders.: Schriften zur Anthropologie, Geschichtsphilosophie, Politik und Pädagogik 1. Werkausgabe Band XI. Hrsg. von Wilhelm Weischedel. Frankfurt am Main: Suhrkamp. 33-50.

Keienburg, Johannes (2011): Immanuel Kant und die Öffentlichkeit der Vernunft. Berlin, New York: de Gruyter.

Kelle, Udo/Kluge, Susann (1999): Vom Einzelfall zum Typus. Fallvergleich und Fallkontrastierung in der qualitativen Sozialforschung. Opladen: Leske + Budrich.

Kesselring, Thomas (1988): Jean Piaget. München: C.H. Beck.

Kirchner, Uta (1999): Fundiert oder „poliert"? Sachbücher für Kinder und Jugendliche. In: Raecke, Renate (Hrsg.): Kinder- und Jugendliteratur in Deutschland. Arbeitskreis für Jugendliteratur e.V.: München. 183-195.

Kitcher, Philip (2001): Science, Truth and Democracy. New York: Oxford University Press.

Klafki, Wolfgang (1971): Hermeneutische Verfahren in der Erziehungswissenschaft. In: Klafki, Wolfgang/Rückriem, Georg/Wolf, Willi/Freudenstein, Reinhold/Beckmann, Hans-Karl/Lingelbach, Karl-Christoph/Iben, Gerd/Diederich, Jürgen: Erziehungswissenschaft (3). Eine Einführung. Frankfurt am Main, Hamburg: Fischer. 126-153.

Klieme, Eckhard/Neubrand, Michael/Lüdtke, Oliver (2001): Mathematische Grundbildung: Testkonzeption und Ergebnisse. In: Deutsches PISA-Konsortium (Hrsg.): PISA 2000. Basiskompetenzen von Schülerinnen und Schülern im internationalen Vergleich. Opladen: Leske + Budrich. 139-190.

Koch, Lutz (2011a): Lernen und Erkenntnis. In: Mertens, Gerhard/Frost, Ursula/Böhm, Winfried/Koch, Lutz/Ladenthin, Volker (Hrsg.): Allgemeine Erziehungswissenschaft. Band 1. Paderborn, München, Wien, Zürich: Schöningh. 365-370.

Koballa, Thomas/Kemp, Andrew/Evans, Robert (1997): The spectrum of scientific literacy. An in-depth look at what it means to be scientifically literate. In: The Science Teacher: NSTA's peer-reviewed scholarly journal for secondary science teachers 64/7. 27-31.

Koch, Lutz (2011b): Lernen und Erfahrung. In: Mertens, Gerhard/Frost, Ursula/Böhm, Winfried/Koch, Lutz/Ladenthin, Volker (Hrsg.): Allgemeine Erziehungswissenschaft. Band 1. Paderborn, München, Wien, Zürich: Schöningh. 371-377.

Koerber, Susanne/Sodian, Beate/Thoermer, Claudia/Nett, Ulrike (2005): Scientific Reasoning in Young Children: Preschooler's Ability to Evaluate Covariation Evidence. In: Swiss Journal of Psychology 64 (3). 141-152.

Koerber, Susanne/Sodian, Beate/Kropf, Nicola/Mayer, Daniela/Schwippert, Kurt (2011): Die Entwicklung des naturwissenschaftlichen Denkens im Grundschulalter. Theorieverständnis, Experimentierstrategien, Dateninterpretation. In: Zeitschrift für Entwicklungspsychologie und pädagogische Psychologie, 43 (1). 16-21.

Kohring, Matthias (1997): Die Funktion des Wissenschaftsjournalismus. Ein systemtheoretischer Entwurf. Opladen: Westdeutscher Verlag.

Kohring, Matthias (2002): Vertrauen in Journalismus. In: Scholl, Armin (Hrsg.): Systemtheorie und Konstruktivismus in der Kommunikationswissenschaft. Konstanz: UVK. 91-128.

Kohring, Matthias (2004): Vertrauen in Journalismus. Theorie und Empirie. Konstanz: UVK.

Kohring, Matthias (2005): Wissenschaftsjournalismus. Forschungsüberblick und Theorieentwurf. Konstanz: UVK.

Kohring, Matthias (2009): Alles Medien oder was? Eine öffentlichkeitstheoretische Standortbestimmung. In: Merten, Klaus (Hrsg.): Konstruktion von Kommunikation in der Mediengesellschaft. Wiesbaden: VS. 71-82.

Kösel, Edmund (1995): Die Modellierung von Lernwelten: Ein Handbuch zur subjektiven Didaktik. Eltztal-Dallau: Laub.

Koselleck, Rainer (1990): Einleitung – Zur anthropologischen und semantischen Struktur der Bildung. In: Ders. (Hrsg.): Bildungsbürgertum im 19. Jahrhundert. Teil II. Bildungsgüter und Bildungswissen. Stuttgart: Klett Cotta. 11-46.

Kotler, Philip/Armstrong, Gary/Saunders, John/Wong, Veronica (2010): Grundlagen des Marketing. München: Pearson.

Kotler, Philip/Lane Keller, Kevin/Bliemel, Friedhelm (2007): Marketing-Management: Strategien für wertschaffendes Handeln. München: Addison Wesley.

Kotler, Philip/Bliemel, Friedhelm (2006): Marketing-Management. Analyse, Planung und Kontrolle. Stuttgart: Poeschel.

Kotler, Philip/Kartajaya, Hermawan/Setiawan, Iwan (2010): Die neue Dimension des Marketings. Vom Kunden zum Menschen. Frankfurt, New York: Campus.

Krapp, Andreas (2007): Lehren und Lernen [Art.]. In: Tenorth, Heinz-Elmar/Tippelt, Rudolf (Hrsg.): Beltz Lexikon Pädagogik. Weinheim, Basel: Beltz. 454-457.

Künkler, Tobias (2011): Lernen in Beziehung. Zum Verhältnis von Subjektivität und Relationalität in Lernprozessen. Bielefeld: transcript.

Ladenthin, Volker (1993): Sprachkritische Pädagogik. Beispiele in systematischer Absicht. Habilitationsschrift: Unveröffentlichte Manuskriptversion. Münster.

Ladenthin, Volker (2002): Ethik und Bildung in der modernen Gesellschaft. Die Institutionalisierung der Erziehung in systematischer Perspektive. Würzburg: Ergon.

Ladenthin, Volker (2003): Was ist „Bildung"? Systematische Überlegungen zu einem aktuellen Begriff. In: Evangelische Theologie 63 (4). 237-260.

Ladenthin, Volker (2004): Zukunft und Bildung. Entwürfe und Kritiken. Frankfurt am Main: Peter Lang.

Ladenthin, Volker (2007): Philosophie der Bildung. Eine Zeitreise von den Vorsokratikern bis zur Postmoderne. Bonn: Denkmal.

Ladenthin, Volker (2010): Globalisierung und Bildung. In: Kühnhardt, Ludger/Mayer, Tilman (Hrsg.): Die Gestaltung der Globalität. Annäherungen an Begriffe, Deutung und Methodik. ZEI Discussion Paper C198. Bonn: Zentrum für Europäische Integrationsforschung. 21-27.

Ladenthin, Volker (2011a): Das Verhältnis dreier Zieldimensionen: Politik, Pädagogik, Ethik. In: Mertens, Gerhard/Frost, Ursula/Böhm, Winfried/Koch, Lutz/Ladenthin, Volker (Hrsg.): Allgemeine Erziehungswissenschaft. Band 2. Paderborn, München, Wien, Zürich: Schöningh. 15-32.

Ladenthin, Volker (2011b): Wissenschaft und Bildung. In: Honnefelder, Ludger/Rager, Günter (Hrsg.): Bildung durch Wissenschaft? Freiburg, München: Karl Alber. 101-120.

Lamnek, Siegfried (2010): Qualitative Sozialforschung. Weinheim, Basel: Beltz.

Leggewie, Claus/Mühlleitner, Elke (2007): Die akademische Hintertreppe. Kleines Lexikon des wissenschaftlichen Kommunizierens. Frankfurt am Main, New York: Campus.

Lenhardt, Gero (2005): Hochschulen in Deutschland und in den USA. Deutsche Hochschulpolitik in der Isolation. Wiesbaden: VS.

Lenzen, Dieter (1983): Kommunikation [Art.]. In: Lenzen, Dieter/Mollenhauer, Klaus (Hrsg.): Enzyklopädie Erziehungswissenschaft. Band 1: Theorien und Grundbegriffe der Erziehung und Bildung. Stuttgart: Klett-Cotta. 457-461.

Levine, Kenneth (1986): The Social Context of Literacy. London: Routledge.

Liebeskind, Uta (2011): Universitäre Lehre. Deutungsmuster von ProfessorInnen im deutsch-französischen Vergleich. Konstanz: UVK.

Lin-Hi, Nick (2014): Corporate Social Responsibility [Art]. In: Gabler Wirtschaftslexikon. 18. aktualisierte und erweiterte Auflage. Wiesbaden: Springer Gabler. 661-663.

Lipman, Matthew (1994): Philosophy: Educational Programs. In: Camhy, Daniela G. (Hrsg.): Das philosophische Denken von Kindern. Kongreßband des 5. Internationalen Kongresses für Kinderphilosophie, Graz 1992. Sankt Augustin: Academia. 13-24.

Lipman, Matthew/Oscanyan, Frederick S./Sharp, Ann Margaret (1980): Philosophy in the Classroom. Philadelphia: Temple University Press.

Locke, John (1970 [1693]): Gedanken über Erziehung. Übersetzung, Anmerkung und Nachwort von Heinz Wohlers. Stuttgart: Reclam.

Lornsen, Boy (2009 [1967]): Robbi, Tobbi und das Fliewatüüt. Stuttgart, Wien: Thienemann.

Løvlie, Lars/Standish, Paul (2002): Bildung and the Idea of a Liberal Education. In: Journal of Philosophy of Education. 36 (3). 317-340.

Lübbe, Hermann (1985): Die Wissenschaften und die praktische Verantwortung der Wissenschaftler. In: Baumgartner, Hans Michael/Staudinger, Hansjürgen (Hrsg.): Entmoralisierung der Wissenschaften? Physik und Chemie. München, Paderborn, Wien, Zürich: Wilhelm Fink und Schöningh. 57-73.

Lüders, Christian (2008): Beobachten im Feld und Ethnographie. In: Flick, Uwe/Kardorff, Ernst von/Steinke, Ines (Hrsg.): Qualitative Forschung. Ein Handbuch. Reinbek bei Hamburg: Rowohlt. 384-401.

Lüders, Christian/Kade, Walter/Hornstein, Jochen (2006): Entgrenzung des Pädagogischen. In: Krüger, Heinz-Hermann/Helsper, Werner (Hg.): Einführung in die Grundbegriffe und Grundfragen der Erziehungswissenschaft. Opladen: Budrich. 223-232.

Luhmann, Niklas (1973): Vertrauen. Ein Mechanismus der Reduktion sozialer Komplexität. Stuttgart: Ferdinand Enke Verlag.

Luhmann, Niklas (1992): Die Wissenschaft der Gesellschaft. Frankfurt am Main: Suhrkamp.

Luhmann, Niklas/Schorr, Karl E. (1979): Reflexionsprobleme im Erziehungssystem. Stuttgart: Klett Cotta.

Lungmus, Monika (2012): „Zufrieden bin ich nicht" – Interview mit dem Geschäftsführer des Deutschen Presserates. In : Der Journalist 61 (12), 36-37.

Maier, Gerhard/Miljković, Marijana/Palmar, Manuela/Ranner, Florian: Wissenschaftsjournalisten: Statisten oder Protagonisten? In: Müller, Christian (Hrsg.): SciencePop. Wissenschaftsjournalismus zwischen PR und Forschungskritik. Graz, Wien: Nausner & Nausner. 26-32.

Manitius, Veronika/Berkemeyer, Nils (2011): Regionale Bildungsbüros – ein neuer Akteur der Schulentwicklung. In: Dietrich, Fabian/Heinrich, Martin/Thieme, Nina (2011) (Hrsg.): Neue Steuerung – alte Ungleichheiten? Steuerung und Entwicklung im Bildungssystem. Münster: Waxmann. 53-64.

Marcinkowski, Frank (1993): Publizistik als autopoietisches System. Politik und Massenmedien: Eine systemtheoretische Analyse. Opladen: Westdeutscher Verlag.

Martens, Ekkehard (1982): Philosophieren im Unterricht. München, Wien, Baltimore: Urban und Schwarzenberg.

Martens, Ekkehard (1999): Philosophieren mit Kindern. Stuttgart: Reclam.

Masschelein, Jan (1991): Kommunikatives Handeln und pädagogisches Handeln: Die Bedeutung der Habermasschen kommunikationstheoretischen Wende für die Pädagogik. Weinheim: Deutscher Studienverlag.

Masschelein, Jan/Simons, Maarten (2011): Die Universität als Ort öffentlicher Vorlesung. In: Lohmann, Ingrid/Mielich, Sinah/Muhl, Florian/Pazzini, Karl-Josef/Rieger, Laura/ Wilhelm, Eva (Hrsg.): Schöne neue Bildung? Zur Kritik der Universität der Gegenwart. Bielefeld: transcript. 135-158.

Matthews, Gareth (1989): Philosophische Gespräche mit Kindern. Berlin: Freese.

Matthews, Gareth (1990): Philosophie als vernunftgemäße Rekonstruktion der Kindheit. In: Camhy, Daniela G. (Hrsg.): Wenn Kinder philosophieren. Graz: Leykam. 34-46.

Mayall, Berry (1994): Introduction. In: Ders. (Hrsg.): Children's Childhoods: Observed and Experienced. London: Routledge. 1-12.

Mayring, Philipp (2008): Qualitative Inhaltsanalyse. Grundlagen und Techniken. Weinheim, Basel: Beltz.

Meier, Dominik (2006): Auch Regierungskommunikation braucht Qualität. Kriterien zur Qualitätssicherung und Evaluation der Politikberatung. In: Köhler, Miriam M./Schuster, Christian H. (Hrsg.): Handbuch Regierungs-PR. Öffentlichkeitsarbeit von Bundesregierungen und deren Beratern. Wiesbaden: VS. 471-478.

Mensing, Katja (2005): Nicks Wasserabenteuer. Hamburg: Carlsen.

Menze, Clemens (1979): Zur Kritik der kommunikativen Pädagogik. In: Vierteljahrsschrift für wissenschaftliche Pädagogik 55. 1-23.

Menze, Clemens (1989): Die Universitätsidee Wilhelm von Humboldts. Pädagogische Rundschau 43, 257-273.

Merten, Klaus (2008b): Kommunikation und Persuasion. In: Bentele, Günter/Fröhlich, Romy/Szyszka, Peter (Hrsg.): Handbuch der Public Relations. Wissenschaftliche Grundlagen und berufliches Handeln. Mit Lexikon. Wiesbaden: VS. 297-308.

Merten, Klaus (2009): Schwierigkeiten mit der Kommunikation einer Ethik der Kommunikation, in: Ders. (Hrsg.): Konstruktion von Kommunikation in der Mediengesellschaft. Festschrift für Joachim Westerbarkey. Wiesbaden: VS. 99-118.

Merton, Robert K. (1973): The Sociology of Science. Theoretical and Empirical Investigations. Chicago, London: The University of Chicago Press.

Meuser, Michael/Nagel, Ulrike (1991): ExpertInneninterviews – vielfach erprobt, wenig bedacht. Ein Beitrag zur qualitativen Methodendiskussion. In: Garz, Detlev/Kraimer, Klaus (Hrsg.): Qualitativ-empirische Sozialforschung. Konzepte, Methoden, Analysen. Opladen: Westdeutscher Verlag. 441-471.

Meuser, Michael/Nagel, Ulrike (2010): Experteninterviews – wissenssoziologische Voraussetzungen und methodische Durchführung. In: Friebertshäuser, B./Langer,

A./Prengel, A. (Hrsg.): Handbuch Qualitative Forschungsmethoden in der Erziehungswissenschaft. Weinheim, München: Juventa. 457-471.

Meyer-Drawe, Käte (2011): Lernen als pädagogischer Grundbegriff. In: Mertens, Gerhard/Frost, Ursula/Böhm, Winfried/Koch, Lutz/Ladenthin, Volker (Hrsg.): Allgemeine Erziehungswissenschaft. Band 1. Paderborn, München, Wien, Zürich: Schöningh. 397-408.

Meyers Enzyklopädisches Lexikon in 25 Bänden (1976): Parthenogenese [Art.]. Band 18. Mannheim, Wien, Zürich: Bibliographisches Institut. 254.

Miller, Jon D. (1983): Scientific Literacy: A Conceptual and Empirical Review. In: Daedalus 112 (2). 29-48.

Miller, Jon D. (1998): The Measurement of Civic Scientific Literacy. In: Public Understanding of Science 7 (3). 203-223.

Miller, Jon D. /Pardo, Rafael (2000): Civic Scientific Literacy and Attitude to Science and Technology: A Comparative Analysis of the European Union, the United States, Japan, and Canada. In: Dierkes, Meinolf/von Grote, Claudia (Hrsg.): Between Understanding and Trust. The Public, Science and Technology. Amsterdam: Harwood. 81-130.

Mittelstraß, Jürgen (1996): Wissenschaftsgeschichte [Art]. In: Ders. et al. (Hrsg.): Enzyklopädie Philosophie und Wissenschaftstheorie. Band 4. Stuttgart, Weimar: Metzler. 727-730.

Mollenhauer, Klaus (1972): Theorien zum Erziehungsprozeß. Zur Einführung in erziehungswissenschaftliche Fragestellungen. München: Juventa.

Mollenhauer, Klaus (1994 [1983]): Vergessene Zusammenhänge. Über Kultur und Erziehung. Weinheim, München: Juventa.

Mouffe, Chantal (2007): Über das Politische. Wider die kosmopolitische Illusion. Frankfurt am Main: Suhrkamp.

Müller, Christian (2004): Sciencetainment im Tanga-Slip oder Die Akte X der Wissenschaft. In: Ders. (Hrsg.): SciencePop. Wissenschaftsjournalismus zwischen PR und Forschungskritik. Graz, Wien: Nausner & Nausner, 110-125.

Neidhardt, Friedhelm (1994): Öffentlichkeit, öffentliche Meinung, soziale Bewegungen. In: Ders. (Hrsg.): Öffentlichkeit, öffentliche Meinung, soziale Bewegungen. Kölner Zeitschrift für Soziologie und Sozialpsychologie. Opladen: Westdeutscher Verlag. 7-41.

Neidhardt, Friedhelm (2002): Wissenschaft als öffentliche Angelegenheit. WZB-Vorlesungen 3. Vorlesung vom 26. November 2002. Berlin: Wissenschaftszentrum Berlin für Sozialforschung.

Nesbø, Jo (2008): Doktor Proktors Pupspulver. Würzburg: Arena.

Nietzsche, Friedrich (1980 [1872]): Ueber die Zukunft unserer Bildungsanstalten. Vortrag I. In: Ders.: Sämtliche Werke. Kritische Studienausgabe. Band. 1. Hrsg. Von Giorgio Colli und Mazzino Montinari. München: dtv; New York: de Gruyter. 643-671.

Nietzsche, Friedrich (1999 [1874]): Vom Nutzen und Nachteil der Historie für das Leben. In: Ders.: Unzeitgemäße Betrachtungen. Mit einem Nachwort, einer Zeittafel zu Nietzsche, Anmerkungen und bibliographischen Hinweisen von Peter Pütz. München: Goldmann. 75-148.

Nolda, Sigrid (2004): Zerstreute Bildung. Bielefeld: Bertelsmann.

Norris, Stephen P./Phillips, Linda M. (2009): Scientific Literacy. In: Olson, David R./Torrance, Nancy (Hrsg.): The Cambridge Handbook of Literacy. Cambridge: Cambridge University Press. 271-285.

Nowotny, Helga/Scott, Peter/Gibbons, Michael (2005): Wissenschaft neu denken. Wissen und Öffentlichkeit in einem Zeitalter der Ungewißheit. Weilerswist: Velbrück.

Ode, Erik (2006): Das Ereignis des Widerstandes. Jacques Derrida und die ‚Unbedingte Universität‘. Würzburg: Königshausen und Neumann.

OECD (2000) (Hrsg.): Literacy in the Information Age. Final Report on the International Adult Literacy Survey. Paris.

Oelkers, Jürgen (2002): „Wissenschaftliche Bildung": Einige notwendige Verunsicherungen in beide Richtungen. In: Gräber, Wolfgang/Nentwig, Peter/Koballa, Thomas/Evans, Robert (Hrsg.): Scientific Literacy. Der Beitrag der Naturwissenschaften zur Allgemeinen Bildung. Opladen, Leske + Budrich. 105-120.

Olson, David R. /Torrance, Nancy (2009): Preface. In: Dies. (Hrsg.): The Cambridge Handbook of Literacy. Cambridge: Cambridge University Press. XIII-XXI.

Ossowski, Ekkehard/Ossowski, Herbert (2011): Sachbücher für Kinder und Jugendliche. In: Lange, Günter (Hrsg.): Kinder- und Jugendliteratur der Gegenwart. Ein Handbuch. Baltmannsweiler: Schneider Verlag Hohengehren. 364-388.

Pansegrau, Petra (2009): Zwischen Fakt und Fiktion – Stereotypen von Wissenschaftlern in Spielfilmen. In: Hüppauf, Bernd/Weingart, Peter (Hrsg.): Frosch und Frankenstein. Bilder als Medium der Popularisierung von Wissenschaft. Bielefeld: transcript. 373-386.

Pansegrau, Petra/Taubert, Nils/Weingart, Peter (2011): Wissenschaftskommunikation in Deutschland. Ergebnisse einer Onlinebefragung. Berlin: Deutscher Fachjournalisten-Verband.

Pavlov, Ivan P. (1927): Conditioned Reflexes: An Investigation of the Physiological Activity of the Cerebral Cortex. Translated and edited by G.V. Anrep. London: Oxford University Press.

Peters, Hans-Peter/Heinrichs, Harald/Jung, Arlena/Kallfass, Monika/Petersen, Imme (2008): Medialisierung der Wissenschaft als Voraussetzung ihrer Legitimierung und politischen Relevanz. In: Mayntz, Renate/Neidhardt, Friedhelm/Weingart, Peter/ Wengenroth, Ulrich (Hrsg.): Wissensproduktion und Wissenstransfer. Wissen im Spannungsfeld von Wissenschaft, Politik und Öffentlichkeit. Bielefeld: transcript. 269-292.

Petzelt, Alfred (1961): Über das Lernen. In: Petzelt, Alfred/Fischer, Wolfgang/Heitger, Marian (Hrsg.): Einführung in die pädagogische Fragestellung. Aufsätze zur Theorie der Bildung. Teil I. Freiburg im Breisgau: Lambertus. 73-92.

Pfetsch, Barbara/Bossert, Regina (2013): Öffentliche Kommunikation [Art.]. In: Bentele, Günter/Brosius, Hans-Bernd/Jarren, Otfried (Hrsg.): Lexikon Kommunikations- und Medienwissenschaft. Wiesbaden: Springer VS. 248 f.

Piaget, Jean (2005 [1926]): Das Weltbild des Kindes. München: dtv.

Prenzel, Manfred/Rost, Jürgen/Senkbeil, Martin/Häußler, Peter/Klopp, Annekatrin (2001): Naturwissenschaftliche Grundbildung: Testkonzeption und Ergebnisse. In: Deutsches PISA-Konsortium (Hrsg.): PISA 2000. Basiskompetenzen von Schülerinnen und Schülern im internationalen Vergleich. Opladen: Leske + Budrich. 191-248.

Programmdirektion Erstes Deutsches Fernsehen (2012) (Hrsg.): ARD-Bericht 2011/12 und Leitlinien 2013/14. München: Steininger Druck.

Reich, Kersten (2002): Konstruktivistische Didaktik: Lehren und Lernen aus interaktionistischer Sicht. Neuwied, Kriftel: Luchterhand.

Reinhardt, Sibylle (2005): Politik-Didaktik. Praxishandbuch für die Sekundarstufe I und II. Berlin: Cornelsen-Verlag.

Reuter, Lutz R. (1998): Bildungspolitische Kommunikation. In: Jarren, Otfried/Sarcinelli, Ulrich/Saxer, Ulrich (Hrsg.): Politische Kommunikation in der demokratischen Gesellschaft. Ein Handbuch. Opladen: Westdeutscher Verlag. 588-594.

Rhyn, Heinz (2004): Sinnlichkeit/Sensualismus [Art.]. In: Benner, Dietrich/Oelkers, Jürgen (Hrsg.): Historisches Wörterbuch der Pädagogik. Weinheim, Basel: Beltz. 866-886.

Richardt, Claudia (2008): Was bewirken Kinderuniversitäten? Ziele, Erwartungen und Effekte am Beispiel der Kinderuni Braunschweig-Wolfsburg. Braunschweig: Technische Universität Braunschweig.

Richter, Rudolf (1997): Qualitative Methoden in der Kindheitsforschung. Österreichische Zeitschrift für Soziologie 22 (4). 74-98.

Rip, Arie (2002): Science for the 21st Century. In: Tindemans, Peter, Verrijn-Stuart, Alexander, Visser, Rob (Hrsg.): The Future of Science and the Humanities. Amsterdam: Amsterdam University Press. 99-148.

Rödder, Simone (2009): Wahrhaft sichtbar. Humangenomforscher in der Öffentlichkeit. Baden-Baden: Nomos.

Ronneberger, Franz/Rühl, Manfred (1992): Theorie der Public Relations. Ein Entwurf. Opladen: Westdeutscher Verlag.

Rosenbusch, Heinz/Schober, Otto (2000): Körpersprache in der schulischen Erziehung. Baltmannsweiler: Schneider Verlag Hohengehren.

Rosenbusch, Heinz/Schober, Otto (2004): Körpersprache und Pädagogik: Pädagogische und fachdidaktische Aspekte nonverbaler Kommunikation. Baltmannsweiler: Schneider Verlag Hohengehren.

Röttger, Ulrike (2009): Theorien der Public Relations. Grundlagen und Perspektiven der PR-Forschung. Wiesbaden: VS.

Rüegg, Walter (1993): Themen, Probleme, Erkenntnisse. In: Ders. (Hrsg.): Geschichte der Universität in Europa. Band 1: Mittelalter. München: C.H. Beck. 23-48.

Rüegg, Walter (2004): Themen, Probleme, Erkenntnisse. In: Ders. (Hrsg.): Geschichte der Universität in Europa. Band 3: Vom 19. Jahrhundert zum Zweiten Weltkrieg. München: C.H. Beck. 17-41.

Rühl, Manfred (1993): Kommunikation und Öffentlichkeit. Schlüsselbegriffe zur kommunikationswissenschaftlichen Rekonstruktion der Öffentlichkeit. In: Bentele, Günter/Rühl, Manfred (Hrsg.): Theorien öffentlicher Kommunikation. Problemfelder, Positionen, Perspektiven. Schriftenreihe der Deutschen Gesellschaft für Publizistik- und Kommunikationswissenschaft 19. München: Ölschläger. 77-102.

Sammet, Jürgen (2004): Kommunikationstheorie und Pädagogik. Studien zur Systematik „Kommunikativer Pädagogik". Würzburg: Königshausen & Neumann.

Sarcinelli, Ulrich (2011): Politische Kommunikation in Deutschland. Medien und Politikvermittlung im demokratischen System. Wiesbaden: VS.

Sarcinelli, Ulrich/Hoffmann, Jochen (2009): Öffentlichkeitsarbeit zwischen Ideal und Ideologie. Wie viel Moral verträgt PR und wie viel PR verträgt Moral? In: Röttger, Ulrike (Hrsg.): PR-Kampagnen. Über die Inszenierung von Öffentlichkeit. Wiesbaden: VS. 233-245.

Schäfer, Karl-Hermann/Schaller, Klaus (1971): Kritische Erziehungswissenschaft und kommunikative Didaktik. Heidelberg: Quelle und Meyer.

Schaller, Klaus (1978): Einführung in die kommunikative Pädagogik: Ein Studienbuch. Freiburg im Breisgau, Basel, Wien: Herder.

Schaller, Klaus (1987): Pädagogik der Kommunikation. Annäherungen, Erprobungen. Sankt Augustin: Richarz.

Schedler, Kuno/Proeller, Isabella (2000): New Public Management. Bern, Stuttgart, Wien: Haupt.

Schiller, Friedrich (2006 [1789]): Was heißt und zu welchem Ende studiert man Universalgeschichte? Eine akademische Antrittsrede. Hrsg. von Otto Dann. Stuttgart: Reclam.

Schleiermacher, Friedrich Daniel (1965 [1846]): Ausgewählte pädagogische Vorlesungen und Schriften. Ausgewählt und eingeleitet von Heinz Schuffenhauer. Berlin: Volk und Wissen.

Schmidt, Christiane (2010): Auswertungstechniken für Leitfadeninterviews. In: Friebertshäuser, Barbara/Langer, Antje/Prengel, Annedore (Hrsg.): Handbuch Qualitative Forschungsmethoden in der Erziehungswissenschaft. Weinheim, München: Juventa. 473-486.

Scholz, Gerold (2012): Teilnehmende Beobachtung. In: Heinzel, Friederike (Hrsg.): Methoden der Kindheitsforschung. Ein Überblick über Forschungszugänge zur kindlichen Perspektive. Weinheim, Basel: Beltz Juventa. 116-133.

Schreiber, Pia (2012): Kinderuniversitäten in der Welt – ein Vergleich. In: Dernbach, Beatrice/Kleinert, Christian/Münder, Herbert (Hrsg.): Handbuch Wissenschaftskommunikation. Wiesbaden: VS Springer. 107-115.

Schummer, Joachim/Spector, Tami I. (2009): Visuelle Populärbilder und Selbstbilder der Wissenschaft. In: Hüppauf, Bernd/Weingart, Peter (Hrsg.): Frosch und Frankenstein. Bilder als Medium der Popularisierung von Wissenschaft. Bielefeld: transcript. 341-372.

Schwanitz, Dietrich (1999): Bildung – Alles, was man wissen muss. Frankfurt am Main: Eichborn.

Schwarz, Angela (1999): Der Schlüssel zur modernen Welt: Wissenschaftspopularisierung in Großbritannien und Deutschland im Übergang zur Moderne (ca. 1870-1914). Stuttgart: Steiner.

Seifert, Michael (2008a): Epidemie Kinderuni. Was bringen Kinderunis wirklich? In: Hermanstätter, Anita/Sonnabend, Michael/Weber, Cornelia (Hrsg.): Wissenschaft kommunizieren. Die Rolle der Universitäten. Essen: Stifterverband für die Deutsche Wissenschaft. 46-51.

Seifert, Michael (2008b): Grußwort. In: Richardt, Claudia: Was bewirken Kinderuniversitäten? Ziele, Erwartungen und Effekte am Beispiel der Kinderuni Braunschweig-Wolfsburg. Braunschweig: Technische Universität Braunschweig. 5

Seifert, Michael (2012): 10 Jahre Kinderuni: Ein innovatives Format überschreitet die Universität und gewinnt internationale Dimensionen. In: Dernbach, Beatrice/ Kleinert, Christian/Münder, Herbert (Hrsg.): Handbuch Wissenschaftskommunikation. Wiesbaden: VS Springer. 177-183.

Seiffert, Helmut (1989): Wissenschaft [Art.], in: Seiffert, Helmut/Radnitzky, Gerard (Hrsg.): Handlexikon zur Wissenschaftstheorie. München: Ehrenwirth. 391-399.

Seitz, Klaus (2002): Bildung in der Weltgesellschaft. Gesellschaftstheoretische Grundlagen Globalen Lernens. Frankfurt am Main: Brandes & Apsel.

Sentker, Andreas (2013): Was ist das denn? Nach mehr als 50 Jahren und 131 Ausgaben erscheint ein Klassiker des Kindersachbuchs in neuer Gestalt. In: Die Zeit 47, 20.11.2013. 41.

Shamos, Morris (1995): The Myth of Scientific Literacy. New Brunswick, NJ: Rutgers University Press.

Shamos, Morris (2002): Durch Prozesse ein Bewußtsein für die Naturwissenschaften entwickeln. In: Gräber, Wolfgang/Nentwig, Peter/Koballa, Thomas/Evans, Robert (Hrsg.): Scientific Literacy. Der Beitrag der Naturwissenschaften zur Allgemeinen Bildung. Opladen: Leske + Budrich. 45-68.

Shannon, Claude E./Weaver, Warren (1977 [1949]): Mathematische Grundlagen der Informationstheorie. München, Wien: Oldenbourg.

Shinn, Terry (2002): The Triple Helix and New Production of Knowledge: Prepackaged Thinking on Science and Technology. In: Social Studies of Science 32. 599-614.

Singer, Wolf (2003): Ein neues Menschenbild? Gespräche über Hirnforschung. Frankfurt am Main: Suhrkamp.

Snow, Charles P. (1960): The Two Cultures and the Scientific Revolution. Cambridge: Cambridge University Press.

Sodian, Beate/Meyer, Daniela (2013): Entwicklung des wissenschaftlichen Denkens im Vor- und Grundschulalter. In: Stamm, Margrit/Edelmann, Doris (Hrsg.): Handbuch frühkindliche Bildungsforschung. Wiesbaden: Springer VS. 617-631.

Sodian, Beate/Bullock, Merry (2008): Scientific reasoning – Where are we now? In: Cognitive Development 23. 431-434.

Spitzer, Manfred (2007): Lernen. Gehirnforschung und die Schule des Lebens. München: Elsevier.

Steve Fuller (2000): The Governance of Science. Buckingham: Open University Press.

Stichweh, Rudolf (1977): Ausdifferenzierung der Wissenschaft: Eine Analyse am deutschen Beispiel. Bielefeld: Universität Bielefeld.

Stichweh, Rudolf (1994): Wissenschaft, Universität, Professionen. Soziologische Analysen. Frankfurt am Main: Suhrkamp.

Stichweh, Rudolf (2005): Inklusion und Exklusion. Studien zur Gesellschaftstheorie. Bielefeld: transcript.

Stiftung Haus der kleinen Forscher (2011) (Hrsg.): Wissenschaftliche Untersuchungen zur Arbeit der Stiftung „Haus der kleinen Forscher". Band I. Köln: Bildungsverlag EINS.

Stojanov, Krassimir (2006): Bildung und Anerkennung. Wiesbaden: VS.

Stokes, Donald E. (1997): Pasteur's Quadrant. Basic Science and Technological Innovation. Washington D.C.: U.S. Government.

Strauss, Anselm/Corbin, Juliet (1996): Grounded Theory: Grundlagen Qualitativer Sozialforschung. Aus dem Amerikanischen übersetzt von Solveig Niewiarra und Heiner Leggewie. Weinheim: Beltz.

Street, Brian (1984): Literacy in Theory and Practice. Cambridge: Cambridge University Press.

Symes, Robert F./Harding, Roger R. (2012): Edelsteine und Kristalle. München: Dorling Kindersley.

Täubig, Vicki (2011): Lokale Bildungslandschaften – Governance zwischen Schule und Jugendhilfe zum Abbau herkunftsbedingter Bildungsungleichheit? In: Dietrich, Fabian/Heinrich, Martin/Thieme, Nina (2011) (Hrsg.): Neue Steuerung – alte Ungleichheiten? Steuerung und Entwicklung im Bildungssystem. Münster: Waxmann. 219-228.

Tenorth, Elmar (1994): „Alle alles zu lehren." Möglichkeiten und Perspektiven allgemeiner Bildung. Darmstadt: Wissenschaftliche Buchgesellschaft.

Theis-Berglmair, Anna (2008): Öffentlichkeit und öffentliche Meinung. In: Bentele, Günter/Fröhlich, Romy/Szyszka, Peter (Hrsg.): Handbuch der Public Relations. Wiesbaden: VS. 335-345.

Tippelt, Rudolf (2010): ‚Bildung in der Demokratie' als Thema der Erziehungswissenschaft. In: Aufenanger, Stefan/Hamburger, Franz/Ludwig, Luise/Tippelt, Rudolf (Hrsg.): Bildung in der Demokratie. Beiträge zum 22. Kongress der Deutschen Gesellschaft für Erziehungswissenschaft. Opladen, Farmington Hills: Budrich. 17-25.

Tischner, Wolfgang (1985): Der Dialog als grundlegendes Prinzip der Erziehung. Frankfurt am Main: Peter Lang.

Trautmann, T. (2010): Interviews mit Kindern. Grundlagen, Techniken, Besonderheiten, Beispiele. Wiesbaden: VS, GWV.

Tremp, Peter (2004): Ist die Kinder-Uni die bessere Schule? Die Hochschulen suchen ein neues Publikum. In: Neue Zürcher Zeitung 69, 23.4.2004. 63.

UNESCO (1947) (Hrsg.): Fundamental Education: Common Ground for all Peoples. New York: Macmillan.

UNESCO (1949) (Hrsg.): Fundamental Education: A Description and Programme. Paris.

UNESCO (2005) (Hrsg.): Education for All: Global Monitoring Report 2006. Literacy for Life. Paris.

UNESCO (2007) (Hrsg.): La Philosophie, une École de la Liberté. Enseignement de la Philosophie et Apprentissage du Philosopher: État des Lieux et Regards pour l'Avenir. Paris.

Verger, Jacques (1993): Grundlagen. In: Rüegg, Walter (Hrsg.): Geschichte der Universität in Europa. Band I: Mittelalter. München: C.H. Beck. 49-80.

Vygotskij, Lew S. (1961 [1934]): Denken und Sprechen. Frankfurt am Main: Fischer.

Von Hentig, Hartmut (2003 [1969]): Wissenschaft. Eine Kritik. München, Wien: Carl Hanser.

Watzlawick, Paul/Beavin, Janet H./Jackson, Don D. (2007 [1969]): Menschliche Kommunikation. Formen, Störungen, Paradoxien. Bern: Hans Huber.

Weber, Max (2011 [1919]): Wissenschaft als Beruf. Berlin: Duncker & Humblot.

Weingart, Peter (2001): Die Stunde der Wahrheit? Zum Verhältnis der Wissenschaft zu Politik, Wissenschaft und Medien in der Wissensgesellschaft. Weilerswist: Velbrück.

Weingart, Peter (2005): Die Wissenschaft der Öffentlichkeit. Weilerswist: Velbrück.

Weingart, Peter (2009): Frankenstein in Entenhausen? In: Hüppauf, Bernd/Weingart, Peter (Hrsg.): Frosch und Frankenstein. Bilder als Medium der Popularisierung von Wissenschaft. Bielefeld: transcript. 387-406.

Weingart, Peter/Carrier, Martin/Krohn, Wolfgang (2007): Nachrichten aus der Wissensgesellschaft. Analysen zur Veränderung der Wissenschaft. Weilerswist: Velbrück.

Weingart, Peter/Pansegrau, Petra/Rödder, Simone/Voß, Miriam (2007): Bericht zum Projekt „Vergleichende Analyse Wissenschaftskommunikation". Unveröffentlichtes Dokument im Auftrag des Bundesministeriums für Bildung und Forschung.

Wilkening, Friedrich/Sodian, Beate (2005): Scientific Reasoning in Young Children: Introduction. In: Dies. (Hrsg.): Special Issue 'Scientific Reasoning in Young Children'. Swiss Journal of Psychology, 64 (3). 137-139.

Winkel, Rainer (1985): Wider die Vorwegnahme und Beliebigkeit des Lehrens und Lernens oder: Zur Verdeutlichung der kritisch-kommunikativen Didaktik (eine Replik). In: Pädagogische Rundschau 39. 721-732.

Winkel, Rainer (2005): Der gestörte Unterricht: Diagnostische und therapeutische Möglichkeiten. Baltmannsweiler: Schneider Verlag Hohengehren.

Wulf, Christoph/Althans, Birgit/Audehm, Kathrin/Blaschke, Gerald/Ferrin, Nino/Kellermann, Ingrid/Mattig, Ruprecht/Schinkel, Sebastian (2011): Die Geste in Erziehung, Bildung und Sozialisation. Ethnographische Feldstudien. Wiesbaden: VS Springer.

Yang, Fang-Ying/ Tsai, Chin-Chung (2010): An Epistemic Framework for Scientific Reasoning in Informal Contexts. In: Bendixen, Lisa/Feucht, Florian (Hrsg.): Personal Epistemology in the Classroom: Theory, Research, and Implications for Practice. Cambridge: Cambridge University Press. 124-162.

Zerfaß, Ansgar (2010): Unternehmensführung und Öffentlichkeitsarbeit. Wiesbaden: VS.

Zetzsche, Indre (2004) (Hrsg.): Wissenschaftskommunikation. Streifzug durch ein ‚neues' Feld. Bonn: Lemmens.

Ziman, John (1968): Public Knowledge. The Social Dimension of Science. Cambridge: Cambridge University Press.

Ziman, John (1991): Public Understanding of Science. In: Science, Technology & Human Values 16 (1). 99-105.

Zimen, Erik (1997): Wölfe. Nürnberg: Tessloff.

Internet-Quellen

Bundesministerium für Bildung und Forschung (2009a): Dialog Wissenschaft und Gesellschaft. Unter: http://www.bmbf.de/de/1758.php. Zugriff am 18.11.09.

Bundesministerium für Bildung und Forschung (2011a) (Hrsg.): Allianz für Bildung. Pressemitteilung. Unter: http://www.bmbf.de/de/15799.php. Zugriff am 29.10.2012.

Bundesministerium für Bildung und Forschung (2011b) (Hrsg.): Allianz für Bildung (Allianzpapier).
    Unter: http://www.bmbf.de/pubRD/Allianzpapier_ohne_tags_barrierefrei.pdf, Zugriff am 12.9.2014.

Bundesministerium für Bildung und Forschung (2014a) (Hrsg.): Bildung und Forschung in Zahlen 2014. Ausgewählte Fakten aus dem Daten-Portal des BMBF. Unter: http://www.datenportal.bmbf.de/portal/de/index.html. Zugriff am 12.9.2014.

Bundesministerium für Bildung und Forschung (2014b) (Hrsg.): Bildung und Forschung sichern unseren Wohlstand. Unter: http://www.bmbf.de/de/90.php. Zugriff am 12.9.2014.

Elsing, Sarah (2009): Mit Humboldt um die Welt. In: Die Zeit 29, 13.07.2009. Unter: http://www.zeit.de/2009/29/C-Zoo-Interview. Zugriff am 13.12.2014.

Grunder, Hans-Ulrich/Hegnauer, Kathrin/Wagner, Stefanie (2004): „Haben Sie beim Tauchen auch Katzenhaie gesehen?" Bericht der Begleitstudie zur Kinder-Uni Basel im Sommersemester 2004. Unter: https://kinderuni.unibas.ch/kurz-erklaert. Zugriff am 12.9.2014.

Hildebrandt-Woeckel, Sabine (2010): Wo 500 Kinder auf den Tisch trommeln. In: Frankfurter Allgemeine Zeitung vom 31.01.2010. Unter: http://www.faz.net/aktuell/beruf-chance/campus/kinderuniversitaeten-wo-500-kinder-auf-den-tisch-trommeln-1909023.html. Zugriff am 13.12.2014.

Klein, Katharina (2011): Vorlesungen für Kleine. In: Frankfurter Allgemeine Zeitung vom 31.08.2011. Unter: http://www.faz.net/aktuell/beruf-chance/campus/kinderunis-vorlesungen-fuer-kleine-11129227.html. Zugriff am 13.12.2014.

Kutzbach, Cajo (2009): Verkaufsschlager der Universitäten. Kindervorlesungen stoßen seit 2002 auf großes Interesse. Deutschlandfunk. Unter: http://www.dradio.de/dlf/sendungen/campus/920484. Zugriff am 4.6.2014.

Meichsner, Beate (2010): Keine Scheu vor schlauen Kindern. Süddeutsche Zeitung vom 17.05.2010. Unter: http://www.sueddeutsche.de/karriere/kinder-uni-keine-scheu-vor-schlauen-kindern-1.565262. Zugriff am 13.12.2014.

Merten, Klaus (2008a): Public Relations – die Lizenz zum Täuschen? Unter: http://www.zeeb-kommunikation.de/cms/fileadmin/Media/merten-vortrag_muenster_19.6.pdf. Zugriff am 3.9.2014.

Ministerium für Schule, Wissenschaft und Forschung NRW (2001) (Hrsg.): Rahmenvorgabe Politische Bildung. Unter: http://www.berufsbildung.schulministerium.nrw.de/cms/upload/_lehrplaene/a/uebergreifende_richtlinien/politische_bildung_500.pdf. Zugriff am 12.9.2014.

Mohr, Mirjam (2004): Kinder-Unis: Ein Erfolgsprojekt macht Schule. In: Spiegel Online, 25.09.2004. Unter: http://www.spiegel.de/schulspiegel/kinder-unis-ein-erfolgsprojekt-macht-schule-a-314101.html. Zugriff am 14.12.2014.

Moesle, Marianne (2002): Die Jüngsten wollen's wissen. In: Die Zeit 29, 11.07.2002. Unter: http://www.zeit.de/2002/29/Die_Juengsten_wollen's_wissen. Zugriff am 13.12.2014.

Putz, Ulrike (2004): Kindervorlesungen: Leicht ist schwer. In: Spiegel Online, 09.01.2004. Unter: http://www.spiegel.de/unispiegel/studium/kinder-vorlesungen-leicht-ist-schwer-a-281154.html. Zugriff am 14.12.2014.

Röbke, Thomas (2008): Lieber ohne Eltern. In: Die Zeit 34, 05.08.2008. Unter: http://www.zeit.de/2008/34/C-Kinderuni. Zugriff am 13.12.2014.

Schnabel, Ulrich (2003): Im Ländle der Gelehrten. In Die Zeit 28, 03.07.2003. Unter: http://www.zeit.de/2003/28/Sieger. Zugriff am 13.12.2014.

Seifert, Michael (2003): Begleitforschungsstudie ergibt, dass Kinder mit der Tübinger Kinder-Uni sehr zufrieden sind. Unter: www.idw-online.de/pages/de/news72354. Zugriff am 20.9.2013.

Steuernagel, Ulla (2004): Pu der Bär im Audimax. In Die Zeit 10, 26.02.2004. Unter: http://www.zeit.de/2004/10/B-Kinderuni. Zugriff am 13.12.2014.

Strassmann, Burkhard (2010): Jugend gräbt. In: Die Zeit 29, 27.07.2010. Unter: http://www.zeit.de/2010/29/Foehr-Kinderuni. Zugriff am 13.12.2014.

Thimm, Katja (2003): Kleine nackte Griechen. In: Der Spiegel 21, 17.05.2003. Unter: http://www.spiegel.de/spiegel/print/d-27163355.html. Zugriff am 14.12.2013.

Uhl, Gernot (2005): „Eine Show abziehen, ohne Klamauk zu machen". In: Frankfurter Allgemeine Zeitung vom 01.11.2005. Unter: http://www.faz.net/aktuell/beruf-chance/studium-eine-show-abziehen-ohne-klamauk-zu-machen-1280212.html. Zugriff am 13.12.2014.

Filme und Hörspiele

Der rote Korsar (The Crimson Pirate). R.: Robert Siodmak. Drehbuch: Roland Kibbee. USA: Hecht-Lancaster 1952. Fassung: DVD Warner Home Video. 100 Min.

Epic – Verborgenes Königreich (Epic). R.: Chris Wedge. Drehbuch: James V. Hart, William Joyce. USA: 20th Century Fox 2013. Fassung: 20th Century Fox Home Entertainment. 98 Min.

Arthur, Robert/Arden, William: Die drei ??? (The Three Investigators). R.: Heikedine Körting. Dialogbuch: H. G. Francis. Deutschland 1979. Europa-Verlag: Hamburg.

9 Anhang

Anhang I: Leitfaden Kinderinterviews

1. Wie hat dir die Vorlesung gefallen?
2. Kannst du mir sagen, worum es ging?
3. Was war am interessantesten? Woran kannst Du Dich erinnern?
4. Hast Du etwas aus der Vorlesung schon einmal woanders gehört oder gesehen?
5. Hast Du alles verstanden, was dort erzählt wurde?
6. Was hast Du heute Neues erfahren?
7. Warum hast Du mitgeschrieben? (wenn mitgeschrieben wurde)
8. Warum gibt es eigentlich eine Kinderuni?
9. Ist die Kinderuni so wie Schule?
10. Weißt Du, was ein Wissenschaftler macht? Oder womit sich der Wissenschaftler von heute beschäftigt?
11. Wie hat er das herausgefunden, was er heute vorgestellt hat? Woher weiß er, dass es stimmt?
12. Kennst Du Wissenschaftler aus Geschichten oder Filmen? Hast Du vorher schon einmal Wissenschaftler getroffen?

Im Wiederholungsinterview wurden die Fragen leicht abgewandelt (z.B. konkret auf das Vorlesungsthema bezogen) bzw. weggelassen, wenn sie im vorherigen Interview schon behandelt wurden. Stattdessen durften die Kinder frei über ihre Eindrücke aus der Vorlesung erzählen.

Tabelle 2: Übersicht über die Kinder der Fokusgruppe				
Name	Alter	Beschreibung	Anzahl Interviews	Besuchte Vorlesungen
Emilia	9 Jahre	Akademischer Bildungsabschluss beider Eltern, sozio-ökonomischer Status der Familie: EGP-Klasse I[105]	1	1
Helena	12 Jahre	Ein Elternteil mit akademischem Bildungsabschluss, sozio-ökonomischer Status der Familie: EGP-Klassen II und IVa, Migrationshintergrund, Eltern getrennt lebend	2	2
Henri	8 Jahre	Eltern ohne akademischen Bildungsabschluss, sozio-ökonomischer Status der Familie: EGP-Klasse IIIa (Mutter), Migrationshintergrund, Eltern getrennt lebend, Erwerbslosigkeit der Mutter	2	3
Jette	8 Jahre	Ein Elternteil mit akademischem Bildungsabschluss, sozio-ökonomischer Status der Familie: EGP-Klassen II und IIIa	1	1

---

[105] Die Klassifizierung des sozio-ökonomischen Status der Familien erfolgte in Anlehnung an die PISA-Studie 2000 (Baumert/Schümer 2001, 339). Die EGP-Klassen nach Erikson werden wie folgt definiert: EGP-Klasse I: Obere Dienstklasse, EGP-Klasse II: Untere Dienstklasse, EGP-Klasse III: Routinedienstleistungen in Handel und Verwaltung, EGP-Klasse IV: Selbstständige („Kleinbürgertum") und selbstständige Landwirte, EGP-Klasse V-VI: Facharbeiter und Arbeiter mit Leitungsfunktionen sowie Angestellte in manuellen Berufen, EGP-Klasse VII: Un- und angelernte Arbeiter sowie Landarbeiter.

Fortsetzung Tabelle 2

Name	Alter	Beschreibung	Anzahl Inter-views	Besuchte Vorle-sungen
Joshua[106]	8 Jahre	Ein Elternteil mit akademischem Bildungsabschluss, sozio-ökonomischer Status der Familie: EGP-Klassen II und IVa, Migrationshintergrund, Eltern getrennt lebend, Erwerbslosigkeit des Vaters	1	1
Lea	9 Jahre	Akademischer Bildungsabschluss beider Eltern, sozio-ökonomischer Status der Familie: EGP-Klassen I und II	2	3
Leonie	8 Jahre	Ein Elternteil mit akademischem Bildungsabschluss, sozio-ökonomischer Status der Familie: EGP-Klassen I und II, Eltern getrennt lebend	1	1
Marcus	8 Jahre	Akademischer Bildungsabschluss beider Eltern, sozio-ökonomischer Status der Familie: EGP-Klasse I/II	1	3
Sebastian	8 Jahre	Akademischer Bildungsabschluss beider Eltern, sozio-ökonomischer Status der Familie: EGP-Klasse I	1	1
Timon	8 Jahre	Akademischer Bildungsabschluss beider Eltern, sozio-ökonomischer Status der Familie: EGP-Klasse: I	2	3

---

[106] Das Interview mit Joshua war nicht auswertbar und wurde daher nicht in die Studie einbezogen.

Anhang III: Interviewleitfaden und Zitat-Impulse Dozenteninterviews

Der Interview-Leitfaden enthielt fünf Fragen bzw. Themenkomplexe:

- Anlass bzw. Motivation für die Beteiligung an der Kinderuni
- Inhaltliche und formelle Gestaltung der Vorlesung
- Persönliches Erleben der Situation Kinderuni (Angemessenheit der Form für die Altersgruppe, Disziplin, Vorkenntnisse, Unterschiede zur Lehre im akademischen Kontext, eigener Erkenntnisgewinn)
- Reaktion auf Kritik der Kinderuni durch impulsgebendes Zitat ohne Angabe der Quelle:

[Die Universität] sichert sich (…) wichtige Bonuspunkte in der gesellschaftlichen Auseinandersetzung: Kinder sind ideale Werbeträger, sie sind stets gute Argumente, und wer etwas für Kinder tut, steht von vornherein auf der richtigen Seite. Gleichzeitig wird (…) ein Kinder-Bild präsentiert, das Mustergültigkeit beanspruchen darf und von den Zeitungen dankbar aufgenommen wird: Hier werden Kinder so dargestellt, wie wir sie uns wünschen – und diese niedlichen Kinder bestätigen damit die Idee der Kinderuni. (…) Die Symbolik des Ortes wird zur Hauptsache, der Event das Ziel. Oder in den Worten von Franz Jäger: „Ich fühle mich wie ein Popstar" (Tremp 2004).

- Verhältnis Wissenschaft und Öffentlichkeit
- Sehen Sie die Kommunikation mit der Öffentlichkeit als einen Teil Ihres Berufes?
- Stimmen Sie folgendem Zitat zu (ohne Nennung der Quelle):

Ziel von Public Understanding of Science ist, in Gesellschaft und Wissenschaft ein gemeinsames Verständnis für ihre Belange und Interessen zu entwickeln. Dazu gehört auch, kontrovers diskutierte Themen aufzugreifen und Debatten in komplexen gesellschaftsrelevanten Fragen zu führen (BMBF 2013).

- Welchen Sinn schreiben Sie der Kinderuni zu? Kann die Kinderuni zum Public Understanding of Science beitragen?

Printed in the United States
By Bookmasters